高职高专土建类专业"十三五"规划教材

GAOZHIGAOZHUAN TUJIANLEI ZHUANYE SHISANWU GUIHUAJIAOCAI

U0747946

建筑工程项目管理

JIANZHU GONGCHENG XIANGMU GUANLI

主　编　胡六星　吴　洋

副主编　刘旭灵　谢湘赞　刘志军

主　审　刘孟良

中南大学出版社

www.csupress.com.cn

出版说明 INSTRUCTIONS

遵照《国务院关于加快发展现代职业教育的决定》(国发〔2014〕19号)提出的"服务经济社会发展和人的全面发展，推动专业设置与产业需求对接，课程内容与职业标准对接，教学过程与生产过程对接，毕业证书与职业资格证书对接"的基本原则，为全面推进高等职业院校土建类专业教育教学改革，促进高端技术技能型人才的培养，依据国家高职高专教育土建类专业教学指导委员会制定的《高职高专土建类专业教学基本要求》，通过充分的调研，在总结吸收国内优秀高职高专教材建设经验的基础上，我们组织编写和出版了这套高职高专土建类专业"十三五"规划教材。

高职高专教学改革不断深入，土建行业工程技术日新月异，相应国家标准、规范，行业、企业标准、规范不断更新，作为课程内容载体的教材也必然要顺应教学改革和新形势的变化，适应行业的发展变化。教材建设应该按照最新的职业教育教学改革理念构建教材体系，探索新的编写思路，编写出版一套全新的、高等职业院校普遍认同的、能引导土建专业教学改革的"十三五"规划系列教材。为此，我们成立了规划教材编审委员会。规划教材编审委员会由全国30多所高职院校的权威教授、专家、院长、教学负责人、专业带头人及企业专家组成。编审委员会通过推荐、遴选，聘请了一批学术水平高、教学经验丰富、工程实践能力强的骨干教师及企业专家组成编写队伍。

本套教材具有以下特色：

1. 教材依据国家高职高专教育土建类专业教学指导委员会制定的《高职高专土建类专业教学基本要求》编写，体现科学性、创新性、应用性，体现土建类教材的综合性、实践性、区域性、时效性等特点。

2. 适应高职高专教学改革的要求，以职业能力为主线，采用行动导向、任务驱动、项目载体，教、学、做一体化模式编写，按实际岗位所需的知识能力来选取教材内容，实现教材与工程实际的零距离"无缝对接"。

3. 体现先进性特点。将土建学科的新成果、新技术、新工艺、新材料、新知识纳入教材，结合最新国家标准、行业标准、规范编写。

4. 教材内容与工程实际紧密联系。教材案例选择符合或接近真实工程实际，有利于培养学生的工程实践能力。

5. 以社会需求为基本依据，以就业为导向，融入建筑企业岗位(八大员)职业资格考试、国家职业技能鉴定标准的相关内容，实现学历教育与职业资格认证相衔接。

6. 教材体系立体化。为了方便教师教学和学生学习，本套教材建立了多媒体教学电子课件、电子图集、教学指导、教学大纲、案例素材等教学资源支持服务平台；部分教材采用了"互联网＋"的形式出版，读者扫描书中的二维码，即可阅读丰富的工程图片、演示动画、操作视频、工程案例、拓展知识等。

高职高专土建类专业规划教材

编 审 委 员 会

前 言 PREFACE

随着我国建筑市场的不断开放，外资项目的增加及国际文化交流的进一步发展，工程项目管理理论和实践经验在我国得到进一步推广应用，尤其是国际金融组织贷款建设的项目，必须按国际惯例实行项目管理。工程项目管理作为一种先进的管理模式和管理理念，已经受到人们的广泛重视，也促进了我国建筑业管理体制、投资体制等方面进一步的改革。

考虑到工程项目管理国际化、信息化、专业化水平的不断提高，本书在编写过程中，尽量吸纳工程项目管理理论与实践的新经验和新成果，坚持"以应用为目的，专业理论知识以必需、够用为度"的原则设计章节结构，组织内容编写，以满足读者对工程项目管理理论知识体系的系统学习和高职院校工程管理类专业课程教学的需要，在内容编排上体现了以下几个特点：

1. 根据高职工程管理类专业学生主要就业岗位——施工项目管理的能力需求设置各章节内容，力求做到简单适用，通俗易懂。

2. 注重理论与实践相结合，按照实际工程项目管理工作流程展开，特别强调实用性和可操作性，逻辑结构符合认识规律，并以复习思考题的形式对每章内容进行分析和梳理，有利于读者较好地掌握学习内容。

3. 考虑传统的建筑施工企业转型升级、延伸产业链的新常态以及工程项目管理国际化的新趋势，在内容上增加了工程项目前期策划、工程项目后评价章节。

本书的课堂教学时间约为60学时，项目管理实训1~2周。在内容安排上留有一定的余地，使用时可根据专业设置等实际情况进行取舍。

本书共分为11章，由湖南城建职业技术学院胡六星教授、湖南城建职业技术学院吴洋担任主编，胡六星编写第2章和第6章；吴洋编写第10章、第11章；怀化职业技术学院曾维湘编写第1章；湖南电子科技职业技术学院彭培勇编写第3章、第7章；湖南城建职业技术学院刘旭灵编写第4章；湖南水利水电职业技术学院徐猛勇编写第5章；湖南城建职业技术学院谢湘赞编写第8章、第9章；金肯职业技术学院刘志军参与了部分编写工作。全书由胡六星教授拟定大纲、完成统稿。

全书由湖南交通职业技术学院刘孟良教授主审，在全书写作过程中予以精心指导，并提出了许多宝贵意见，谨此表示衷心感谢！

本书在编写过程中，得到了上述院校的大力支持，参考了大量文献资料，在此一并致谢！本书虽经精心编写，但由于作者水平和能力有限，仍难免有不足之处，敬请专家和读者批评指正。

编　者

目 录 CONTENTS

第 1 章　工程项目管理概述

【学习目标】

1. 理解项目、工程项目的含义及其特点。

2. 熟悉工程项目的生命期、建设程序及其组成。

3. 掌握工程项目管理的概念及其特征。

4. 熟悉工程项目管理的工作内容与方法，树立工程项目全生命期管理的理念。

5. 了解和区分投资者、业主、项目管理公司、承包商、政府等项目不同层次和角色的项目管理工作范围。

【学习重点】

1. 项目、工程项目、工程项目管理的含义及其特点；

2. 工程项目的生命期、建设程序及其组成；

3. 工程项目管理的内容、职能划分。

1.1　项目与工程项目

一、项目的定义与特征

（一）项目的定义

"项目"的定义很多，许多管理专家和标准化组织都企图用通俗的语言对项目进行抽象性概括和描述。不同的机构、不同的专业领域、不同的项目类型有着各自的解释与定义，最典型的有：

（1）在项目管理领域比较传统的是 1964 年 Martino 对项目的定义："项目为一个具有规定开始和结束时间的任务，它需要使用多种资源，具有许多个为完成该任务（或者目标）所必须完成的互相独立、互相联系、互相依赖的活动。"这一概念具有普遍的意义，强调了独特的任务、活动之间的综合性和系统性。但是，这个定义还不能将项目与人们常见的一些生产过程相区别。

（2）国际标准《质量管理——项目管理质量指南》（ISO1006）定义项目为："同一组有起止时间的、相互协调的受控活动所组成的特定过程，该过程要达到符合规定要求的目标，包括时间、成本和资源的约束条件。"这一概念强调了项目由活动组成、活动约束条件及其过程受控。

（3）德国国家标准 DIN69901 将项目定义为"在总体上符合条件的具有唯一性的任务（计划），具有预定的目标，具有时间、财务、人力和其他限制条件，具有专门的组织"。这一概念强调了项目的一次性、项目的组织。

（4）美国项目管理协会（Project Management Institute，PMI）认为：项目是为完成某一独特的产品或服务所做的一次性努力。该定义强调了项目的对象与项目的区别、项目的一次性。

项目定义的关键词：任务或活动，系统性，一次性，独特性，目标，时间、成本与资源的约束，项目对象，项目组织。

（二）项目的特征

从上述几种概念中，我们可以总结出项目的一些特征。

1. 项目是一项特定的任务

首先，项目是一项任务。这个任务通常是完成一项可交付的成果。这个可交付的成果是项目的对象。项目的对象决定了项目的最基本特性，是项目分类的依据，同时它又确定了项目的工作范围、规模及界限。

但项目的对象与项目本身并不是一回事：项目的对象是一项可交付的成果，它可能是实体的，也可能是抽象的，有一定的范围，可以用功能、范围、技术指标等描述；而项目是指完成这个对象的任务和工作的总和，是行为系统。

常见的项目对象，即可交付的成果可以分为如下几个方面：

（1）工程技术系统。工程项目的对象就是一个明确范围和功能的工程技术系统，例如，一定生产能力（产量）的流水线、一定生产能力的车间或工厂、一定长度和等级的公路等。

（2）新产品。新产品开发或研制项目上，成果是一个新的产品。

（3）软件、运行程序、操作规程等，如 IT 项目、企业的管理系统开发项目等。

（4）活动。如举办一个运动会或举行一个文艺晚会等，这类项目的成果就是这些活动按预期要求开展。

（5）状态的改进，如企业革新项目、企业的业务流程再造项目等，它们的结果是企业经营或管理状态的改进。

（6）文字成果、图纸、研究报告或状态报告等，如社会调查、市场调查、各种类型的科学研究项目、工程设计、咨询项目等。

现代社会，许多项目通常是上述的综合体。例如，举办 2008 年北京奥运会是一个项目，该项目的成果是上述各种类型成果的综合体：从总体上，它是一个体育活动，包括开幕式、闭幕式、火炬接力、各种体育项目的比赛，还包含使各项体育赛事顺利进行的保障活动，如安全保卫，所有参加人员的吃、住、行、宣传，赛事转播与新闻报道，票务，医疗等；同时需要建设体育场馆、奥运村，以及许多相关联的工程，所以又包含大量的工程建设项目；需要有许多复杂的系统工程和软件项目；有许多图形的、文字的成果；还有许多人文活动的开发，包括许多科研和社会调查项目等。所以北京奥运会是一个大型的群体项目。

在实际工作中，为了便于项目管理，通常对项目做如下分类：

按项目的规模可分为大项目、中等项目、小项目；按项目的复杂程度可分为复杂项目和简单项目；按项目的专业特征可分为工业项目、农业项目、投资项目、工程项目、教育项目、社会项目、科研项目等。

其中，工程项目按专业可划分为建筑工程、市政工程、公路工程、水电工程、铁路工程等；按管理差别可划分为建设项目、勘察设计项目、工程咨询项目、施工项目；按建设性质可划分为新建项目、扩建项目、改建项目、恢复项目和迁建项目。

2. 任何项目都有预定的目标

ISO10006 规定，项目目标应描述要达到的要求，能够用时间、成本、产品特性来表示，且尽可能定量描述。项目过程的实施是为了达到规定的目标，包括满足时间、费用和资源约束条件。所以，项目目标通常有：

（1）项目的对象的要求。包括满足预定的产品的性能、使用功能、范围、质量、数量、技术指标等，这是对预定的可交付成果的质量和量的规定性。

（2）完成项目任务的时间要求。如开始时间、持续时间等。

（3）完成这个任务所要求的预定费用等。

3. 项目由活动构成

项目是由完成一定任务所必需的活动构成的，由活动形成过程，所以项目管理又是过程管理。对项目所做的计划、控制、协调、合同管理等通常都是针对项目的活动及过程进行的。

4. 项目具有特定的制约条件

包括时间（如开始和结束、持续时间）的限制、资源（如人力、材料、资金、技术、设备等）的限制，环境的约束条件等。

5. 项目的一次性（单件性）

任何项目从总体上来说都是一次性的、不重复的。它经历前期策划（概念）、设计和计划、实施（生产、制造）、结束阶段。即使在形式上极为相似的项目，例如北京奥运会与雅典奥运会、悉尼奥运会也存在着非常显著的差别；两个相同的产品、相同产量、相同工艺的生产流水线的建设，也必然存在着区别，它们的建设时间、地点、环境、项目组织、风险等都不同。所以，项目与项目之间无法等同，无法替代。

项目的一次性是项目管理区别于企业管理最显著的标志之一，它对项目的组织和组织行为的影响尤为显著。通常的企业管理工作，特别是企业职能管理工作，虽然有阶段性，但是循环的、无终了的，具有继承性；而项目是一次性的、独特的，项目管理也是一次性的，即对任何项目都有一个独立的管理过程，它的计划、控制、组织都是一次性的。所以如何将企业职能管理与对具体项目管理有机结合是项目组织工作面临的问题。

6. 项目的各项活动具有系统性

项目中的一切活动都是相关联的，构成一个整体。多余的活动是不必要的，缺少某些活动必将损害项目目标的实现。如前面提到的奥运会，其中心任务是在规定的时间举行世界一流的、规模最大的大型综合运动会，但其他各项活动是其正常运行的保证，缺少其中任何一项都不可能保证奥运会成功。而且奥运会的每一项活动可能在时间、空间、组织等方面交织在一起，不同的条件下，各项活动的重要性有所不同。如最近几届奥运会的安保工作显得特别重要，由于安保工作的加强，使本可盈利的奥运会可能出现亏损。

7. 项目的成果具有不可逆性

项目的一次性属性决定了项目不同于其他事情可以试做，做坏了可以重来；也不同于生产批量产品，合格率达 99.99% 就很好了。项目在一定条件下启动，一旦失败就永远失去了重新进行原项目的机会。项目相对于运作有较大的不确定性和风险。项目在某一环节下的失败可能导致项目不能成功，可能会导致项目不能按项目的目标实现。

项目的这一特性使得有时很难去评价项目的工作绩效以及项目的成果。因为一旦项目完成，项目的各种消耗就成为事实，不可能去假设重做一次将是什么结果。因此，项目的所有参加人员必须具有良好的信誉与使命感，具备对历史、社会负责的服务意识。

8.项目的多元化

随着项目管理理论与方法在时间领域的不断应用与拓展，越来越多的工作采用项目管理方法去实现，但由于项目对象的特殊性、项目专业领域的特殊性、项目自身文化背景的特殊性、项目主体与主体行为的特殊性，项目的多元化不断呈现出来，这可能使得项目管理的知识越显抽象化，但实际的项目运作却越显复杂化。

二、建设工程项目及特征

（一）建设工程项目的定义

建设工程项目有时也简称为工程项目。通常所说的工程项目是指为达到预期的目标，投入一定量的资本，在一定的约束条件下经过一定的程序从而形成固定资产的一次性事业。

我国现行《建设工程项目管理规范》（GB/T 50326—2006）对建设工程项目定义为：为完成依法立项的新建、扩建、改建等各类工程（土木工程、建筑工程及安装工程等）而进行的、有起止日期的、由达到规定要求的一组相互关联的受控活动组成的特定过程，包括策划、勘察、设计、采购、施工、试运行、竣工验收移交和考核评价等。

建设工程项目是最为常见最为典型的项目类型，它属于投资项目中最重要的一类，是一种既有投资行为又有建设行为的项目的决策与实施活动。一般来讲，投资与建设是分不开的，投资是项目建设的起点，没有投资就不可能进行建设，而没有建设行为，投资的目的也无法实现。所以，建设过程实质上是投资的决策和实施过程，是投资目的实现过程，是把投入的货币转换为实物资产的经济活动过程。

（二）建设工程项目的特征

建设工程项目一般具有如下特点：

1.工程项目的对象是有着特定要求的工程技术系统

而"特定要求"通常可以用一定的功能（如产品的产量或服务能力）要求、实物工程量、质量、技术标准等指标表达。例如：一定生产能力的车间或工厂，一定长度和等级的公路。

工程技术系统决定工程项目的范围。通常，它在项目前期策划和决策阶段从概念上被确定；在项目的设计和计划阶段被逐渐分解细化和具体化，通过项目任务书、设计图纸、规范、实物模型等定义和描述；通过工程的施工过程一步步形成工程的实体，形成一个具有完备的使用功能的工程技术系统；并在运行（使用）过程中实现其价值。

2.工程项目有特定的目标

从总体上说，工程项目的存在价值通常是为了解决上层系统的问题，实现上层系统的战略。所以，对上层系统问题的解决程度，或项目任务的完成对上层系统战略的贡献是项目的总体目标。但对项目组织本身，具体的特定目标如下：

（1）质量与功能目标。包括满足预定的产品特性、使用功能、质量、技术标准等方面的要求。项目标的总目标是通过提供符合预定质量和使用功能要求的产品或服务实现的。

（2）时间目标。时间目标有两方面的意义：

①一个工程项目的持续时间是一定的，即任何工程项目不可能无限期延长。工程项目的时间限制不仅确定了项目的生命期限，而且构成了项目管理的一个重要目标，例如规定一个工厂建设项目必须在4年内完成。

②市场经济条件下工程项目的作用、功能、价值只能在一定的历史阶段中体现出来,这就要求工程项目的实施必须在一定的时间范围(如 2012 年 1 月至 2014 年 12 月)内进行。例如,企业投资开发一个新产品,只有尽快地将该工程建成投产,产品及时占领市场,该项目才有价值。

(3)成本目标。即以尽可能少的费用消耗(投资、成本)完成预定的项目任务,达到预定的功能要求,提高项目的整体经济效益。任何工程项目必然存在着与工程技术系统及其功能、范围和标准相关的(或者说相匹配的)投资、费用或成本预算。

3. 工程项目有约束条件

工程项目的约束条件主要包括以下几个方面:

(1)时间约束。上述工程项目的时间目标实质上也是项目建设的时间限制,即工程项目要有合理的工期时限。

(2)资金约束。任何工程项目都不可能没有财力上的限制。

①必须按投资者(企业、国家、地方等)所具有的或能够提供的资金策划相应范围和规模的工程项目,安排工程项目的实施计划。

②必须按项目实施计划安排资金计划,并保障资金供应。投资的经济性问题已成为现代工程项目能否立项,能否取得成功的关键。

(3)人力资源和其他资源的约束。如对劳动力、材料和设备的供应条件和供应能力的限制,技术条件的限制,信息资源的限制等。

(4)环境条件的约束。比如,自然条件的限制,包括气候、水文和地质条件,地理位置、地形和现场空间的制约;社会条件的限制和法律的制约,如《环境保护法》对工程施工和运行过程中废弃物排放标准的规定,《招标投标法》的规定,《劳动保护法》的规定等。

(5)质量约束。即工程项目要达到预期的生产能力、技术水平、产品等级的要求。

(6)空间约束。即工程要在一定的施工空间范围内通过科学合理的方法来组织完成。

4. 工程项目有特殊的组织

与一般组织相比,工程项目组织有它的特殊性。

(1)由于社会化大生产和专业化分工,现代工程项目常常会有几十个、几百个甚至几千个企业和部门参加,需要严密的特殊的组织形式。

(2)与一般的组织方式不同,工程项目组织由不同的参加单位组成,它们本没有组织联系,由于参加项目建设的缘故,通过合同这一主要纽带,建立起项目组织。合同是分配工作及划分责、权、利关系的依据,是最重要的组织运作规则。

(3)企业组织结构是相对稳定的,而工程项目组织是一次性的、多变的、不稳定的。由于工程项目组织的特殊性,合同对项目的管理模式、项目运作、组织行为、组织沟通有很大的影响。合同管理在工程项目管理中有特殊的地位和作用。

5. 工程项目实施的不可逆性

工程项目建设地点一次性确定,建成后不可移动,设计的单一性、施工的单件性,使得它不同于一般商品的批量生产,一旦建成,要想改变非常困难。

6. 工程项目影响的长期性

工程项目一般建设周期长,投资回收期长,工程寿命长,工程质量好坏影响面大,作用时间长。

7.工程项目投资的风险性

由于工程项目建设是一次性的,建设过程中各种不确定因素很多,因此投资的风险很大。

8.工程项目管理的复杂性

主要体现在以下几个方面:

(1)投资大、规模大、高科技含量大、多专业综合、参加单位多。

(2)现代工程项目的对象不仅包括传统意义上的建筑工程,而且可能还包括软件系统、运行程序、操作规程和活动等。

(3)现代工程项目常常是研究过程、开发过程、工程施工过程和运行过程的统一体,而不是传统意义上的仅按照设计任务书或图纸进行工程施工的过程。

(4)现代工程项目的资本组成方式(资本结构)、管理模式、组织形式、承包方式、合同形式是丰富多彩的。

现在我国有许多巨型工程项目,如三峡水利工程项目、青藏铁路建设工程项目、南水北调工程项目、大型国防工程项目、城市地铁建设项目等,它们都是特大型的、复杂的、综合性的工程项目。

(三)建设工程项目组成

为了便于进行建设工程项目的管理,通常将建设工程项目划分为单项工程、单位工程、分部工程和分项工程。

1.单项工程

单项工程是建设项目的组成部分。一个建设项目可以由几个单项工程组成,也可以由一个单项工程组成。单项工程是指具有独立的设计条件、独立的概算,建成后可以独立发挥设计文件所规定的效益或生产能力的工程。例如,工厂的一个车间是一个单项工程。

2.单位工程

单位工程是单项工程的组成部分。单位工程是指有独立的施工图设计并能独立施工,但是建成后不能独立发挥设计文件所规定的效益或生产能力的工程。例如,工厂的车间是一个单项工程,则车间的建筑工程和车间的安装工程(包括机械设备、管道、电气、通风、空调等)各是一个单位工程。

由于单位工程既有独立的施工图设计,又能独立施工,所以编制工程量清单或施工图预算、安排施工计划、工程竣工结算等都是按单位工程进行的。

3.分部工程

分部工程是单位工程的组成部分。

(1)建筑工程是按建筑物和构筑物的主要部位划分的,如地基及基础工程、主体工程、楼地面工程、装饰工程、门窗工程及屋面工程各是一个分部工程。

(2)安装工程是按安装工程的种类划分的。例如工厂车间的设备本体、工艺管道、给排水、采暖、通风、空调、动力、照明等各是一个分部工程。又如民用住宅内的给排水、采暖、电气照明等各是一个分部工程。

4.分项工程

分项工程是分部工程的组成部分。

(1)建筑工程是按主要工种工程划分的。例如,土石方工程、砌筑工程、钢筋工程、整体式和装配式结构混凝土工程、木屋架制作与安装工程、抹灰工程、屋面防水工程等各是一个分项工程。

(2)安装工程是按用途、种类、输送不同介质与物料以及设备组别划分的。例如室内采暖属分部工程,则采暖管道安装、散热器安装、管道保温等各是一个分项工程。又比如电气照明是一个分部工程,则照明配管、配线、灯具安装等各是一个分项工程。

以上构成可以用下面的形式从大到小来表示:建设项目→单项工程→单位工程→分部工程→分项工程。

1.2 工程项目的建设程序

一、工程项目的生命期

项目的时间限制和一次性决定了工程项目的生命期,在这个期限中工程项目经历由产生到消亡的全过程。不同类型和规模的工程项目生命期是不一样的,但它们都可以分为以下四个阶段:

(1)项目的前期策划和决策阶段(又被称为概念阶段)。这个阶段从项目构思到批准立项为止。

(2)项目的设计与计划阶段,即开发阶段。这个阶段从批准立项到工程开工为止。

(3)项目的施工阶段,即实施阶段。这个阶段从工程开工直到项目的可交付成果完成,工程竣工并通过验收为止。

(4)项目的结束阶段。在这个阶段项目处于运营过程中,直到运营终止。

一个工程建设项目的阶段划分可如图1-1所示。

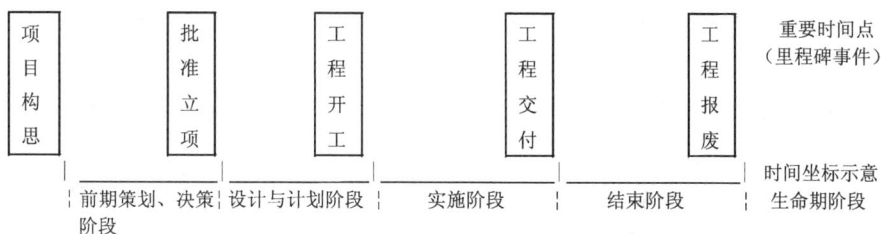

图1-1 工程项目的生命期阶段划分

在项目生命期内上述阶段可能会出现交叉和重叠,实行并行管理,例如,项目的规划设计和计划工作有时会延伸到实施阶段中,实施阶段的有些工作会延伸到结束阶段。

项目阶段的划分和界定是项目管理的一项重要工作,它对项目目标分解、项目结构分解、责任体系的建立、进度、成本和质量的监控、风险分析等有重要作用。

二、工程项目的建设程序

任何工程项目在其生命期中都必须经历一个完整的工程建设程序，我国建设法律法规规定了工程项目建设过程中各项工作必须遵循的先后次序及要求。

按照工程项目的投资性质、规模、承发包方式不同，建设程序会有一定的差别，通常包括以下四个阶段的内容：

1. 工程项目的前期策划与决策

工程项目前期策划与决策过程主要包括如下工作：

（1）工程项目的构思。主要进行项目机会的寻求、分析和初步选择，确定投资意向。

（2）确定工程项目建设要达到的总体目标。针对上层系统的情况和存在的问题、上层组织的战略，以及环境条件，提出通过工程项目建设所要达到的主要指标。

（3）项目的定义和总体方案策划。项目的定义是指划定项目的目标系统的构成、范围界限，并对项目的各个目标指标做出说明。根据项目总目标，对项目的总体技术方案、实施方案进行策划，如工程总的功能定位和各部分的功能分解，总的产品方案，工程总体的建设方案，工程的总布局，项目阶段的划分，总的融资方案，设计、实施、运营方面的组织策略等。

（4）提出项目建议书。项目建议书是对项目总体目标、情况和问题、环境条件、项目定义和总体方案的说明和细化，同时提出可行性研究的各个细节和指标，作为后继的可行性研究、技术设计和计划的依据。项目建议书已将工程项目目标转变成具体的项目任务。

（5）可行性研究，即对技术方案、实施方案进行全面的技术经济论证，同时对各种可行方案进行比较，看能否实现目标，并选择最优方案。

（6）工程项目的评价和决策。在可行性研究的基础上，对工程项目进行财务评价、国民经济评价和环境影响评价。根据可行性研究评价的结果，由上层组织对工程项目的立项做出最后决策。

在我国，可行性研究必须经过行政审批，项目才能立项。经批准的可行性研究报告成为工程项目的任务书，以及项目初步设计的依据。

2. 工程项目的设计和计划

根据工程承包方式和管理模式的不同，这个阶段的工作过程会有所不同。通常这个阶段的主要工作有：

（1）工程项目管理组织筹建。按照我国的情况，项目立项后，就应正式组建工程建设单位，也就是通常意义上的业主，由它负责工程项目的建设管理。

（2）设计。设计是对工程的技术系统的定义和说明。通过设计文件，如图纸、规范及模型，对拟建的工程技术系统进行详细的描述。按照工程规模和复杂程度的不同，工程项目的设计阶段划分有所不同。对一般的工程项目，设计分为两个阶段：初步设计和施工图设计。对技术比较复杂的项目，如工业建设项目，设计分为三个阶段：初步设计、技术设计和施工图设计。

（3）计划。计划是对工程建设和运营的实施方法、过程、费用（投资预算、资金）、时间（进度）、采购和供应、组织做详细的安排，以保证项目目标的实现。随着设计的不断深入，计划也在同步地细化，即每一步设计都有相应的计划。如初步设计后应有工程项目总概算，技术设计后应做修正总概算,施工图设计后应做施工图预算。同样,实施方案、进度计划、组织结构也在不断细化。

(4)工程招标,即通过招标委托工程项目范围内的设计、施工、供应、项目管理(咨询、监理)等任务,选择这些项目任务的承担者。对这些项目任务的承担者来说,就是通过投标承接项目任务。根据招标对象的不同,有些招标工作会延伸到工程的施工过程中,如一些装饰工程、部分材料和设备的采购等。

(5)各种审批手续的完成。在工程项目设计和计划阶段有许多审批手续,它们是项目行政性管理工作的一部分。

(6)现场准备。包括征地,拆迁,场地的平整,现场施工用水、电、气、通信等的准备等。

3.工程项目施工阶段

在这个阶段,工程施工单位、供应商、项目管理(咨询、监理)公司及设计单位按照合同规定完成各自的工程任务,并通力合作,按照实施计划将项目的设计经施工逐步形成符合要求的工程。这个阶段是项目管理最为活跃的阶段,资源的投放量最大,管理的难度也最大、最复杂。

当工程按照项目任务书,或设计文件,或合同完成规定的全部内容后,即可组织竣工验收和移交的过程。整个工程都经过竣工验收,则标志着整个施工任务(阶段)结束。在施工结束和试运营前应有工程项目的运营准备工作。有些属于工程施工阶段的工作任务或竣工工作会持续到项目终结阶段。

4.工程项目结束阶段

(1)工程由业主移交工程的运营单位,工程项目进入运营(生产或使用)阶段。移交过程有各种手续和仪式,对工业建设项目,在此之前要与业主、施工单位、设计单位、供应单位共同进行试生产(试车)。注意:有些项目业主、运营单位不是同一组织,但有些业主与运营单位(使用单位)是同一组织。

(2)工程项目竣工后的工作,包括工程竣工决算,竣工资料的总结、交付、存档等工作。

(3)工程的保修(缺陷责任期)和回访。在运营的初期,施工阶段的任务承担者(如设计、施工、供应、项目管理单位)和业主按照项目任务书或合同还要继续承担因建设问题产生的缺陷责任,包括维护、维修、整改、进一步完善等;他们还要对工程项目进行回访,了解工程项目的运营情况、质量和用户的意见等。

(4)工程项目的后评价。项目的后评价指对已投入运营的项目的目标、实施过程、运营效益、作用、影响进行系统客观的总结、分析和评价。

(5)运营过程中的维护管理,还可能包括对本工程的扩建、更新改造、资本的运作管理等。

工程项目建设程序各阶段工作,见表1-1。

表1-1　工程项目建设程序各阶段工作

阶段划分	工作内容与工作程序	阶段或工作间联系
项目策划与决策阶段	1.投资意向	1.前一阶段或前一项工作都是下一阶段或下一项工作的基础或依据,下一阶段或下一项工作都是前面的具体化或展开; 2.前后阶段、前后工作间基本上顺序进行; 3.各阶段任务的性质和特点有较大区别,但相互补充; 4.同一阶段内各工作性质相似,基本可以有一定的交叉关系
项目策划与决策阶段	2.市场研究与投资机会分析	
项目策划与决策阶段	3.项目建议书	
项目策划与决策阶段	4.初步可行性研究	
项目策划与决策阶段	5.详细可行性研究	
项目策划与决策阶段	6.审批立项	
项目设计与计划阶段	7.建设准备	
项目设计与计划阶段	8.设计任务书	
项目设计与计划阶段	9.初步设计	
项目设计与计划阶段	10.技术设计	
项目设计与计划阶段	11.施工图设计	
项目设计与计划阶段	12.施工招标	
项目施工阶段	13.施工准备	
项目施工阶段	14.施工组织设计	
项目施工阶段	15.施工过程	
项目施工阶段	16.生产准备	
项目施工阶段	17.竣工验收	
项目结束阶段	18.项目试运行	
项目结束阶段	19.项目正式运行	
项目结束阶段	20.项目后评估	

1.3　工程项目管理

一、工程项目管理的概念

(一)项目管理的定义

项目管理作为20世纪50年代发展起来的新领域,现已成为现代管理学的重要分支,越来越受到重视。项目的目标是通过项目管理工作来实现的。项目作为一种类型的管理对象,对它的管理运作不仅适用一般的管理学原理和方法,而且适用系统工程的理论和方法,以及组织行为学的理论和方法。对项目管理可以从多个角度描述:

(1)将管理学中对"管理"的定义进行拓展,则"项目管理"就是以项目作为对象的管理,即通过计划、组织、领导和控制等职能,设计和保持一种良好的环境,使项目参加者在项目组织中高效率地完成既定的项目任务。

（2）按照一般管理工作的过程，项目管理可分为对项目的预测、决策、计划、控制、反馈等工作。

（3）按照系统工程方法，项目管理可分为确定项目目标、制订方案、实施方案、跟踪检查等工作。

（4）从组织行为学的角度，项目管理就是以项目为对象的系统管理方法，通过一个临时性的、专门的柔性组织，对项目进行高效率的计划、组织、指导和控制，以对项目进行全过程的动态管理，实现项目的目标。

综上所述，项目管理是管理者在有限的资源约束下，运用系统的观点、方法和理论，对项目涉及的全部工作进行有效的管理，即对项目从开始到结束的全过程进行计划、组织、指挥、协调、控制和评价，以实现项目的目标。需要特别指出的是，项目的一次性，要求项目管理的程序性、全面性和科学性，主要是用系统工程的观念、理论和方法进行管理。项目管理是知识、智力、技术密集型的管理。

（二）项目管理的特征

1.项目管理是一种管理方法体系

项目管理是一种已被公认的管理模式，而不是任意的一次管理过程。项目管理从 20 世纪 50 年代末、60 年代初诞生起至今，一直就是一种管理项目的科学方法，但并不是唯一的方法，更不是一次任意的管理过程。要应用项目管理，必须按项目管理方法体系的基本要求去做。

项目管理作为一种管理方法体系，在不同国家、不同行业以及它自身的不同发展阶段，无论在结构、内容上，还是在技术、手段上都有一定的区别。但它最基本的方面，也就是上述定义中所规定的那些内容，则始终如一、相对固定，且已成为一种被公认的专业知识。

2.项目管理的对象、目的的独特性

项目管理的对象是项目，即一系列的临时任务。"一系列"在此有着独特的含义，它强调项目管理的对象——项目是由一系列任务组成的整体系统，而不是这个整体的一个部分或几个部分，其目的是通过运用科学的项目管理技术，更好地实现项目目标。例如，无论从规模和复杂性看，香港新机场建设在香港是史无前例的项目，它包括有 200 多个工程合同的 10 个相关工程。这 10 个相关工程由香港特区政府等四家独立的部门具体实施，每一个工程项目都规模巨大、技术复杂。这些项目在实施过程中实行单独的管理，但同时也需要共同满足整个机场建设项目的总体要求，要达到按时完成并且费用节省的首要目标。由于在进行这些建设工程项目的同时还需要恰当地处理各项目之间纵横向的搭接关系，就使得这个项目的建造过程变得更加复杂。

另外，也不能把项目管理的对象与企业管理的对象混为一谈，项目只是企业庞大系统的一部分；也不能把企业管理的目的当成项目管理的目的，企业管理的目的是多方面的，而项目管理的主要目的是实现项目的预定目标。

3.项目管理的任务、职能的独特性

虽然项目管理的职能与一般管理的职能是完全一致的，即对所组织的资源进行计划、组织、协调、控制，但项目管理的任务是对项目及其资源的计划、组织、协调、控制，由于项目的特殊性，项目管理的这些任务也是独特的，不同的项目其任务也不同，需要针对具体的项目进行。另外值得注意的是，不能混淆项目管理的任务与项目本身的任务。

4.项目管理运用系统理论与思想

项目在实施过程中，实现项目目标的责任和权力往往集中到一个人(项目经理)或一个小组身上。由于项目任务是分别由不同的人执行的，这些任务之间就在组织、时间、空间上形成界面，所以项目管理要求当这些任务被分配后，应运用系统方法把它们当作一个整体对待，保证最终实现整体目标。因此，需要以系统的观点来管理项目。

5.项目的相关者众多

项目相关者，又称为项目的干系人，或项目的利益相关者，或项目的受益者。他们是在项目的整个生命期中与落实上有某种利害关系的人或组织。ISO10006定义项目受益者可能包括："顾客，项目产品的接受者；消费者，如项目产品的使用者；所有者，如启动项目的组织；合作伙伴，如在合资项目中；资金提供者，如金融机构；分承包方，为项目组织提供产品的组织；社会，如司法机构或执法机构和广大公众；内部人员，如项目组织的成员。"

项目的各方干系人通常有不同的甚至互相冲突的需求，项目管理要做出权衡，整合他们的需求，使项目目标被所有的干系人赞同或接受，这可称为干系人需求整合。

工程项目相关者参与项目都有着自己的目标和期望。他们对项目的支持程度、认可程度和他们在项目中的组织行为，是由他们对项目的满意程度、他们的目标和期望的实现程度不同决定的。所以项目的总目标应该包容项目相关者各方面的目标和利益，体现各方面利益的平衡，使各相关者满意。这样有助于确保项目的整体利益，有利于团结协作，能够营造平等、信任、合作的气氛，就更容易取得项目的成功。

因此，在项目管理中，人们强调项目参加者之间的合作，讲究诚实信用，强调利益的一致性，强调和实现"多赢"，而不是强调利益的冲突、斗争、利己。

6.项目组织的特殊性

项目组织成员可能是来自不同国家、不同地区、不同部门、不同组织的人临时组织起来形成的组织。项目组织不同于一般的企业组织、社团组织和军队组织，它具有自身的组织特殊性。这个特殊性是由项目的特点决定的，同时它又决定了项目组织设置和运行的原则，在很大程度上决定了项目参与者在项目中的组织行为，决定了项目管理过程。

(1)项目组织具有很强、很明显的目的性。

(2)每个参加者在项目组织中的地位是由他在项目中所承担的任务决定的，而不是由他的企业规模、级别或所属关系决定的。

(3)项目组织是一次性的、暂时的，具有临时组合性特点。项目组织的寿命与它所承担的项目任务(由合同规定)的时间长短有关。项目结束或相应项目任务完成后，项目组织就会解散或重新构成其他项目组织。工程项目组织中每个参加者都可能有自己的项目组织，有些参加组织在项目的生命中只承担阶段性的任务，而不一定参与整个项目全过程。即使有一些经常从事相近项目任务或项目管理任务的机构(如项目管理公司、施工企业)，尽管项目管理班子或队伍人员变化不大，但由于不同的项目有不同的目的、范围、对象、合作者(如业主、分包单位等)，则也应该认为这个组织是一次性的。

项目组织的一次性和暂时性，是它区别于企业组织的一大特点，它对项目组织的运行、参加者的组织行为、团队建设、沟通管理有很大的影响。

(4)项目组织与企业组织之间有复杂的关系。

项目组织成员通常都有两个角色，既是本项目组织的成员，又是原所属企业或部门中的成员。组织成员角色的双重性使得这些成员在工作时既要照顾项目的利益，同时又要兼顾原企业或部门的利益，由于项目是暂时的、一次性的，在项目结束后，所有的成员最终的归宿仍然是企业或部门。因此，在项目利益和部门利益发生冲突时，他们首先的选择是放弃项目利益，这也是导致项目失败的主要原因之一。在一个企业内部，项目组织还存在多头领导的问题，容易产生项目组织与职能组织和其他组织的冲突。

（5）项目内的组织关系有多种形式。

项目内组织关系最主要的形式有专业和行政方面的关系，合同关系是由合同定义的管理关系。项目组织按照合同运行，其组织联系则是比较松散的。

除了合同关系外，项目参加者在项目实施前通常还订立项目管理规则，使各项目参加者在项目实施过程中能更好地协调、沟通，使项目管理者能更有效地控制项目。

二、工程项目管理的内容和方法

工程项目管理是项目管理中最重要的一类，是对建设项目、设计项目、施工项目和咨询项目等实施管理的总称。工程项目管理是组织运用系统的观点、理论和方法，对建设工程项目全过程进行的计划、组织、协调、控制和监督的系统管理活动。工程项目管理的核心任务是控制项目目标（造价、质量、进度、安全），最终实现项目的功能以满足使用者的需求。

（一）工程项目管理的内容

按工程项目的实施过程，工程项目管理的内容如下：

（1）工程项目目标设计：包括项目构思、项目建议书及可行性研究等。

（2）工程项目系统分析：包括外部系统（环境）调查分析及内部系统（项目结构）分析等。

（3）工程项目计划管理：包括实施方案及总体计划、工期计划、成本（投资）计划、资源计划以及它们的优化等。

（4）项目的组织管理：包括组织机构设置、人员组成、各方面工作与职责的分配、人际关系、供求关系、约束关系的协调等。

（5）项目的合同管理：包括招标、投标管理，合同实施控制，合同变更管理，索赔管理等。

（6）项目的信息管理：包括信息系统的建立、文档管理等。

（7）项目劳动要素的管理：包括劳动力、材料、机械设备、资金和技术（即5M）的动态管理并进行优化配置。

（8）项目的实施控制：包括进度控制、成本（投资）控制、质量控制、安全控制、风险控制等。

（9）项目后工作：包括项目验收、移交、运行准备、项目后评估、对项目进行总结，研究目标实现的程度、存在的问题等。

（二）工程项目管理的职能分解

上述工程项目管理的主要工作可以分为许多管理职能。职能的分解是项目管理专业化的表现，在施工项目部中一般都是按照管理职能落实部门责任。通常工程项目管理职能有以下几个方面：

1. 成本（投资）管理

（1）成本（投资）的预测和计划，包括工程投资的估算、概算和预算。

（2）工程估价，对工程编制标底和报价，以及在工程施工中对工程变更进行估价。

（3）工程项目的支付计划、收款计划、资金计划和融资计划。

（4）成本（投资）控制，包括对已完工工程进行量方，指令各种形式的工程变更，处理费用索赔，审查、批准进度付款，审查监督成本支出，作为成本跟踪和诊断。

（5）工程款结算和审核。准备竣工结算以及最终结算，提出结算报告。

2. 工期管理

工期管理工作是在工程量计算、实施方案选择、施工准备等工作基础上进行的，包括如下具体的管理活动。

（1）工期计划。包括确定工程活动的持续时间、安排活动之间的逻辑关系；按照总工期目标安排各工程活动的工期。

（2）资源供应计划。

（3）进度控制。包括：

①审核承包商的实施方案和进度计划；

②监督项目参加者各方按计划开始和完成工作；

③要求承包商修改进度计划，指令暂停工程，或指令加速工程进度；

④处理工期索赔要求。

3. 质量、安全、环境和健康等的管理

（1）审核承包商的质量保证体系和安全保证体系；

（2）对材料采购、实施方案、设备进行事前认定的进场检查、验收；

（3）对工程施工过程进行质量监督、中间检查；

（4）对不符合要求的工程、材料、工艺的处置；

（5）对已完工工程进行验收；

（5）组织整个工程竣工验收，安装调试和移交；

（6）为项目运行做各种资金积累，如使用手册、维修手册、人员培训、运行物资准备等；

（7）现场管理、安全管理和环境管理等。

4. 组织和信息管理

（1）建立项目组织机构和安排人事，选择项目管理班子，培训项目职能人员，加强团队建设。

（2）制定项目管理工作流程，落实各方面责、权、利关系。制定项目管理工作规则。

（3）领导施工项目部工作，积极解决出现的各种问题和争执；处理内部与外部关系，沟通、协调项目参加者各方。

（4）信息管理。包括：

①建立信息管理系统，确定组织成员（部门）之间的信息形式、信息流；

②收集工程过程中的各种信息，并予以保存；

③起草各种文件，向承包商发布图纸、指令；

④向业主、企业和其他相关各方递交各种报告。

（5）组织协调。包括：

①协调各参加者的利益和责任，调解争执；

②向企业领导和企业职能部门经理汇报项目状况；

③举行协调会议等。

5. 采购和合同管理

(1)采购计划的制订和采购工作的安排。

(2)招标投标管理。包括合同策划、招标准备工作、起草招标文件、合同审查。

(3)合同实施控制。包括：

①解释合同，确保项目人员了解合同，遵守合同；

②监督合同实施；

③对来往信件进行合同审查；

④审查承包商的分包合同，批准分包单位等。

(4)合同变更管理。

(5)索赔管理，解决合同争执等。

6. 风险管理

包括风险识别、风险计划和控制。

7. 其他

如项目的范围管理等。

（三）工程项目管理的方法

工程项目在实施的全过程中，在不同环节有着不同的管理方法。建设项目除了与环境协调的宏观目标，具体应有质量、时间、费用、安全等目标，前期需经评价，在实施过程中涉及合同、采购、信息、人力资源、风险等管理。对于上述目标和过程中的管理内容，目前都有一定的方法，这些方法综合起来，共同控制、协调项目以保证项目建设的成功实施。

1. 工程项目管理方法的分类

(1)按管理目标划分。工程项目管理方法有进度管理方法、质量管理方法、成本管理方法、安全管理方法、现场管理方法等。

(2)按管理方法的量性划分。工程项目管理方法有定性方法、定量方法和综合管理方法。其中定性方法是经验方法，综合方法是定性方法和定量方法兼容。

(3)按管理方法的专业性质划分。工程项目管理方法有行政管理方法、经济管理方法、管理技术方法和法律管理方法等。其中管理技术方法是大量的，最重要的适用方法有 PDCA循环方法、ABC 分析法、因果分析法、控制图法、直方图法、网络计划技术法、价值工程方法、费用估算法、偏差分析法、数理统计方法、信息管理方法、线性规划方法、目标管理方法、系统分析方法等等。管理技术方法是管理中的硬方法，以定量方法居多，有少量定性方法，其科学性更高，能产生的管理效果更好。

2. 工程项目管理方法的应用原则

工程项目管理方法是项目管理的灵魂和动力，在应用时应贯彻如下四项原则：

(1)适用性原则。这一原则要求项目管理者必须根据明确的项目管理目标，选择适宜的项目管理方法。不同的项目管理目标应选用不同的、有针对性的管理方法，并且要对管理环境进行调查分析，也要分析这种方法可能产生或受到的干扰，以判断所选用的管理方法的可行性以及由它所带来的经济效益。

(2)灵活性原则。是指为了达到一定的管理目的，项目管理人员必须根据项目内外部环境的变化，灵活选择并运用各种有效的管理方法，防止管理目标的盲目性，管理过程和手段的教条化，管理方式的僵硬化。

（3）坚定性原则。在项目管理过程中，应用管理方法并非一帆风顺，会遇到各种干扰，如惯性、风俗习惯、社会环境、外界压力等，都会对管理规则和新方法的应用产生抵触，甚至在某种环境下可能产生强烈的干扰或制约等。在上述环境下，项目管理人员在使用管理方法时要坚持坚定性原则，克服外界的压力和困难，使项目管理标准具有同一性，从而取得项目管理过程的公平性和公正性，以实现项目管理的最佳效果。

（4）开拓性原则。项目一次性和项目管理的复杂性多样性，要求项目管理人员在管理过程中，管理方法具有一定程度的创新性，使项目在创新的方法下产生更好的经济、社会和环境效益。创新的过程既包括创造新方法，又包括对成熟方法应用方式的革新。

3. 工程项目管理方法的应用步骤

工程项目管理方法，尤其是现代化的技术性管理方法（如网络计划技术、BIM 技术等），要想成功地运用，必须制定严格、合理的程序规范管理方法的使用步骤。因此，工程项目管理方法的应用程序应包含下列步骤：

（1）研究管理任务，明确其专业要求和管理方法的应用目的。

（2）深入调查项目管理所处的环境，以便为选择管理方法提供决策依据。

（3）选择适用、可行的管理方法，选择的方法应该专业对路，而且在项目条件允许的情况下，该项目管理方法能确保项目任务目标的完成。

（4）对所选方法在应用中可能遇到的问题进行分析，找出关键的影响因素，制定项目管理方法实施的保证措施。

（5）在实施该选用方法的过程中要加强动态控制，积极地解决在实施过程中产生的问题与矛盾，使管理方法产生实效。

（6）在管理方法应用过程结束之后，要进行方法使用效果的总结，以不断提高管理方法的应用水平。

三、不同主体的工程项目管理

1. 投资者的项目管理

投资者的目的不仅是工程建设完成交付运营，更重要的是通过运营收回投资和获得预期的投资回报。国外大企业或项目型公司确定的投资责任中心、参与工程项目融资的企业单位，以及我国实行的建设项目业主投资责任制中的业主就是以投资者的身份进行从项目构思开始，包括项目的优先顺序、投资的分配、投资计划、项目的规模、建设管理模式等重大的和宏观的问题的决策；他们为项目筹措并提供资金，更注重项目的最终产品或服务的市场，并从项目的运行中获得收益，以提高工程项目的投资效益。

投资者通常不负责具体的工程项目管理，而是委托业主或项目管理公司进行项目管理工作。

2. 业主的项目管理

业主以工程项目所有者的身份，作为项目管理的主体，居于项目组织最高层。根据工程项目管理体制的不同，他们可能以不同的形式出现。

（1）仅承担工程建设管理任务的业主，如我国通常意义上的建设单位，或以业主的身份进行工程项目管理的单位或部门。虽然有时他们承担项目的任务是从前期策划或可行性研究阶段开始，并延伸到运营阶段，但在项目立项前，由于项目是否上马尚不能确定，所以业主的身份也不能确定。正式以业主身份进行项目管理是在项目立项后，所以他们的项目管理的对象是从项目立项到工程竣工交付运营为止的工程建设过程。

(2)对一些大型的、实行投资项目业主全过程责任制的业主，他们的管理对象是从项目的构思开始直到项目结束(包括整个运营管理)的全生命期的工程项目。但工程项目建成后交付运营，通常就作为企业或企业的一部分，不再以业主的身份出现。

业主对工程项目的管理深度和范围由项目的承发包方式和管理模式决定。在现代工程项目中，业主不承担具体的项目管理任务，不直接管理承包商、供应商、设计单位，而主要承担项目的宏观管理以及与项目有关的外部事务。如：项目管理模式、工程承发包方式的选择；选择工程项目的实施者(承包商、设计单位、项目管理模式、供应单位)，委托项目任务，并以项目设计和计划的批准，以及对设计和计划重大修改的批准；在项目实施过程中重大问题的决策；按照合同规定对项目实施者支付工程款和接受已完工工程等。

3. 项目管理公司(监理公司或咨询公司)的项目管理

业主可以将工程项目全过程的管理工作委托给项目管理公司，即项目管理总承包，也可以委托一些阶段性的管理工作(如可行性研究、设计监理或施工监理)，也可以委托单项咨询工作(如造价咨询、招标代理、合同管理或项目索赔等)。

项目管理公司受业主委托，提供项目管理服务，包括合同管理、投资管理、质量管理、进度控制、信息管理，协调与业主签订合同的各个设计单位、承包商、供应商的关系，并为业主承担项目中的事务性管理工作和决策咨询工作等。项目管理公司的项目管理工作是最重要的，也是最典型的。

4. 承包商的项目管理

广义的承包商包括设计单位、工程承包商、材料和设备的供应商。虽然他们的项目管理会有较大的区别，但他们都在同一个组织层次上进行项目管理。

在相应的工程承包合同范围内，承包商为完成规定的设计、施工、供应、竣工和保修任务，并为这些工作提供设备、劳务、管理人员，对相关的工程承包进行计划、组织、协调和控制，使承包项目在规定的工期和成本范围内满足合同所规定的功能和质量要求。

承包商的工程项目管理是从参加相应工程的投标开始，直到承包合同所确定的工程范围完成，竣工交付，最终到合同所规定的保修期结束为止。

在施工阶段，承包商承担的施工任务常常是实施过程的主导活动。他的工作和工程的质量、进度和价格对工程项目的目标影响最大。所以，承包商的项目管理是最具体、最细致，同时又是最复杂的。

5. 政府对工程项目的管理

政府对工程项目的管理是指政府的有关部门履行社会管理的职能，依据法律和法规对项目进行行政管理，提供服务和执行监督工作，而不是作为投资者对政府投资项目的管理。政府的目的是维护社会公共利益，使工程项目的建设符合法律的要求，符合城市规划的要求，符合国家对工程项目建设的宏观控制的要求。政府的项目管理工作包括：

(1)对工程项目立项的审查和批准；

(2)对工程项目建设过程中涉及建设用地许可、规划方案、建筑许可的审查和批准；

(3)对工程项目涉及环境保护方面的审查批准；

(4)涉及公共安全、消防、健康方面的审查和批准；

（5）从社会的角度对工程项目的质量进行监督和检查；

（6）对工程项目过程涉及的市行为的监督；

（7）对在建设过程中违反法律和法规的行为的处理等。

政府还可能通过各种政策、法律、法规等宏观手段，影响项目的组织动作形式、工程运行方式、建设程序等。

四、工程项目全生命期管理的理念

工程项目全生命期管理的理念主要注重将传统的工程项目的生命期向前向后延伸，并注重项目运营期对工程项目策划的影响。

1. 工程项目生命期的延伸和拓展

这是因为：

（1）现代工程项目高科技含量大，是研究、开发、建设、运营的结合，而不仅仅是传统意义上的建筑工程。建设过程，特别是施工过程的重要性和难度相对降低，而项目投资管理、经营管理、资产管理的任务和风险加重，难度加大，项目从构思、目标设计、可行性研究、设计、建造，直到运营管理全过程的一体性要求增加。人们越来越要求对项目进行全过程（包括运营）的评价、计划和控制。如对许多工程，特别是工业项目，不能仅仅评估其建设阶段成本，应进一步评价建设成本加运营成本是否最优。

（2）在工程项目中实行业主全过程投资责任制。作为投资主体的业主，负责工程项目的前期策划、设计、计划、融资、建设管理、运营管理、归还贷款。因此，业主的管理对象就是一个从构思开始直到工程运营结束的全生命期的工程项目。

由于市场竞争激烈和技术更新速度加快，企业不仅必须在短期内完成新产品开发和投产，而且更需要在工程项目的建设和运营中持续运用和引进新技术、不断更新产品类型。工程项目全生命周期管理能够满足这种需求。

有些工程项目由于条件的限制，所采用的技术方案和技术标准不可能一步达到最先进的水平，而是在工程使用期的几十年内技术不断发展，并且在这期间工程有可能变更使用功能，所以，建成后的工程系统应满足新的功能比较简便地添加、改变、更新。

（3）在现代工程中，业主要求建筑业能像其他工业部门一样提供以最终使用功能为主体的服务，要求一个或较少的承包商承担从项目构思到运营管理的全过程责任，要求承包商承担项目的运行管理（物业管理）和维护服务，要求承包商参与项目融资（如BOT项目），与项目的最终效益挂钩，以保持项目责任的一致性和完备性，降低成本，缩短工期，减少投资风险。国外许多工程实践证明，作为工程的建设者，由承包商承担工程的运营管理任务是最经济和最合理的。因而近年来，工程承包商参加BOT项目、"设计—供应—施工"总承包方式和项目管理总承包等。新的工程项目管理模式最终给承包商和业主都带来很大的利益。

（4）工程项目的价值是通过建成后的运营实现的。工程项目通过它在运营中提供的产品和服务满足社会需要，促进社会发展。现代社会对工程项目与环境的协调和可持续发展的要求越来越高，要求工程项目在建设和运营全过程中都经得住社会和历史的推敲。因此，人们就必须从更高层次上认识和要求工程项目管理。如果不将运营纳入工程项目的生命期，工程项目前期策划就不能重视工程项目的运营问题，忽视工程项目对环境、社会和历史的影响，不关注工程的可维护性和可持续发展的能力，这样工程项目的成功就会受到严重影响。

(5)传统的以工程建设过程为对象的管理目标是有局限性的,造成项目管理者的思维过于现实和视角太低,同时造成项目管理过于技术化。这种状况损害项目管理理论的发展和学科体系的建立。

因此,工程项目的生命期不断地向前延伸和向后拓展,便形成了工程项目全生命期管理的理念。

2.工程项目全生命期管理的作用

工程项目全生命期管理不仅扩大了项目管理的时间跨度和内涵,而且使工程项目管理形成飞跃。

(1)从工程项目的整体出发,反映项目全生命期的要求,更加保证了项目目标的完备性和一致性。

(2)能够形成具有连续性和系统性的管理组织责任体系,更有力地保证了项目管理的连续性和系统性,能够极大地提高项目管理的效率,改善项目的运行状况。

(3)能够提升项目管理的目标体系、项目管理者的伦理道德、项目管理者对历史和社会的使命感。与企业管理的理念一样,工程项目全生命期的管理理念更能反映出项目的组织文化和品位,反映项目管理者良好的管理理念、思维方式、价值观、伦理道德和管理哲学。

(4)促进项目管理的理论和方法改进,如项目的全生命期评价理论和方法、项目的可持续发展理论和方法、项目集成化管理方法等。

(5)改进项目的组织文化,促进项目组织沟通。

本章小结

本章作为工程项目管理的概论,主要叙述了项目管理中项目与工程项目的定义、特征,工程项目的建设程序以及工作内容组成,阐述了工程项目管理的内容和方法,介绍了工程项目全生命期管理的理念。

复习思考题

1.什么是项目?简述项目的特征,以及工程项目的特点。

2.从新闻报道等渠道列举比较有意义的项目的例子,并根据项目的定义和特征对其进行描述。

3.工程项目通常有哪些约束条件?

4.从你在认识实习、生产实习中了解的工程项目,或你周围的生活设施、基础设施等选择其中一个,根据工程项目的特点,对其进行描述,并说明它来源于什么组织目的。

5.简述工程项目的生命期,说明工程项目建设程序各个阶段的工作内容。

6.针对某一教学楼工程项目,说明其业主是谁?有哪些参与者?如何进行组织和策划的?业主、承包商应开展哪些项目工作?

7.为什么说现代项目管理强调项目参加者之间的合作和多赢?

8.为什么现代工程项目管理的生命期必须比早期工程项目管理向前延伸和向后拓展?

9.简述工程项目管理的工作内容,以及工程项目管理的职能及其活动内容。

第2章　工程项目管理组织与项目团队

【学习目标】

1. 了解工程项目管理组织的特点。

2. 熟悉工程项目管理组织的基本原则，熟悉工程项目管理组织形式的形成基础、主要形式及其特点，工程项目管理者的主要工作内容，主要的工程项目管理模式及其特点。

3. 掌握工程项目管理组织形式的选择标准，现代工程项目管理对项目经理的要求。

4. 根据工程项目建设的实际情况设计、构建适宜的工程项目管理组织和工程项目管理组织。

5. 通过本课程的学习，培养学生的职业道德观和行业自律精神，为毕业后成为合格的项目管理者奠定基础。

【学习重点】

1. 施工项目管理的基本组织理论和组织工具；

2. 施工项目组织结构的设置原则；

3. 施工项目经理的地位和责、权、利；

4. 施工项目部的地位和性质；

5. 施工项目团队建设的内容。

2.1　工程项目管理组织概述

一、工程项目管理组织的概念

（一）组织的概念

组织就是为了使系统达到它特定的目标，使全体参加者经分工与协作以及设置不同层次的权力和责任制度而构成的一种人的组合体。它含有三层意思：

（1）目标是组织存在的前提；

（2）没有分工与协作就不是组织；

（3）没有不同层次的权力和责任制度就不能实现组织活动和组织目标。

组织不能替代其他要素，也不能被其他要素所替代。但是，组织可以使其他要素合理配合而增值，即可以提高其他要素的使用效益。

（二）工程项目管理组织的概念

工程项目管理组织是指为实施工程项目管理建立的组织机构，以及该机构为实现工程项目目标所进行的各项组织工作。前者通常表现为组织机构，后者表现为组织工作。工程项目组织是管理的一种重要职能，其一般概念是指各生产要素相互结合的形式、制度和组织活动。由于生产要素的相互结合是不断变化的，所以组织也是动态变化的，它不但要贯穿于管理活动的全过程和所有方面，随着其中各种要素的变化而变化，而且本身也是一个系统的概念。

工程项目管理组织作为组织机构，是根据项目管理目标通过科学设计而建立的组织实体。该机构是由一定的领导机制、部门设置、层次划分、职责分工、规章制度、信息管理系统等构成的有机整体。一个以合理有效的组织机构为框架所形成的权利系统、责任系统、利益系统、信息系统是实施工程项目管理及实现最终目标的组织保证。

工程项目管理组织作为组织工作，是通过施工项目管理组织机构所赋予的权力，具有一定的组织力、影响力，在施工项目管理中，负责合理配置生产要素，协调内外部及人员间的关系，发挥各项业务职能的能动作用，确保信息畅通，推进施工项目目标的优化实现等全部管理活动。

二、工程项目管理组织的职能

组织职能包括对人、财、物和信息在内的各种资源在一定空间和时间范围内进行有效的配置，划分出若干管理层次，分出若干部门；对人员进行选聘、考评和培训，为组织结构中的每个职位配备合适的人员，并把监督每类工作或活动所必需的职权授予给各个管理层次、各部门的主管人员，以及规定上下左右的协调关系；此外，还需要根据组织内外诸要素的变化，不断地对组织结构做出调整和变革，以确保组织目标的实现。工程项目管理组织的职能包括组织设计、组织运行、组织调整等三个环节。

（一）组织设计

1. 组织设计的依据

组织设计的主要依据有管理目标及任务，管理幅度、层次，责权对等原则，分工协作原则，信息管理原则等。

2. 组织设计的内容

组织设计的主要内容包括：设计、选定合理的组织系统（含生产指挥系统、职能部门等）；科学确定管理跨度、管理层次，合理设置部门、岗位；明确各层次、各单位、各部门、各岗位的职责和权限；规定组织机构中各部门之间的相互关系、协调原则和方法；建立健全必要的规章制度；建立各种信息流通、反馈的渠道，形成信息网络。

（二）组织运行

1. 组织运行的依据

组织运行的主要依据有激励原理、业务性质、分工协作等。

2. 组织运行的内容

组织运行的主要内容包括：做好人员配置，业务衔接，明确职责、权利、利益；各部门、各层次、各岗位的工作人员各尽其职、各负其责、协同工作；保证信息沟通的准确性、及时性，达到信息共享；经常对在岗人员进行培训、考核和激励，以提高其素质和士气。

（三）组织调整

1. 组织调整的依据

组织调整的主要依据有动态管理原理、工作需要、环境条件变化。

2. 组织调整内容

组织调整的主要内容包括：分析组织体系的适应性、运行效率，及时发现不足与缺陷；对原组织设计进行改革、调整或重新组合；对原组织进行调整或重新安排。

2.2 工程项目管理组织机构

施工项目管理组织机构与企业管理组织机构是局部与整体的关系。组织机构设置的目的是为了进一步充分发挥项目管理功能，提高项目整体管理效率，以达到项目管理的最终目标。因此，企业在推行项目管理中合理设置项目管理组织机构是一个至关重要的问题。高效率的组织体系和组织机构的建立是施工项目管理成功的组织保证。

一、工程项目管理组织机构的作用

(一)组织机构是施工项目管理的组织保证

项目经理在启动项目实施之前，首先要做组织准备，建立一个能完成管理任务、项目经理指挥灵便、运转自如、效率很高的项目组织机构——施工项目部，其目的就是为了提供进行施工项目管理的组织保证。一个好的组织机构，可以有效地完成施工项目管理目标，有效地应付环境的变化，有效地供给组织成员生理、心理和社会需要，形成组织力，使组织系统正常运转，产生集体思想和集体意识，完成项目管理任务。

(二)形成一定的权力系统以便进行集中统一指挥

组织机构的建立，首先是以法定的形式产生权力。权力是工作的需要，是管理地位形成的前提，是组织活动的反映。没有组织机构，便没有权力，也没有权力的运用。权力取决于组织机构内部是否团结一致，越团结，组织就越有权力、越有组织力，所以施工项目组织机构的建立要伴随着授权，以便权力的使用能够实现施工项目管理的目标。要合理分层，层次多，权力分散；层次少，权力集中。所以要在规章制度中把施工项目管理组织的权力阐述明白，固定下来。

(三)形成责任制和信息沟通体系

责任制是施工项目组织中的核心问题。没有责任也就不成其为项目管理机构，也就不存在项目管理。一个项目组织能否有效地运转，取决于是否有健全的岗位责任制。施工项目组织的每个成员都应肩负一定责任，责任是项目组织对每个成员规定的一部分管理活动和生产活动的具体内容。

信息沟通是组织力形成的重要因素。信息沟通的根源在组织活动之中、下级(下层)以报告的形式或其他形式向上级(上层)传递信息，同级不同部门之间为了相互协作而横向传递信息。越是高层领导，越需要信息，越要深入下层获得信息。原因就是领导离不开信息，有了充分的信息才能进行有效决策。

综上所述，可以看出组织机构非常重要，在项目管理中是一个焦点。一个项目经理建立了理想有效的组织系统，他的项目管理就成功了一半。项目组织一直是各国项目管理专家普遍重视的问题。据国际项目管理协会统计，各国项目管理专家的论文，有1/3是有关项目组织的。

二、工程项目管理组织机构的形式

施工项目管理组织机构的形式是指在施工项目管理组织中处理管理层次、管理跨度、部门设置和上下级关系的组织结构的类型。施工项目组织的形式与企业的组织形式是不可分割的。加强施工项目管理就必须进行企业管理体制和内部配套改革。施工项目的组织形式有以下几种：

（一）工作队式

工作队式的施工项目管理组织是指主要由企业中有关部门抽出管理力量组成施工项目部的方式。

1.特征

图 2-1 中为工作队式施工项目组织形式，虚线内表示项目组织，其人员与原部门脱离。

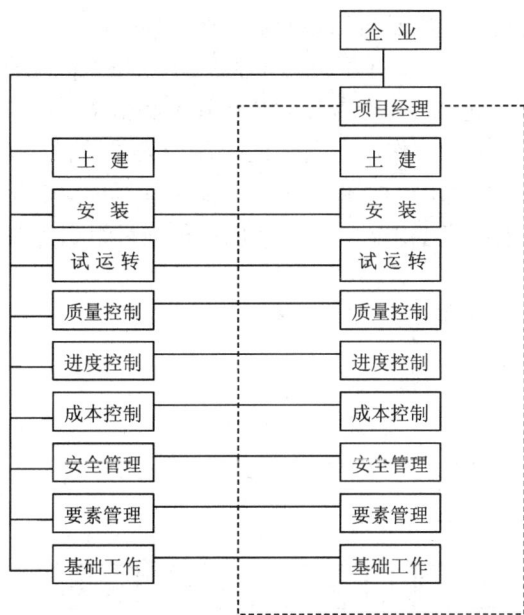

图 2-1　工作队式施工项目组织形式

（1）项目经理在企业内招聘或抽调职能人员组成管理机构（工作队），由项目经理指挥，独立性大。

（2）项目管理班子成员在工程建设期间与原所在部门断绝领导与被领导关系。原单位负责人员负责业务指导及考察，但不能随意干预其工作或调回人员。

（3）项目管理组织与项目同寿命。项目结束后机构撤销，所有人员仍回原所在部门和岗位。

2.适用范围

这是按照对象原则组织的项目管理机构，可独立地完成任务，相当于一个"实体"。企业职能部门处于服从地位，只提供一些服务。这种项目组织类型适用于大型项目、工期要求紧迫的项目、要求多工种多部门密切配合的项目。因此，它要求项目经理素质要高，指挥能力要强，有快速组织队伍及善于指挥来自各方人员的能力。

3.优点

（1）项目经理从职能部门抽调或招聘的是一批专家，他们在项目管理中配合、协同工作，可以取长补短，有利于培养一专多能的人才并充分发挥其作用。

（2）各专业人才集中在现场办公，减少了扯皮和等待时间，办事效率高，解决问题快。

（3）项目经理权力集中，运权的干扰少，故决策及时，指挥灵便。

（4）由于减少了项目与职能部门的结合部，项目与企业的结合部关系弱化，故易于协调关系，减少了行政干预，使项目经理的工作易于开展。

（5）不打乱企业的原建制，传统的直线职能制组织仍可保留。

4.缺点

（1）各类人员来自不同部门，具有不同的专业背景，互相不熟悉，难免配合不力。

（2）各类人员在同一时期内所担负的管理工作任务可能有很大差别，因此很容易产生忙闲不均，可能导致人员浪费。特别是对稀缺专业人才，难以在企业内调剂使用。

（3）职工长期离开原单位，即离开了自己熟悉的环境和工作配合对象，容易影响其积极性的发挥。而且由于环境变化，容易产生临时观点和不满情绪。

（4）职能部门的优势无法发挥作用。由于同一部门人员分散，交流困难，也难以进行有效的培养、指导，削弱了职能部门的工作。当人才紧缺而同时又有多个项目需要按这一形式组织时，或者对管理效率有很高要求时，不宜采用这种项目组织类型。

（二）部门控制式

部门控制式的施工项目管理组织形式如图 2-2 所示。

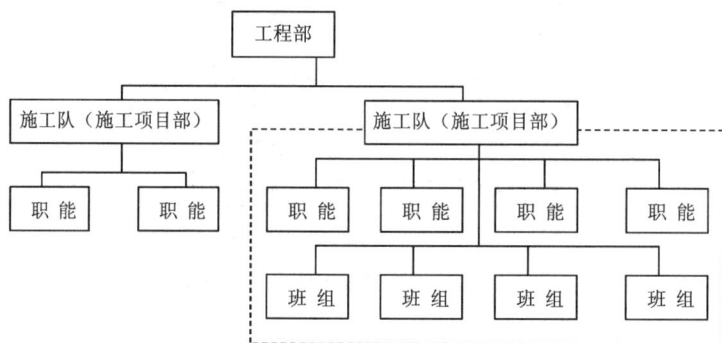

图 2-2　部门控制式施工项目组织形式

1.特征

这是按职能原则建立的项目组织。它并不打乱企业现行的建制，把项目委托给企业某一专业部门或委托给某一施工队，由被委托的部门（施工队）领导，在本单位选人组合负责实施项目组织，项目终止后恢复原职。

2.适用范围

这种形式的项目组织一般适用于小型的、专业性较强的、不需涉及众多部门的施工项目。

3.优点

（1）人才作用发挥较充分。这是因为由熟人组合办熟悉的事，人事关系容易协调。

（2）从接受任务到组织运转启动，时间短。

（3）职责明确，职能专一，关系简单。

（4）项目经理无须专门训练便容易进入状态。

4. 缺点

（1）不能适应大型项目管理需要，而真正需要进行施工项目管理的工程正是大型项目。

（2）不利于对计划体系下的组织体制（固定建制）进行调整。

（3）不利于精简机构。

（三）矩阵式

矩阵式的施工项目管理组织形式是指企业承揽到综合性施工项目或大型专业化施工项目的情况下，由各种生产要素管理部门和专业职能部门抽出施工力量组成施工项目部，把职能原则和对象原则有机地结合起来，充分发挥了职能部门的纵向优势和项目管理组织的横向优势，多个项目组织的横向系统与职能部门的纵向系统形成了矩阵结构。矩阵式的施工项目管理组织形式如图 2-3 所示。

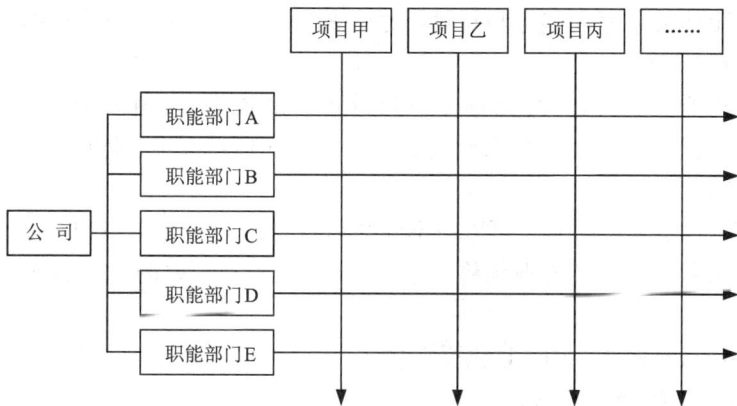

图 2-3　矩阵式施工项目组织形式

1. 特征

（1）项目组织机构与职能部门的结合部同职能部门数相同。多个项目与职能部门的结合部呈矩阵状。

（2）把职能原则和对象原则结合起来，既发挥职能部门的纵向优势，又发挥项目组织的横向优势。

（3）专业职能部门是永久性的，项目组织是临时性的。职能部门负责人对参与项目组织的人员进行组织调配、业务指导和管理考察。项目经理将参与项目组织的职能人员在横向上有效地组织在一起，为实现项目目标协同工作。

（4）矩阵中的每个成员或部门，接受原部门负责人和项目经理的双重领导。但部门的控制力大于项目的控制力。部门负责人有权根据不同项目的需要和忙闲程度，在项目之间调配本部门人员。一个专业人员可能同时为几个项目服务，特殊人才可充分发挥作用，免得人才在一个项目中闲置又在另一个项目中短缺，大大提高人才利用率。

（5）项目经理对"借"到本施工项目部来的成员，有权控制和使用。当感到人力不足或某些成员不得力时，他可以向职能部门求援或要求调换，辞退回原部门。

(6)施工项目部的工作有多个职能部门支持,项目经理没有人员包袱。但要求在水平方向和垂直方向有良好的信息沟通及良好的协调配合,对整个企业组织和项目组织的管理水平和组织渠道畅通提出了较高的要求。

2.适用范围

(1)适用于同时承担多个需要进行项目管理的工程的企业。在这种情况下,各项目对专业技术人才和管理人员都有需求,加在一起数量较大。采用矩阵制组织可以充分利用有限的人才对多个项目进行管理,特别有利于发挥稀有人才的作用。

(2)适用于复杂的大型施工项目。因复杂的大型施工项目要求多部门、多技术、多工种配合实施,在不同阶段,对不同人员,有不同数量和搭配各异的需求。显然,部门控制式机构难以满足这种项目要求;混合工作队式组织又因人员固定而难以调配。人员使用固化,不能满足多个项目管理的人才需求。

3.优点

(1)它兼有部门控制式和工作队式两种组织的优点,即解决了传统模式中企业组织和项目组织相互矛盾的状况,把职能原则与对象原则融为一体,求得了企业长期例行性管理和项目一次性管理的一致性。

(2)能以尽可能少的人力,实现多个项目管理的高效率。理由是通过职能部门的协调,一些项目上的闲置人才可以及时转移到需要这些人才的项目上去,防止人才短缺,项目组织因此具有弹性和应变力。

(3)有利于人才的全面培养。可以使不同知识背景的人在合作中相互取长补短,在实践中拓宽知识面;发挥了纵向的专业优势,可以使人才成长有深厚的专业训练基础。

4.缺点

(1)由于人员来自职能部门,且仍受职能部门控制,故凝聚在项目上的力量减弱,往往使项目组织的作用发挥受到影响。

(2)管理人员如果身兼多职地管理多个项目,便往往难以确定管理项目的优先顺序,有时难免顾此失彼。

(3)双重领导。项目组织中的成员既要接受项目经理的领导,又要接受企业中原职能部门的领导。在这种情况下,如果领导双方意见和目标不一致乃至有矛盾时,当事人便无所适从。要防止这一问题产生,必须加强项目经理和部门负责人之间的沟通,还要有严格的规章制度和详细的计划,使工作人员尽可能明确在不同时间内应当干什么工作。

(4)矩阵式组织对企业管理水平、项目管理水平、领导者的素质、组织机构的办事效率、信息沟通渠道的畅通,均有较高要求,因此要精于组织,分层授权,疏通渠道,理顺关系。由于矩阵制组织的复杂性和结合部多,造成信息沟通量膨胀和沟通渠道复杂化,致使信息梗阻和失真。于是,要求协调组织内部的关系时必须有强有力的组织措施和协调办法以排除难题。为此,层次、职责、权限要划分明确。有意见分歧难以统一时,企业领导要出面及时协调。

(四)事业部式

图2-4为事业部式的施工项目管理组织形式。

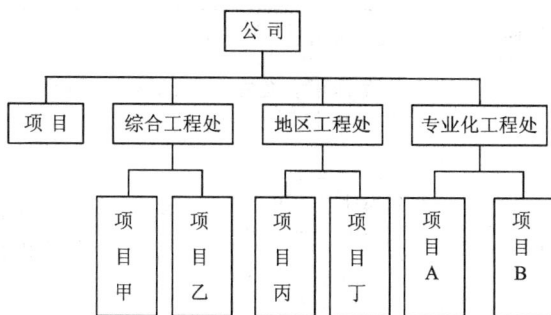

图 2-4　事业部式施工项目组织形式

1. 特征

(1)企业成立事业部，事业部对企业来说是职能部门，对企业外来说享有相对独立的经营权，可以是一个独立单位。事业部可以按地区设置，也可以按工程类型或经营内容设置。事业部能较迅速适应环境变化，提高企业的应变能力，调动部门积极性。当企业向大型化、智能化发展并实行作业层和经营管理层分离时，事业部制是一种很受欢迎的选择，既可以加强经营战略管理，又可以加强项目管理。

(2)在事业部(一般为其中的工程部或开发部，对外工程公司是海外部)下边设置施工项目部。项目经理由事业部选派，一般对事业部负责，有的可以直接对业主负责，是根据其授权程度决定的。

2. 适用范围

事业部式项目组织适用于大型经营性企业的工程承包，特别适用于远离公司本部的工程承包。需要注意的是，一个地区只有一个项目，没有后续工程时，不宜设立地区事业部，也即它适用于在一个地区内有长期市场或一个企业有多种专业化施工力量时采用。在此情况下，事业部与地区市场同寿命。地区没有项目时，该事业部应予撤销。

3. 优点

事业部式项目组织有利于延伸企业的经营职能，扩大企业的经营业务，便于开拓企业的业务领域，还有利于迅速适应环境变化以加强项目管理。

4. 缺点

按事业部制建立项目组织，企业对施工项目部的约束力减弱，协调指导的机会减少，故有时会造成企业结构松散，必须加强制度约束，加大企业的综合协调能力。

(五)施工项目管理组织形式的选择

(1)大型综合性企业，人员素质好，管理基础强，业务综合性强，可以承担大型任务，宜采用工作队式、矩阵制式、事业部式的项目组织机构。

(2)简单项目、小型项目、承包内容专一的项目，应采用部门控制式的项目组织机构。

选择项目组织形式的参考因素见表 2-1。

表 2-1　项目组织形式的参考因素

项目组织形式	项目性质	施工企业类型	企业人员素质	企业管理水平
工作队式	大型项目、复杂项目、工期紧的项目	大型综合建筑企业，有得力项目经理的企业	人员素质较强，专业人才多，职工的技术素质较高	管理水平较高，基础工作较强，管理经验丰富
部门控制式	小型项目，简单项目，只涉及个别少数部门的项目	小建筑企业，事物单一的企业，大中型基本保持直线职能制的企业	人员素质较差，力量较薄弱，人员构成单一	管理水平较低，基础工作较差，项目经理难找
矩阵式	多工种、多部门、多技术配合的项目，管理效率要求很高的项目	大型综合建筑企业，经营范围很宽，实力很强的建筑企业	文化素质、管理素质、技术素质很高，但人才紧缺，管理人才多，人员一专多能	管理水平很高，基础渠道畅通，信息沟通灵敏，管理经验丰富
事业部式	大型项目，远离企业基地项目	大型综合建筑企业，经营能力很强的企业，海外承包企业，跨地区承包企业	人员素质高，项目经理强，专业人才多	经营能力强，信息手段强，管理经验丰富，资金实力雄厚

三、工程项目管理组织机构的设置

（一）施工项目管理组织机构的设置原则

1. 目的性的原则

施工项目组织机构设置的根本目的，是为了产生组织功能，实现施工项目管理的总目标。从这一根本目标出发，就会因目标设事、因事设机构定编制，按编制设岗位、定人员，以职责定制度授权力。

2. 精干高效原则

施工项目组织机构的人员设置，以能实现施工项目所要求的工作任务（事）为原则，尽量简化机构，做到精干高效。人员配置要从严控制二三线人员，力求一专多能，一人多职。同时还要增加项目管理班子人员的知识含量，着眼于使用和学习锻炼相结合，以提高人员素质。

3. 管理跨度和分层统一的原则

管理跨度亦称管理幅度，是指一个主管人员直接管理的下属人员数量。跨度大，管理人员的接触关系增多，处理人与人之间关系的数量随之增大。故跨度太大时，领导者及下属常会出现应接不暇之烦。组织机构设计时，必须使管理跨度适当。然而跨度大小又与分层多少有关。不难理解，层次多，跨度会小；层次少，跨度会大。这就要根据领导者的能力和施工项目的大小进行权衡。项目经理在组建组织机构时，必须认真设计切实可行的跨度和层次，画出机构系统图，以便讨论、修正、按设计组建。

4. 业务系统化管理原则

由于施工项目是一个开放的系统，由众多子系统组成一个大系统，各子系统之间，子系统内部各单位工程之间，不同组织、工种、工序之间，存在着大量结合部，这就要求项目组织也必须是一个完整的组织结构系统，恰当分层和设置部门，以便在结合部上能形成一个相互制约、相互联系的有机整体，防止产生职能分工、权限划分和信息沟通上相互矛盾或重叠。要求在设计组织机构时以业务工作系统化原则作指导，周密考虑层间关系、分层与跨度关系、部门划分、授权范围、人员配备及信息沟通等，使组织机构自身成为一个严密的、封闭的组织系统，能够为完成项目管理总目标而实行合理分工及协作。

5. 弹性和流动性原则

工程建设项目的单件性、阶段性、露天性和流动性是施工项目生产活动的主要特点，必然带来生产对象数量、质量和地点的变化，带来资源配置的品种和数量变化。于是要求管理工作和组织机构随之进行调整，以使组织机构适应施工任务的变化。这就是说，要按照弹性和流动性的原则建立组织机构，不能一成不变。要准备调整人员及部门设置，以适应工程任务变动对管理机构流动性的要求。

6. 项目组织与企业组织一体化原则

项目组织是企业组织的有机组成部分，企业是它的母体，归根结底，项目组织是由企业组建的。从管理方面来看，企业是项目管理的外部环境，项目管理的人员全部来自企业，项目管理组织解体后，其人员仍回企业。即使进行组织机构调整，人员也是进出于企业人才市场的。施工项目的组织形式与企业的组织形式有关，不能离开企业的组织形式去谈项目的组织形式。

2.3　施工项目部

一、施工项目部概述

（一）施工项目部的地位

施工项目部是指在施工项目经理领导下建立的项目管理组织机构，是施工项目的管理层，其职能是对施工项目实施阶段进行综合管理。

施工项目部是施工项目管理的中枢、施工项目责权利的落脚点。相对企业来说，它是项目的责任组织，就一个施工项目对企业全面负责。相对于建设单位来说，它是建设单位成果目标的直接责任者，是建设单位直接监督控制的对象。相对于项目内部成员而言，成员是施工项目部的构成部分，是项目的直接管理者，而施工项目部是成员共同利益的代表者和保证者。

确立施工项目部的地位，关键在于正确处理项目经理与施工项目部的关系。施工项目经理是施工项目部的一个成员，但由于其地位特殊，一般都把它单独列出来，同施工项目部并列。从总体上说，施工项目经理与施工项目部的关系可以总结为两句话：其一是施工项目部受施工项目经理的领导；其二是施工项目经理是施工项目部利益的代表和全权负责者，其一切行为必须符合施工项目的整体利益。

（二）施工项目部的性质

施工项目部是由企业授权，在施工项目经理的领导下建立的项目管理组织机构，是施工项目的管理层，是企业内部相对独立的一个综合性的责任单位。其性质可以归结为三个方面：

1.施工项目部的相对独立性

施工项目部与企业存在着双重关系。一方面，它作为企业的下属单位，同企业存在着行政隶属关系，要服从企业的全部领导；另一方面，它又是一个施工项目独立利益的代表，存在着独立的利益，同企业形成一种经济承包或其他的经济责任关系。

2.施工项目部的综合性

施工项目部是企业所属的经济组织，主要职责是管理施工项目的各种经济活动。施工项目部的管理职能是综合的，包括计划、组织、控制、协调、指挥等多方面。施工项目部的管理业务是综合的，从横向看包括人财物、生产和经营活动，从纵向看包括施工项目寿命周期的主要过程。

3.施工项目部的临时性

施工项目部仅是企业的一个施工项目的责任单位，要随着项目的开工而成立，随着项目的竣工而解体。

（三）施工项目部的作用

施工项目部是项目管理的工作班子，为了充分发挥施工项目部在项目管理中的主体作用，必须对施工项目部的机构设置特别重视，设计、组建、运转好，从而发挥其应有的功能。施工项目部的作用有：

（1）施工项目部是企业某一工程项目上的一次性管理组织机构，由企业委任的项目经理领导。

（2）施工项目部对施工项目从开工到竣工的全过程实施管理，对作业层负有管理与服务双重职能，其工作质量的好坏将对作业层的工作质量有重大影响。

（3）施工项目部是代表企业履行工程承包合同的主体，是对最终建筑产品和建筑单位全面负责、全过程负责的管理实体。

（4）施工项目部是一个管理组织体，要完成项目管理任务和专业管理任务；凝聚管理人员的力量，调动其积极性，促进合作；协调部门之间、管理人员之间的关系，发挥每个人的岗位作用，为共同目标进行工作；贯彻组织责任制，搞好管理；及时沟通部门之间、项目部作业层之间、项目部与公司之间、项目部与环境之间的信息。

二、项目经理责任制

施工项目经理责任制是指以项目经理为责任主体的施工项目管理目标责任制度，用以确立施工项目部与企业、职工三者之间的责、权、利关系。它是以施工项目为对象，以项目经理全面负责为前提，以项目目标责任书为依据，以创优质工程为目标，以求得项目产品的最佳经济效益为目的，实行从施工项目开工到竣工验收交工所进行的一次性全过程管理的制度。

（一）施工项目经理责任制的内容

项目经理责任制的内容包括：企业各层之间的关系；项目经理的地位和素质要求；项目经理目标责任书的制定和实施；项目经理的责、权、利；项目管理的目标责任体系；包括项目经理的目标责任制、施工项目部内各职能部门的目标责任制、施工项目部各成员的目标责任制；可建立以施工项目为对象的三种类型目标责任制：项目的目标责任制、子项目的目标责任制、班组的目标责任制。

（二）施工项目经理责任制的作用

（1）建立和完善以施工项目管理为基点的适应市场经济的责任管理机制。

（2）明确项目经理、企业、职工三者之间的责、权、利关系。

（3）利用经济手段、法制手段对项目进行规范化、科学化的管理。

（4）强化项目经理的责任与风险意识，对工程质量、工期、成本、安全、文明施工等方面全过程负责，促使施工项目高速、优质、低耗地完成。

（三）施工项目经理的责、权、利

1. 施工项目经理的职责

施工项目经理的职责是由其所承担的任务决定的。施工项目经理应当履行以下职责：

（1）贯彻和执行国家和工程所在地政府的有关法律、法规和政策，执行企业的各项管理制度，维护企业整体利益和经济权益。

（2）严格财经制度，加强成本核算，积极组织工程款回收，正确处理国家、企业与项目及其他单位的利益关系。

（3）签订和组织履行《项目经理管理目标责任书》，执行企业与业主签订的项目承包合同中由项目经理负责履行的各项条款。

（4）对工程项目施工进行有效控制，执行有关技术规范和标准，积极推广应用新技术、新工艺、新材料和项目管理软件集成系统，确保工程质量和工期，实现安全、文明生产，努力提高经济效益。

（5）组织编制工程项目施工组织设计，包括工程进度计划和技术方案，制定安全生产和保证质量措施，并组织实施。

（6）根据公司年（季）施工生产计划，组织编制季（月）度施工计划，包括劳动力、材料构件和机械设备的使用计划。据此与有关部门签订供需和租赁合同，并严格执行。

（7）科学组织和管理进入项目工地的人、财、物资源，做好人力、物力和机械设备等资源的优化配置，沟通、协调和处理与分包单位、建设单位、监理工程师之间的关系，及时解决施工中出现的问题。

（8）组织制定施工项目部各类管理人员的职责权限和各项规章制度，搞好与公司各职能部门的业务联系和经济往来，定期向公司经理汇报。

（9）做好工程竣工结算、资料整理归档，接受企业审计并做好施工项目部的解体与善后工作。

2. 施工项目经理的权限

1）用人决策权

项目经理应有权决定项目管理机构班子的设置，选择、聘任有关人员，对班子内的成员的任职情况进行考核监督，决定奖惩，乃至辞退。当然，项目经理的用人权应当以不违背企业的人事制度为前提。

2）财务决策权

在财务制度允许的范围内，项目经理应有权根据工程需要和计划的安排，做出投资动用、流动资金周转、固定资产购置、使用、大修和计提折旧的决策，对项目管理班子内的计酬方式、分配办法、分配方案等做出决策。

3）进度计划控制权

项目经理应有权根据项目进度总目标和阶段性目标的要求，对项目建设的进度进行检查、调整，并在资源上进行调配，从而对进度计划进行有效的控制。

4）技术质量决策权

项目经理应有权批准重大技术方案和重大技术措施，必要时召开技术方案论证会，把好技术决策关和质量关，防止技术上决策失误，主持处理重大质量事故。

5）设备、物资采购决策权

项目经理应有对采购方案、目标、到货要求乃至对供货单位的选择、项目库存策略等进行决策，对由此而引起的重大支付问题做出决策。

3.施工项目经理的利益

目前，在我国国有建筑企业中，项目经理的权限小，管理的面较大，付出的多，得到的少，久而久之，其工作积极性下降。因此，必须明确项目经理的利益，改隐性收入为显性收入。

施工项目部应进行独立核算，改变过去那种只干不算、几个项目的成本核算搅和在一起的做法，将人工费、机械费、材料节约等作为考核指标，提取一定比例利润作为奖励基金，由项目经理按规定分配。项目经理责任期的利益，应与他所承担的责任成比例。

项目经理的最终利益是项目经理行使权力和承担责任的结果，也是市场经济条件下责、权、利相互统一的具体表现。利益可分为两大类：一是物质兑现，二是精神奖励。项目经理应享受以下利益：

（1）获得基本工资、岗位工资和绩效工资。

（2）在全面完成"项目管理目标责任书"确定的各项责任指标，交工验收并结算后，接受企业的考核和审计，除按规定获得物质奖励外，还可获得表彰、记功、优秀项目经理等荣誉称号和其他精神奖励。

（3）经考核和审计，未完成"项目管理目标责任书"确定的责任目标或造成亏损的，按有关条款承担责任，并接受经济或行政处罚。

下面是某企业在项目经理利益上所采取的方案，很具有代表性。

项目经理按规定标准享受岗位效益工资和月度奖金（奖金暂不发）。年终各项指标和整个工程项目，都达到承包合同（责任状）指标要求的，按合同奖罚一次性兑现，其年度奖励可为风险抵押金额的二至三倍。项目终审盈余时，可按利润超额比例提成予以奖励（具体分配办法根据各部门各地区、各企业有关规定执行）。整个工程项目竣工综合承包指标全面完成贡献突出的，除按项目承包合同兑现外，可晋升一级档案工资或授予优秀项目经理的荣誉称号。

如果承包指标未按合同要求完成，可根据年度工程项目承包合同奖罚条款扣减风险抵押金直至月度奖金全部免除。如属个人直接责任，致使工程项目质量粗糙、工期拖延、成本亏损或造成重大安全事故的，除全部没收抵押金和扣发奖金外，还要处以一次性罚款并下浮一级档案工资，性质严重者要按有关规定追究责任。

值得着重指出的是，从行为科学的理论观点来看，对施工项目经理的利益兑现在分析的基础上区别对待，满足其最迫切的需要，以真正通过激励调动其积极性。行为科学认为，人的需要由低层次到高层次分别有物质的、安全的、社会的、自尊的和理想的。如把第一种需要称为"物质的"，则其他四种需要为"精神的"，于是每进行激励之前，应分析该项目经理的最迫切需要，不能盲目的只讲物质激励。从一定意义上说，精神激励的面要大，作用会更显著。精神激励如何兑现，应不断进行研究，积累经验。

三、施工项目部的设置

(一)施工项目部的设置原则

(1)要根据所设计的项目组织形式设置施工项目部，因为项目组织形式与企业对施工项目的管理方式有关，与企业对施工项目部的授权有关。不同的组织形式对施工项目部的管理力量和管理职责提出了不同要求，提供了不同的管理环境。

(2)要根据工程项目的规模、复杂程度和专业特点设置施工项目部。例如大型施工项目部可以设置职能部、处，中型施工项目部可以设处、科，小型施工项目部一般只需设置职能人员即可。如果项目的专业性强，便可设置专业性强的职能部门，如水电处、安装处、打桩处等等。

(3)施工项目部是一个具有弹性的一次性施工生产组织，随工程任务的变化而进行调整。不应搞成一级固定性组织。在工程项目施工开始前建立，在工程竣工交付使用后，项目管理任务完成，施工项目部应解体。施工项目部不应有固定的作业队伍，而是根据施工的需要，在企业内部市场或社会市场吸收人员，进行优化组合和动态管理。

(4)施工项目部的人员配置应面向施工项目现场，满足现场的计划与调度、技术与质量、成本与核算、劳务与物资、安全与文明施工的需要。不应设置专管经营与咨询、研究与开展、政工与人事等与项目施工关系较少的非生产性部门。

(5)在项目管理机构建成以后，应建立有益于组织运转的工作制度。

(二)施工项目部的部门设置和人员配备

施工项目部的部门设置和人员配备的指导思想是把项目建成企业管理的重心、成本核算的中心、代表企业履行合同的主体。

1.部门设置

小型施工项目，在项目经理的领导下，可设立管理人员，包括工程师、经济员、技术员、料具员、总务员，即"一长、一师、四大员"，不设专业部门。大中型施工项目部，可设立专业部门，一般是以下五类部门：

(1)经营核算部门，主要负责预算、合同、索赔、资金收支、成本核算、劳动配置及劳动分配等工作。

(2)工程技术部门，主要负责生产调度、文明施工、技术管理、施工组织设计、计划统计等工作。

(3)物资设备部门，主要负责材料的询价、采购、计划供应、管理、运输、工具管理、机械设备的租赁配套使用等工作。

(4)监控管理部门，主要负责工作质量、安全管理、消防保卫、环境保护等工作。

(5)测试计量部门，主要负责计量、测量、试验等工作。

2.人员配备

施工项目部人员配备应视项目的规模以及岗位的关键程度而定。目前，各地建设行政部门为了加强建筑市场管理，规范建设工程施工项目部关键岗位人员配备和管理，确保建设工程质量和安全生产，根据《建设工程质量管理条例》、《建设工程安全生产管理条例》等相关法律法规、标准规范制定了相应施工项目部关键岗位人员配备的具体规定。

例如，湖南省住房和城乡建设厅颁发了《湖南省建设工程施工项目部和现场监理部关键岗位人员配备标准及管理办法(试行)》(湘建建【2010】109 号)，该《办法》所称"施工项目部关键岗位人员"是指项目负责人、项目技术负责人、施工员、安全员、质量员、标准员、机械员、材料员、资料员。各岗位人员配备最低标准见表 2 - 2。

表 2 - 2　施工项目部关键岗位人员配备标准

工程类别	工程规模	总人数	岗位及人数	备注
建筑工程装修工程	建筑面积≤10000 m²	5	项目负责人1人、项目技术负责人1人、施工员1人、安全员1人、质量员1人	1.其他岗位职责可兼任。2.建筑面积小于2000 m²的工程，岗位人员总人数可减少至3人，即项目负责人1人、施工员1人、安全员1人，其他岗位职责可兼任
	10000 m²<建筑面积≤50000 m²	11	项目负责人1人、项目技术负责人1人、施工员2人、安全员2人、质量员1人、标准员1人、机械员1人、材料员1人、资料员1人	
	建筑面积>50000 m²	15	项目负责人1人、项目技术负责人1人、施工员3人、安全员3人、质量员2人、标准员1人、机械员2人、材料员1人、资料员1人	建筑面积在50000 m²以上时，每增加50000 m²，施工员、安全员、质量员应各增加1人
土木工程线路管道设备安装工程	工程合同价≤5000万元	5	项目负责人1人、项目技术负责人1人、施工员1人、安全员1人、质量员1人	1.其他岗位职责可兼任。2.造价低于100万元的工程，岗位人员总人数可减少至3人，即项目负责人1人、施工员1人、安全员1人，其他岗位职责可兼任
	5000万元<工程合同价≤1亿元	11	项目负责人1人、项目技术负责人1人、施工员2人、安全员2人、质量员1人、标准员1人、机械员1人、材料员1人、资料员1人	城市桥梁、地下交通中的隧道工程、轻轨交通中的桥涵工程，应适当增加施工员、质量员、安全员人数
	工程合同价>1亿元	15	项目负责人1人、项目技术负责人1人、施工员3人、安全员3人、质量员2人、标准员1人、机械员2人、材料员1人、资料员1人	1.工程合同价在1亿元以上时，每增加5000万元，施工员、安全员、质量员应各增加1人。2.城市桥梁、地下交通中的隧道工程、轻轨交通中的桥涵工程，应适当增加施工员、质量员、安全员人数

四、施工项目部的运作

（一）依据组织机构形式运作

施工项目工作体系的建立与组织机构的建立形式有关。不同的组织形式有不同的领导方式，有不同的施工项目部与公司的工作关系处理方式，处理业务部门之间的关系也各有特点。矩阵制组织结构下的工作关系特点是：

（1）项目经理在公司经理或工程部经理的直接领导下工作，项目经理对公司经理（或工程部经理）负责。同时项目经理直接领导项目管理各职能部门，各承包队和作业队，故亦对项目组织全体人员负责。

（2）施工项目部各职能部门由公司（或工程部）各职能部门派遣人员组成非固定化组织，即受到业务部门领导，又受项目经理领导。由于职能人员组织关系仍归公司（或工程部）各职能部门，故他们对职能部门的关系比对项目经理的关系紧密。项目经理必须有很强的领导能力，才能团结和调动职能人员，且应善于协调职能人员的工作。职能人员对项目经理负责，更对职能部门负责。

（3）项目组织内各承包队（或作业队）是纯作业队伍，它们接受项目经理的领导和各职能部门的专业指导，完成作业任务。

（4）项目组织与外界环境的工作关系比公司少得多，需在企业经理授权下才直接对外联系且由项目经理负总责。施工项目部的对外关系有：政府部门、设计单位、业主单位、供应单位、市政与公用单位，以及与施工现场有关的其他单位。有的是合同关系，如与业主和供应单位的关系；有的是项目管理的协作关系，如与设计单位、市政公用单位的关系；有的是社会协作和制约关系，如施工项目与银行、税收单位、规划部门、消防部门、环保部门、交通部门、政府部门等的关系。因此，对合同关系应严格履约；对项目协作关系要主动协调或接受协调；对社会协作和制约关系，应遵守有关规定，依法办事，重信誉，讲社会公德。

（5）项目组织与监理单位的关系很重要。总的说就是要接受监督。监理单位监督的主要内容为是否按合同办事。因此施工项目部必须严格履行合同。施工项目部还要在业主向监理单位授权的范围内，在监理法规限定的条件下，与监理单位处理好例行性关系，如接受验收检查，按章签证，提供信息，接受建议，服从协调，尊重其确认权和否决权等。

（二）施工项目部的解体

施工项目部是一次性具有弹性的施工现场生产组织机构，工程竣工后及时解体并做好善后处理工作。

施工项目部解体应具备下列条件：

（1）工程已竣工验收；

（2）与各分包单位已经结算完毕；

（3）已协助企业管理层与发包人签订了"工程质量保修书"；

（4）"项目管理目标责任书"已经履行完成，经企业管理层审核合格；

（5）已与企业管理层办理有关手续；

（6）现场最后清理完毕。

五、建造师执业资格制度

2003 年 2 月 27 日颁布的《国务院关于取消第二批行政审批项目和改变一批行政审批项

目管理方式的决定》规定："取消建筑施工企业项目经理资质核准，由注册建造师代替，并设立过渡期"，"建筑业企业项目经理资质管理制度向建造师职业资格制度过渡的时间为5年"，"在过渡期内，凡持有项目经理资质证书或者建造师注册证书的人员，经其所在企业聘任后均可担任工程项目施工的项目经理，过渡期满后，大中型工程项目施工的项目经理必须由取得建造师的注册证书的人员担任；但取得建造师注册证书的人员是否担任项目经理，由企业自主决定"。

（一）建造师的资格

一级建造师执业资格实行全国统一大纲，统一命题，统一组织的考试制度，由人社部、建设部共同组织实施，原则上每年举行一次考试；二级建造师执业资格实行全国统一大纲，各省、自治区、直辖市命题并组织考试制度。

考试内容分为综合知识与能力和专业知识与能力两部分。报考人员要符合有关文件规定的相应条件。一级、二级建造师执业资格考试合格人员，分别获得中华人民共和国一级建造师执业资格证书、中华人民共和国二级建造师执业资格证书。

（二）注册建造师与项目经理的关系

建造师与项目经理定位不同，但所从事的都是建设工程的管理。建造师执业的覆盖较大，可涉及工程建设项目管理的许多方面，担任项目经理只是建造师执业中的一项；项目经理则限于企业内某一特定工程的项目管理。建造师选择工作的权利相对自主，可在社会市场上有序流动，有较大的活动空间；项目经理岗位则是企业设定的，项目经理是企业法人代表授权或聘用的、一次性的工程项目施工管理者。

【案例2-1】 某大型施工项目部组织机构图和职责设置分析。
图2-5所示机构五部一室主要的职能和岗位分别是：

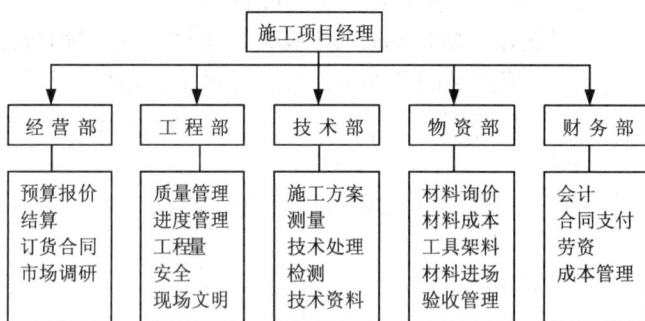

图2-5 某大型施工项目部组织机构图

经营部主要包括预算报价承包合同、成本核算、工程结算、市场调研、订货合同等职能和岗位。

工程部主要包括生产调度、质量管理、进度管理、工程量审核、安全与现场文明施工等职能和岗位。

技术部主要包括施工方案编制、现场技术处理、试验、检测、计量管理、资料和档案，现场轴线、标高测量等职能和岗位。

物资部主要包括材料询价、采购管理、工具架料管理、材料成本管理和材料进场验收管理等职能和岗位。

财务部主要包括会计、合同支付、劳动工资和工程项目成本控制等职能和岗位。

综合办公室主要包括人事管理、秘书、公共关系处理、消防、卫生、后勤、保卫等。上述五部一室人员数量可根据项目部的规模大小、工作侧重点来设置，尽可能做到人员精干，一人多岗，一岗多职。

2.4　工程项目团队建设

一、工程项目团队建设概述

（一）工程项目团队建设的概念

工程项目团队是指项目经理及其领导下的施工项目部和各职能管理部门。

工程项目团队建设就是指将肩负项目管理使命的团队成员按照特定的模式组织起来，协商一致，以实现预期项目目标的持续不断的过程。它是项目经理和项目管理团队成员的共同职责，团队建设过程中应创造一种开放和自信的气氛，使全体团队成员有统一感和使命感。实践证明，团队成员的社会化将促进团队建设，而且团队成员之间的相互了解越深入，团队建设就越出色。

（二）工程项目团队建设要求

工程项目团队建设应符合下列要求：

（1）项目团队应有明确的目标、合埋的运行程序和完善的工作制度。

（2）项目经理应对项目团队建设负责，培育团队精神，定期评估团队运作绩效，有效发挥和调动各成员的工作积极性和责任感。

（3）项目经理应通过表彰奖励、学习交流等多种方式和谐团队氛围，统一团队思想，营造集体观念，处理管理冲突，提高项目运作效率。

（4）项目团队建设应注重管理绩效，有效发挥个体成员的积极性，并充分利用成员集体的协作成果。

（三）工程项目团队的特点

所谓团队，就是指一组个体成员为了实现一个共同的目标，按照一定的分工和工作程序协同工作而组成的有机整体。一个团队要实现其工作目标，重要的是其成员要有团队精神。团队精神主要是指团队成员为了实现团队的利益与目标，工作中相互协作、相互信任、相互支持、尽心尽力的意愿与作风。团队精神对企业管理的重要作用早已被世界各地的各类企业所证明。笔者认为工程项目团队有以下三方面的特点。

1. 伴随着项目的发展过程，项目团队具有一次性的特点

工程项目与一般的商品有很大的区别。对应于工程项目具有一次性的特性，施工项目部也具有一次性的特点。项目团队从组建到发展起来主要经历五个阶段。

1）形成阶段

项目团队的形成起始于组建项目部的过程。在这一过程中，主要依靠项目经理来指导和构建团队。一般来说，施工项目部包括的主要业务部门有工程技术部门、经营核算部门、监

控管理部门和物资设备部门。项目经理在明确总目标的基础上，要确定各部门的分目标，进行责任划分和适当授权，这是形成团队的基本条件。

2）磨合阶段

磨合阶段是团队从组建到规范阶段的过渡过程。在这一过程中，团队成员之间会有一段磨合期，每个成员观念、性格、行为方式各有不同，在工作初期相互之间可能会出现各种程度与不同形式的冲突。另外，团队与企业总部、施工队伍、监理以及建设单位之间都要进行一段时间的磨合。

3）规范阶段

经过磨合阶段，团队的工作开始进入有序化状态，团队的各项规则经过建立、补充与完善，成员之间经过认识、了解与相互定位，形成了自己的团队文化新的工作规范，培养了初步的团队精神。

4）表现阶段

经过上述三个阶段，团队进入了表现阶段，这是团队最好的状态时期。团队成员彼此高度信任，配合默契，工作效率有大的提高，工作效果明显，这时团队已比较成熟。

5）休整阶段

这个阶段包括休止与整顿两个方面的内容。团队休止是指：本项目的工作已基本结束，团队可能面临马上解散的状况，团队成员要为自己的下一步工作进行考虑。团队整顿是指：项目结束后，准备接受新的任务，为此团队要进行调整和整顿，也可以说是重新构建一个团队。

2. 工程项目目标的明确性决定了项目团队具有明确的目标

项目的目标有成果性目标和约束性目标两类。成果性目标指项目的功能性要求，约束性目标是指限制条件，包括期限、费用及质量等。具体来说，任何工程项目都有明确的工期、质量、成本三项基本目标。项目团队必须在满足约束性目标的条件下，力求达到工程项目的成果性目标。

3. 工程项目的整体性、复杂性要求项目团队具有良好的团队精神

几乎每一个工程项目都是一个复杂的系统工程，除了工程本身结构的独特性，涉及技术的复杂性之外，工程项目建设的时间、地点、条件等都会有若干差别，都涉及某些以前没有做过的事情，建设过程中各种情况的变化带来的风险因素较多。项目部总会面临新的挑战，往往不是某个人单独可以承担的，需要整个项目团队齐心合力，共同攻克难关。团队的形成并不是将项目成员简单组合在一起，有的项目则可能在很短的时间内就形成一个团队，而有的项目则可能在项目工作结束时也没能形成一个真正意义上的团队。

二、工程项目团队的领导

组建一支基础广泛的团队是建立高效项目团队的前提，在组建项目团队时，除考虑每个人的教育背景、工作经验外，还需考虑其兴趣爱好、个性特征以及年龄、性别的搭配，确保团队队员优势互补、人尽其才。

团队建设是项目建设中的一个关键领域，项目经理应该充分认识到团队建设的重要性，在项目组构造一个和谐的团队氛围，使团队成员为实现一个共同的项目目标而努力。

在项目团队建设的过程中，项目经理应该认识到以下几点：

（1）项目经理是团队的核心，项目经理的任何举动对团队成员都将有影响，所以项目经理必须保持高度的自律；

（2）每个公司有公司文化，但公司内各项目组之间存在差异，项目组内根据自身的项目特色，也会存在自己的团队文化，所以项目经理应该加强团队文化的建设；

（3）让大家对项目的目标有清晰认识和理解，大家才能向着共同的目标努力；

（4）对每个成员的角色要有明确的划分，对成员之间的沟通和合作方式建立流程规责；

（5）对每个成员的能力、性格等要有清晰的了解，合理地进行工作的分配，把合适的人放在合适的位置上，以发挥每个人的优势；

（6）注重对项目组成员能力的培养，在员工刚加入项目组的时候，对他们进行项目相关业务和技术的培训，当员工在自身岗位上表现突出的时候，要注意按更高一级的岗位的要求去培养他；

（7）在团队中建立一个开放、坦诚、及时的沟通环境，让大家都善于沟通，乐于沟通，大胆提出自己的想法和意见；

（8）加强团队的合作精神，团队成员不仅要完成自己的任务，还要协同其他成员共同完成承担的项目，把自己在项目中的经验和教训跟大家分享，以避免别人犯同样的错误，或到遇到相同问题时能很快解决；

（9）处理员工之间的矛盾和冲突时要公平公正，就事论事，不能袒护任何一方；

（10）注意适当地运用激励措施，当团队成员表现突出时，要对他进行及时、公开的表扬，让他们感觉到自己的工作获得认可，把工作做得更好，同时也是对其他员工的一种督促；

（11）在工作时间之外，适当安排团队建设活动，一起打球、聚餐等，释放工作的压力，让大家有更充分的了解。

三、工程项目团队的沟通

（一）项目沟通管理的概念

沟通是组织协调的手段，是解决组织成员间障碍的基本方法。组织协调的程度和效果常常依赖于各项目参加者之间沟通的程度。通过沟通，不但可以解决各种协调的问题，如在技术、过程、逻辑、管理方法和程序中的矛盾、困难和不一致，而且还可以解决各参加者心理的或行为的障碍和争执。

工程项目沟通管理就是要确保项目信息及时，正确地提取、收集、传播、存储，以及最终进行处置所需实施的一系列过程，最终保证项目组织内部的信息畅通。项目组织内部信息的沟通直接关系到组织的目标、功能和结构，对于项目的成功有着重要的意义。

（二）项目沟通的程序

一般来说，组织进行项目沟通时，应按以下程序进行：

（1）根据项目的实际需要，预见可能出现的矛盾和问题，制订沟通与协调计划，明确原则、内容、对象、方式、途径、手段和所要达到的目的。

（2）针对不同阶段出现的矛盾和问题，调整沟通计划。

（3）运用计算机信息处理技术，进行项目信息收集、汇总、处理、传输与应用，进行信息沟通与协调，形成档案资料。

（三）项目沟通的内容

工程项目沟通的内容涉及与项目实施有关的所有信息，主要包括项目各相关方共享的核心信息，以及项目内部和相关组织产生的有关信息，具体可归纳为以下几个方面：

（1）核心信息应包括单位工程施工图纸、设备的技术文件、施工规范、与项目有关的生产计划及统计资料、工程事故报告、法规和部门规章、材料价格和材料供应商、机械设备供应商和价格信息、新技术及自然条件等。

（2）取得政府主管部门对该项建设任务的批准文件。取得地质勘探资料及施工许可证，取得施工用地范围及施工用地许可证，取得施工现场附近区域的其他许可证。

（3）项目内部信息主要有工程概况信息、施工记录信息、施工技术资料信息、工程协调信息、工程进度及资源计划信息、成本信息、资源需要计划信息、商务信息、安全文明施工及行政管理信息、竣工验收信息等。

（4）监理方信息主要有项目的监理规划、监理大纲、监理实施细则等。

（5）相关方包括社区居民、分承包方、媒体等提出的重要意见或观点等。

（四）常见的项目沟通问题

在项目实施中出现的问题常常起源于沟通的障碍。项目沟通中的常见问题包括：

（1）项目组织或施工项目部中出现混乱，总体目标不明。

（2）施工项目部经常讨论不重要的非事务性主题，协调会议经常偏离议题。

（3）信息未能在正确的时间内，以正确的内容和详细程序传达到正确位置。

（4）施工项目部中没有应有的争执。

（5）施工项目部中存在或散布着不安全、气愤、绝望的气氛。

（6）实施中出现混乱，人们对合同、对指令、对责任理解不一或不能理解。

（7）项目得不到职能部门的支持，无法获得资源和管理服务。

原因分析：

（1）项目开始时或当某些参加者介入项目组织时，缺少对目标、对责任、对组织规则和过程的统一认识和理解。

（2）目标之间存在矛盾或表达上有矛盾，而各参加者又从自己的利益出发解释，导致混乱。

（3）缺乏对项目组织成员工作的明确的结构划分和定义，人们不清楚他们的职责范围。

（4）管理信息系统设计功能不全，信息渠道、信息处理有故障，没有按层次、分级、分专业进行信息优化和浓缩。

（5）项目经理的领导风格和项目组织的运行风气不正。

（6）协调会议主题不明，项目经理权威性不强或不能正确引导。

（7）有人滥用分权和计划的灵活性原则，下层单位随意扩大自由处置权。

（8）使用矩阵式组织，但人们并没有从直线式组织的运作方式上转变过来。

（9）项目经理缺乏管理技能、技术判断力或缺少与项目相应的经验，没有威信。

（10）高级管理层不断改变项目的范围、目标、资源条件和项目的优先级。

四、工程项目团队的激励

(一)物质激励

物质激励即通过物质刺激的手段，鼓励职工工作。它的主要表现形式有正激励，如发放工资、奖金、津贴、福利等；负激励，如罚款等。但在实践中，不少单位在使用物质激励的过程中，耗费不少，而预期的目的并未达到，职工的积极性不高，反倒贻误了组织发展的契机。例如在发放奖金上，很多企业仅仅依靠月终一次，年终一次的发放奖金的办法，不知不觉陷入了不及时奖励，不分好坏的"皆大欢喜"的无效奖励恶性循环中，根本无法达到激励效果。这表明，物质激励要想发挥它应有的激励作用，必须以提高职工的积极性为核心，在具体实施方法上进行改革。此外，为了更好发挥物质激励的作用，还应注意以下几方面：

(1)物质激励应与相应制度结合起来。制度是目标实现的保障。因此，物质激励效应的实现也要依靠相应制度的保障。例如，物质奖惩标准在事前就应制定好并公之于众且形成制度稳定下来，而不能靠事后的"一种冲动"，想起来则奖一下，想不起来就作罢，那样是达不到激励的目的的。

(2)物质激励应注意降低绩效成本。企业是以营利为目的的经营单位，因而必须分析投入产出的关系，追求以最少的成本获取最大的利润。

(3)物质激励必须公正，但不搞"平均主义"。为了做到公正激励，必须对所有职工一视同仁，按统一标准奖罚，不偏不倚，否则将会产生负面效应。此外，必须反对平均主义。平均分配奖励等于无激励。据调查，实行平均奖励，奖金与工作态度的相关性只有20%；而进行差别奖励，则奖金与工作态度的相关性能够达到80%。

(二)精神激励

精神激励就是注重用精神因素鼓励职工从事工作。行为科学和现代人力资源观点都认为：人类不但有经济上的需要，更有精神方面的需要。精神激励的方法有许多，这里着重论述以下四种：

1)目标激励

企业目标是企业凝聚力的核心，它体现了职工工作的意义，能够在理想和信念的层次上激励全体职工。实施目标激励，应注意把组织目标和个人目标结合起来，宣传两者的一致性，使大家了解到只有在完成企业目标的过程中，才能实现个人的目标。

2)工作激励

为了更好地发挥职工工作积极性，管理者要较多地考虑如何使工作本身变得更具有内在意义和挑战，给职工一种自我实现感。

3)参与激励

现代人力资源管理的实践经验和研究表明，现代的员工都有参与管理的要求和愿望，创造和提供一切机会让职工参与管理是调动他们积极性的有效方法。通过参与，职工对企业产生归属感、认同感，可以进一步满足自尊和自我实现的需要。

4)荣誉激励

荣誉是众人或组织对个体或群体的崇高评价，是满足人们自尊需要，激发人们奋力进取的重要手段。荣誉激励成本低廉，但效果很好。

（三）情感激励

职工工作效率的提高不仅依靠外力（如给予各种物质、精神奖励），更要依靠职工的内部状态，其中包括士气、情绪等因素。情感激励就是加强与职工的感情沟通，尊重职工，使职工始终保持良好的情绪以激发职工的工作热情。人们都知道，在心境良好的状态下工作思路开阔、思维敏捷、解决问题迅速。因此，情绪具有一种动机激发功能。

首先，应树立以人为中心的管理思想。人是决定的因素，在信息时代和知识经济时代更具有重要的意义。知识的发展，认识的深化及在此基础上科技的开发和应用，都是要通过人来完成的。一个企业的兴衰成败最终也都是由人决定的。管理中以人为本，就是要以职工为中心，分析不同职工的各种特点，了解职工物质、精神和情感需要，始终把激励职工的积极性作为管理的重要内容。

其次，创造良好的工作环境，关心职工生活。工作环境对人的情绪的影响是十分明显的，一个文明、健康、整洁的工作环境势必会给职工带来良好的情绪。工作环境可以分为自然工作环境和社会工作环境。对于创造一个整洁文明的自然工作环境，管理者可以发动职工共同努力，进行厂区建设，美化厂区环境。而要创造一个良好的社会工作环境，就应减少官僚作风和玩弄权术的现象，加强管理者与职工之间以及职工之间的沟通与协调，更加强调竞争性、积极性、诚实和人性的尊严。目前，许多企业都定期举办各种宴会、员工生日庆祝会，举办各种体育比赛等活动，通过这些活动，不但可以加强人与人之间的联系，管理者还可以倾听职工对企业的各种意见和建议。另外，情绪是具有感染力的。职工由于具体生活问题未能解决会产生某种不愉快情绪，并可能把这种情绪带到工作中，不仅影响其本人的工作效率，还会使别人也受到感染。因此，企业对职工的具体生活问题都应尽可能地给予周到的安排，这可以使职工产生安全感，并能够全身心地投入到工作中。

五、工程项目团队文化

项目团队文化是项目团队成员共同遵守的行为准则，是项目所在企业文化的有益补充。

（一）项目团队文化的定义

团队文化是通过共同的规范、信仰、价值观将团队成员联系在一起，对事物产生共同理解的系统。团队文化反映了团队的个性，与人的个性一样，团队文化能使我们预测团队成员的态度和行为，使其与其他团队区别开来。人们从事项目工作，团队文化就是他们工作的意义，以及在工作与生活中履行各自项目责任时所应遵循的原则和标准。

（二）项目团队文化的内容

（1）人们进行交往时所被观察到的行为准则，包括使用的语言，或者为了表达敬意和态度时一些仪式的做法等。

（2）群体规范：团队做事的一般原则。

（3）主导性价值观：包括类似于产品质量、价格领导者等团队中所信奉的核心价值。

（4）正式的哲学：包括处理团队和其利益相关者如股东、员工、顾客的关系时所应该信奉的意识形态，以及给予团队中各种政策指导的一种哲学。

（5）游戏规则：为了在团队中生存而学习的游戏规则。

（6）团队气氛：团队成员在与外部人员进行接触过程中所传达的团队内部的风气和感情。

（7）技巧：包括团队成员在完成任务时的特殊能力，不需要凭借文字就能进行传播的处理主要问题的能力等。

（8）思维习惯、心智模式、语言模式：包括团队成员共享的思维框架。

（9）共享的意思：团队成员在相互作用过程中所创造的自然发生的一种理解。

（10）一致性符号：包括创意、感觉和想像等团队发展的特性，这些可能不被完全认同，但是它们会体现在团队的文件以及团队其他的物质层面上。

（三）项目团队文化的功能

（1）项目团队文化为其成员提供了一种认同感，团队共同的理念和价值观陈述得越清楚，人们就越认同他们的团队，并对成为其中一个重要组成部分的感觉就越强。认同感激发了对团队的责任感，使成员有理由向团队贡献其精力和忠诚。

（2）文化有助于使团队的管理系统合法化。文化有助于澄清权力关系，并说明人们为什么处于某个权力地位，以及为什么要尊重他们的权力。而且，文化有助于人们协调理想与实际行动之间的不一致。

（3）团队文化澄清并加强了行为标准。文化有助于确定哪些行为是被允许的，哪些行为是不合时宜的。这些标准涉及大量的行为，从工作时间到挑战上级的判断以及与其他部门的协作。

（4）文化有助于在团队内建立社会秩序。如果成员没有相似的规范、信仰和价值观，团队将会一片混乱。团队文化所表现的风俗、规范及理念有利于行为的稳定性与可预测性。而这对一个有效的团队是非常重要的。

（四）高效项目团队的文化特征

文化是水，项目是舟。在项目文化有益于项目管理的团队中，完成项目就如顺水推舟；不怎么需要用力，河水自然的力量就会使项目向目标前进。

1.具有共同的项目愿景

项目愿景就是项目团队所要创造的价值。它的形式多种多样，一句标语、一个符号都能捕捉到它们的踪影。

项目愿景的作用极为重大。首先，它能够激励成员付出最大的努力，将不同背景的专业人员结合起来，达成统一的愿望。其次，它可以鼓励成员们做最有利于项目的事情。再次，愿景为大家提供了重点，增加了无形的沟通，这样可以有利于成员们做出适当的判断。最后，对项目的愿景培养了团队成员的长期承诺，保证了项目质量。

项目愿景有四个重要性质。第一，它必须能够相互沟通。愿景如果只是装在脑子里，那它是一钱不值的。第二，它还要有战略意识，要考虑到项目的目标、约束、资源和机会。项目愿景是具有挑战性的，但也要是现实可行的。第三，项目经理一定要信任愿景。激情是形成有效愿景的重要因素。最后，它还应该是他人灵感的源泉。

项目愿景往往隐含在项目的范围和目标之中。率先将新技术推向市场或解决威胁企业的一个问题，都是令人激动的愿景。好的愿景可以通过与参与项目的各色人员交谈，了解他们对项目的兴奋点来获得。对有些人来说，如果工作比上一项目做得更好，或者项目结束时，客户的满意度比上一项目更高，那他们就会获得满足。还有，许多愿景的产生是针对竞争对手的。例如，负责开发一次性存取照相机的柯达团队，其工作动力就是打败富士项目团队这一愿景。

2. 优秀的团队领导

优秀团队领导应该做到如下六点:

（1）好的团队领导总是帮助团队阐明目标与价值观，并且保证团队成员的行为过程不会偏离目标与价值观。

（2）努力建立起每个团队成员以及整个团队的认同与信任。他们善于抓住机会展示团队是如何积极行动的，鼓励人们评价其他人的能力与技术，并在团队成员为自己的目标努力时表示赞赏。通过这种做法，团队成员的个人行动与团队整体行动相一致，并建立起责任与自治。

（3）坚持不懈地强化团队中的综合技术水平。如果需要的技术与占有的技术不一致，没有任何一支团队会获得成功。团队领导要经常评价团队成员的业绩，并指出发展机会。

（4）管理与外界的关系，排除团队道路上的障碍。项目领导对团队与外界之间的关系负责。他需要保护团队成员，避免无故的责难或可能降低团队工作质量的管理压力。

（5）为他人创造机会。团队领导要将团队置于自我之上。通过靠后站并让团队成员负起责任或学会如何执行新的任务，团队领导为每一个团队成员创造了发展机会。

（6）团队领导也要做实际的工作。团队领导要确保团队中每一个人，包括他们自己对团队具有大致相同的贡献。而且，他们要主动承担困难或别人厌恶的工作，表现出对团队负责的态度。通过这种做法，团队领导用行动证明：他们的确相信团队，并且准备为其尽最大的努力。

3. 有效的团队成员

在一个优秀的项目团队中，成员一定是富有成效的。其表现有：团队成员愿意甚至坚持对自己的工作、对团队整体承担更大的责任；真正地参与团队的管理，包括计划的制订与实施、激励、领导和控制；团队成员根据个人业绩互相提出忠告——团队可能会建议开除那些不符合团队要求标准的成员；学习新的知识、开发新的技能、改变观念成为团队成员普遍接受和认可的意愿；对团队及其目标有共同的远景规划，并能意识到竞争的重要性；致力于整个团队的持续改进；清楚管理过程，掌握人际关系技能，体谅和理解项目负责人的处境；能够直言不讳，畅所欲言，敢于对现行制度和决策提出质疑；不是等待问题和机遇，而是自己积极主动地寻找问题和机遇；在改革中起重要作用，不抵制变革；相信其他成员能按时优质地完成任务而不影响其他成员的工作；主动与其他团队成员及项目经理进行明确及时的沟通，并提出建设性的反馈；感到有责任及早发现潜在的问题，而不会因问题的产生而指责其他成员、客户或项目经理；尽力创造一个没有冲突、积极而有建设性的项目环境，把项目成功看得比个人成功更重要。

4. 充分的沟通

1）制订沟通计划

沟通计划就是确定项目干系人的信息交流和沟通的要求。简单地说，也就是谁需要何种信息、何时需要以及应如何将其交到他们手中。虽然所有的项目都需要交流项目信息，但信息的需求和发布方法却不大相同。识别项目干系人的信息需求，并确定满足这些需求的手段，是获得项目成功的重要保证。

2）信息处理和沟通实施

执行沟通管理计划，对项目过程中产生的信息进行合理的收集、储存、检索、分析和分发，以改善项目生命期内的决策和沟通，对始料不及的信息需求及时采取应对措施。建立和保持项目干系人之间正式或非正式的沟通网络，以保证项目生命期内各层次成员之间的有效沟通，使项目干系人对项目需求和目标有清晰的理解和共同的认识，使矛盾和冲突能及时地得到解决或缓解。

3）执行情况报告

项目执行情况信息是重要的项目管理信息，它显示出项目进展的各方面情况，如项目的状态报告描述了项目目前在进展中所处的位置；进度报告描述了项目进度实施情况——已经完成了计划中的哪些活动；预测报告描述了项目未来的发展和进度、费用等。执行情况报告应涉及项目范围、资源、费用、进度、质量、采购、风险等多个方面，可以是综合的，也可以是分别强调某一方面的分项报告。

【案例 2 - 2】　二级建造师徐家龙最近被公司任命为项目经理，负责一个重要但不紧急的项目实施。公司项目管理部为其配备了 7 名项目成员。这些项目成员来自不同部门，大家都不太熟悉。徐家龙召集大家开启动会时，说了很多谦虚的话，也请大家一起为做好项目出主意，一起来承担责任。会议开得比较沉闷。项目开始以后，项目成员有问题就去找项目经理，请徐家龙给出意见。徐家龙为了树立自己的权威，表现自己的能力，总是身体力行。其实有些问题项目成员之间就可以相互帮助，但是他们怕自己的弱点被别人发现，作为以后攻击的借口，所以一有问题就找经理，其实徐家龙的做法也不全对，成员发现了也不吭声，因为他们认为我是按你说的做的，有问题经理负责。团队成员之间一团和气，"找徐经理去"、"我们听你的"成为该项目团队的口头禅。但随着时间的推移，这个貌似祥和团结的团队在进度上出现了问题。该项目由"重要但不紧急"变成了"重要而且紧急"。公司项目管理部意识到问题的严重性，派经验丰富的一级建造师张凤指导该项目的实施。

请问：该项目问题出在哪里？徐家龙应该怎么做？

分析：

1. 项目经理的定位

项目经理就是项目中的总经理，总经理的职责是决策、领导，而不是关注所有的事情。本案例中的项目经理犯的错误在我们身边屡见不鲜，其根源最主要在于：项目经理定位不准，团队无明确的沟通计划。

2. 只进行竖向沟通、不进行横向沟通显然不行

作为项目经理，应该要引导成员相互横向沟通，无法解决的再竖向沟通或开会协商。这就好比民主集中制，要民主，也要有人说了算。案例中的项目经理都是自己拿主意，但他不可能在每个方面都是长处，长此以往，团队形成一种风气，压力全转移到项目经理处，项目风险也会越来越大。

3. 职责、团队、方法论

一个成功的团队是指由不同技能、才华、工作风格和知识的成员组成的士气高涨的团队。项目经理的职责就是将这些人组成团队并激励他们。项目经理的技能应包括技术技能和管理技能，坚实的技术基础能够在技术方面对团队起指导作用，管理技能有助于沟通和解决问题。管理技能不仅限于技术方面，还包括解决问题的能力、估算能力、编制计划的能力、人际和沟通能力。所以本案例出现的问题本质是项目经理对自己的职责没有很好的认识，因

此在管理团队的方法上也就走了偏路。项目组成员形成了一个习惯(有事找徐经理),失去了团队的协作意义,使团队的实际能力得不到体现,到最后使得项目进度出现严重延迟。

本章小结

本章在"施工项目管理组织概述"一节中,介绍了施工项目管理组织的概念、施工项目管理组织的职能(包括组织设计、组织运行、组织调整三个环节)。

在"施工项目管理组织机构"一节中介绍了工程项目管理组织机构的作用,工程项目管理组织机构的形式(包括工作队式、部门控制式、矩阵式、事业部式)的特征、适用范围、优缺点等,工程项目管理组织机构的设置的原则(目的性原则、精干高效原则、管理跨度和分层统一的原则、业务系统化管理原则、项目组织与企业组织一体化原则、弹性和流动性原则)。

在"施工项目部"一节中,介绍了施工项目部的特点、作用、地位,阐述了施工项目部设置的原则及规模设计、施工项目部的运行和解体要求等,还介绍了施工项目经理责任制及其在项目中的权利和利益。对建造师资格管理及建造师与项目经理的关系进行了介绍。

在"工程项目团队建设"一节中,介绍了工程项目团队的概念和特点,项目经理在项目团队中的领导,工程项目团队沟通的内容和程序,并对工程项目团队中的激励机制进行介绍,阐述了工程项目团队文化的内容和功能,为工程项目团队的建设提供良好的理论依据。

复习思考题

1. 施工项目管理组织的内容包括哪几个环节?
2. 设置施工项目管理组织机构时应遵循哪些原则?
3. 试述工作队式的施工项目管理组织。
4. 试述部门控制式的施工项目管理组织。
5. 试述矩阵式的施工项目管理组织。
6. 试述事业部式的施工项目管理组织。
7. 施工项目管理组织形式的选择有哪些要求?
8. 施工项目部的性质是什么?
9. 施工项目部的作用是什么?
10. 结合地方规定,试述施工项目部的岗位设置和人员配备要求。
11. 施工项目部的解体条件是什么?
12. 试述施工项目经理的责任、权利、利益。
13. 试述建造师与项目经理的关系。

第3章 工程项目前期管理

【学习目标】

1.了解工程项目前期策划的主要任务以及项目构思、项目建议书和可行性研究报告的主要内容；

2.了解工程项目管理规划的定义、作用与内容，熟悉工程项目管理实施规划的内容；

3.熟悉工程项目设计阶段管理的相关内容。

【学习重点】

1.工程项目目标设计；

2.工程项目的可行性研究；

3.工程项目管理实施规划。

3.1 工程项目前期策划

古人云："兵无谋不战，谋当底于善"，其中"谋"指的是筹划、运筹。而在工程项目管理中"谋"往往放在前期策划过程中。工程项目的确立是一个极其复杂的、同时又是十分重要的过程。尽管工程项目的确立主要是从上层系统(如国家、地方、企业)，从全局和战略的角度出发的，这个阶段主要是上层管理者的工作，但这里面又有许多项目管理工作。为取得成功，必须在项目前期策划阶段就进行严格的项目管理。

项目的前期策划是项目的孕育阶段，对项目的整个生命期，甚至对整个上层系统有决定性的影响，所以项目管理者，特别是上层管理者(决策者)对这个阶段的工作应有足够的重视。项目前期策划主要从上层系统(国家、地方、企业)的角度出发，所以必须对上层系统的问题、战略和大环境做全面和足够的调查研究。

一、项目前期策划的主要任务

项目前期策划的任务主要是寻找项目机会、确立项目目标、定义项目，并对项目进行详细的技术经济论证。主要有以下内容：

(1)环境调查和分析。主要是了解项目所处的政策环境、宏观经济环境、自然环境、市场环境、建设环境(能源、基础设施)以及建筑环境(风格、主色调等)等，从而为项目的定义和论证提供资料。

(2)项目定义和论证。主要是确立开发或建设的目的、宗旨以及指导思想，并确定项目的规模、组成、功能、标准和布局、总投资以及开发或建设周期。

(3)组织策划。主要是确定决策期的工作流程、任务分工及管理职能分工。

(4)管理策划。要确定项目建设和经营期的管理总体方案。

（5）合同策划。即确定决策期的合同结构、内容和文本。

（6）经济策划。注重于项目开发中的成本效益分析，制订资金需求量计划和融资方案。

（7）技术策划。主要是分析和论证技术方案以及技术标准和规范的应用和制定。

（8）营销策划。分析确定营销策略、广告及销售价格等。

（9）环境和文化策划。关注项目规划中的环境艺术、生态文化等方面。

（10）风险分析。包括政治风险、政策风险、经济风险、组织风险、管理风险以及营销风险等。

通过对以上各因素的分析，可以确定出一个清晰和明确的项目计划和方案，从而对开发项目做出决策。项目策划是一个知识管理和创新增值的过程，通过项目策划，可以对项目开发中的各个方面进行充分调查和研究，制订方案，为项目实施中的控制提供依据。

二、项目前期策划的特点

工程项目前期策划具有系统性、科学性和重要性的特点。

（一）项目前期策划的系统性

（1）工程项目构思产生和选择。任何工程项目都起源于项目的构思，而构思产生于解决上层系统（如国家、地方、企业、部门）问题的期望，或为了满足上层系统需要，成为实现上层系统的战略目标和计划等。这种构思可能很多，人们可以通过许多途径和方法（即项目或非项目手段）达到目的，那么必须在它们中间做选择，并经权力部门批准，以做进一步研究。

（2）项目的目标设计和项目定义。这一阶段主要通过进一步研究上层系统情况和存在的问题，提出项目的目标因素，进而构成项目目标系统，通过对目标的说明形成项目定义。这个阶段包括如下工作：

①情况的分析和问题的研究；②项目的目标设计；③项目的定义；④项目的审查。

（3）可行性研究。即提出实施方案，并对实施方案进行全面的技术经济论证，看能否实现目标。它的结果作为项目决策的依据。

（二）项目前期策划的科学性

（1）工程项目构思产生基于对客观环境的评估与预测，并非来源于某些部门、企业及个人的感性思维。

（2）工程项目的目标设计必须经过详细的推敲。因为方向性错误将会导致整个项目的失败，而且这种失败常常是无法弥补的。

（3）可行性研究必须建立在大量的技术数据分析与技术经济论证的基础上，为工程项目做决策（其中包括项目发展阶段性的技术分析评估）提供了可靠的保证。

（三）项目前期策划的重要性

工程项目前期策划工作，可以使项目建设顺利进行，达到工期、质量和投资三大控制目标，可为项目后期运营维护带来方便。项目的前期策划工作主要是产生项目的构思，确立目标，并对目标进行论证，为项目的批准提供依据。它是项目的关键，不仅对项目的整个生命期，对项目实施和管理起着决定性作用，而且对项目的整个上层系统都有极其重要的影响。

项目的建设必须符合上层系统的需要，解决上层系统存在的问题。如果上马一个项目，其结果不能解决上层系统的问题，或不能为上层系统所接受，常常会成为上层系统的包袱，给上层系统带来历史性的影响。常常由于一个工程项目的失败导致经济损失，导致企业的衰败，导致社会环境的破坏。

例如，一个企业决定开发一个新产品，投入一笔资金(其来源是企业以前许多年的利润和借贷)。如果这个项目失败了(如产品开发不成功，或市场上已有其他新产品替代，本产品没有市场)，没有产生效益，则企业不仅多年的辛劳(包括前期积蓄，项目期间人力、物力、精力、资金投入)白费，而且背上一个沉重的包袱，必须在以后许多年中偿还贷款，厂房、生产设备、土地虽都有账面价值，但不产生任何效益，这个企业也许会一蹶不振。

三、项目前期策划应注意的问题

(1)在整个过程中必须不断地进行环境调查，并对环境发展趋向进行合理的预测。环境是确定项目目标，进行项目定义，分析可行性的最重要影响因素，是进行正确决策的基础。

(2)在整个过程中有一个多重反馈的过程，要不断地进行调整、修改、优化，甚至放弃原定的构思、目标或方案。

(3)在项目前期策划过程中阶段决策是非常重要的。在整个过程中必须设置几个决策点，对分阶段工作结果进行分析、选择。

(4)图纸未到位的工程，可先根据指南编制出策划大纲，明确策划责任，准备基础资料；同时根据已到的图纸参考同类过程经验进行定性策划，然后根据随后到位的图纸逐步补充定量内容。

(5)对项目当地市场情况不了解时，不可凭经验盲目策划，必须根据需要安排项目相关部门人员对市场进行详细了解，必要时项目经理要亲自深入了解一些关键市场信息(材料涨跌因素、供应商诚信度、运输条件、设备材料租赁等)。

(6)项目人员未完全到位，策划职能部门不健全的情况下，在催促人员尽快到位的同时，充分利用现有资源完成有能力进行策划的部分，或通过上级单位协调相关、就近的项目人力资源参与本部策划。

(7)防止出现不按科学程序办事，不愿花费时间、金钱和精力，过多考虑自身利益而忽视工程风险的现象。

(8)上层管理者的任务是：提出解决问题的期望或将总的战略目标和计划进行分解，不注重细节，不能立即提出问题的方案，项目的可行性研究应从市场、法律和技术经济等角度来论证。

(9)应争取高层组织的支持，协调好战略层和项目层的关系。

(10)相关研究应详细全面，注意定性分析和定量分析相结合，用数据说话，加强风险的预测分析和防范。

四、工程项目的构思

1.项目构思的含义

项目构思又称项目创意，是指承包商为了满足客户提出的需求，在需求建议书所规定的条件下，为实现客户预定的目标所做的设想。项目构思在很大程度上可以说是一种思维过程，是对所要实现的目标进行的一系列想像和描绘，当然这种想像和描绘并非天马行空，无所约束。

2.项目构思的产生

项目构思是指对未来项目的目标、功能、范围以及项目涉及的各主要因素和大体轮廓的设想与初步界定。它是一种创造性的探索过程，是项目策划的基础和首要步骤，其实质在于挖掘企业可能捕捉到的市场机会。项目构思的好坏，不仅直接影响到整个项目策划的成败，而且关系到项目策划过程的繁简、工作量的大小等。

任何项目都从构思开始，项目构思常常来自于项目的上层系统(即国家、部门、企业等)的现存需求、战略、问题和可能性。例如根据不同的房地产项目和不同的项目参与者，房地产项目的起因不同。在通常情况下，项目起因于：

(1)项目上层系统通过市场研究发现了新的投资机会和投资领域，如市场需求，投资结构的改善、生产经营范围的扩大、新技术的采用等。

(2)项目上层系统通过市场研究发现战略，如国家实施了新的建设战略和发展战略等。

(3)项目上层系统在操作过程中存在一定的困难和问题，这些问题都产生了对项目的需求，为解决这些问题而产生了新的设想。

(4)生产要素的合理组合产生项目机会。如大范围的生产要素国际优化组合时，往往出现新的项目，最常见的是通过引进外资，引进先进设备、生产工艺与当地的原材料、廉价劳动力、已有的厂房组合，生产出大量价廉物美的产品，从而得到高效益的工程项目。

3.项目构思的特征

(1)地域性。要考虑开发项目的区域经济情况，周围的市场情况等。

(2)前瞻性。项目构思的理念、创意、手段应着重表现为超前、预见性。

(3)市场性。项目构思要适应市场的需求，自始至终要以市场的需求为依据。

(4)创新性。项目构思要追求新意、独创。项目构思的方式与方法虽有共性，但运用在不同的场合、不同的地方，其所产生的效果也不一样，这需要通过构思实践来创新。

(5)操作性。项目构思方案要易于操作、容易实施。

(6)多样性。开发的方案是多种多样的，我们要对多种方案进行权衡比较，扬长避短，选择最科学、最合理、最具操作性的一种。

4.项目构思的内容

进行项目构思要考虑的内容及其范围有哪些呢？一般来说，进行项目构思时，要考虑如下的内容：

(1)项目的投资背景及意义；

(2)项目投资方向和目标；

(3)项目投资的功能及价值；

(4)项目的市场前景及开发的潜力；

(5)项目建设环境和辅助配套条件；

(6)项目的成本及资源约束；

(7)项目所涉及的技术及工艺；

(8)项目资金的筹措及调配计划；

(9)项目运营后预期的经济效益；

(10)项目运营后社会、经济、环境的整体效益；

(11)项目投资的风险及化解方法；

(12)项目的实施及其管理。

5.项目构思的方法

项目构思是一种创造性的活动，无固定的模式或现成的方法可循，需要具体情况具体分析，但仍有一些常用的分析构思方法可以借鉴、参考，项目管理者们根据实践的经验，归纳出了一些有用的方法。

(1)项目混合法。根据项目混合的形态，项目混合法又分为两种形式：其一是项目合法，其二是项目复合法。

(2)比较分析法。这种项目构思方法是指项目策划者通过对自己掌握或熟悉的某个或多个特定的项目，既可以是典型的成功项目，也可以是不成功的项目，进行纵向分析或横向联想比较，从而挖掘和发现项目投资的新机会。

(3)集体创造法。一个成功的项目构思，单靠投资者本人或某些项目构思者，往往很难顺利地完成。发挥集体的力量，依靠群众力量和群众智慧进行项目构思是十分重要的。

6.项目构思的过程

项目构思不是一蹴而就的，它需要一个逐渐发展的递进过程。项目的构思一般分为三个阶段，即准备阶段、酝酿阶段和调整完善阶段。

(1)准备阶段。项目构思的准备阶段即进行项目构思的各种准备工作。

(2)酝酿阶段。酝酿阶段一般包括潜伏、创意出现、构思诞生三个小过程。

(3)调整完善阶段。项目构思的调整完善阶段，就是从项目初步构思的诞生到项目构思完善的这一过程。它又包含发展、评估、定形三个小阶段。

五、项目建议书

1.项目建议书的定义

项目建议书是项目建设筹建单位或项目法人，根据国民经济的发展、国家和地方中长期规划、产业政策、生产力布局、国内外市场、所在地的内外部条件提出的某一具体项目的建议文件，是对拟建项目提出的框架性的总体设想。往往是在项目早期，由于项目条件还不够成熟，仅有规划意见书，对项目的具体建设方案还不明晰，市政、环保、交通等专业咨询意见尚未办理。项目建议书主要论证项目建设的必要性，建设方案和投资估算也比较粗糙，投资误差为 ±30% 左右。

2.编制项目建议书的目的

(1)机会研究或规划设想的效益前途是否可信，是否可以在此阶段阐明的资料基础上提出投资建议的决策；

(2)建设项目是否需要和值得进行可行性研究的详尽分析；

(3)项目研究中有哪些关键问题，是否需要做专题研究；

(4)所有可能的项目方案是否均已审查甄选过；

(5)在已获资料基础上，是否可以决定项目有无足够吸引力和可行度。

3.项目建议书和可行性研究报告的区别

通常，项目建议书的批复是可行性研究报告的重要依据之一；可行性研究报告是项目建议书的后续文件之一。此外，在可行性研究阶段，项目至少有方案设计，市政、交通和环境等专业咨询意见也必不可少了；对于房地产项目，一般还要有详规或修建性详规的批复。可行性研究阶段投资估算要求较细，原则上误差在±10%；相应地，融资方案也要详细，每年的建设投资要落到实处，有银行贷款的项目，要有银行出具的资信证明。

很多项目在报立项时，条件已比较成熟，土地、规划、环评、专业咨询意见等基本具备。特别地，项目资金来源完全是项目法人自筹，没有财政资金且不享受什么特殊政策的项目，常常是项目建议书与可行性研究报告合为一体。

一个项目要获得政府有关扶持，首先必须先有项目建议书，项目建议书筛选通过后，再进行项目的可行性研究，可行性研究报告经专家论证后，才最后审定。这实际上也是一种常见的审批程序，是列入备选项目和建设前期工作计划决策的依据。项目建议书和初步可行性研究报告经批准后，才可进行以可行性研究为中心的各项工作。

4.项目建议书的主要内容

(1)项目投资方名称，生产经营概况，法定地址，法人代表姓名、职务，主管单位名称；

(2)项目建设的必要性和可行性；

(3)项目产品的市场分析；

(4)项目建设内容；

(5)生产技术和主要设备，说明技术和设备的先进性、适用性和可靠性，以及重要技术经济指标；

(6)主要原材料及水、电、气，运输等的需求量和解决方案；

(7)员工数量、构成和来源；

(8)投资估算，需要说明需要投入的固定资金和流动资金；

(9)投资方式和资金来源；

(10)经济效益初步估算。

5.项目建议书的编报程序

项目建议书由政府部门、全国性专业公司以及现有企事业单位或新组成的项目法人提出。其中，跨地区、跨行业的建设项目以及对国计民生有重大影响的项目、国内合资建设项目，应由有关部门和地区联合提出；中外合资、合作经营项目，在中外投资者达成意向性协议书后，再根据国内有关投资政策、产业政策编制项目建议书；大中型和限额以上拟建项目上报项目建议书时，应附初步可行性研究报告。初步可行性研究报告由有资格的设计单位或工程咨询公司编制。

6.项目建议书的编报要求

根据现行规定，建设项目是指一个总体设计或初步设计范围内，由一个或几个单位工程组成，经济上统一核算，行政上实行统一管理的建设单位。因此，凡在一个总体设计或初步设计范围内经济上统一核算的主体工程、配套工程及附属设施，应编制统一的项目建议书；在一个总体设计范围内经济上独立核算的各工程项目，应分别编制项目建议书；在一个总体设计范围内的分期建设工程项目，也应分别编制项目建议书。

项目建议书的编制同可行性研究报告一样属于工程咨询范畴，国家对工程咨询机构颁发甲级、乙级工程咨询资质证书，全国具备工程咨询甲级资质的机构有几十家，例如：中国产业竞争情报网、君略产业研究院、中国项目可行性研究中心、中元国际等。

7.项目建议书通用提纲

1)项目概况

①项目名称；

②项目建设主管单位和负责人；

③项目建议单位；

④拟建项目地址；

⑤项目实施单位简介；

⑥建议书编制依据。

2）项目背景与建设必要性

①项目背景；

②项目建设的必要性。

3）项目前期调研和所开展的工作

①主管部门批文；

②收集到的国家和拟建地区的工业建设政策、法令和法规；

③项目可行性研究报告；

④项目实施单位的优势；

⑤基本风险。

4）建设规模与产品方案

①建设规模；

②产品方案。

5）技术方案、设备方案和建设方案

①技术方案；

②设备方案；

③建设方案。

6）项目建设进度安排

7）投资估算及资金筹措

①投资估算；

②资金筹措。

8）经济效益评价

①生产规模；

②经济效益测算；

③盈利能力分析；

④财务小结。

9）结论

8.项目建议书的审批权限

目前，项目建议书要按现行的管理体制、隶属关系，分级审批。原则上，按隶属关系，经主管部门提出意见，再由主管部门上报，或与综合部门联合上报，或分别上报。

（1）大中型基本建设项目、限额以上更新改造项目，委托有资格的工程咨询、设计单位初评后，经省、自治区、直辖市、计划单列市发改委及行业归口主管部门初审后，报国家发改委审批，其中大型项目（总投资 4 亿元以上的交通、能源、原材料项目，2 亿元以上的其他项目），由国家发改委审核后报国务院审批。总投资在限额以上的外商投资项目，项目建议书分别由省发改委、行业主管部门初审后，报国家发改委会同外经贸部等有关部门审批；超过1亿美元的重大项目，上报国务院审批。

（2）小型基本建设项目、限额以下更新改造项目由地方或国务院有关部门审批。

①小型项目中总投资1000万元以上的内资项目、总投资500万美元以上的生产性外资项目、300万美元以上的非生产性利用外资项目，项目建议书由地方或国务院有关部门审批。

②总投资1000万元以下的内资项目、总投资500万美元以下的非生产性利用外资项目，本着简化程序的原则，若项目建设内容比较简单，也可直接编报可行性研究报告。

9.项目建议书批准后的准备工作

（1）确定项目建设的机构、人员、法人代表、法定代表人。

（2）选定建设地址，申请规划设计条件，做规划设计方案。

（3）落实筹措资金方案。

（4）落实供水、供电、供气、供热、雨污水排放、电信等市政公用设施配套方案。

（5）落实主要原材料、燃料的供应。

（6）落实环保、劳保、卫生防疫、节能、消防措施。

（7）外商投资企业申请企业名称预登记。

（8）进行详细的市场调查分析。

（9）编制可行性研究报告。

六、工程项目目标设计

（一）工程项目目标管理概述

1.工程项目的目标

工程项目决策之初，无论投资方、承建方、协作方或政府，均会有一定的目的或利益期望，这些目的与利益期望，只要可行，即经过项目的控制和协调后是可以实现的，也可以认为是项目目标的雏形。其中可能包含项目建设的费用投入与收益、资源投入、质量要求、进度要求、HSE、风险控制率、各利益方满意度，以及其他特殊目标和要求。工程项目目标的正确设置与否，以及是否可控，一定意义上直接决定项目建设的成败。

由于每个项目均有其唯一性，每个项目目标的侧重点不尽相同，但HSE、质量、费用与进度在绝大多数工程项目中，都是相对重要的控制要求。

工程项目的目标具有以下特点：

（1）多目标性。对一个项目而言，项目目标往往不是单一的，而是一个多目标系统，希望通过一个项目的实施，实现一系列的目标，满足多方面的需求。但是很多时候不同目标之间存在着冲突，实施项目的过程就是多个目标协调的过程，有同一个层次目标的协调，也有不同层次总项目目标和子目标的协调，项目目标和组织战略的协调等。

（2）优先性。不同目标在项目的不同阶段，根据不同需要，其重要性也不一样，例如在启动阶段可能更关注技术性能，在实施阶段主要关注成本，在验收阶段关注时间进度。对于不同的项目，关注的重点也不一样，例如单纯的软件项目可能更关注与技术指标和软件质量。

（3）层次性。项目目标的层次性是指对项目目标的描述需要有一个从抽象到具体的层次结构。即一个项目既有最高层次的战略目标，也要有较低层次的具体目标。通常，明确定义的项目目标按照意义和内容表示为一个递阶层次结构，层次越低的目标应该描述得越清晰具体。

2. 工程项目管理的目标体系

1) 质量、投资、工期控制目标

质量(生产能力、功能、技术标准等)、投资(成本、费用)目标和工期(进度)控制目标，是项目管理目标体系中三个最主要的方面。项目管理的三大目标通常由项目任务书、技术设计和计划文件、合同文件(承包合同和管理合同)等具体地定义。这三者在项目生命期中有如下特征：

(1) 三大控制目标之间互相联系，互相影响，存在着既对立又统一的关系。一方面，它们之间有着矛盾和对立的关系。例如，通常情况下，如果业主对工程项目的使用功能、安全、美观等质量方面有较高的要求，那么就要投入较多的资金和较长的建设时间，如果要在尽可能短的时间内完成工程项目，把工期目标定得很高，那么投资就要提高，质量有可能降低，如果要减少投资，势必要考虑降低对工程质量和工期的要求。另一方面，这三项控制目标之间又存在着统一的关系。例如，适当增加投资，为采取加快进度措施和严格项目质量控制提供经济条件，就可以加快项目建设速度，缩短工期，早日建成质量有保证的项目，提前投入使用，尽早发挥投资效益，工程项目的全寿命经济效益就会得到提高。适当提高项目使用功能要求和质量标准，虽然会造成一次性投资的增加和工期的延长，但能够节约项目投入使用后的经常费和维修费，降低产品成本，从而获得更好的投资效益。如果项目进度计划制订得既可行又优化，使工程进度具有连续性、均衡性，则不但可以使工期得以缩短，而且有可能获得较好质量、花费较低费用。

(2) 这三个目标在项目的策划、设计、计划过程中经历由总体到具体，由概念到实施，由简单到详细的过程。项目管理的三大目标必须分解落实到具体的各个项目单元(子项目、活动)和项目组织单元上，这样才能保证总目标的实现，形成一个控制体系，所以项目管理又是目标管理。

2) 在传统的三大控制目标的基础上，现代工程项目管理中还强调：

(1) 环境目标，即在项目的实施和运行中必须与环境协调。

(2) 安全目标，即在项目的实施和运营中必须保证施工工作、现场周边的人员、在项目运营中的操作人员、项目产品使用者的安全。

(3) 健康目标，即在项目的实施和运营中必须保证施工工作、现场周边的人员、在项目运营中的操作人员、项目产品使用者的健康。

(4) 各方面满意，与业主及其他相关者有友好的合作关系，企业信誉好、形象好等。

3. 工程项目目标的分解

1) 目标分解的要求

(1) 合理。如可将任务分层次、分阶段、分部门、分工序等进行分解。

(2) 方便明确。对关键问题或薄弱环节经分解后应当易于识别。

(3) 便于落实。项目分解后要便于操作。

2) 目标分解的方法。工程项目目标可按层次逐级分解，如表 3 - 1 所示。

表 3 – 1　工程项目目标分解表

建设项目	单项工程 1	单位工程 1	分部工程 1	分项工程 1 分项工程 2 分项工程 3 ……
			分部工程 2	分项工程 1 分项工程 2 分项工程 3 ……
			……	……
		单位工程 2	分部工程 1	分项工程 1 分项工程 2 分项工程 3 ……
			分部工程 2	分项工程 1 分项工程 2 分项工程 3 ……
			……	……
		单位工程 3	分部工程 1	分项工程 1 分项工程 2 分项工程 3 ……
			分部工程 2	分项工程 1 分项工程 2 分项工程 3 ……
			……	……
	单项工程 2	单位工程 1	分部工程 1	分项工程 1 分项工程 2 分项工程 3
			……	……
		……	……	……

（二）工程项目的目标管理

1. 目标管理的定义

目标管理是以目标为导向，以人为中心，以成果为标准，而使组织和个人取得最佳业绩的现代理方法。目标管理是一种基本的管理技能，它通过划分组织目标与个人目标的方法，将许多关键的管理活动结合，实现全面、有效的管理。

工程项目的目标管理作为工程项目管理中重要的工作内容，因其涉及的内容繁杂、利益方众多、建设周期长、不确定因素多等原因，在建设执行过程中，项目目标会受到各方面影响。

2. 目标管理的程序

项目目标管理的全过程是由一个个循环过程所组成的，而循环控制要持续到项目建成动用。通过各个阶段项目目标管理来实现项目目标。

(1)按计划要求投入。控制过程首先从投入开始。一项计划能否顺利地实现，基本条件是能否按计划所要求的人力、材料、设备、机具、方法和信息等进行投入。计划确定的资源数量、质量和投入的时间是保证计划实施的基本条件，也是实现计划目标的基本保障。

(2)做好转换过程的控制工作。工程项目的实现总是要经由投入到产出的转换过程。正是由于这样的转换，才使投入的人、财、物、方法、信息转变为产出品，如设计图纸、分项(分部)工程、单位工程，最终输出完整的工程项目。在转换过程中，计划的执行往往会受到来自外部环境和内部系统多因素的干扰，造成实际进展情况偏离计划轨道。为此，项目管理人员应当做好"转换"过程的控制工作。

(3)及时做好反馈。为使信息反馈能够有效地配合控制各项工作，使整个控制过程流畅地进行，需要设计信息反馈系统。它可以根据需要建立信息来源和供应程序，使每个控制和管理部门都能及时获得所需要的信息。

(4)对比目标以确定是否偏离。对比是将实际目标成果与计划目标成果相比较，以确定是否有偏离。对比工作首先是收集工程实施成果并加以分类、归纳，形成与计划目标相对应的目标值，以便进行比较。其次是比较结果进行分析，判断实际目标成果是否出现偏离。例如，某工程进度计划在实施过程中，发现其中一项工作比计划要求拖延了一段时间，如果该工作是关键工作，或者虽然不是关键工作，但它拖延的时间超过了项目的总时差，那么这种拖延肯定影响了总计划工期，对此工作必须采取纠偏措施。

(5)取得纠正控制效果。当出现实际目标成果偏离计划目标的情况时，就需要采取措施加以纠正。如果是轻度偏离，通常可采用较简单的措施进行纠偏。如果目标有较大偏离，则需要改变局部计划才能使计划目标得以实现。如果已经确定的计划目标不能实现，那就需要重新确定目标，然后根据新目标制订新计划，使工程在新的计划状态下运行。纠正偏差时，还要在组织、人员配备、领导等方面做文章。

项目实施过程的每一次控制循环结束都有可能使工程呈现出一种新的状态，或者是重新修订计划，或者是重新调整目标，使工程项目在这种新状态下继续开展。

3. 目标管理控制的主要内容

(1)进度控制。项目进度控制是指在实现建设项目总目标的过程中，为使工程建设的实际进度符合项目进度计划的要求，使项目按计划要求的时间动用而开展的有关监督管理活动。工程项目进度控制的总目标就是项目最终动用的计划时间。可见，工程项目进度控制是对工程项目从策划与决策开始，经设计与施工，直至竣工验收交付使用为止全过程的控制。

(2)质量控制。项目质量控制是指在力求实现工程建设项目总目标的过程中，为满足项目总体质量要求所开展的有关监督管理活动。其任务是通过建立健全有效的质量监督工作体系，认真贯彻检查各种规章制度的执行，随时检查质量目标与实际目标是否一致，以确保项目质量达到预期制定的标准和等级要求。在工程项目的三大目标控制当中，质量控制是主题，项目质量永远是考察和评价项目成功与否的首要方面。质量控制又包括事前控制、事中控制和事后控制三方面。

(3)投资控制。项目投资控制是指整个项目的实施阶段开展管理活动。项目投资费用是由项目合同界定的,因此应在满足项目的使用功能、质量要求和工期要求的前提下,阶段性检查费用的支出状况,控制费用支付不超过规定值,并严格审核设计的修改和工程的变更,实现项目实际投资不超过计划投资。投资控制也包括事前控制、事中控制和事后控制三方面。

(三)工程项目目标管理的控制措施

为了取得目标控制的理想成果,应从多方面采取措施对项目实施控制。

1.组织措施

各部门职能人员,要按计划要求监督投入的劳动力、机具、设备、材料,经常到现场巡视、检查运行情况,对工程信息进行收集、加工、整理、反馈,发现和预测目标偏差,采取纠正措施等,都需要事先落实控制的组织机构,委任执行人员,授予相应职权,明确任务、权利和责任,制定工作考核标准,并力求使之一体化运行。

2.技术措施

控制在很大程度上要通过技术来解决问题。为了对项目目标实施有效的控制,要对多个可能的主要技术方案进行技术可行性分析,对各种技术数据进行审核、比较,事先确定设计方案的评选原则,通过科学试验确定新材料、新工艺、新设备、新结构的适用性,对各投标文件中的主要技术方案做必要的论证,对施工组织设计进行审查,并想方设法在整个项目实施阶段寻求节约投资、保障工期和质量的技术措施。为使计划能够达到期望的目标,需要依靠掌握特定技术的人,需要采取一系列有效的技术措施,实现项目目标的有效控制。

3.经济措施

一个工程项目的建成动用,归根结底是一项投资的实现。从项目的提出到项目的实现,始终伴随着资金的筹集和使用工作。无论是对工程造价实施控制,还是对工程质量、进度实施控制,都离不开经济措施。为了理想地实现工程项目目标,项目管理人员要收集工程经济信息和数据,要对各种实现项目的计划进行资源、经济、财务诸方面的可行性分析,要对经常出现的各种设计变更和其他工程变更方案进行技术经济分析,以力求减少对计划目标实现的影响。要对工程概、预算进行审核,要编制资金使用计划,要对工程付款进行审查等。如果项目管理人员在目标控制时忽视了经济措施,不但使工程造价目标难以实现,而且会影响工程质量和进度目标的实现。

4.合同措施

工程项目建设需要设计单位、施工单位和材料设备供应单位分别承担项目实施中的相应工作。没有这些工程建设行为,项目就无法建成动用。在市场经济条件下,这些承包商是分别根据与业主签订的设计合同、施工合同和供销合同来参与工程项目建设的,他们与工程项目业主构成了承发包关系。由此可见,确定对目标控制有利的承发包模式和合同结构,拟订合同条款,参加合同谈判,处理合同执行过程中的问题,以及做好防止和处理索赔的工作等,是项目管理人员进行目标控制的重要手段。

七、工程项目的可行性研究

(一)项目可行性研究概述

所谓项目可行性研究,是对工程项目的技术先进性、经济合理性和建设可能性进行分析比较,以确定该项目是否值得投资,规模应有多大,建设时间和投资应如何安排,采用哪种技术方案最合理等,以便为决策提供可靠的依据。可行性研究主要内容是以全面、系统的分析为主要方法，以经济效益为核心，围绕影响项目的各种因素，运用大量的数据资料论证拟建项目是否可行。对整个可行性研究提出综合分析评价，指出优缺点和建议。

1. 项目可行性研究的作用

可行性研究是建设项目投资决策和编制设计任务书的依据，是项目建设单位筹集资金的重要依据，是建设单位与各有关部门签订各种协议和合同的依据，是建设项目进行工程设计、施工、设备购置的重要依据，是向当地政府、规划部门和环境保护部门申请有关建设许可文件的依据；是国家各级计划综合部门对固定资产投资实行调控管理、编制发展计划、进行技术改造投资的重要依据。可行性研究是项目考核和后评估的重要依据。

2. 项目可行性研究的意义

可行性研究是确定建设项目前具有决定性意义的工作，是在投资决策之前，对拟建项目进行全面技术经济分析的科学论证。在投资管理中，可行性研究是指对拟建项目有关的自然、社会、经济、技术等进行调研、分析比较以及预测建成后的社会经济效益，并在此基础上综合论证项目建设的必要性，财务的盈利性，经济上的合理性，技术上的先进性和适应性以及建设条件的可能性和可行性，从而为投资决策提供科学依据。

3. 项目可行性研究的阶段划分

项目可行性研究共分为三个阶段：

(1) 机会鉴定阶段，即通过对社会需求，技术发展趋势和资源状况分析，寻求合适的投资机会。内容包括市场调查预测，投资的目标、范围，项目投资费用范围。

(2) 初步可行性分析阶段，即在投资机会研究的基础上，寻找可行项目和投资方向，从经济上进一步考察原料市场，在技术上进行试验。

(3) 技术经济可行性论证阶段，即在全面分析、计算、比较、论证的基础上，对项目进行可行性定性分析，选择最优方案，并对项目投资做可行性定性结论。

(二) 可行性研究报告的内容

通过对工程项目的市场需求、资源供应、建设规模、工艺路线、设备选型、环境影响、资金筹措、盈利能力等方面的研究，从技术、经济、工程等角度对项目进行调查研究和分析比较，并对项目建成以后可能取得的经济效益和社会环境影响进行科学预测，为项目决策提供公正、可靠、科学的投资咨询意见，并形成书面的可行性研究报告。一般工程项目的可行性研究报告包括以下内容：

1. 总论

总论作为可行性研究报告的首要部分，要综合叙述研究报告中各部分的主要问题和研究结论，并对项目的可行与否提出最终建议，为可行性研究的审批提供方便。

2. 工程项目建设背景可行性

这一部分主要应说明项目发起的背景、投资的必要性、投资理由及项目开展的支撑性条件等等。

3. 工程项目产品市场分析

市场分析在可行性研究中的重要地位在于，任何一个项目，其生产规模的确定、技术的选择、投资估算甚至厂址的选择，都必须在对市场需求情况有了充分了解以后才能决定。而且市场分析的结果，还可以决定产品的价格、销售收入，最终影响到项目的盈利性和可行性。在可行性研究报告中，要详细研究当前市场现状，以此作为后期决策的依据。

4.工程项目产品规划方案

主要有工程项目产品产能规划方案、工程项目产品工艺规划方案（工艺设备选型、工艺说明、工艺流程）、工程项目产品营销规划方案。

5.工程项目建设地与土建总规

工程项目建设地：建设地地理位置、自然情况、资源情况、经济情况、人口情况。

工程项目土建总规：项目厂址及厂房建设、土建总图布置、场内外运输、项目土建及配套工程、项目其他辅助工程等。

6.工程项目环保与劳动安全方案

在项目建设中，必须贯彻执行国家有关环境保护、能源节约和职业安全方面的法律法规，对项目可能影响周边环境或劳动者健康和安全的因素，必须在可行性研究阶段进行论证分析，提出防治措施，并对其进行评价，推荐技术可行、经济，且布局合理，对环境有害影响较小的最佳方案。按照国家现行规定，工程项目建设必须实行环境影响评价、报告、审批制度，因此，在可行性研究报告中，对环境保护和劳动安全要有专门论述。

7.工程项目组织和劳动定员

在可行性研究报告中，根据项目规模、项目组成和工艺流程，研究提出相应的企业组织机构，劳动定员总数及劳动力来源及相应的人员培训计划。

8.工程项目实施进度安排

项目实施时期的进度安排是可行性研究报告中的一个重要组成部分。项目实施时期亦称投资时间，是指从正式确定建设项目到项目达到正常生产这段时期，这一时期包括项目实施准备、资金筹集安排、勘察设计和设备订货、施工准备、生产准备、试运转直到竣工验收和交付使用等各个工作阶段。这些阶段的各项投资活动和各个工作环节，有些是相互影响、前后紧密衔接的，也有同时开展、相互交叉进行的。因此，在可行性研究阶段，需将项目实施时期每个阶段的工作环节进行统一规划，综合平衡，做出合理又切实可行的安排。

9.工程项目的经济评价

工程项目的经济评价是从项目的角度，采用一定的方法和经济参数，对项目的投入和产出，分析论证，进行项目的盈利分析。在项目决策阶段，对建设项目拟订方案进行经济评价十分重要，因此，工程项目的经济评价是可行性研究报告的核心内容。

在项目建议书阶段，项目投资者向国家提出要求建设的建议性文件。该阶段经济评价的重点是围绕项目立项建设的必要性和可能性，分析论证是否具备建设条件和是否值得投资。

可行性研究阶段是项目经济评价的关键，必须按照统一的评价方法和评价参数，对项目建设的必要性和可行性进行全面、详细和完整的经济评价。

工程项目经济评价的特点是：静态分析与动态分析相结合，以动态分析为主；微观效益分析与宏观效益分析相结合，以宏观效益分析为主；定性分析与定量分析相结合，以定量分析为主；现实分析与预测分析相结合，以预测分析为主。

工程项目经济评价包括财务评价和国民经济评价。

1)财务评价

项目财务评价是在现行财税制度和价格体制的条件下，从项目的财务角度分析计算项目的财务可行性，考察项目的盈利能力、清偿能力以及外汇平衡等财税状况。它要对各种费用和效益进行估算，对资金来源与筹措方式、融资方案、融资成本及风险进行分析。主要采用的分析指标有：

（1）盈利能力分析指标：财务内部收益率（FIRR）、财务净现值（FNPV）、项目投资回收期（P_t）、总投资收益率（POI）、项目资金净利润率（ROE）。

（2）偿还能力分析指标：利息备付率（ICR）、偿债备付率（DSCR）。

盈利能力分析是项目财务评价的主要内容之一，国际通行的财务盈利能力评价一般以动态分析为主，即根据资金时间价值原理，考虑项目整个计算期内各年的效益和费用，采用现金流量分析的方法，计算内部收益率和净现值等评价指标。财务内部收益率和财务净现值都是考虑资金时间价值的动态评价指标，是评价投资项目盈利能力的最重要的指标。

2）国民经济评价

国民经济评价是从国家整体角度分析计算项目对国民经济的净贡献来判别项目的经济合理性，对项目产生的间接效益也要计算。采用影子价格、影子汇率来计算经济净现值（ENPA）和经济内部收益率（EIRR），当项目财务评价和国民经济评价有矛盾时，由国民经济评价做出项目的取舍。

3）风险分析

项目风险是指可能导致项目损失的不确定性，美国项目管理大师马克思·怀德曼将其定义为"某一事件发生给项目目标带来不利影响的可能性"。项目风险管理是为了最好的达到项目的目标，识别、分配、应对项目生命周期内风险的科学与艺术，是一种综合性的管理活动。

要想避免和减少项目风险，首先要知道项目风险的根源和产生的原因，采取正确的方法识别、评价。项目经济评价的风险性分析（亦称不确定性分析），可采用敏感性分析、盈亏平衡分析及概率分析等方法。

10. 工程项目投资估算

工程项目投资估算是指在项目建议书和可行性研究阶段，利用投资估算指标或概算指标对拟建工程项目所需投资预先测算和确定的过程，估算出的价格称为投资估算造价。投资估算是决策、筹资和控制造价的主要依据。我国投资估算阶段划分、精度与作用见表3-2。

表3-2　投资估算阶段划分、精度与作用

投资估算阶段划分	投资估算误差率	投资估算的主要作用
项目规划阶段	≥±30%	1. 按规定的要求和内容，粗估项目所需投资额 2. 否定项目或决定是否进行深入研究的依据
项目建议书阶段	±30%内	1. 主管部门审查项目建议书的依据 2. 据以确定项目是否进行可行性研究
初步可行性研究阶段	±20%内	据以确定项目是否进行详细可行性研究
详细可行性研究阶段	±10%内	1. 决定项目是否可行 2. 可据此列入项目年度基建计划
评估审查阶段	±10%内	1. 作为对可行性研究结果进行评价的依据 2. 作为对项目进行最后决定的依据

11. 工程项目可行性研究结论与建议

根据前面各节的研究分析结果，对项目在技术上、经济上进行全面的评价，对建设方案进行总结，提出结论性意见和建议。主要内容有：对推荐的拟建方案建设条件、产品方案、工艺技术、经济效益、社会效益、环境影响的结论性意见；对主要的对比方案进行说明；对可行性研究中尚未解决的主要问题提出解决办法和建议；对应修改的主要问题进行说明，提出修改意见；对不可行的项目，提出不可行的主要问题及处理意见；可行性研究中主要争议问题的结论；可行性研究报告附件。

凡属于项目可行性研究范围，但在研究报告以外单独成册的文件，均需列为可行性研究报告的附件，所列附件应注明名称、日期、编号。另外还应有相应的附图和附录。

（三）我国可行性研究存在的主要问题

（1）工程技术方案的研究论证深度不够。按照国外的通常做法，可行性研究阶段的研究深度应能达到定方案的程度，因此要求在工程技术方案论证，应达到 Basic Design 或 Concept Design 的程度，基本相当于我国的初步设计应达到的水平，应提出明确的设备清单；

（2）财务评价就项目论项目，这与国外利用企业理财的理论和方法进行资本预算管理，对投资项目进行投资决策和融资决策的通行做法存在重大差异，并且在经济评价方面不恰当地使用了"国民经济评价"的概念，由此引起一系列的认识误区；

（3）在市场分析、组织机构分析等方面与国外差别较大，研究深度严重不足；

（4）不重视多方案的比选及项目风险分析，或者分析的内容、深度严重不足，缺乏项目周期各阶段风险管理的统一筹划及策略论证。

3.2 工程项目管理规划

一、工程项目管理规划概述

（一）工程项目管理规划的定义与作用

1. 工程项目管理规划的定义

项目管理规划是对工程项目全过程中的各种管理职能、各种管理过程以及各种管理要素进行完整的、全面的总体计划。项目管理规划作为指导项目管理工作的纲领性文件，应对项目管理的目标、依据、内容、组织、资源、方法、程序和控制措施进行确定。

根据项目管理的需要，项目管理规划文件可分为项目管理规划大纲和项目管理实施规划两类。项目管理规划大纲作为投标人的项目管理总体构想或项目管理宏观方案，是指导项目投标和签订施工合同的依据；项目管理实施规划是项目管理规划大纲的具体化和深化，作为施工项目部实施项目管理的依据。

2. 工程项目管理规划的作用

按照管理学对规划的定义，规划实质上就是计划，所以规划的作用就是计划的作用。但与传统的计划不同，项目管理规划的范围更大，综合性更强，所以它有更为特殊的作用。

（1）规划又是对项目的构思、项目的目标更为详细的论证。在项目的总目标确定后，通过项目管理规划可以分析研究总目标能否实现，总目标确定的费用、工期、功能要求是否能得到保证，是否平衡。

（2）项目管理规划既是对项目目标实现方法、措施和过程的安排，又是项目目标的分解过程。规划结果是许多更细、更具体的目标的组合，它们将被作为各级组织在各个阶段的责任。

（3）规划是项目管理实际工作的指南和项目实施控制的依据。以规划作为对项目管理实施过程进行监督、跟踪和诊断的依据；最后它又作为评价和检验项目管理实施成果的尺度，作为对各层次项目管理人员业绩评价和奖励的依据。

（4）业主和项目的其他方面（如投资者）需要了解和利用项目管理规划的信息。

在现代工程项目中，没有周密的项目管理规划，或项目管理规划得不到贯彻和保证是不可能取得项目的成功的。规划常常又是中间决策的依据，因为对项目管理规划的批准是一项重要的决策工作。

3. 工程项目管理规划的要求

项目管理规划作为项目管理的一个重要的工作，在项目立项后编制。由于项目的特殊性和项目管理规划的独特作用，它应符合如下要求：

（1）管理规划是为保证实现项目管理总目标而做的各种安排，所以目标是规划的灵魂，必须详细地分析项目总目标，弄清总任务。所以，项目管理规划应包括对目标的研究与分解，并与相关者各方就总目标达成共识，这是工程项目管理的最基本要求。

（2）符合实际。管理规划要有可行性，不能纸上谈兵。符合实际主要体现在如下方面：符合环境条件，反映项目本身的客观规律性，反映项目管理相关的各方的实际情况。

（3）全面性要求。规划内容更具有完备性和系统性。由于项目管理对项目实施和运营的重要作用，项目管理规划的内容十分广泛，应包括在项目管理中涉及的各方面的问题：

①通常应包括项目管理的目标分解、环境的调查、项目的范围管理和结构分解、项目的实施策略、项目组织和项目管理组织设计，以及对项目相关工作的总体安排；

②项目管理规划必须包括项目管理的各个方面（如质量、进度、合同、成本等）和各种要素（如资金、劳动力、材料设备、场地、信息等），形成了一个非常周密的多维的系统；

③应着眼于项目的全过程，特别要考虑项目的设计和运行维护，考虑项目的组织，以及项目管理的各个方面。

（4）项目管理规划应是集成化的，规划所涉及的各项工作之间应有很好的接口。项目管理规划的体系应反映规划编制的基础工作、规划包括的各项工作，以及规划编制完成后的相关工作之间的系统联系，主要包括：

①各个相关计划的先后次序和工作过程关系；

②各相关计划之间的信息流程关系；

③计划相关的各个职能部门之间的协调关系；

④项目各参加者（如业主、承包商、供应商、设计单位等）之间协调关系；

⑤由于规划过程又是资源分配的过程，为了保证规划的可行性，人们还必须注意项目管理规划与项目规划和企业计划的协调。

（5）管理规划要有弹性，必须留有余地。项目管理规划在执行中由于受到许多方面的干扰需要改变：

①由于市场变化、环境变化、气候影响，原目标和规划内容可能不符合实际，必须做调整；

②投资者的情况的变化，新的主意、新的要求；

③其他方面的干扰，如政府部门的干预，新的法律的颁布；

④可能存在计划、设计考虑不周、错误或矛盾，造成工程量的改变和方案的变更，以及由于工程质量不合格而引起返工。

（6）规划中必须包括相应的风险分析的内容。对可能发生的困难、问题和干扰做出预计，并提出预防措施。

（二）工程项目管理规划的内容

项目管理规划通常包括如下内容：项目管理的目标、项目的实施策略、管理组织策略、项目管理的模式、项目管理的组织规划和实施项目范围内的工作涉及的各方面问题等。

1. 工程项目管理目标的分析

项目管理目标分析的目的是为了确定适合建设期项目特点和要求的项目目标体系。项目管理规划是为了保证项目管理目标的实现，所以目标是项目管理规划的灵魂。项目立项后，项目的总目标已经确定。通过对总目标的研究和分解即可确定阶段性的项目管理目标。

2. 工程项目实施环境分析

项目环境分析是项目管理规划的基础性工作。在规划工作中，掌握相应的项目环境信息，将是开展各个工作步骤的前提和重要依据。通过环境调查，确定项目管理规划的环境因素和制约条件，收集对影响项目实施和项目管理规划执行的宏观和微观的环境因素的资料。

其中特别要注意尽可能利用以前同类工程项目的总结和反馈信息。

3. 工程项目范围的划定和项目结构分解（PBS）

（1）根据项目管理的目标分析划定项目的范围。

（2）对项目范围内的工作进行研究和分解，即项目的系统的结构分解。项目结构分解是对项目前期确定的项目对象系统的细化过程。

4. 工程项目实施方针和组织策略的制定

即确定项目实施和管理模式总的指导思想和总体安排，包括：

（1）项目实施、项目管理、程度控制的确定；

（2）发包方式、材料和设备供应方式的确定；

（3）工作范围和资源投入的确定。

5. 工程项目实施总计划

（1）项目总体的时间安排，重要的里程碑事件安排；

（2）项目总体的实施顺序；

（3）项目总体的实施方案（如施工工艺、设备、模板方案，给（排）水方案等）。各种安全和质量的保证措施，采购方案，现场运输和平面布置方案，各种组织措施等。

6. 工程项目组织设计

项目组织策略分析的主要内容是确定项目的管理模式和项目实施的组织模式，通过项目组织策略的分析，基本上建立了建设期项目组织的基本架构和责权利关系的基本思路。

（1）项目实施组织策略，包括采用的分标方式、采用的工程承包方式、项目可采用的管理模式。

（2）项目分标策划。即对项目结构分解得到的项目活动进行分类、打包和发包，考虑哪些工作由项目管理组织内部完成，哪些工作需要委托出去。

（3）招标和合同策划工作。这里包括两方面的工作，即招标策划和合同策划两部分。

（4）项目管理模式的确定。即业主所采用的项目管理模式，如设计管理模式、施工管理模式,是否采用监理制度等。

(5)项目管理组织设置。

①按照项目管理的组织策略、分标方式、管理模式等构建项目管理组织体系。

②部门设置。管理组织中的部门,是指承担一定管理职能的组织单位,是某些具有紧密联系的管理工作和人员所组成的集合,它分布在项目管理组织的各个层次上。部门设计的过程,实质就是进行管理工作的组合的过程。

③部门的职责分工。绘制项目管理责任矩阵,针对项目组织中某个管理部门,规定其基本职责、工作范围、拥有权限、协调关系等,并配备具有相应能力的人员以适应项目管理的需要。

④管理规范的设计。为了保证项目组织结构能够按照设计要求正常地运行,需要项目管理规范,这是项目组织设计中制度化和规范化的过程。

⑤主要管理工作的流程设计。项目中的管理工作流程,按照涉及的范围大小,可以划分为不同的层次。

在项目管理规划中,流程设计的成果是各种主要管理工作的工作流程图。

(6)项目管理信息系统的规划。对新的大型项目必须对项目管理的信息系统做出总体规划。

7.其他

根据需要,项目管理规划还会有许多内容,但它们会因不同的对象而异。

项目管理规划的各种基础资料和规划的结果应形成文件,以便沟通,且具有可追溯性。

二、工程项目管理实施规划

(一)工程项目管理实施规划的特点

(1)是项目实施过程的管理依据。施工项目管理实施规划在签订合同之后编制,是指导从施工准备到竣工验收全过程的项目管理。它既为这个过程提出管理目标,又为实现目标做出管理规划。

(2.其内容具有实施性。实施性是指它可以作为实施阶段项目管理实际操作的依据和工作目标。因为它是项目经理组织或参与编制的,是依据项目情况、现实具体情况编制而成的,所以具有实施性。

(3.追求管理效率和良好效果。施工项目管理实施规划可以起到提高管理效率的作用。因为管理过程中,事先有策划,过程中有办法及制度,目标明确,安排得当,措施得力,必然会产生效率,取得理想的效果。

(二)工程项目管理实施规划的要求

(1)项目经理签字后报组织管理层审批。

(2)与各相关组织的工作协调一致。

(3)进行跟踪检查和必要的调整。

(4)项目结束后,形成总结文件。

(三)工程项目管理实施规划的编制依据

(1)项目管理规划大纲。

(2)项目条件和环境分析资料。

（3）项目管理责任书。

（4）施工合同等。

（四）工程项目管理实施规划的编制程序

（1）对施工合同和施工条件进行分析。

（2）对项目管理目标责任书进行分析。

（3）编写目录及框架。

（4）分工编写。

（5）汇总、协调。

（6）统一审稿。

（7）修改定稿。

（8）报批。

（五）工程项目管理实施规划的编制

工程项目管理实施规划由施工项目部负责编制。

项目管理实施规划的主要编制依据有项目管理大纲、项目管理目标责任书、施工合同等。项目管理实施规划编制内容见表3－4。

表3－4 工程项目管理实施规划编制内容

序号	项目	规划内容	序号	项目	规划内容
1	工程概况	（1）工程特点 （2）建设地点及环境特征 （3）施工条件 （4）项目管理特点及总体要求	7	施工平面图	（1）施工平面图说明 （2）施工平面图绘制 （3）施工平面图管理规划
2	施工部署	（1）项目的质量、进度、成本及安全目标 （2）拟投入的最高人数和平均人数 （3）分包计划，劳动力使用计划 （4）施工程序 （5）项目管理总体安排	8	技术组织措施计划（包括技术措施、组织措施、经济措施和合同措施）	（1）保证进度目标的措施 （2）保证质量目标的措施 （3）保证安全目标的措施 （4）保证成本目标的措施 （5）保证季节施工的措施 （6）保护环境的措施 （7）文明施工的措施
3	施工方案	（1）施工流向和施工顺序 （2）施工阶段划分 （3）施工方法和施工机具选择 （4）安全施工设计 （5）环境保护内容和方法	9	项目风险管理	（1）风险因素识别一览表 （2）风险可能出现的概率及损失值估计 （3）风险管理重点 （4）风险防范对策 （5）风险管理责任
4	施工进度计划	（1）施工总进度计划 （2）单位工程施工进度计划	10	信息管理	（1）项目组织相适应的信息流通系统 （2）信息中心的建立规划 （3）项目管理软件的选择与使用规划 （4）信息管理实施规划

序号	项目	规划内容	序号	项目	规划内容
5	资源供应计划	(1)劳动力需求计划 (2)主要材料和周转材料需求计划 (3)机械设备需求计划 (4)预制品(件)订货和需求计划 (5)大型工具、检测器具需求计划	11	技术经济指标分析	(1)规划的指标 (2)规划指标水平高低的分析与评价 (3)实施难点的对策
6	施工准备工作计划	(1)施工准备工作组织及时间安排 (2)技术准备及编制质量计划 (3)施工现场准备 (4)作业队伍和管理人员的准备 (5)物资准备 (6)资金准备			

3.3　工程项目设计阶段管理

设计是对拟建工程的实施,在技术和经济上所进行的全面而详尽的安排,是项目实施的具体化,是组织施工的依据。工程项目的设计是工程建设的灵魂,是将科技成果转化为生产力,形成规模生产能力的关键性环节。设计应严格遵守国家相关法律法规、设计规范、国家的经济政策,有全局的观点,正确处理质量、安全、效益、速度、节约资源和建设用地、综合利用资源等的关系。

一、工程项目设计分类

工程项目设计分为二阶段设计或三阶段设计:

(1)初步设计。这是根据可行性研究报告的要求所做的具体实施方案,此阶段需编制项目总概算。

(2)技术设计(也叫扩大初步设计)。解决初步设计中的重大技术问题,是初步设计的深化。此阶段需要编制扩大初步设计概算。

(3)施工图设计。把初步设计中所有的设计内容和设计方案绘制成图,并编制施工图预算。

二、工程项目设计阶段的管理

1. 增强设计标准和标准设计意识

设计阶段是投资控制管理的重点。设计标准是国家的重点技术规范,是进行工程建设勘察、设计、施工及验收的重要依据。各类建设的设计都必须制定相应的标准规范,是工程建设技术管理的重要组成部分。标准设计(也称定型设计、通用设计、复用设计),是工程建设标准化的组成部分,如各类工程建设的构配件、通用建筑物、构筑物、公共设施等。来源于建设实践的经验和科研成果,是工程建设必须遵循的科学依据。标准设计是科学技术转化为生产力的重要途径，又是衡量工程建设的尺度。符合标准规范就是质量好，反之则是质量差。抓设计质量，设计标准规范必须先行。标准设计还有利于降低投资，缩短工期。

2. 运用价值工程进行设计方案选优

价值工程又叫价值分析，是运用集体智慧和有组织的活动，着重对产品进行功能分析，使之以最低的总成本，可靠地实现产品的必要功能，从而提高产品价值的一整套科学的技术经济分析方法。价值工程的运用，可降低投资或提高功能。

3. 推广限额设计

所谓限额设计，就是根据批准了的投资估算控制初步设计，按照被批准的初步设计总概算控制施工图设计，严格控制技术设计和施工图设计的不合理变更，保证总投资限额不被突破。投资分解和工程量控制是限额设计的有效途径和主要方法。

4. 概预算的审查

重点审查编制依据的合法性、时效性和适用范围；审查概预算的构成；设备清单和安装费用，并研究、定案、调整概算。

三、建设准备阶段

设计完成后，工程项目进入了项目准备阶段。初步设计已批准的项目，将被列为预备项目，在进行建设准备过程中的投资活动不计算建设工期，在统计上单独反映。

建设准备阶段主要工作内容有：征地、拆迁；三通(水、电、路)一平(平整场地)；组织设备材料订货，准备必要的施工图纸；组织施工招标、择优选择承包商等。

当具备了开工条件后，建设单位申请批准，新开工项目要经国家发改委统一审核后，编制年度大中型和限额以上工程项目开工计划，并报请国务院批准，由国家发改委下达项目计划，地方政府和国务院其他部门不得自行审批。无批准的开工报告，任何单位不得施工。

本章小结

项目施工前的工作称为项目前期工作。它包括项目决策阶段和项目规划设计阶段。工程项目的前期策划是项目的孕育阶段，对项目的整个生命期，甚至对整个上层系统有决定性的影响，它对未来投资项目的目标、功能、范围以及项目涉及的各主要因素和大体轮廓的设想和初步界定，其策划的好坏，不仅影响着项目实施的进度，从某种意义来说，也直接决定着项目的目标能否最终圆满地实现。

搞好项目的前期策划主要考虑以下几方面：环境调查和分析；项目定义和论证；组织策划；管理策划；合同策划；技术策划；营销策划；环境和文化策划；风险分析。通过对以上各因素的了解和分析，进而确定一个明确的项目计划和方案，从而对开发项目做出决策。

复习思考题

1. 项目的前期策划阶段工作的主要任务是什么？
2. 项目前期策划工作应注意哪些问题？
3. 工程项目构思的概念及主要内容是什么？

4. 工程项目立项的条件是什么？

5. 项目建议书一般包括哪些内容？

6. 工程项目管理的三大目标是什么？

7. 工程项目可行性研究分为哪几个阶段？可行性研究报告一般包括哪些内容？

8. 建设工程项目管理规划的主要内容是什么？

9. 工程项目设计分为几个阶段？设计阶段管理主要从哪些方面重点考虑？

第4章 工程项目招投标与合同管理

【学习目标】

1.了解招标投标的定义及特征，熟悉招标投标活动的一般程序。

2.掌握工程项目招标的概念、分类和方式，了解工程项目招标文件的内容、格式、审查和发布。

3.了解工程项目投标的概念，掌握工程项目投标决策与技巧。

【学习重点】

1.工程项目招标投标的基本程序；

2.工程项目招标文件的内容与格式；

3.工程项目投标决策与技巧；

4.建设工程施工合同的内容及工程索赔的基本理论。

4.1 招标投标概述

一、招标投标的概念与特征

（一）建设工程招标投标的定义

建设工程招标投标，是在市场经济条件下，在工程发承包市场围绕建设工程这一特殊商品而进行的一系列交易活动（包括可行性研究、勘察设计、工程施工、材料设备采购等）。

（二）建设工程招标投标的意义

1.有利于降低工程投资，优化社会资源

工程招投标的本质就是竞争。投标竞争是一种公开、公平、公正的竞争。招标人可以通过招投标最大限度地拓宽询价范围，进行充分的比较和选择，以最低的投资开发建设工程项目，最大限度地提高业主资金的使用效益。这种竞争要求投标人必须不断地加强企业内部管理水平，提高技术装备水平和劳动生产效率，不断降低企业的劳动消耗水平，努力降低投标报价，从而提高其投标中标率，有效地促进建设工程项目承包的相关企业创造出更多的优质、高效、低耗的产品，促进建筑业及相关产业的发展。这对于整个社会经济而言，必将有利于全社会劳动总量的节约及合理安排，使社会的各种资源通过市场竞争得到优化配置。

2.有利于形成由市场定价的价格体制，使工程造价更加趋于合理

工程招投标确定的工程价格，可以较好地体现价值规律的客观要求，较灵敏地反映市场供求及价格变动状况。因而，这样的工程造价趋于合理，建设工程的比价体系乃至整个价格体系也趋于合理，它可以保证整个国民经济持续、稳定、健康的发展。

3.有利于保证工程项目质量，维护国家利益、社会公共利益和招标投标活动当事人的合

法权益

由于招标的特点是公开、公平和公正，将采购活动置于透明的环境之中，有效地防止了腐败行为的发生，使工程、设备等采购项目的质量得到了保证。在某种意义上说，招标投标制度执行得如何，是项目质量能否得到保证的关键。从我国近些年来发生的重大工程质量事故看，大多是因为招投标执行差，搞内幕交易，违规操作，使无资质或者资质不够的施工队伍承包工程，造成建设工程质量下降，事故不断发生。因此，通过推行招标投标，可以选择真正符合要求的供货商、承包商，使项目的质量得以保证，从而维护国家利益、社会公共利益和招标投标活动当事人的合法权益。《招标投标法》第三条特别指出，大型基础设施、公用事业等关系社会公共利益、公众安全的项目，使用国有资金投资、国家融资的项目，使用国际组织或者外国政府贷款、援助资金的项目，必须进行招标。这些项目的质量状况，不仅关系到国家建设资金的有效使用，关系到人民群众生命财产安全，而且关系到国家的对外形象。

（三）建设工程招标投标的特征

1. 组织性

招标投标是一种有组织、有计划的特殊的商业交易活动，它的进行过程必须按照招标文件的规定，按事先规定的规则、标准、方法进行，有严密的程序，处处体现高度的组织性。

2. 公开性

招标投标的公开性主要指进行招标活动的信息公开，开标的程序和内容公开，评标标准和评标方法公开，中标的结果公开。

3. 公平性与公正性

对待各方投标者一视同仁，招标方不得有任何歧视某一个投标者的规定和行为。招标过程实行公开公正方式。公开评标标准和评标办法，是保证和约束评标委员会评标过程公正性的重要措施之一。招标的组织性、公开性以及严格的保密原则和保密措施，也都是对投标人在招标过程中进行公平、公正竞争的重要保证。

4. 一次性

招标与投标的交易行为，不同于一般商品交换，也不同于询价采购与谈判交易。在招标投标过程中，投标人没有讨价还价的权利，这是招标投标这种特殊交易方式的一个最为显著的特性。投标人参加投标，只能应邀进行一次性秘密报价，是"一口价"。在投标文件递交截止日期以后，投标文件不得撤回或进行实质性条款的修改。

5. 规范性

按照目前通行做法，招标投标程序的条件已相对成熟与规范，不论是工程建设施工招标，还是有关货物采购招标，或者是服务类型的招标，都要充分做好招标准备工作，按照招标—投标—开标—评标—定标—签订合同这一相对规范和成熟的基本程序进行。随着我国《招标投标法》的全面贯彻执行，国务院有关行政监督部门已出台了一些必须强制执行的程序规定，使招标投标过程中的程序规范、操作规范的工作不仅有法可依，而且有章可循了。所有这些，都将有力地促进招标行为的规范化。

6. 时限性

招标公告（或投标邀请书）发布后，招标文件的出售时间、对招标文件的澄清答疑与修改时间、投标文件的投标截止时间、开标时间，还有投标有效期和投标保证金有效期，以及中标通知书发出后中标人与招标人签订合同期限等，都必须按公开规定的时间进行，有严格的时限要求。例如，不论遇到什么情况和什么理由，过了规定的投标截止时间，任何晚到的投标书都将被公开拒绝。

7. 静态性

招标投标中的时限性和投标报价的一次性特点，以及投标截止期以后，任何投标人不准对投标文件的实质性条款做改动、不准在开标会上了解到竞争对手的报价后进行更改等规则，反映了每次招投标活动在其规定的时间段里有一种静态性的特征。招投标双方只有熟悉、了解这些特性及其局限性，才能充分利用和发挥这些特性给各方竞争带来的有利机遇，才能克服由于不掌握其规则给各自造成失误甚至造成损失的被动局面。

二、招标投标活动应遵循的基本原则

建设工程招投标应遵循公开、公平、公正和诚实信用的原则。

（一）公开原则

首先要求进行招标行动的信息要公开，就是要求招标投标活动具有高透明度，实行招标信息、招标程序公开。即发布招标通告、公开开标、公开中标结果，使每一个投标人获得同等的信息。

（二）公平原则

招投标就是要求给予所有投标人平等的机会，使其享有同等的权利并履行相应的义务，不歧视任何一方。

（三）公正原则

在招标投标活动中招标人行为应当公正，就是要求评标时按事先公布的标准对待所有的投标人。

（四）诚实信用原则

也称诚信原则，是民事活动的一项基本原则。从这原则出发，《招标投标法》规定了不得规避招标、串通投标、泄露标底、骗取中标，非法律允许的转包合同等诸多义务。

三、招标投标的一般程序

一般来说，招标投标需经过招标、投标、开标、评标与定标等程序。

（一）招标

具有招标条件的单位填写建设工程招标申请书，报有关部门审批；获准后，组织招标班子和评标委员会；编制招标文件和标底；发布招标公告；审定投标单位；出售招标文件；组织现场勘察和标前会议；接受投标文件。

（二）投标

根据招标公告或招标单位的邀请，选择符合本单位施工能力的工程，向招标单位提交投标意向，并提供资格证明文件和资料；资格预审通过后，组织投标班子，跟踪投标项目，购买招标文件；参加现场勘察和标前会议；编制投标文件，并在规定时间内报送给招标单位。

（三）开标

开标应当按照招标文件规定的时间、地点和程序以公开方式进行。开标由招标人或者招标投标中介机构主持，邀请评标委员会成员、投标人代表和有关单位代表参加。

投标人检查投标文件的密封情况,确认无误后,由有关工作人员当众拆封、验证投标资格,并宣读投标人名称、投标价格以及其他主要内容。

投标人可以对唱标做必要的解释,但所做的解释不得超过投标文件记载的范围或改变投标文件的实质性内容。开标应当做好记录,存档备查。

（四）评标

评标应当按照招标文件的规定进行。招标人或者招标投标中介机构负责组建评标委员会。评标委员会应当按照招标文件的规定对投标文件进行评审和比较,并向招标人推荐一至三个中标候选人。

（五）定标

招标人应当从评标委员会推荐的中标候选人中确定中标人,发中标通知书,并将中标结果书面通知所有投标人。招标人与中标人应当按照招标文件的规定和中标结果签订书面合同。

4.2　工程项目招标

一、工程项目招标的概念

工程项目招标是指招标人为了选择合适的承包人而设立的一种竞争机制,是对自愿参加某一特定工程项目的投标人进行审查、评比和选定的过程。

二、工程项目招标的分类和方式

（一）工程项目招标的分类

根据工程承包的范围不同,工程项目招标可以分为以下几种类型。

1. 建设工程项目总承包招标

建设工程项目总承包招标又叫建设项目全过程招标,在国外称之为"交钥匙"承包方式。它是指从项目建议书开始,包括可行性研究报告、勘察设计、设备材料询价与采购、工程施工、生产准备、投料试车,直到竣工投产、交付使用全面实行招标。工程总承包企业根据建设单位提出的工程使用要求,对项目建设书、可行性研究、勘察设计、设备询价与选购、材料订货、工程施工、职工培训、试生产、竣工投产等实行全面报价投标。

2. 建设工程勘察招标

建设工程勘察招标是指招标人就拟建工程的勘察任务发布通告,以法定方式吸引勘察单位参加竞争,经招标人审查获得投标资格的勘察单位按照招标文件的要求,在规定的时间内向招标人填报标书,招标人从中选择条件优越者完成勘察任务。

3. 建设工程设计招标

建设工程设计招标是指招标人就拟建工程的设计任务发布通告,以吸引设计单位参加竞争,经招标人审查获得投标资格的设计单位按照招标文件的要求,在规定的时间内向招标人填报投标书,招标人从中择优确定中标单位来完成工程设计任务。设计招标主要是设计方案招标,工业项目可进行可行性研究方案招标。

4.建设工程施工招标

建设工程施工招标是指招标人就拟建的工程发布公告或者邀请,以法定方式吸引建筑施工企业参加竞争,招标人从中选择条件优越者完成工程建设任务的法律行为。

5.建设工程监理招标

建设工程监理招标是指招标人为了委托监理任务的完成,以法定方式吸引监理单位参加竞争,招标人从中选择条件优越者的法律行为。

6.建设工程材料设备招标

建设工程材料设备招标是指招标人就拟购买的材料设备发布公告或者邀请,以法定方式吸引建设工程材料设备供应商参加竞争,招标人从中选择条件优越者购买其材料设备的法律行为。

(二)工程项目招标的方式

根据我国《招标投标法》规定,招标方式分为公开招标和邀请招标两大类。

1.公开招标

又称无限竞争性招标,是指招标人以招标公告的方式邀请不特定的法人或者其他组织投标。凡具备相应资质条件的法人或组织不受地域和行业限制均可申请投标。发布招标公告是公开招标最显著的特征之一,也是公开招标的第一个环节。招标公告在何种媒介上发布,直接决定了招标信息的传播范围,进而影响到招标的竞争程度和招标效果。

公开招标的优点是可以在较广的范围内选择中标人,投标竞争激烈,业主有较大的选择余地,有利于降低工程造价,提高工程质量和缩短工程。缺点是因申请投标人较多而招标时间长,招标工作量大,耗费的资源多,因此此类招标方式主要适用于投资额度大,工艺、结构复杂的较大型工程建设项目。

2.邀请招标

又称有限竞争性招标或选择性招标,是招标人通过投标邀请书邀请特定的法人或者其他组织参加投标的一种招标方式。按照国内外的通常做法,采用邀请招标方式的前提条件是对市场供给情况比较了解,对供应商或承包商的情况比较了解,在此基础上,还要考虑招标项目的具体情况:一是招标项目的技术新而且复杂或专业性很强,只能从有限范围的供应商或承包商中选择;二是招标项目本身的价值低,招标人只能通过限制投标人数来达到节约和提高效率的目的。因此,在实际中有较大的适用性。邀请数量一般以5~7家为宜,但不应少于3家。

邀请招标与公开招标方式的不同之处,在于它允许招标人向有限数目的特定的法人或其他组织发出投标邀请书,而不必发布招标公告。投标邀请书与招标公告一样,是向作为供应商或承包商的法人或其他组织发出的关于招标事宜的初步基本文件。为提高效率和透明度,投标邀请书必须载明必要的招标信息,使供应商或承包商能够确定所招标的条件是否为他们所接受,并了解如何参与投标的程序。邀请招标这种招标方式组织工作较容易,工作量比较小,节约招标投标费用,提高效率;由于对投标人以往的业绩和履约能力比较了解,减小了合同履行过程中承包方违约的风险。缺点是因招标范围有限,竞争激烈程度较差,有可能失去发现最适合承包人的机会。

三、工程项目施工招标程序

（一）工程项目施工招标条件

工程项目的施工应当按照建设管理程序进行。为了保证工程项目的建设符合国家或地方总体发展规划，以及能使招标后工作顺利进行，不同标的的招标均需满足相应的条件。

1. 建设单位招标应当具备的条件

（1）招标单位是法人或依法成立的其他组织；

（2）有与招标工程相适应的经济、法律咨询和技术管理人员；

（3）有组织编制招标文件的能力；

（4）有审查投标单位资质的能力；

（5）有组织开标、评标、定标的能力。

不具备（2）～（5）项条件的，须委托具有相应资质的咨询、监理等单位代理招标。上述五条中，前两条是对单位资格的规定，后三条是对招标人能力的要求。

2. 工程项目招标应当具备的条件

（1）设计概算已经批准；

（2）工程项目已经正式列入国家、部门或地方的年度固定资产投资计划；

（3）建设用地的征用工作已经完成；

（4）有能够满足施工需要的施工图纸及技术资料；

（5）建设资金和主要建筑材料、设备的来源已经落实；

（6）已经通过工程项目所在地规划部门批准，施工现场"三通一平"已经完成或一并列入施工招标范围。

上述规定的主要目的在于促使建设单位严格按基本建设程序办事，防止"三边六无"工程的现象发生，确保招标工作的顺利进行。

（二）工程项目施工招标程序

招标是招标人选择中标人并与其签订合同的过程，而投标则是投标人力争获得实施合同的竞争过程，招标人和投标人均须遵循招标投标法律法规的规定进行招标投标活动。按照招标人和投标人参与程度，一般可将招标过程分成招标准备阶段、招标阶段和定标成交阶段。

1. 招标准备阶段

从办理招标申请开始到发出招标广告或邀请招标函为止的时间段。主要工作有：

（1）申请批准招标，组建招标机构。招标人自行办理招标事宜的，按规定向建设行政主管部门办理申请招标手续。招标备案文件应说明招标工作范围、招标方式、计划工期、对投标人的资质要求、招标项目的前期准备工作的完成情况、自行招标还是委托代理招标等内容，获得认可后才可开展招标工作。委托代理招标事宜的应签订委托代理合同。

（2）确定招标方式。根据工程的实际情况，按照法律法规和规章确定公开招标或邀请招标。

（3）编制招标有关文件。编制招标文件，将招标文件发售给合格的投标申请人，同时向建设行政主管部门备案。招标文件通常分为投标须知、合同条件、技术规范、图纸和技术资料、工程量清单几大部分内容。

2.招标阶段

从发布招标广告之日起到投标截止之日这段时间。主要工作有：

(1)发布招标公告或投标邀请书。实行公开招标的，应在国家或地方指定的报刊、信息网或其他媒介，并同时在中国工程建设和建筑业信息网上发布招标公告；实行邀请招标的，应向3个以上符合资质条件的投标人发送投标邀请书。

(2)资格预审。投标单位资格预审的目的在于了解投标单位的技术和财务实力及管理经验，为使招标获得比较理想的结果，限制不符合条件要求的单位盲目参加投标，并作为决标的参考。投标单位资格审查由招标单位负责。在公开招标时，通常在发售招标文件之前进行，审查合格者才准许购买招标文件，故称为资格预审；在直接邀请投标的情况下，则在评标的同时进行资格审查。资格预审的内容主要有：企业注册证明和资质证明，主要施工经历，技术力量简况，施工机械设备情况，在施工的承接项目，资金与财务状况等。采用资格预审的，编制资格预审文件，向参加投标的申请人发放资格预审文件。对申请资格预审的投标人送交填报的资格预审文件和资料进行评比分析，确定出合格的投标人的名单，并报招标管理机构核准。资格预审排除不合格的投标人，能降低招标人的采购成本，提高招标工作效率。一般有资格预审通告、发出资格预审文件、对潜在投标人资格的审查和评定三个程序。

(3)发招标文件。发放招标文件，一般需要购买。

(4)组织投标人踏勘现场，并对招标文件答疑。招标单位组织投标单位进行勘察现场的目的在于了解工程场地和周围环境情况，招标单位应尽力向投标单位提供现场的信息资料和满足进行现场勘察的条件。为便于解答投标单位提出的问题，勘察现场一般安排在投标预备会之前。投标单位的问题应在预备会之前以书面形式向招标单位提出。招标人对任何一位投标人所提问题的回答，必须发送给每一位投标人保证招标的公开和公平，但不必说明问题的来源。回答函件作为招标文件的组成部分，如果书面解答的问题与招标文件中的规定不一致，以函件的解答为准。

(5)投标书的提交和接收。

3.决标成交阶段

从开标日到签订合同这一期间称为决标成交阶段，是对各投标书进行评审比较，最终确定中标人的过程。主要工作有：

(1)开标。在投标截止日期后，按规定时间、地点，在投标单位法定代表人或授权代理人在场的情况下举行开标会议，按规定的议程进行开标。

(2)评标。由招标代理、建设单位上级主管部门协商，按有关规定成立评标委员会，在招标管理机构监督下，依据评标原则、评标方法，对投标单位报价、工期、质量、主要材料用量、施工方案或施工组织设计、以往业绩、社会信誉、优惠条件等方面进行综合评价，公正合理择优选择中标单位。

(3)定标。招标人根据评标委员会的评标结果，对中标候选人进行公示，公示无误后发出中标通知书。中标的承包商提交履约保函，合同谈判，准备合同文件，签订合同，通知未中标者，并退回投标保函。

四、工程项目招标文件的内容和格式

根据我国建设部《建设施工招标文件范本》的有关规定，对于公开招标的招标文件，一般

可分为四卷共八章,内容如下:

第一卷

第一章　招标公告(未进行资格预审)

投标邀请书(适用于邀请招标)

投标邀请书(代资格预审通过通知书)

第二章　投标人须知

第三章　评标办法(经评审的最低投标价法)

评标办法(综合评估法)

第四章　合同条款及格式

第五章　工程量清单

第二卷

第六章　图纸

第三卷

第七章　技术标准和要求

第四卷

第八章　投标文件格式

现将上述内容说明如下:

(一)投标人须知

投标人须知是招标文件中的一个重要组成部分,投标者在投标时必须仔细阅读和理解,按须知中的要求进行投标,包括总则、招标文件、投标报价说明、投标文件的编制、投标文件递交、开标、评标、定标、授予合同等内容。一般在投标人须知前有一张"前附表",其格式和内容如表4-1所示。

表4-1　投标人须知前附表

条款号	条款名称	编列内容
1.1.2	招标人	名称: 地址: 联系人: 电话:
1.1.3	招标代理机构	名称: 地址: 联系人: 电话:
1.1.4	项目名称	
1.1.5	建设地点	
1.2.1	资金来源	
1.2.2	出资历比例	
1.2.3	资金落实情况	

条款号	条 款 名 称	编 列 内 容
1.3.2	计划工期	计划工期：_____日历天 计划开工日期：_____年___月___日 计划竣工日期：_____年___月___日
1.3.3	质量要求	
1.4.1	投标人资质条件、能力和信誉	资质条件： 财务要求： 业绩要求： 信誉要求： 项目经理(建造师，下同)资格： 其他要求：
1.4.2	是否接受联合体投标	□不接受 □接受，应满足下列要求：
1.9.1	踏勘现场	□不组织 □组织，踏勘时间： 踏勘集中地点：
1.10.1	投标预备会	□不召开 □召开，召开时间： 召开地点：
1.10.2	投标人提出问题的截止时间	
1.10.3	招标人书面澄清的时间	
1.11	分包	□不允许 □允许，分包内容要求： 分包金额要求： 接受分包的第三人资质要求：
1.12	偏离	□不允许 □允许
2.1	构成招标文件的其他材料	
2.2.1	投标人要求澄清招标文件的截止时间	
2.2.2	投标截止时间	___年___月___日___时___分
2.2.3	投标人确认收到招标文件澄清的时间	
2.3.2	投标人确认收到招标文件修改的时间	
3.1.1	构成投标文件的其他材料	
3.3.1	投标有效期	
3.4.1	投标保证金	投标保证金的形式： 投标保证金的金额：
3.5.2	近年财务状况的年份要求	
3.5.3	近年完成的类似项目的年份要求	
3.5.5	近年发生的诉讼及仲裁情况的年份要求	

条款号	条款名称	编列内容
3.6	是否允许递交备选投标方案	□不允许 □允许
3.7.3	签字或盖章要求	
3.7.4	投标文件副本份数	
4.1.2	封套上写明	招标人的地址： 招标人名称： (项目名称)_____标段投标文件 在___年__月__日__时__分前不得开启
4.2.2	递交投标文件地点	
4.2.3	是否退还投标文件	□否 □是
5.1	开标时间和地点	开标时间：同投标截止时间 开标地点：
5.2	开标程序	(4)密封情况检查： (5)开标顺序：
6.1.1	评标委员会的组建	评标委员会构成：____人，其中招标人代表____人，专家___人： 评标专家确定方式：
7.1	是否授权评标委员会确定中标人	□是 □否，推荐的中标候选人数：
7.3.1	履约担保	履约担保的形式： 履约担保的金额：
10	需要补充的其他内容	

1. 总则

在总则中要说明项目概况和资金的来源及落实情况，投标人资格要求及费用承担等问题。具体包括以下几个方面：

(1)项目概况；

(2)资金来源和落实情况；

(3)招标范围、计划工期和质量要求；

(4)投标人资格要求(适用于已进行资格预审的和未进行资格预审的)；

(5)费用承担；

(6)保密；

(7)语言文字；

(8)计量单位；

(9)踏勘现场；

(10)投标预备会；

(11)分包；

（12）偏离。

2. 招标文件

1）招标文件的组成

招标文件除了在投标人须知写明的招标文件的内容外，对招标文件的澄清、修改和补充内容也是招标文件的组成部分。

2）招标文件的澄清

投标人应仔细阅读和检查招标文件的全部内容。如发现缺页或附件不全，应及时向招标人提出，以便补齐。如有疑问，应在投标人须知前附表规定的时间前以书面形式，要求招标人对招标文件予以澄清。

3）招标文件的修改

在投标截止时间15天前，招标人可以书面形式修改招标文件，并通知所有已购买招标文件的投标人。如果修改招标文件的时间距投标截止时间不足15天，相应延长投标截止时间。投标人收到修改内容后，应在投标人须知前附表规定的时间内以书面形式通知招标人，确认已收到该修改。

3. 投标文件

1）投标文件的组成

投标文件应包括下列内容：投标函及投标函附录、法定代表人身份证明或附有法定代表人身份证明的授权委托书、联合体协议书、投标保证金、已标价工程量清单、施工组织设计、项目管理机构、拟分包项目情况表、资格审查资料、投标人须知前附表规定的其他材料。

投标人须知前附表规定不接受联合体投标的，或投标人没有组成联合体的，投标文件不包括联合体协议书。

2）投标报价

投标人应按工程量清单的要求填写相应表格。投标人在投标截止时间前修改投标函中的投标总报价，应同时修改工程量清单中的相应报价。此修改须符合投标文件修改与撤回的有关要求。

3）投标有效期

在投标人须知前附表规定的投标有效期内，投标人不得要求撤销或修改其投标文件。出现特殊情况需要延长投标有效期的，招标人以书面形式通知所有投标人延长投标有效期。投标人同意延长的，应相应延长其投标保证金的有效期，但不得要求或被允许修改或撤销其投标文件；投标人拒绝延长的，其投标失效，但投标人有权收回其投标保证金。

4）投标保证金

招标人在招标文件中要求投标人提交投标保证金的，投标保证金不得超过招标项目估算价的2%。依法必须进行招标的项目的境内投标单位，以现金或者支票形式提交的投标保证金应当从其基本账户转出。招标人最迟应当在书面合同签订后5日内向中标人和未中标的投标人退还投标保证金及银行同期存款利息。

5）资格审查资料

对于已进行资格预审的，投标人在编制投标文件时，应按新情况更新或补充其在申请资格预审时提供的资料，以证实其各项资格条件仍能继续满足资格预审文件的要求，具备承担本标段施工的资质条件、能力和信誉。

6）备选投标方案

除投标人须知前附表另有规定外，投标人不得递交备选投标方案。允许投标人递交备选投标方案的，只有中标人所递交的备选投标方案方可予以考虑。评标委员会认为中标人的备选投标方案优于其按照招标文件要求编制的投标方案的，招标人可以接受该备选投标方案。

7）投标文件的编制

（1）投标文件的组成　投标人的投标文件应包括下列内容：投标函及投标函附录、法定代表人身份证明、授权委托书、联合体协议书、投标保证金、已标价工程量清单、施工组织设计、项目管理机构、拟分包项目情况表、资格审查资料、其他材料等。投标人必须按本文件规定格式填写，如有必要，可以增加附页，作为投标文件的组成部分。

（2）投标有效期　投标有效期一般是指从投标截止日起算至公布中标的一段时间。在原定投标有效期满之前，如因特殊情况，经招标管理机构同意后，招标单位可以向投标单位书面提出延长投标有效期的要求，此时，投标单位须以书面的形式予以答复。对于不同意延长投标有效期的，招标单位不能因此没收其投标保证金。对于同意延长投标有效期的，不得要求在此期间修改其投标文件，而且应相应延长其投标保证金的有效期，对投标保证金的各种有关规定在延长期内同样有效。

4. 投标

1）投标文件的密封和标记

投标人应将投标文件的正本和副本分开包装，加贴封条，并在封套的封口处加盖投标人单位章。投标文件的封套上应清楚地标记"正本"或"副本"字样，封套上应写明的其他内容见投标人须知前附表。如果投标人未按上述要求密封和加写标记，招标人不予受理。

2）投标文件的递交

投标人应在投标人须知前附表中规定的时间之前将投标文件递交给招标人。招标人在收到投标文件后，向投标人出具签收凭证。逾期送达的或者未送达指定地点的投标文件，招标人不予受理。

3）投标文件的修改与撤回

投标人递交投标文件以后，可以在规定的投标截止时间前，以书面形式向招标人递交修改或撤回其投标文件的通知。修改的内容为投标文件的组成部分。修改的投标文件应按规定进行编制、密封、标记和递交，并注明"修改"字样。在投标截止期以后，不得更改投标文件。投标截止以后，投标人不得撤回投标文件，否则其投标保证金将被没收。

4）投标预备会

招标人在发放招标文件后将按投标人须知中规定的日期组织召开投标预备会，投标人派代表出席，目的是澄清、解答投标人提出的问题。投标人将被邀请对工程施工现场和周围环境进行勘察，以获取投标人编制有关投标文件和签署合同时所需的有关资料。投标人应在投标人须知前附表规定的时间前，以书面形式将提出的问题送达招标人，以便招标人在会议期间澄清。投标预备会后，招标人在投标人须知前附表规定的时间内，将对投标人所提问题的澄清，以书面方式通知所有购买招标文件的投标人。该澄清内容为招标文件的组成部分。

5）投标文件的份数和签署

投标人按规定，编制一份投标文件"正本"和前附表所要求份数的"副本"，并明确标明"正本"和"副本"。投标文件正本和副本如有不一致之处，以正本为准。投标文件正本与副本均应按规定格式书写或打印，由投标人加盖单位公章和单位法定代表人印鉴。

5. 开标

1）开标时间和地点

开标应当在招标文件确定的提交投标文件截止时间的同一时间公开进行，开标地点应当为招标文件中预先确定的地点，并邀请所有投标人的法定代表人或其委托代理人准时参加。参加开标的投标人代表应签名报到，以证明其出席开标会议。

2）开标程序

一般情况下，开标由招标人主持；在招标人委托招标代理机构代理招标时，开标也可由该代理机构主持。主持人按下列程序进行开标：

（1）宣布开标纪律；

（2）公布在投标截止时间前递交投标文件的投标人名称，并点名确认投标人是否派人到场；

（3）宣布开标人、唱标人、记录人、监标人等有关人员姓名；

（4）按照投标人须知前附表规定检查投标文件的密封情况；

（5）按照投标人须知前附表的规定确定并宣布投标文件开标顺序；

（6）设有标底的，公布标底；

（7）按照宣布的开标顺序当众开标，公布投标人名称、标段名称、投标保证金的递交情况、投标报价、质量目标、工期及其他内容，并记录在案；

（8）投标人代表、招标人代表、监标人、记录人等有关人员在开标记录上签字确认；

（9）开标结束。

6. 评标

1）评标工作

评标工作在招标管理机构的指导、监督下，由评标小组（委员会）组织进行。

2）评标程序

（1）初步评审

评标委员会可以要求投标人提交投标人须知前附表中规定的有关证明和证件的原件，以便核验。

投标报价有算术错误的，评标委员会按以下原则对投标报价进行修正：投标文件中的大写金额与小写金额不一致的，以大写金额为准；总价金额与依据单价计算出的结果不一致的，以单价金额为准修正总价，但单价金额小数点有明显错误的除外。修正的价格经投标人书面确认后具有约束力。投标人不接受修正价格的，其投标作废标处理。

（2）详细评审

评审"经济标"部分：按"经济标评标原则"对投标报价由微机计分、评分。

评审"施工组织设计"部分：由评标小组（委员会）根据对各投标人"施工组织设计"评审情况对照"施工组织设计"评分表内容，对各投标人评出得分。

3）投标文件的澄清和补正

为了有助于投标文件的审查、评价和比较，评标委员会可以书面形式要求投标人对所提交投标文件中不明确的内容进行书面澄清或说明，或者对细微偏差进行补正，但不允许更改投标报价或投标文件的实质性内容。

4）评标结果

除按投标人须知前附表授权直接确定中标人外，评标委员会按照经评审的价格由低到高的顺序推荐中标候选人。评标委员会完成评标后，应当向招标人提交书面评标报告。

7.合同授予

1）定标方式

除投标人须知前附表规定由招标人授权评标委员会直接确定中标人外，招标人根据评标委员会的评标报告，在推荐的中标候选人中确定中标人。

使用国有资金投资或者国家融资的项目，招标人应当确定排名第一的中标候选人为中标人。排名第一的中标候选人因不可抗力提出不能履行合同，或者招标文件规定应当提交履约保证金而在规定的期限内未能提交的，可以放弃中标，招标人可以确定排名第二的中标候选人为中标人。排名第二的中标候选人因同样原因不能签订合同的，招标人可以确定排名第三的中标候选人为中标人。

2）中标通知

招标人应在规定的投标有效期内，以书面形式向中标人发出中标通知书，同时将中标结果通知未中标的投标人。

3）签订合同

（1）招标人和中标人应当自中标通知书发出之日起30天内，根据招标文件和中标人的投标文件订立书面合同。中标人无正当理由拒签合同的，招标人取消其中标资格，其投标保证金不予退还；给招标人造成的损失超过投标保证金数额的，中标人还应当对超过部分予以赔偿。

（2）发出中标通知书后，招标人无正当理由拒签合同的，招标人向中标人退还投标保证金；给中标人造成损失的，还应当赔偿损失。

（二）合同条件

招标文件中的合同条件和合同协议条款，是招标人单方面提出的关于招标人、投标人、监理工程师等各方权利义务关系的设想和意愿，是对合同签订、履行过程中遇到的工程进度、质量、检验、支付、索赔、争议、仲裁等问题的示范性、定式性阐释。合同条件（通用条件）和合同协议条款（专用条款）是招标文件的重要组成部分。

（三）合同格式

合同格式，包含合同协议书格式、银行履约保函格式、履约担保格式、预付款银行保函格式。为了便于投标和评标，在招标文件中都用统一的格式。

（四）技术规范

技术规范主要说明工程现场的自然条件、施工条件及本工程施工技术要求和采用的技术规范。

（五）投标函及投标函附表

投标函是由投标单位授权的代表签署的一份投标文件，是对业主和承包商双方均有约束力的合同的重要部分。与投标函跟随的有投标函附表、投标保证金和投标单位的法定代表人身份证明及法人授权委托书。投标函附表是对合同条件规定的重要要求的具体化，投标担保可以采用银行保函、担保公司担保书、同业担保书和投标保证金担保方式。投标函及投标函附表的一般格式如表4-2、表4-3所示。

表 4－2　投标函

致：（建设单位）

1.根据已收到贵方的招标编号为_____的_____工程的工程招标文件，遵照《中华人民共和国招标投标法》等有关规定，我单位考察现场和研究上述招标文件的投标人须知、合同条款、技术规范、图纸和工程量清单及其他有关文件后，我方愿以人民币（大写）_____元（人民币____元）的投标报价，并按上述图纸、合同条款、技术规范和工程量清单的条件要求承包上述工程的施工、竣工并承担任何质量缺陷保修责任，并保证质量达到标准。

2.一旦我方中标，我方保证在合同协议书中规定的开工日期开始施工，并在合同协议书中规定的预计竣工日期完成和交付全部工程，即在___年__月__日开工，在___年__月__日竣工，共计___日历天内完成并移交全部工程。

3.如果我方中标，我方将按照规定提交上述总价5%的银行保函或上述总价10%的具备独立法人资格的经济实体企业出具的履约担保书，作为履约保证金，共同的和分别的承担责任。

4.我方同意所递交的投标文件在投标人须知规定的投标有效期内有效，在此期间内我方的投标有可能中标，我方将受此约束。如果在投标有效期内撤回其投标，其投标保证金将全部被没收。

5.除非另外达成协议并生效，贵方的中标通知书和本投标文件将成为约束我们双方的合同文件组成部分。

6.我方的金额为人民币（大写）_____元（人民币_____元）的投标保证金与本投标函同时递交。

投标人：（盖章）

单位地址：

法定代表人或其委托代理人：（签字或盖章）

邮政编码：

电话：

传真：

开户银行名称：

开户银行账号：

开户银行地址：

开户银行电话：

日期：___年__月__日

表 4－3　投标函附表

序号	项目内容	约定内容	备注
1	履约担保：银行保函金额	合同价的 10%	
2	发出开工通知时间	签订合同协议书之日	
3	完工时间	300 天	
4	误期赔偿费金额	3000 元/天	
5	误期赔偿费限额	合同价的 3%	
6	提前工期奖	2000 元/天	
7	工程质量达到优良标准补偿金	10000 元	

序号	项目内容	约定内容	备注
8	工程质量未达到优良标准赔偿金	合同价的 3%	
9	保修期		按《建设工程质量管理条例》办理
10	保修金限额	合同价的 5%	
11	优惠条件	按中标价下浮 1%	
12	动员预付款金额	合同价的 10%	
13	保留金额	月付款的 10%	
14	保留金限额	合同价的 5%	
15	投标单位为本合同提供流动资金的数量	30 万元	

投标单位：（盖章）

法定代表人：（签字、盖章）

日期：　　年　　月　　日

（六）工程量清单与报价表

1. 工程量清单的定义

工程量清单是按照招标要求和施工设计图纸要求，将拟建招标工程的全部项目和内容依据统一的工程量计算规则和子目分项要求，计算分部分项工程实物量，列在清单上作为招标文件的组成部分，供投标单位逐项填写单价用于投标报价。

2. 工程量清单与报价表的作用

工程量清单与报价表是编制招标工程标底价、投标报价和工程结算时调整工程量的依据，同时工程量清单可方便工程进度款的支付。

3. 工程量清单与报价表的表现形式

工程量清单一般由总说明和清单表组成。工程总说明包括：工程概况，工程招标和专业工程发包范围，工程量清单编制依据，工程质量、材料、施工等的特殊要求，以及其他需要说明的问题。有时总说明也采用表格形式。招标工程量清单应以单位（项）工程为单位编制，一般由分部分项工程项目清单、措施项目清单、其他项目清单、规费和税金项目清单组成。

（七）辅助资料表

辅助资料表是进一步了解投标单位对工程施工人员、机械和各项工作的安排情况，便于评标时进行比较。一般包括以下内容：项目经理简历表，主要施工管理人员表，主要施工机械设备表，拟分包项目情况表，劳动力计划表，施工组织设计等。

（八）资格审查表

对于未经过资格预审的，在招标文件中应编制资格审查表，以便进行资格后审，在评标前，必须首先按资格审查表的要求进行资格审查，只有资格审查通过者，才有资格进入评标。资格审查表的内容主要有：投标单位概况，近三年所承建工程情况一览表，在建施工情况一览表，目前剩余劳动力和机械设备情况表，财务状况，其他资料等。

（九）图纸

图纸是招标文件的重要组成部分，是投标单位编制标书，完成施工组织设计，进行投标报价不可缺少的资料。图纸主要包括建筑施工图、结构施工图以及水电暖、设备施工图等，水文地质、气象等资料也属于图纸的一部分，建设单位应对图纸的正确性负责，而施工单位据此做出的分析判断，拟定的施工方案和施工方法，建设单位和监理单位工程师不负责任。

五、工程项目招标文件的审查和发布

（一）资格预审通告与招标公告

对于要求资格预审的公开招标应发布资格预审通告，对于进行资格后审的公开招标应发布招标公告。资格预审通告和招标公告都应在有关的报刊、信息网络公开发布。

（二）资格预审文件

1.资格预审须知

（1）项目概况。

（2）资金来源和落实情况。

（3）招标范围、计划工期和质量要求。

（4）申请人资格要求 包括资质条件、财务要求、业绩要求、信誉要求、项目经理资格、其他要求等。

（5）对联营体（联合体）资格预审的要求：联合体各方必须按资格预审文件提供的格式签订联合体协议书，明确联合体牵头人和各方的权利义务；由同一专业的单位组成的联合体，按照资质等级较低的单位确定资质等级；通过资格预审的联合体，其各方组成结构或职责，以及财务能力、信誉情况等资格条件不得改变；联合体各方不得再以自己名义单独或加入其他联合体在同一标段中参加资格预审。

（6）将资格预审文件按规定的正本、副本份数和指定时间、地点送达招标单位。

（7）招标单位将资格预审结果以书面形式通知所有参加预审的施工单位，对资格预审合格的单位应以书面形式通知其准备投标。

2.资格预审表和资料

在资格预审文件中应规定统一表格让参加资格预审的单位填报和提交有关资料。具体包括：

（1）资格预审申请函；

（2）法定代表人身份证明或附有法定代表人身份证明的授权委托书；

（3）联合体协议书；

（4）申请人基本情况表；

（5）近年财务状况表；

（6）近年完成的类似项目情况表；

（7）正在施工和新承接的项目情况表；

（8）近年发生的诉讼及仲裁情况；

（9）其他材料等。

（三）勘察现场

招标单位组织投标单位进行现场勘查的目的是，使投标单位更好地了解工程场地和周围环境情况。勘查现场一般安排在投标预备会之前。

（四）招标控制价的编制

招标控制价是指由业主根据国家或省级建设主管部门颁发的有关计价依据和办法按设计

施工图纸计算的,对招标工程限定的最高工程造价。

1.招标控制价的编制依据

(1)现行国家标准《建设工程工程量清单计价规范》(GB 50500—2013);

(2)国家或省级建设主管部门颁发的计价定额和计价办法;

(3)建设工程设计文件及相关资料;

(4)拟定的招标文件及招标工程量清单;

(5)与建设项目相关的标准、规范、技术资料;

(6)施工现场情况、工程特点及常规施工方案;

(7)工程造价管理机构发布的工程造价信息,当工程造价信息没有发布时,参照市场价;

(8)其他的相关资料。

2.招标控制价的管理

(1)招标控制价复核的主要内容为:承包工程范围、招标文件规定的计价方法及招标文件的其他有关条款;工程量清单单价组成分析:人工、材料、机械台班费、管理费、利润、风险费用以及主要材料数量等;计日工单价等;规费和税金的计取等。

(2)招标控制价的公布和审查:招标控制价应在招标时公布,不应上调或下浮;招标人应将招标控制价及有关资料报送工程所在地工程造价管理机构备查。

(3)招标控制价的投诉与处理:投标人经复核认为招标人公布的招标控制价未按照《建设工程工程量清单计价规范》的规定进行编制的,应在开标前5天向招投标监督机构或工程造价管理机构投诉;招投标监督机构应会同工程造价管理机构对投诉进行处理,发现确有错误的,应责成招标人修改。

3.招标控制价的编制

建设工程的招标控制价应由组成建设工程项目的各单项工程费用组成。各单项工程费用应由组成单项工程的各单位工程费用组成。各单位工程费用应由分部分项工程费、措施项目费、其他项目费、规费和税金组成。

(1)招标控制价的分部分项工程费应由各单位工程的招标工程量清单乘以其相应综合单价汇总而成。编制招标控制计价时,对于分部分项工程费用计价应采用单价法。采用单价法计价时,应依据招标工程量清单的分部分项工程项目、项目特征和工程量,确定其综合单价,综合单价的内容应包括人工费、材料费、机械费、管理费和利润,以及一定范围的风险费用。

(2)对于措施项目应分别采用单价法和费率法(或系数法),对于可计量部分的措施项目应参照分部分项工程费用的计算方法采用单价法计价,对于以项计量或综合取定的措施费用应采用费率法。采用费率法时应先确定某项费用的计费基数,再测定其费率,然后将计费基数与费率相乘得到费用。凡可精确计量的措施项目应采用单价法;不能精确计量的措施项目应采用费率法,以"项"为计量单位来综合计价。

采用费率法计价的措施项目,应依据招标人提供的工程量清单项目,按照国家或省级建设主管部门的规定,合理确定计费基数和费率。其中安全文明施工费应按国家或省级建设主管部门的规定计价,不得作为竞争性费用。

(3)其他项目费应采用下列方式计价:

①暂列金额应按招标人在其他项目清单中列出的金额填写。

②暂估价包括材料暂估价、专业工程暂估价。材料单价按招标人列出的材料单价计入综

合单价，专业工程暂估价按招标人在其他项目清单中列出的金额填写。

③计日工：按招标人列出的项目和数量，根据工程特点和有关计价依据确定综合单价并计算费用。

④总承包服务费应根据招标文件中列出的内容和向总承包人提出的要求计算。

（4）规费应采用费率法编制。应按照国家或省级建设主管部门的规定确定计费基数和费率计算，不得作为竞争性费用。

（5）税金应采用费率法编制。应按照国家或省级、行业建设主管部门的规定，结合工程所在地情况确定综合税率，不得作为竞争性费用。

招标控制价的签署页应按规定格式填写，签署页应按编制人、审核人、审定人、法定代表人或其授权人的顺序签署。所有文件经签署并加盖工程造价咨询单位资质专用章和造价工程师或造价员执业或从业印章后才能生效。

（五）标底的编制

根据《招标投标法实施条例》规定，招标人可以自行决定是否编制标底。一个招标项目只能有一个标底。标底必须保密。

1.建设工程招标标底的作用

建设工程招标标底作为评标、定标基准价格或参考价格，具有重要作用。

（1）标底价格可作为发包人筹集资金，控制投资成本的依据

标底价格可以使发包人预先了解自己在拟建工程中应承担的经济义务，筹备足够的建设资金。

（2）标底价格是发包人选择承包人的参考价格

标底价格是发包人的期望价格，是衡量投标人行为的准绳，是定标的重要依据。

2.编制建设工程招标标底的原则

建设工程进行施工招标时，为了能够指导评标、定标，招标单位应自行或委托有资格的咨询单位编制标底。编制标底的原则有：

（1）根据招标文件，参照国家规定的技术经济标准定额及规范编制。

（2）标底价格由成本、利润、税金组成。标底的计价内容、计算依据应与招标文件的规定完全一致。

（3）标底价格作为建设单位的期望价格，应与市场的实际情况吻合，既要有利于竞争，又要保证工程质量。

（4）标底价格应考虑人工、材料、机械台班等价格变动因素，还应包括不可预见费、包干费和措施费等，力求与市场变化情况吻合。

（5）招标人不得因投资原因故意压低标底价格。

（6）一个工程项目只编制一个标底，并在开标前保密。

3.建设工程招标标底文件的主要内容

（1）标底报价表；

（2）建设工程造价预（结）算书；

（3）工程取费表；

（4）工程计价表、材料调查表等。

4.建设工程招标标底的编制依据及方法

建设工程招标标底的编制依据及方法与招标控制价编制方法相近。

建设工程标底一经编制，应报招标投标管理机构审定，一经审定应密封，所有接触过标底的人均负有保密责任，不得泄露标底。

（六）开标

（1）开标应当在招标文件确定的提交投标文件截止时间的同一时间公开进行，开标地点应当为招标文件中预先确定的地点。

（2）开标由招标人主持，邀请所有投标人参加。

（3）由投标人或者其推选的代表检查投标文件的密封情况，也可以由招标人委托的公证机构检查并公证。

（4）经确认无误后，由工作人员当众拆封，宣读投标人名称、投标价格和投标文件的其他主要内容。

（5）招标人在招标文件要求提交投标文件的截止时间前收到的所有投标文件，开标时都应当众予以拆封、宣读。

（6）开标过程应当记录，并存档备查。

开标会议的议程一般如下：

①主持人宣布开标会议开始；

②宣读招标单位法定代表人资格证明及授权委托书；

③介绍参加开标会议的单位与人员；

④宣布公证人员和唱标、监标、记录等工作人员名单；

⑤请各投标单位代表确认其投标文件的密封完整性，并请监督人员当众宣读密封核查结果；

⑥由工作人员当众拆封并宣读投标人名称、投标价格、投标保证金和投标文件的有关内容；

⑦设有标底的，在全部唱标完毕后，最后当众宣读标底；

⑧做好开标记录，并签字确认，存档备查；

⑨宣读评标期间注意事项；

⑩宣布开标会议结束，进入评标阶段。

（七）评标

（1）评标委员会由招标人负责组建，负责评标活动，向招标人推荐中标候选人或者根据招标人的授权直接确定中标人。

评标委员会由招标人或者其委托的招标代理机构熟悉相关业务的代表，以及有关技术、经济等方面的专家组成，成员人数为 5 人以上的单数，其中技术、经济等方面的专家不得少于成员总数的 2/3。评标委员会设负责人的，负责人由评标委员会成员推举产生或者由招标人确定，评标委员会负责人与评标委员会的其他成员有同等的表决权。

评标委员会的专家成员应当从省级以上人民政府有关部门提供的专家名册或者招标代理机构专家库内的相关专家名单中确定。确定评标专家，可以采取随机抽取或者直接确定的方式。一般项目，可以采取随机抽取的方式；技术特别复杂、专业性要求特别高或者国家有特殊要求的招标项目采取随机抽取方式确定的专家难以胜任的，可以由招标人直接确定。

（2）评标可以采用合理低标价法和综合评议法。具体评标方法由招标单位决定，并在招标文件中载明。通常分为两个步骤进行，即对各投标书进行技术和商务两方面的审查。

①技术标评审。一般均采用量化的评审方法。技术标评审被判定为不合格的投标，不能进行后续的投标文件评审。

②商务标评审。评审目的是判断各投标人的投标报价的合理性以及是否低于其个别成本，低于个别成本的投标应作为无效投标文件处理，采用综合评估法的，还包括在评审基础上的量化评分工作。

评标委员会可以要求投标单位对其投标文件中含义不清的内容做必要的澄清或说明，但其澄清或说明不得更改投标文件的实质性内容。

3.编写及提交评标报告。

评标委员会成员共同整理好投标文件评审结果，履行签字确认手续后递交给招标人，同时将一份副本递交给招标投标监管机构。评标报告的内容包括：

(1)招标情况和数据表；

(2)评标委员会成员名单；

(3)开标记录；

(4)符合要求的投标一览表；

(5)废标情况说明；

(6)评标标准、评标方法或者评标因素一览表；

(7)经评审的价格或者评分比较一览表。

（八）定标

招标人应该根据评标委员会提出的评标报告和推荐的中标候选人确定中标人，也可以授权评标委员会直接确定中标人。

中标人确定后，招标人向中标人发出中标通知书，同时将中标结果通知未中标的投标人并退还他们的投标保证金或保函。中标通知书对招标人和中标人具有法律效力，招标人改变中标结果或中标人拒绝签订合同均要承担相应的法律责任。

中标通知书发出的30天内，双方应按照招标文件和投标文件订立书面合同，不得作实质性修改。招标文件要求中标人提交履约保证金的，中标人应当提交。招标人确定中标人后15天内，应向有关行政监督部门提交招标投标情况的书面报告。

4.3 工程项目投标

一、工程项目投标的概念

工程项目投标是指投标人（承包人、施工单位等）为了获取工程任务而参与竞争的一种手段，也就是投标人在同意招标人在招标文件中所提出的条件和要求的前提下，对招标项目估计自己的报价，在规定的日期内填写标书并递交给招标人，参加竞争及争取中标的过程。投标人是响应招标、参加投标竞争的法人或者其他组织。投标人应具备下列条件：

(1)投标人应具备承担招标项目的能力，应当符合招标文件规定的资格条件。

(2)投标人应当按照招标文件的要求编制投标文件，投标文件应当对招标文件提出的要求和条件做出实质性响应。

（3）投标人应当在招标文件所要求提交投标文件的截止时间前，将投标文件送达投标地点。招标人收到投标文件后，应当签收保存，不得开启。招标人对提交投标文件的截止时间后收到的投标文件，应当原样退还，不得开启。

（4）投标人在招标文件要求提交投标文件的截止时间前，可以补充、修改或者撤回已提交的投标文件，并书面通知招标人，补充、修改的内容作为投标文件的组成部分。

（5）投标人根据招标文件载明的项目实际情况，拟在中标后将中标项目的部分非主体、非关键性工作交由他人完成的，应当在投标文件中载明。

（6）两个以上法人或者其他组织可以组成一个联合体，以一个投标人的身份共同投标。

联合体各方均应当具备承担招标项目的相应能力；国家有关规定或者招标文件对投标人资格条件有规定的，联合体各方均应具备规定的相应资格条件。由同一专业的单位组成的联合体，按照资质等级较低的单位确定资质等级。联合体各方应当签订共同投标协议，明确约定各方拟承担的工作和相应的责任，并将共同投标协议连同投标文件一并提交给招标人。中标的联合体各方应当共同与招标人签订合同，就中标项目向招标人承担连带责任，但是共同投标协议另有约定的除外。

招标人不得强制投标人组成联合体共同投标，不得限制投标人之间的竞争。

（7）投标人不得相互串通投标报价，不得排挤其他投标人的公平竞争，损害招标人或者他人的合法权益。

（8）投标人不得以低于合理预算成本的报价竞标，也不得以他人名义投标或者以其他方式弄虚作假，骗取中标。

二、工程项目投标文件的有关规定

投标文件是投标人根据招标人的要求及其拟定的文件格式填写的标函。它表明投标单位的具体投标意见，关系着投标的成败及其中标后的盈亏。要正确编制投标文件，应该做到以下几点：

（一）必须根据招标人的具体要求编制投标文件

（1）按照招标人要求的条件编制投标文件。

（2）投标文件的内容必须完整。

（3）投标文件使用的语言必须符合招标人的规定。

（4）投标文件中各类文件的具体格式应满足招标人的要求。

（二）必须正确确定投标文件的投标报价水平

投标文件是以投标报价为核心的。投标报价将直接决定投标人能否中标，以及中标后的盈利水平。投标人必须正确确定投标报价的水平。一是必须坚持"预期利润最大"的原则把握报价总水平；二是根据费用"早摊为上，适可而止"的原则控制项目早、中、后期施工的工程价格水平，以保证提出的投标报价有较强的竞争力。

（三）必须力争列入对投标人有利的施工索赔条款

承包工程由于业主工程师方面的违约、自然条件的变化、国家政策的变化、建筑材料价格波动等风险的出现，将会不同程度地导致工程承包人的费用和工期受到损失。承包人必须进行施工索赔才能保证自身利益不受影响。尤其在低价中标竞争中，施工索赔更加重要。投标人在编制投标文件过程中必须力争与索赔有关的合同条款，保证日后的施工索赔有理有据，维护自身利益不受影响。

三、工程项目投标程序

投标过程是指从填写资格预审表开始，到将正式投标文件送交业主为止所进行的全部工作。这一阶段工作量很大，时间紧迫，一般按以下步骤进行投标：①获取招标项目信息。投标人从招标人发布的招标公告或接受的投标邀请书中获取招标信息。②申请投标、准备资格预审材料，并接受审查。③购买标书。④参加现场勘察及答疑。⑤编制投标文件。⑥递送投标文件。⑦参加开标。

建筑施工企业通过招标单位发布的招标公告掌握招标信息，对感兴趣的工程项目可申请参加投标，办理资格预审，通过资格预审后即可领取招标文件，进行投标文件的编制工作。

四、工程项目投标决策与技巧

（一）投标决策

建筑工程施工投标的实质是各个投标人之间实力、资质、信誉、效用观点之间的较量，也涉及不同投标人所选择的策略之间的博弈。投标决策是指在投标过程中，投标人根据竞争环境的具体情况而制定的行动方针和行为方式，是在竞争中的指导思想，参加竞争的方式和手段。具体包括三方面：①针对招标项目决定是否要投标；②如果决定投标竞争的话，投什么性质的标；③怎样运用合理的投标策略和技巧提高投标中标率。

投标决策是一种艺术，它贯穿于投标竞争过程的始终。正确的投标决策，可以实现在有限资源下取得最大的中标率，保证投标人的生存和发展，提高市场占有率。

投标决策可以分为两个阶段，即投标决策的前期阶段和投标决策的后期阶段。

（二）投标决策的前期阶段

投标决策的前期阶段必须在购买投标人资格预审资料前后完成。这一阶段的主要工作就是施工企业在获取招标信息后，通过对该项目进行分析、论证，以决定是否对该项目进行投标。

1. 投标与否的决策

投标与否，首先要考虑该项目是否符合企业的经营范围、经营方针和目标。其次是根据当前的经营状况，分析中标可能性。一般情况下承包人接到投标邀请时，都应当积极参与，这主要是参与投标项目越多，中标机会越多；经常参与投标可以及时了解市场信息，积累投标经验，了解竞争对手；每一次投标都是一次企业的广告宣传，增加了企业知名度。但是当企业同时接到多个投标邀请时，就必须从中做出抉择或者有所侧重。一般来说，有下列情形之一的招标项目，施工企业不宜参加投标：

（1）本企业主管和兼营能力之外的项目；

（2）本企业在手承包任务基本饱和，而招标工程的风险较大或盈利水平较低的项目；

（3）工程规模、技术要求超过本企业技术等级的项目；

（4）有在技术等级、信誉水平和实力等方面明显占优势的潜在对手参加的项目。

2. 投标决策的相关因素

1）外部环境的调查分析

施工企业在拿到某项目的招标信息后，要想获得投标决策的主动权，必须广泛收集与该项目相关的各种有价值的信息。我国加入 WTO 以后，国内许多大型建筑企业参与国际投标的机会增多，但是中标率却不高，这其中很大一部分原因是在投标前没有对该项目做细致的调查研究及现场勘察。外部环境具体包括以下几个方面：

（1）施工现场条件调查　施工所在地附近的地理位置、地形、地貌、水文和土壤等地质情况及其对设备等物资的运输和施工的影响；施工所在地的气象情况，包括气温、湿度、冻土层深度、主导风向和风力、年降水量、每年雨季和旱季的交替情况及其特点等；地震、洪水和冰雹等及其他自然灾害情况；当地供电方式、方位、距离、电压等；市政消防、给水及污水、雨水排放管线位置等；当地煤气供应能力，管线位置、标高等；当地政府有关部门对施工现场管理的一般要求、特殊要求及规定，是否允许节假日和夜间施工；等等。

（2）施工辅助条件调查　建筑材料、施工机械设备、燃料及其他材料的当地供应情况，价格水平及其稳定性如何；建筑构件和半成品的加工、制作和供应条件，商品混凝土的供应能力和价格；工程现场附近的治安情况，是否需要加强施工现场的保卫工作；工程现场附近各种社会服务设施和条件，如卫生、医疗、保健、通信、公共交通、文化；是否可以在工程现场安排工人住宿，对现场住宿条件有无特殊规定和要求。

（3）项目其他方面的调查　投标项目的技术特点；投标项目的经济特点；投标竞争形式分析，投标项目的风险分析。

（4）业主情况的调查　业主投资可靠度，工程投资资金是否到位，工程审批手续是否健全；业主在支付工程款、合理索赔上的态度与做法；业主是否有与工程规模相适应的经济技术管理人员，有无工程管理的能力，合同管理的经验，履约的状况；或委托的监理（顾问）是否符合资质等级要求，以及监理的经验能力和信誉；业主或招标顾问的授标倾向等。

（5）对竞争对手的调查　行业内企业竞争环境调查；本行业中每个企业的投标经历；竞争对手的实力和能力，包括经营状况、技术水平、设备水平、服务质量、资金实力和企业知名度等；竞争对手的主要特点，其突出的优点和明显的弱点；对手的手头项目情况，对此项目得标的迫切程度如何，以便从中得出对手的决心以及其优势和劣势，从中找出投标时制胜的切入点，制定合理的投标策略。

（6）潜在的协作单位的调查　大型综合性的施工企业一般都利用自身的管理优势总包大中型工程，亲自组织结构工程的设计、施工，把专业性强的分部分项工程，如钢结构的制作、玻璃幕墙制作和安装、电梯的安装、特殊装饰等，分包给专业分包商完成。不仅分包价款的高低影响施工企业的报价，而且招标文件中常常要求投标人把拟选定的分包商资质和资历等作为投标文件的一部分，分包商的信誉好坏直接影响到投标人中标与否。

（7）对于一些国际招标项目，除了上述外部环境外，还应包含对项目所在地也就是项目所在国的政治、经济、法律、社会等各种因素的调查分析。

2）内部条件的调查分析

工程承包企业在投标决策前，除了对外部环境进行分析外，也应对自身的内部条件进行分析、判断，以便知己知彼，科学决策，从而增加中标的概率和项目的盈利水平。如果通过分析内部条件和外部环境，得出结论是本企业在某项目的竞标中毫无优势可言，根本没有机会中标，那么就要果断地放弃。反之，如果通过分析，判断本企业通过科学决策、合理报价和适当的技巧能够中标，而且中标后，经过加强管理能有合理的利润，那就要积极准备，确保成功。内部条件的分析主要包括：

（1）技术、设备条件　通过分析招标文件，首先要断定自己的设备能否满足业主提出的要求，即能否满足该招标项目的施工；其次分析自己的设备的先进程度如何，能否通过自己的先进技术，提高效率，降低成本；还要看业主有无提出对设备的特殊要求，这些要求自己能否满足，如果自己拥有专有技术和设备，那么在设备方面的优势就很明显了。公司所拥有的技术能力、技术水平、技术装备，是决定一个企业能否按合同要求完成一项工程项目的重要因素。

（2）人员条件　工程承包企业必须拥有相当数量的能适应国内外各种艰苦施工环境的工程技术人员和管理人员。项目施工操作人员必须能够熟练操作，项目管理人员必须是经验丰富、有组织协调能力、善于分析形势和有决策能力并且可以同施工各方进行交流的人员。还有，队伍的综合能力，施工人员能否吃苦耐劳，经理人员经营意识如何，是以主人翁的姿态工作还是抱着单纯的雇佣思想，整个队伍的文化素质、技术素质及年龄结构等都是需要考虑分析的因素。

（3）资金条件　工程承包企业必须拥有相当的资金实力，能够满足项目运作的资金投入的需要。包括设备的购置、升级和改造，零部件等的必要储备，人员设备的动迁，项目的启动等。同时还需要相当数量的资金用于各种相关的公关活动。

（4）信誉与合作能力　信誉是指承包企业在业内及社会上的知名度，它是企业实力的标志之一，也是战胜以低价投标策略进行投标的企业的一个重要砝码。合作能力是指本企业与其他企业通过各种形式共同完成某一工程项目而达到盈利目的的能力。现在的市场竞争已不是简单的对抗，而是你中有我，我中有你，相互交织在一起的竞争。所以，合作能力已经是企业能否以更灵活的方式进行经营而盈利的一个重要指标。

（5）竞争水平　竞争水平主要指历次竞标的实际能力、取胜概率等。它是企业生存能力的重要表现，同时也是企业内部各部门之间能否协调运作的重要表现，是企业是否充满活力的标志。

（6）代理关系　承包工程离不开当地代理。施工企业如果不依靠得力的代理或中间人几乎不可能获取工程项目。问题是施工企业能否有效地借助代理或中间人得利。这是个很微妙的问题，在对自己的能力进行评估时切不可忽视代理关系的作用。

（7）应变能力　指承包公司适应各种外界自然或人为因素变化的能力。是否具有应变能力是决定施工企业能否承担风险的重要条件，即在竞标中有较低的成本价。这是决定施工企业能否盈利的关键因素之一。如果施工企业没有足够的可能或手段保证以最经济的成本完成项目，自然将失去这方面的竞争能力。

（8）相关业绩　企业以往从事过的相关工程及其效果，以及以往项目的业主对所施工项目的评价，对企业投标的结果都会有相当的影响。

（9）特殊优势　特殊优势主要包括企业拥有的专有技术或设备、良好的业绩和知名度、与业主密切的关系、实力强大的代理、可靠的政府背景等。其中的任何一项在投标中都会有着决定性的作用，企业必须正确分析和认识自己的特殊优势，并适当地加以利用。

3.决定投标的主要原则

（1）本企业能顺利通过资质预审，不能超越企业经营范围和施工资质等级要求；

（2）项目规模适度，本企业对招标项目适应性强，技术、装备等实际施工能力能够满足工程项目需求；

（3）项目资金状况比较理想，企业能通过实施项目获得相应的经济利益；

（4）公关方向明确，能与业主建立沟通渠道，有较可靠的社会基础；

（5）与竞争对手比较，明显处于优势；

（6）该项目能带来很好的社会效益。

（三）投标决策的后期阶段

投标决策的后期阶段是指施工企业对工程项目做完调查分析和总结评价后，认为可以参与投标以后，在随后的投标过程中的决策研究阶段。这一阶段的主要工作是投什么性质的标书以及在投标中所运用的策略和技巧。

1. 投标种类

投标的种类，既要考虑自身的经营状况、经营目标，又要考虑市场竞争的激烈程度、投标项目的特点、工程类别大小、施工条件等，通常投标性质可以分为以下几种类型：

1）生存型

当遇到国家宏观经济调整或政府调整建设投资方向时，会使投标项目减少，或者由于承包商经营管理不善，都会使承包人遇到生存危机。此时，投标策略应以生存为重，采取不盈利甚至赔本也要夺标的态度，只要能够维持生存，渡过难关，就会有东山再起的希望。

2）竞争型

以竞争为手段，以开拓市场低盈利为目标，在精确计算成本的基础上，充分估计各竞争对手的报价目标，以有竞争力的报价达到中标的目的。投标人处在以下几种情况下，应采取竞争型报价策略：经营状况不景气，近期接受到的投标邀请较少；竞争对手有威胁性；试图打入新的地区，开拓新的工程施工类型；投标项目风险小，施工工艺简单，工程量大，社会效益好；附近有本企业其他正在施工的项目等。大多数企业都采用这种策略，也叫做保本低利策略。

3）盈利型

如果承包人在某地区已经打开局面，信誉度高，竞争对手少或者竞争能力较弱，施工能力饱和、具有技术优势、施工条件恶劣、难度大、资金支撑条件不好、工期质量要求苛刻等，此时报价应充分发挥自身优势，以实现最佳盈利为目标，采取盈利型报价策略。

4）市场开发型

这主要指企业急于将资金、技术投入市场，确立自身地位和树立企业形象，以利于开拓市场。

5）亏损型

一般理解为低于成本价投标。《招标投标法》中规定不允许低于成本价承包的方式，以规范建筑市场的公平竞争行为。这种类型主要是在以下几种情况中采用：一是本企业已大量窝工、严重亏损，中标后可以使部分员工上岗和设备运转，从而减少亏损面；二是在一定范围内挤垮竞争对手；三是为承包商的声誉和某时战略之需，以扩大自己的无形资产而扩大市场占有率；四是为打入某一领域和某一新的市场，不惜以低价中标，实现先赔后赚的战略意图。

2. 投标技巧

投标技巧研究，其实是在保证工程质量与工期的条件下，寻求一个好的报价以求中标，中标后又能获得期望的效益，因此投标的全过程几乎都要研究报价的技巧问题。

如果以招投标程序中的开标为界，可将投标的技巧研究分为两个阶段，即开标前的技巧研究和开标至签订合同的技巧研究。

1）开标前的投标技巧研究

（1）不平衡报价法。

不平衡报价法，是指在总价基本确定的前提下，如何调整内部各个子项的报价，以期既不影响总报价，又在中标后投标人能够尽快地回收垫支于工程中的资金和获取较好的经济效益。不平衡报价法是一个在实践中被广泛应用的投标技巧，不平衡报价法应用得好，企业就能取得较好的效益。通常采用的不平衡报价有以下几种情况：

①对先期施工能先拿到钱的项目（如开办费、土方开挖、基础工程、桥梁的下部结构工程等），单价可定得高些，有利于施工企业的早期结算收入，减少资金占用；对后期完成的项目（如水利工程的水上结构物，桥梁工程的上部结构工程、桥面铺装，公路的道路面层、交通指示牌，房屋建筑工程的粉刷、油漆、电气、屋顶装修以及清理施工现场和零散附属工程等），单价则可定得低些。这样做的好处是不仅可以提高施工企业的财务状况，力争内部管理的资金负占用，还可以降低企业的风险。

②估计以后工程量会增加的项目，其单价就可以定得高些，估计工程量会减少的项目，其单价可以适当降低。

③招标图纸上不明确或有错误的，估计今后会做修改的项目，其单价可以定得高些；工程内容说明不清的，单价可以降低，这样有利于修改时的重新作价及索赔。

④未列出工程量、只要求填报单价的项目，其单价可以高些，因为这些项目不影响投标的总价，以后如果发生了也可以多获利。

⑤计日工的工、料、机单价可略高于工程单价中的工、料、机单价，与第4条相同，计日工在有些招标项目中也是不计入总价的，有的即使是计入总价，对总价的影响也很小，而以后如发生时也可多获利。

⑥对于暂定数额（或工程），分析它发生的可能性大，价格可定高些；估计不一定发生的，价格可定低些。

不平衡报价最终的结果应该是：报价是高低互相抵消，总价上却看不出来，履约是所形成的数量少，完成的也就少，单价调低，损失也就降到最低，数量多，完成的也多，单价提高，承包商便能获得较大的利润，损失小，合起来还是赢利。

不平衡报价的应用是承包商从自身的利益出发，在总价确定的前提下，对部分项目的单价进行合理的调整。它的应用必须保持合理的水平尺度，过度的不平衡报价会使评标人员及业主产生不信任感，甚至影响评标的得分。当工程量清单中许多单价过度地偏离了适中的市场价格时，就可能被业主判为废标，甚至列入日后不许再投标的黑名单。即便判断正确，在中标后业主也可以想办法，靠发变更指令减少施工时的工程数量，甚至强行改变或取消原有设计。这就需要承包商具备一定的运作经验和技巧，必须对具体情况做出充分调研分析后才形成决策，以制造足够的空间去应对业主。

（2）多方案报价法。

有时招标文件中规定，可以提供一个建议方案，或对于一些招标文件，工程范围不明确、条款不清楚或不公平、技术规范要求过于苛刻时，则要在充分估计风险的基础上按多方案报价法处理。即按原招标文件报一个价，然后再提出如果某条款做某些变动，报价可降低额度，这样可以降低总价，吸引业主。

投标人这时应组织一批有经验的技术专家，对原招标文件的设计和施工方案仔细研究，提出更理想的方案以吸引业主，促成自己的方案中标。这种新的建议可以降低总造价或提前竣工或使工程运用更合理。但要注意的是，对原招标方案一定也要报价，以供业主比较。

另外，增加建议方案时，不要把方案写得太具体，保留方案的技术关键，防止业主将此方案交给其他承包商，同时要强调的是，建设方案一定要比较成熟，过去有过这方面的经验，因为投标时间往往较短，如果仅为中标而匆忙提出一些没有把握的建设方案，可能引起很多后患。

（3）突然降价法。

报价是一件保密的工作，但是对手往往通过各种渠道、手段来刺探情报，因此可以采取这样的方法——先按一般情况报价或表现出自己对该工程兴趣不大，到快要投标截止时再突然降价。如鲁布革水电站引水系统招标时，日本大成公司知道主要竞争对手是前田公司，因而在临近投标前突然把报价降低 8.04%，取得最低报价，为以后中标打下基础。

采用这种方法时，要在准备投标的过程中考虑好降价的幅度，在临近投标截止日期前，根据情报信息与分析判断，再做最后决策。

2）开标后的投标技巧研究

投标人通过公开开标程序能够了解到其他投标人的报价。但低价不一定能够中标。很多情况下，招标人要综合各个方面的因素，反复审阅，经过议标谈判，方能确定中标人。

从招标的原则来看，投标人在投标有效期内，是不能修改其报价的，但某些议标谈判可以例外，例如政府采购项目，这时的投标技巧主要有：

（1）降低投标价格。

投标价格不是中标的唯一因素，但却是中标的关键因素。在议标中，投标人适时降低报价是议标的重要手段。但要注意的是：其一，要摸清招标人的意图，在得到其希望降低报价的暗示后，再提出降价的要求。因为有些国家的政府关于招标的法规中规定，已投出的标书不能改动任何文字。若有改动，投标即告无效。其二，降低投标报价要适当，不能损害投标人自身的利益。降低投标报价可以从降低投标利润、降低经营管理费和设定降低系数等方面入手。

（2）补充投标优惠条件。

报价附带优惠条件是行之有效的一种手段。招标人评标时，除了主要考虑报价和技术方案外，还要分析别的条件，如缩短工期、提高工程质量、降低支付条件等。所以在投标时主动提出提前竣工、免费技术协作、免费办理应该由业主办理的如水电等事宜，均是吸引业主、提高中标率的辅助手段。

4.4　工程项目合同管理

一、合同法律法规概述

《合同法》是调整平等主体的自然人、法人、其他组织之间设立、变更、终止民事权利、义务关系的法律规范，是民法的重要组成部分。

（一）合同的概念及特征

《合同法》第2条规定，合同是平等主体的自然人、法人、其他组织之间设立、变更、终止民事权利义务关系的协议。

合同的法律特征可以概括为以下几个方面：

（1）合同是一种民事法律行为。

民事法律行为作为一种最重要的法律事实，是民事主体实施的能够引起民事权利和民事义务的产生、变更或终止的合法行为。合同作为民事法律行为，在本质上属于合法行为，这就是说，只有在合同当事人所做出的意思表示是合法的情况下，合同才具有法律约束力，并应受到国家法律的保护。

（2）合同是平等主体之间的协议，即合同当事人的法律地位平等。

当事人在订立合同时，法律地位完全是平等的，任何一方不能把自己的意愿强加于他方，否则合同无效。

（3）合同是以设立、变更、终止民事权利义务为内容和目的的民事行为。

当事人订立合同都有一定的目的和宗旨，也就是说，订立合同都是要设立、变更、终止民事权利义务关系。所谓设立民事权利义务关系，是指当事人订立合同旨在形成某种法律关系（如买卖关系、租赁关系），从而具体地享受民事权利，承担民事义务。

（4）合同是两个以上的人意思表示一致的协议。

也就是说，合同是当事人协商一致的产物，合同的成立必须要有两个或两个以上的当事人，当事人各自从追求利益出发而做出意思表示并达成了一致的协议。

《合同法》调整的合同主要是指财产关系的合同。并不是所有财产关系都由《合同法》调整。如：有关婚姻、收养、监护身份关系的协议，不适用《合同法》；政府对经济的管理活动，属于行政管理关系，不适用《合同法》。又如，贷款、租赁、买卖等民事合同关系，适用《合同法》；而财政拨款、征用、征购等，是政府行使行政管理职权，属于行政关系，适用有关行政法，不适用《合同法》；企业、单位内部的管理关系，是管理与被管理的关系，不是平等主体之间的关系，也不适用《合同法》。再如，加工承揽是民事关系，适用《合同法》；而工厂车间内的生产责任制，是企业的一种管理措施，不适用《合同法》。

（二）代理制度

代理，是指代理人在代理权限内，以被代理人的名义实施民事法律行为，其法律后果直接由被代理人承担的民事法律制度。其中，代为他人实施民事法律行为的人，称为代理人；由他人以自己的名义代为民事法律行为，并承受法律后果的人，称为被代理人。

1.代理的法律特征

从民法理论上讲，代理具有下列法律特征，使其区别于其他相近的民事法律制度。

（1）人以实施民事法律行为为。

代理人所为的代理行为，能够在被代理人与第三人之间产生、变更或消灭某种民事法律关系，如代订合同而建立了买卖关系、代为履行债务而消灭了债权债务关系，这表明代理行为具有法律上的意义，同样是以意思表示作为构成要素。

（2）代理人一般应以被代理人的名义从事代理活动。代理人在代理权限内，以被代理人的名义实施民事法律行为。

（3）代理人在代理权限范围内独立意思表示。代理人必须在代理权限范围内，有权斟酌情况，独立地进行意思表示。

(4)代理行为的法律后果直接归属于被代理人。代理行为的目的是实现被代理人追求的民事法律后果，所以，代理人的代理行为在法律上视为被代理人的行为，这是民事代理制度得以适用的本质属性。

2.代理的适用范围和种类

1)代理的适用范围

我国《民法通则》规定了代理制度的适用范围：公民、法人可以通过代理人进行民事法律行为，所以代理广泛适用于我国公民之间、法人之间及公民和法人之间。具体包括：代理为各种民事法律行为，诸如买卖、承揽、租赁、债务履行、接受继承等，公民、法人均可以委托代理人代为办理；代理为其他法律部门确认的法律行为，包括代办房屋产权登记、法人登记、商标注册、专利申请等行政行为，代为进行税务登记、缴纳税款等财政行为，代理民事诉讼等。但是，并非一切法律行为都适用代理，"依照法律规定或者双方当事人约定，应当由本人亲自进行的民事法律行为，不得通过代理人进行"。具体表现在：

(1)具有人身性质的行为不得通过代理进行。比如立遗嘱、婚姻登记、收养子女等行为不适用代理。

(2)法律规定或者双方当事人约定应当由特定人亲自为之的，则不适用代理。例如，某些与特定人身相关联的债务的履行(预约撰稿、演出、授课、演讲、特定的技术转让合同等)亦如此。因为这些行为和债务，或者依法律规定，或者根据双方当事人的约定，应当由特定人亲自为之。如果通过代理人进行，就可能侵害有关当事人的合法权益。

2)代理的种类

代理关系是基于一定法律事实而产生的，我国《民法通则》根据产生代理关系的各种法律事实，规定了代理的分类，"代理包括委托代理、法定代理和指定代理"。这一分类以代理权产生原因的不同为标准。

(1)委托代理。这是根据被代理人的委托授权而产生的代理关系。相应地，被代理人又称为委托代理人，代理人又称为被委托人。委托代理一般建立在特定的基础法律关系之上，可以是劳动合同关系、合伙关系、工作职务关系，而多数是委托合同关系，即委托人和受托人约定，由受托人处理委托人事务的合同，正是在此种意义上称为委托代理。同时，还必须经过被代理人向代理人授予代理权，委托代理关系才能确立。因此，被代理人的授权意志是委托代理关系最终建立的关键。故又称其为意定代理。

委托代理是公民、法人进行商品交换的重要手段之一。其适用范围最为广泛。

(2)法定代理。它是根据法律的规定而直接产生的代理关系。出于调整社会关系的需要，法律规定某些社会关系必须适用特定的代理。当社会成员之间存在相应地社会关系时，便依法产生了相应的代理关系。法定代理主要是为保护无民事行为能力人和限制民事行为能力人的合法权益而设定的。

(3)指定代理。它是根据人民法院或者行政主管机关的指定而产生的代理关系。指定代理主要适用于在社会生活或民事诉讼过程中需要代理人代为法律行为，而没有代理人或无法确认代理人的特殊情况。在这种情况下，人民法院或行政主管机关依据法律的授权指定公民或法人充当代理人。

3.无权代理

1）无权代理的表现

无权代理是指在没有代理权的情况下以他人名义实施的民事行为，可见，无权代理并非代理的种类，而只是徒具代理的表象却因其欠缺代理权而不产生代理效力的行为。我国《民法通则》将无权代理概括为三种表现：

（1）无合法授权的"代理"。民事主体未经他人授权，也没有法律的规定或国家主管机关的指定而擅自以他人名义所为的行为。

（2）代理权消灭后的"代理"。代理权基于被代理人的撤销、有效期限届满、代理事务已完成或附解除条件之代理中在因条件成就而消灭后，原代理人仍以原被代理人的名义实施民事行为。

（3）超越代理权限的"代理"，则超越代理权限的部分属于无权代理。

2）无权代理的效力

无权代理本身不具有法律效力，不过，这种状况在有关当事人依法行使权力加以处置之前尚处于或然状态。为了稳定社会经济关系，我国《民法通则》及《合同法》有关条款规定了有关当事人处置无权代理的各项权利及其法律后果。

（1）"被代理人"的追认权。追认权是指"被代理人"对于无权代理行为承认其效力，同意承受其法律后果的权利。

（2）"被代理人"的拒绝权。指"被代理人"对于无权代理行为及其所产生的法律后果，享有拒绝的权利。被拒绝的无权代理行为，由无权代理的行为人承担民事责任。

4.代理关系的终止

代理关系也基于一定法律事实而终止。当然，引起各种代理关系终止的法律事实不尽相同。不过，因代理关系产生的根据不同，则终止代理关系的原因也不尽相同，对此，我国《民法通则》予以明确规定。

1）委托代理的终止

（1）代理期间届满或者代理事务完成。此时，被代理人所追求的目的已经实现，代理关系当然终止。

（2）被代理人取消委托或代理辞去委托。在委托代理中，被代理人可撤销代理权，代理人可辞去代理权。他们都是单方民事法律行为。只要有一方当事人的意思表示，即产生终止代理关系的效力。但是，一方撤销或辞去代理权，应当事先通知对方，及时收回或交还代理证书。否则，应对由此给对方造成的财产损失承担赔偿责任。对于代理权撤销或辞去之前，代理人与第三人所为代理行为，被代理人不得以代理权撤销或辞去为由拒绝承担后果。

（3）被代理人或代理人死亡。代理关系建立在特定人身关系的基础上，被代理人死亡使民事主体资格消失，其生前授权已无继续存在的意义；而代理人死亡时使具有人身性质的代理权不复存在，这都导致代理关系终止。

（4）代理人丧失民事行为能力。代理行为是法律行为的特殊形式。以代理人具有民事行为能力为条件，所以，代理人丧失行为能力就失去代他人为民事法律行为的资格。代理关系即行消灭。

（5）作为被代理人或代理人的法人终止，因其已失去民事主体资格，代理关系即随之终止。

2)法定代理或者指定代理的终止

(1)被代理人取得或恢复民事行为能力，法定代理一般是为保护无民事行为能力人或限制民事行为能力人的合法权益而设立的，那么，当被代理人取得(如未成年子女已达成年年龄)或恢复民事行为能力(如精神病患者恢复健康)后，设定代理的原因已消失，则代理关系即告终止。

(2)被代理人与代理人之间的监护关系消灭。法定代理是以特定的社会关系为基础的，其中，被代理人与代理人之间存在的监护关系最为普遍。当这种关系消灭时，如夫妻离婚、收养关系解除，则相应的代理关系也随之终止。

(3)被代理人或代理人死亡，这使代理关系因失去主体而消灭。但是，应当以另一方知道对方死亡为标准。代理人在不知被代理人死亡的情况下实施的代理行为，其法律后果应由被代理人的继承人承受。

(4)代理人丧失民事行为能力，这不符合代理制度对代理人的要求，则应终止原有的代理关系。

(5)指定代理的人民法院或单位取消指定。

(三)合同的订立

合同的订立，是指两个或两个以上的当事人，依法就合同的主要条款经过协商一致，达成协议的法律行为。合同当事人可以是自然人，也可以是法人或者其他组织，但都应当具有与订立合同相应的民事权利能力和民事行为能力。当事人也可以依法委托代理人订立合同。

1. 合同订立的形式和主要内容

1)合同订立的形式

《合同法》规定，当事人订立合同，有书面形式、口头形式和其他形式。法律、行政法规规定采用书面形式的，应当采用书面形式。当事人约定采用书面形式的，应当采用书面形式。

2)合同的主要条款

合同的内容由当事人约定，一般包括：当事人的名称或者姓名和住所，标的，数量，质量，价款或者报酬，履行期限、地点和方式，违约责任，解决争议的方法等。

《合同法》在分则中对建设工程合同内容做了专门规定(包括工程勘察、设计、施工合同)。

勘察、设计合同的内容包括提交基础资料和文件的期限、质量要求、费用以及其他协作条件等条款。

施工合同的内容包括工程范围、建设工期、中间交工工程的形式和竣工时间、工程质量、工程造价、技术资料时间、材料和设备供应责任、拨款和结算、竣工验收、质量保修范围和质量保证期、双方相互协作等条款。

当事人可以参照各类合同的示范文本订立合同。

2. 合同订立的过程

合同订立的过程包括要约和承诺两个阶段。

1)要约

要约是希望和他人订立合同的意思表示，是一方当事人以缔结合同为目的，向对方当事人所做的意思表示。

要约邀请是希望他人向自己发出要约的意思表示。要约是以订立合同为目的具有法律意义的意思表示行为，一经发出就产生一定的法律效果。而要约邀请的目的是让对方对自己发出要约，是订立合同的一种预备行为，在性质上是一种事实行为，并不产生任何法律效果，即使对方依据邀请对自己发出了要约，自己也没有承诺的义务。

2）承诺

承诺是受要约人同意要约的意思表示。

承诺的法律效力在于一经承诺并送达于要约人，合同便告成立。然而受要约人必须完全同意要约人提出的主要条件，如果对要约人提出的主要条件并没有表示接受，则意味着拒绝了要约人的要约，并形成了一项新的要约。

承诺必须由受要约人做出，承诺必须向要约人做出，承诺的内容必须与要约的内容一致，承诺应在要约有效期内做出。

承诺的方式可以是口头或书面通知的方式，但根据交易习惯或要约表明可以通过行为做出承诺的除外。通常对沉默或不作为不能视为承诺。

承诺通知到达要约人时生效。

在招标投标活动中，招标是要约邀请，投标是要约，中标通知是承诺。

（四）合同的效力

1. 有效合同

有效合同是指已经成立的合同，在当事人之间产生了一定的法律效力。合同的法律约束力，是指法律赋予依法成立的合同具有拘束当事人各方甚至第三人的强制力。《合同法》第44条规定："依法成立的合同，自成立时生效。法律、行政法规规定应当办理批准、登记等手续生效的，依照其规定"。

1）合同的有效条件

已经成立的合同，必须具备一定的生效要件，才能产生法律拘束力。合同生效要件是判断合同是否具有法律效力的标准。

（1）主体合格。以个人作为合同主体时，行为人具有相应的民事行为能力；以团体作为合同主体时，具有依法成立的法人营业执照或证明，并有承担相应经济活动的资质。

（2）意思表示真实。

（3）合同的内容合法。

（4）合同的内容确定、可能。

2. 效力待定合同

效力待定合同是指合同虽然已经成立，但因其不完全符合有关生效要件的规定，因此其效力能否发生，尚未确定，一般须经有权人表示承认才能生效。《合同法》规定了以下三种情况为效力待定合同：

（1）合同的主体不合格。其中包括无行为能力人所订立的合同和限制民事行为能力人依法不能独立订立的合同。无民事行为能力人只能由其法定代理人代理订立合同，不能独立订立合同，否则，在法律上是无效的。限制民事行为能力人订立的合同，经法定代理人追认后，该合同有效，但纯获利益的合同或者与其年龄、智力、精神健康状况相适应而订立的合同，不必经法定代理人追认，其他民事活动由其法定代理人代理，或在征得其法定代理人同意后实施。

(2)因无权代理而订立的合同。无权代理人以他人名义订立合同的行为是一种无权行为，这种行为包括三种情况：行为人没有代理权、超越代理权或者代理权终止后以被代理人名义订立合同。

(3)无处分权的人处分他人财产的合同。

3.无效合同

无效合同是相对于有效合同的而言的，它是指合同虽然已经成立，但因其在内容和形式上违反了法律、行政法规的强制性规定和社会公共利益，因此应确认为无效。

严格地说，无效合同在性质上并不是合同，而只是一个独立的协议，因为合同乃是当事人之间产生、变更、终止民事关系的协议，但无效合同因其内容违反了法律和社会公共利益，不能产生当事人预期的法律效果，也不应具有合同应有的约束力。所以对无效合同来说，虽然当事人已达成协议，但并不是具有法律约束力的合同，因此应与合同相区别。

按照《合同法》的规定，有下列情形之一的，合同无效：

(1)一方以欺诈、胁迫的手段订立合同，损害国家利益；

(2)恶意串通，损害国家、集体或者第三人利益；

(3)以合法形式掩盖非法目的；

(4)损害社会公共利益；

(5)违反法律、行政法规中的强制性规定。

4.可变更、可撤销的合同

可变更、可撤销的合同是指当事人订立合同时，因意思表示不真实，法律允许撤销权人通过行使撤销权而使已经生效的合同归于无效。

叮撤销的合同在未被撤销前有效，一旦撤销自始无效。

有下列情形之一的，当事人一方有权请求人民法院或者仲裁机构变更或者撤销其合同：

(1)合同是因重大误解而订立的。

(2)合同的订立显失公平。

(3)一方以欺诈、胁迫的手段或者乘人之危，使对方在违背真实意思的情况下订立合同。

5.合同无效或者被撤销后的法律后果

(1)返还财产。返还财产是指合同当事人在合同被确认无效和被撤销以后，对已交付给对方的财产享有返还请求权，而已经接受财产的当事人则有返还财产的义务。

(2)赔偿损失。合同被确认无效或被撤销以后，也将产生损害赔偿的责任。损害赔偿实际上包括两种情况：一是在不能返还财产的情况下，通过损害赔偿的方法使财产关系恢复原状；二是在合同被确认无效或被撤销以后，有过错的当事人应当赔偿对方因合同无效或被撤销所遭受的损失，如果当事人双方都有过错，则应当各自承担相应的责任。

(3)行政处罚。合同无效可产生追缴财产、罚款等行政处罚。关于追缴财产的条件，《合同法》第59条规定，当事人恶意串通，损害国家、集体或者第三人利益的，因此取得的财产应当收归国家所有或者返还集体、第三人。

(五)违约责任

1.违约责任及其构成要件

违约责任是指当事人一方不履行合同债务或其履行不符合合同约定时，对另一方当事人所应承担的继续履行、采取补救措施或者赔偿损失等民事责任。

《合同法》规定，当事人不履行合同义务或者履行合同义务不符合约定的，应当承担违约责任。违约责任按《合同法》的规定，只要"不履行合同义务或者履行合同义务不符合约定"，就要承担违约责任。也就是说，不管主观上是否有过错，除不可抗力可以免责外，都要承担违约责任。

2. 承担违约责任的方式

《合同法》规定，"当事人一方不履行合同义务或者履行合同义务不符合约定的，应当承担继续履行、采取补救措施或者赔偿损失等违约责任"。同时还对违约金、定金等做了规定。根据合同法律关系的特点，承担违反合同的责任方式主要是：

(1) 继续履行合同；

(2) 采取补救措施；

(3) 赔偿损失；

(4) 支付违约金(违约金为约定的)；

(5) 给付或者双倍返还定金(定金也是约定的，而且定金条款于定金给付时生效)。

《合同法》规定："当事人一方不履行非金钱债务或者履行非金钱债务不符合约定的，对方可以要求履行，但有下列情形之一的除外：（一）法律上或者事实上不能履行；（二）债务的标的不适于强制履行或者履行费用过高；（三）债权人在合理期限内未要求履行。"这样规定，既符合我国实际情况，也符合国际上的要求。

二、建设工程合同的概念和分类

(一) 建设工程合同的概念

我国《合同法》中的建设工程合同是指承包人进行工程建设，发包人支付价款的合同。进行工程建设的行为包括勘察、设计、施工，建设工程实行监理的，发包人应当与监理人订立委托监理合同。

(二) 建设工程施工合同的类型

1. 按照承发包方式分类

1) 勘察、设计或施工总承包合同

勘察、设计或施工总承包，是指发包人将全部勘察、设计或施工任务发包给一个勘察、设计单位或一个施工单位作为总承包人，经发包人同意，总承包人可以将勘察、设计或施工任务的一部分分包给其他符合资质的分包人。由此签订的协议即为勘察、设计或施工总承包合同。

2) 单位工程施工承包合同

单位工程施工承包，是指在一些大型、复杂的建设工程中，发包人可以将专业性很强的单位工程发包给不同的承包人，与承包人分别签订土木工程施工合同、电气与机械工程承包合同，这些承包人之间为平行关系。单位工程施工承包合同常见于大型工业建筑安装工程。由此签订的协议即为单位工程施工承包合同。

3) 工程项目总承包合同

工程项目总承包，是指建设单位将包括工程设计、施工、材料和设备采购等一系列工作打包后全部发包给一家承包单位，由其进行实质性设计、施工和采购工作，最后向建设单位交付具有使用功能的工程项目。工程项目总承包实施过程可依法将部分工程分包。由此签订的协议即为工程项目总承包合同。

2. 按照承包工程计价方式分类

根据合同计价方式的不同,建设工程施工合同可以分为总价合同、单价合同和其他价格形式合同。按合同计价方式分类的合同类型及其适用情况见表4-4。

表4-4　按合同计价方式分类的合同类型及其适用情况

合同类型	概念	合同适用
总价合同	在合同中确定一个完成项目的总价,承包人据此完成项目全部内容的合同	适用于工程量不太大且能精确计算、工期较短、技术不太复杂、风险不大的项目
单价合同	承包人在投标时,按招标文件就分部分项工程所列出的工程量表确定各分部分项工程费用的合同类型	适用范围宽,其风险可以得到合理的分摊,并且能鼓励承包人通过提高工效等手段从成本节约中提高利润
其他价格形式合同	合同当事人可在专用合同条款中约定其他合同价格形式。形式有成本加酬金和按照定额计价等合同类型	成本加酬金合同适用于需要立即开展工作的项目,如震后的救灾工作;新型的工程项目,或对项目工程内容及技术经济指标未确定、风险很大的项目。定额计价合同适用于符合国家、地区计价文件的规定的前提下,工程量或综合单价无法准确计算的情况

采用总价合同要求建设单位必须准备详细而全面的设计图纸(一般要求施工详图)和各项说明,使承包单位能准确计算工程量。

单价合同能够成立的关键在于双方对单价和工程量计算方法的确认。在合同履行中需要注意的问题则是双方对实际工程量计量的确认。

一个建筑工程项目往往由诸多参与方共同合作完成,建设工程合同成为诸多合同的集合(见图4-1)。

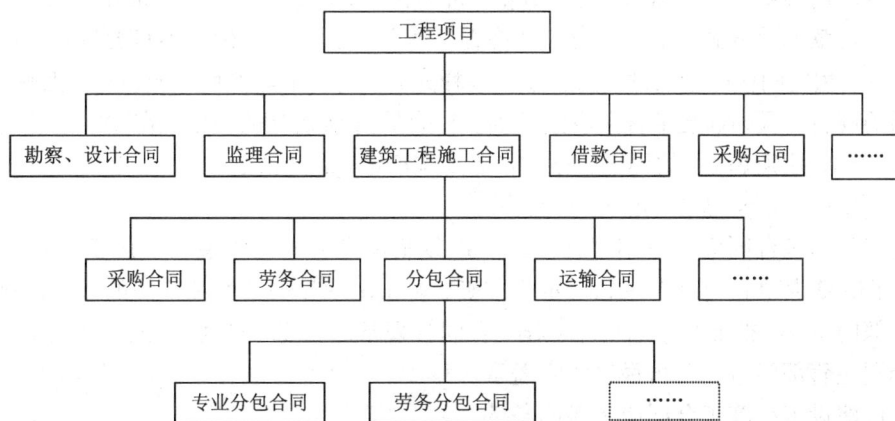

图4-1　建设工程合同体系

105

建设工程项目合同体系在项目管理中是一个非常重要的概念。它从一个角度反映了项目的形象，对整个项目管理的运作有很大的影响。在这一合同体系中业主和承包商是建设工程合同体系中的两个最主要的节点。

三、建设工程施工合同的签订与终止

建设工程施工合同是工程建设单位(发包人)与施工企业(承包人)以完成建筑工程为目的，明确双方权利和义务关系而订立的文件，这就要求建设工程施工合同的建设方和施工方在合同中应对双方应承担的义务和享有的权利进行具体、详尽的约定，以便双方按照各自的义务履行合同，同时行使自己的权利。

(一)建设工程施工合同的签订

依据《招标投标法》第四十六条："招标人和中标人应当自中标通知书发出之日起三十日内，按照招标文件和中标人的投标文件订立书面合同。招标人和中标人不得再行订立背离合同实质性内容的其他协议。"

1. 建设工程施工合同签订过程中的一般要求

(1)双方地位平等，依法订立

施工合同的签订，应当遵守国家的法律、法规和国家计划，遵循平等互利、协商一致、等价有偿的原则。《合同法》第四条规定："当事人依法享有自愿订立合同的权力，任何单位和个人不得非法干预。"《合同法》第五条规定："当事人遵循公平原则确定各方的权利和义务。"在签订施工合同时，权利与义务应该对等，不允许一方附加任何不平等条款。因此，签订施工合同应当遵守以下原则：平等原则、自由原则、公平原则、诚实信用原则、遵守法律、不得损害社会公共利益的原则。

(2)双方必须具备相应资质条件和履行施工合同的能力

对合同范围内的工程实施建设时，发包方必须具备组织协调能力；承包方必须具备有关部门核定的资质等级并持有营业执照等证明文件。

(3)合同内容齐全、文字明确、逻辑性强

施工合同内容要齐全，标的名称、数量、价格构成、质量标准、履约时限、付款方式、违约责任工程价款调整方式、不可抗力的经济责任等都应详细、明确。签订合同时，必须注意逻辑性，各条款之间应融会贯通，前后互相解释先后有序，不能前后矛盾，相互抵触，否则不利于合同的履行。同时，文字含义应当准确。对合同各项条款的规定，在文字表达上应当严密、准确，严禁用模棱两可的词语，必须非常具体肯定，表达清楚。

(4)使用统一文本，履行审查、鉴证手续

建设工程施工合同应当采用书面形式，并参照标准合同文本签订。施工合同条款规范化，避免了缺款少项和当事人意思表示不准确，防止出现显失公平和违法的条款。施工合同须经有关部门审查，按照《建筑法》和《施工合同管理条例》，双方应将草案主动送交政府授权的施工合同主管部门审查后再最终签字盖章。

2. 签订建设工程施工合同应具备的条件

依照《建设工程施工合同管理方法》的规定，签订建设工程施工合同应具备以下条件：

(1)初步设计已经批准；

(2)工程项目已经列入年度建设计划；

（3）有能够满足施工需要的设计文件和有关技术资料；

（4）建设资金和主要建筑材料设备来源已经落实；

（5）招投标工程，中标通知书已经下达。

（二）建设工程施工合同的履行

工程施工过程就是施工合同的实施过程，要使合同顺利实施，合同双方必须共同完成各自的合同责任。

1. 发包人的施工合同履行

发包人和监理工程师在合同履行中应当严格按照施工合同的规定，履行应尽的义务。施工合同中规定的应由发包人承担的义务包括：

1）发包人的协助义务

发包人应当按照合同的约定提供相关材料、设备、场地、资金、资料等。如果发包人违反协助义务，应承担如下责任：顺延工程日期的责任；赔偿停工、窝工等损失；因发包人的原因导致工程停建、缓建的，发包人有义务采取措施弥补或者减少损失，防止损失扩大。

2）对工程的验收义务

建设工程完工后，发包人应及时对工程进行验收，发包人验收所应遵循的依据包括：施工图纸及说明书，国家颁发的施工验收规范，国家颁发的建设工程质量检验标准。建设工程必须经过验收后由发包人正式接受该项工程后方可投入使用。

3）支付价款并接受建设工程的义务。

发包人在对建设工程验收合格后，应按合同的约定，扣除一定的保证金后，将剩余工程的价款按约定方式支付给承包人。

2. 承包人的施工合同履行

合同签订后，承包人的首要任务是拟定项目管理小组，合同管理人员在施工合同履行过程中的主要工作为：

（1）建立合同实施的保证体系，保证合同实施过程中的日常事务性工作有序地进行。

（2）监督承包人的工程小组和分包商按合同实施，并做好各分包合同的协调和管理工作。

（3）对合同实施情况进行跟踪，收集合同实施的信息，收集各种工程资料，并做出相应的信息处理，将合同实施情况与合同分析资料进行分析，找出其中的偏差，对合同执行情况做出诊断，向项目经理及时通报合同实施情况及问题，提出合同实施方面的意见、建议。

（4）进行合同变更管理，包括参与变更谈判，对合同变更进行事务性的处理，落实变更措施，修改变更相关的资料，检查变更措施的落实情况。

（5）日常的索赔管理。

（三）合同终止与解除

建设工程施工合同终止是指合同效力归于消灭，合同中的权利义务对承发包双方当事人不再具有法律拘束力。合同终止后，权利义务主体不复存在。

由于建设工程施工合同终止后有些内容具有独立性，并不因合同的终止而失去效力。如合同终止的，不影响合同中独立存在的有关解决争议方法的条款的效力。

由于在合同履行中，承发包双方在工作合作中不协调、不配合甚至矛盾激化，使合同履行不能继续下去，或发包人严重违约，承包人行使合同解除权，或承包人严重违约，发包人行使合同解除权等，都会产生合同的解除。

承包人具有下列情形之一，发包人有权解除建设工程施工合同：

（1）明确表示或者以行为表明不履行合同主要义务的；

（2）合同约定的期限内没有完工，且在发包人催告的合理期限内仍未完工的；

（3）已经完成的建设工程质量不合格，并拒绝修复的；

（4）将承包的建设工程非法转包、违法分包的。

四、建设工程索赔

（一）索赔的概念

索赔是指在合同的实施过程中，当事人一方因非己方的原因而遭受损失，按合同约定或法规规定由对方承担责任，从而向对方提出补偿的要求。

索赔是相互的、双向的，承包人可以向发包人索赔，发包人也可以向承包人索赔。索赔是当事人保护自身正当利益、弥补损失、减少违约的有效手段，是一种以法律和合同为依据的行为，是双方在分担工程风险方面的责任再分配。

由于建设工程施工合同以承包人完成合同约定的施工项目为目标，承包人在合同履行过程中作为合同义务的承担者，在施工中面对各种复杂情况，索赔难度大，因此以下介绍的索赔内容主要以承包人的索赔为主。

（二）施工索赔产生的起因

引起施工索赔的原因有很多，概括起来有以下几点：

1. 当事人违约

通常表现为没有按照合同约定履行自己的义务。发包人违约常常表现为没有为承包人提供合同约定的施工条件、未按照合同约定的期限和数额付款等。承包人违约的情况则主要是没有按照合同约定的质量、期限完成施工，或者由于不当行为给发包人造成其他损害。

2. 不可抗力或不利的物质条件

不可抗力可分为自然事件和社会事件。自然事件主要是工程施工过程中不可避免发生、不能克服的自然灾害，包括地震、海啸、水灾等；社会事件则包括国家政策、法律、法令的变更，罢工、战争等。不利的物质条件通常是指承包人在施工现场遇到的不可预见的自然物质条件、非自然的物质障碍和污染物，包括地下和水文条件。

3. 合同缺陷

合同缺陷表现为合同文件规定不严谨甚至矛盾、合同中的遗漏或错误。在这种情况下，工程师应当给予解释，如果这种解释将导致成本增加或工期延长，发包人应当给予补偿。

4. 合同变更

合同变更表现为设计变更、施工方法变更、追加或者取消某些工作、合同规定的其他变更等。

5. 监理人指令

监理人指令有时也会产生索赔，如监理人指令承包人加速施工、进行某项工作、更换某些材料、采取某些措施等，并且这些指令不是由于承包人的原因造成的。

6. 其他第三方原因

其他第三方原因常常表现为与工程有关的第三方的问题而引起的对本工程的不利影响。

（三）施工索赔的分类

1. 按索赔的合同依据分

1）合同中明示的索赔

合同中明示的索赔是指承包人所提出的索赔要求，在该工程项目的合同文件中有文字依据。承包人可以据此提出索赔要求，并取得经济补偿。这些在合同文件中有文字规定的合同条款，称为明示条款。

2）合同中默示的索赔

合同中默示的索赔，即承包人的该项索赔要求，虽然在工程项目的合同条款中没有专门的文字叙述，但可以根据该合同的某些条款的含义，推论出承包人有索赔权。这种索赔要求同样有法律效力，有权得到相应的经济补偿。这种有经济补偿含义的条款，在合同管理工作中称为默示条款或隐含条款。

2. 按索赔目的分

1）工期索赔

由于非承包人责任的原因而导致施工进度延误，要求批准顺延合同工期的索赔，称为工期索赔。工期索赔形式上是对权利的要求，以避免在原定合同竣工日不能完工时，被发包人追究拖期违约责任。一旦合同工期顺延获得批准后，承包人不仅免除了承担拖期违约赔偿费的严重风险，而且可能提前工期得到奖励。

2）费用索赔

费用索赔的目的是要求经济补偿。当施工的客观条件改变导致承包人增加开支，承包人要求对超出计划成本的附加开支给予补偿，以挽回不应由他承担的经济损失。

3. 按索赔事件的性质分

（1）工程延误索赔。是指因发包人未按合同要求提供施工条件，如未及时交付设计图纸、施工现场、道路等，或因发包人指令工程暂停或不可抗力事件等原因造成工期拖延的，承包人对此提出索赔，这是工程中常见的一类索赔。

（2）合同变更索赔。是指由于发包人或监理人指令增加或减少工程量，或增加附加工程、修改设计、变更工程顺序等，造成工期延长或费用增加，承包人对此提出索赔。

（3）合同被迫终止的索赔。是指由于发包人或承包人违约以及不可抗力事件等原因造成合同非正常终止，无责任的受害方因其蒙受经济损失而向对方提出索赔。

（4）工程加速索赔。是指由于发包人或监理人指令承包人加快施工速度，缩短工期，引起承包人的人、财、物的额外开支而提出的索赔。

（5）意外风险和不可预见因素索赔。是指在工程实施过程中，因人力不可抗拒的自然灾害、特殊风险以及一个有经验的承包人通常不能合理预见的不利施工条件或外界障碍，如地下水、地质断层、溶洞、地下障碍物等引起的索赔。

（6）其他索赔。如因货币贬值、汇率变化、物价上涨、政策法令变化等原因引起的索赔。

（四）索赔成立的条件

索赔的根本目的是保护自身应得的利益，而要取得索赔的成功，必须符合如下基本条件：

（1）与合同对照，事件已造成了承包人工程项目成本的额外支出，或直接工期损失；

（2）造成费用增加或工期损失的原因，按合同约定不属于承包人的行为责任或风险责任；

（3）承包人按合同规定的程序和时间提交索赔意向通知和索赔报告。

上述三个条件必须同时具备，缺一不可。

（五）索赔事件

索赔事件，又称为干扰事件，是指那些使实际情况与合同规定不符合，最终引起工期和费用变化的各类事件。承包人可以提起索赔的事件有：

（1）发包人违反合同给承包人造成时间、费用的损失；

（2）因工程变更造成的时间、费用损失；

（3）由于监理工程师对合同文件的歧义解释、技术资料不确切，或由于不可抗力导致施工条件的改变，造成了时间、费用的增加；

（4）发包人提出提前完成项目或缩短工期而造成承包人的费用增加；

（5）发包人延误支付期限造成承包人的损失；

（6）对合同规定以外的项目进行检验，且检验合格，或非承包人的原因导致项目缺陷的修复所发生的损失或费用；

（7）非承包人的原因导致工程暂时停工；

（8）物价上涨，法规变化及其他。

（六）索赔程序

《建设工程工程量清单计价规范》中规定的索赔程序如下：

1. 索赔的提出

承包人向发包人的索赔应在索赔事件发生后，持证明索赔事件发生的有效证据和依据正当的索赔理由，按合同约定的时间向发包人递交索赔通知。发包人应按合同约定的时间对承包人提出的索赔进行答复和确认。当发、承包双方在合同中对此通知未做具体约定时，可按以下规定办理：

（1）承包人应在知道或应当知道索赔事件发生后 28 天内向发包人提出索赔意向通知书，说明发生索赔事件的事由。承包人逾期未发出索赔意向通知书的，丧失索赔的权利。

（2）承包人应在发出索赔意向通知书后 28 天内，向发包人提交索赔通知书，索赔通知书应详细说明索赔理由和要求，并应附必要的记录和证明材料。

（3）索赔事件具有连续影响的，承包人应继续提交延续索赔通知，说明连续影响的实际情况和记录。

（4）在索赔事件影响结束后 28 天内，承包人应向发包人提交最终索赔通知书，说明最终索赔要求，并应附必要的记录和证明材料。

2. 承包人索赔的处理

（1）监理人应在收到索赔报告后 14 天内完成审查并报送发包人。监理人对索赔报告存在异议的，有权要求承包人提交全部原始记录副本。

（2）发包人应在监理人收到索赔报告或有关索赔的进一步证明材料后的 28 天内，由监理人向承包人出具经发包人签认的索赔处理结果。发包人逾期答复的，则视为认可承包人的索赔要求。

（3）承包人接受索赔处理结果的，索赔款项在当期进度款中进行支付；承包人不接受索赔处理结果的，按照合同约定的争议处理条款处理。

（七）索赔报告的内容

索赔报告的具体内容，随该索赔事件的性质和特点而有所不同。一般来说，完整的索赔报告应包括以下四个部分：

1. 总论部分

一般包括序言，索赔事项概述，具体索赔要求，索赔报告编写及审核人员名单。

文中首先概要地论述索赔事件的发生日期与过程，施工单位为该索赔事件所付出的努力和附加开支，施工单位的具体索赔要求。在总论部分最后，附上索赔报告编写组主要人员及审核人员的名单，注明有关人员的职称、职务及施工经验，以表示该索赔报告的严肃性和权威性。总论部分的阐述要简明扼要地说明问题。

2. 根据部分

本部分主要是说明自己具有的索赔权利，这是索赔能否成立的关键。根据部分的内容主要来自该工程项目的合同文件，并参照有关法律规定。该部分中施工单位应引用合同中的具体条款，说明自己理应获得经济补偿或工期延长。

根据部分的篇幅可能很大，其具体内容因各个索赔事件的情况而不同。一般地说，根据部分应包括以下内容：索赔事件的发生情况，已递交索赔意向通知书的情况，索赔事件的处理过程，索赔要求的合同根据，所附的证据资料。

在写作结构上，按照索赔事件发生、发展、处理和最终解决的过程编写，并明确全文引用有关的合同条款，使建设单位和监理工程师能历史地、逻辑地了解索赔事件的始末，并充分认识该项索赔的合理性和合法性。

3. 计算部分

该部分是以具体的计算方法和计算过程，说明自己应得经济补偿的款额或延长时间。如果说根据部分的任务是解决索赔能否成立，则计算部分的任务就是决定应得到多少索赔款额和工期。前者是定性的，后者是定量的。

在款额计算部分，施工单位必须阐明下列问题：索赔款的要求总额；各项索赔款的计算，如额外开支的人工费、材料费、管理费和损失利润；指明各项开支的计算依据及证据资料。施工单位应注意采用合适的计价方法，至于采用哪一种计价法，应根据索赔事件的特点及自己所掌握的证据资料等因素来确定；应注意每项开支款的合理性，并指出相应的证据资料的名称及编号，切忌采用笼统的计价方法和不实的开支款额。

4. 证据部分

证据部分包括索赔事件所涉及的一切证据资料，以及对这些证据的说明。证据是索赔报告的重要组成部分，没有翔实可靠的证据，索赔是不能成功的。在引用证据时，要注意该证据的效力或可信程度。为此，对重要的证据资料最好附以文字证明或确认件。例如，对一个重要的电话内容，仅附上自己的记录本是不够的，最好附上经过双方签字确认的电话记录；或附上发给对方要求确认该电话记录的函件，即使对方未给复函，亦可说明责任在对方，因为对方未复函确认或修改，按惯例应理解为已默认。

索赔依据包括：

（1）招标文件、工程合同、发包人认可的施工组织设计、工程图纸、技术规范等；

（2）工程各项有关的设计交底记录、变更图纸、变更施工指令等；

（3）工程各项经发包人或监理人签认的签证；

(4)工程各项往来信件、指令、信函、通知、答复等；

(5)工程各项会议纪要；

(6)施工计划及现场实施情况记录；

(7)施工日报及工长工作日志、备忘录；

(8)工程送电、送水、道路开通、封闭的日期及数量记录；

(9)工程停电、停水和干扰事件影响的日期及恢复施工的日期记录；

(10)工程预付款、进度款拨付的数额及日期记录；

(11)工程图纸、图纸变更、交底记录的送达份数及日期记录；

(12)工程有关施工部位的照片及录像等；

(13)工程现场天气记录，如有关天气的温度、风力、雨雪等；

(14)工程验收报告及各项技术鉴定报告等；

(15)工程材料采购、订货、运输、进场、验收、使用等方面凭据；

(16)国家或省级建设主管部门有关影响工程造价、工期的文件、规定等。

索赔依据必须是书面文件，有关记录、协议、纪要必须是双方签署的；工程中重大事件、特殊情况的记录、统计必须由合同约定的监理人签证认可。

(八)索赔中的费用种类及其构成

施工索赔费用，是承包人根据施工合同条款的有关规定，向发包人索取的承包人应该得到的合同款价以外的费用。按照索赔起因及其费用构成特点可分为以下费用：

(1)工程量增加费；

(2)工期延误损失费；

(3)加速施工费；

(4)发包人或工程师违约损失费；

(5)中止与解除合同损失费；

(6)国家政策、法规变化影响的费用。

【案例4－1】 2008年某市政工程发包人与承包人签订了施工合同。施工合同《专用条件》规定：钢材、木材、水泥由发包人供货到现场仓库，其他材料由承包商自行采购。

因发包人提供的材料未到，使该项作业从6月8日至6月23日停工(该项作业的总时差为零)。

6月12日至6月14日因停电、停水使工程停工(该项作业的总时差为5天)。

6月21日至6月24日因机械发生故障使某段工程迟延开工(该项作业的总时差为4天)。

为此，承包人于6月28日向工程师提交了一份索赔意向书，并于7月7日送交了一份工期、费用索赔计算书和索赔依据的详细材料。

经双方协商一致，窝工机械设备费索赔按台班单价的65%计；考虑对窝工人工应合理安排工人从事其他作业后的降效损失，窝工人工费索赔按每工日20元计；保函费计算方式按有关规定计算；管理费、利润损失不予补偿。

1.工期索赔：

(1)6月8日至6月23日由于发包人原因造成的材料供应不及时延误工时，且该项作业位于关键路线上，应予工期补偿16天；

(2)6 月 12 日至 6 月 14 日由于该项停工虽非承包人造成,但该项作业不在关键路线上,且未超过工作总时差,不能得到工期索赔;

(3)6 月 21 日至 6 月 24 日迟延开工,因为属于承包人自身原因造成的,所以不予工期补偿。

综上分析本工程能得到的工期补偿为:16 + 0 + 0 = 16(天)

2. 费用索赔:

(1)窝工机械费:

塔吊 1 台:16 ×234 ×65% = 2433.6(元)(按惯例闲置机械只应计取折旧费,该设备台班单价为 234 元)。

混凝土搅拌机 1 台:16 ×55 ×65% = 572(元)(按惯例闲置机械只应计取折旧费,该设备台班单价为 55 元)

砂浆搅拌机 1 台:3 ×24 ×65% = 46.8(元)(因停电闲置可按折旧计取,该设备台班单价为 24 元)。

小计:2433.6 + 572 + 46.8 = 3052.4(元)

(2)窝工人工费:

第一项事件窝工:35 ×20 ×16 = 11200(元)(本工序的日派工人数为 35 人,发包人原因造成,但窝工工人已做其他工作,所以只补偿工效差);

第二项事件窝工:30 ×20 ×3 = 1800(元)(该工序的日派工人数为 30 人,发包人原因造成,只考虑降效费用);

第三项事件不能得到赔偿。

小计:11200 + 1800 = 13000(元)

(3)保函费补偿:

19000000 ×10% ×6‰ ÷365 ×16 = 499.73(元)(该工程项目投资总额为 1900 万元,保险费率为 10%,手续费率为 6‰)

经济补偿合计:3052.4 + 13000 + 499.73 = 16552.13(元)

五、建设工程施工合同管理

目前,我国已经建立起从国家、地方各级相关部门与合同各方共同参与的建设工程施工合同管理体系,包括国家有关机关对施工合同的管理,合同当事人及工程师对施工合同的管理。

国家有关机关对施工合同的管理是指工商行政管理机关、建设行政主管部门、金融机构依据法律、法规、规章制度,采取法律的、行政的手段,对施工合同关系进行组织、指导、协调及监督,保护合同当事人的合法权益,处理合同纠纷,防止和制裁违法行为,保证合同贯彻实施等一系列活动。

合同当事人对施工合同的管理包括承发包双方在合同管理中防止由于自身违约引起对方索赔,按合同规定履行合同义务,行使合同权力。承包人还依据承包合同应对分包人进行分包管理。

工程师施工合同管理的主要工作包括进度管理、质量管理、工程价款管理等。

除此之外,合同双方还要对不可抗力、保险和担保进行管理。

建设工程合同管理工作贯穿于建设工程项目管理工作始终，是一个动态过程，是工程项目合同管理机构和管理人员为实现预期的管理目标，运用管理职能和管理方法对工程合同的订立和履行行为进行管理活动的过程。其中包括以下几方面：

1. 合同订立前的管理

合同订立前合同双方必须以谨慎、严肃、认真的态度做好市场预测、资信调查和决策以及订立合同前行为的管理等一系列准备工作。

2. 合同订立中的管理

合同订立中，双方经过招投标活动对合作事宜进行了充分酝酿，并协商一致，从而确立了合同法律关系，双方应当郑重地拟定合同条款，以确保合同的合法、公平、有效。

3. 合同履行中的管理

合同订立后，双方当事人应当认真履行合同，做好履行过程中的组织和管理，承担合同义务，享有合同权利。

4. 合同发生纠纷时的管理

在合同履行过程中建设工程施工合同双方当事人难免为维护各自的利益而产生分歧与争议，当争议纠纷出现时，双方应本着全局利益为重，从互利互惠共赢的目标出发做好合同管理工作。

六、国际工程合同承包

（一）国际工程承包的概念

国际工程承包是发包人和承包商之间的一种经济合作关系，是通过国际间的招标、投标或其他协商途径，由国际承包人以自己的资金、技术、劳务、设备、材料、管理、许可权等，为工程发包人实施项目建设或办理其他经济事务，并按事先商定的合同条件收取费用的一种国际经济合作方式。国际工程承包的项目适用于基础设施、制造业工程和以资源为基础的工程。

招标成交的国际工程承包合同不是采取单一合同方式，而是采取另一种合同方式，这种合同是由一些有关文件组成的，通常称为合同文件。合同文件包括招标通知书、投标人须知、合同条件、投标书、中标通知书和协议书等。

按照国际上通用的"合同条件"，国际工程承包合同的基本内容一般包括：工程承包的转让和分包条款，承包人一般义务条款，工程变更条款，竣工和推迟竣工条款，支付条款，维修条款，违约惩罚条款，专利权和专有技术条款等。除上述合同条款外，还要订立仲裁条款、特殊风险条款等。

（二）国际工程承包的招标方式

国际工程承包的招标方式，按性质划分可分为三种：

1. 竞争性招标

国际竞争性招标一般可分为两种：国际公开招标、选择性招标。

1）国际公开招标

国际公开招标是指招标人通过报纸及其他宣传媒介发布招标信息，使世界各地合格的承包商都有机会按通告中的地址领取或购买资料和资格预审表，互相竞争投标取得授标。它的主要特点是：招标方给予自愿投标公司以平等参与的机会；能较合理地选定承包商，在一定程度上防腐；不允许更动标书中的技术及财务条件，投标人必须无条件地按标书的规定报价。

国际公开招标适用于下列工程：

(1)由世界银行及其附属组织国际开发协会和国际金融公司提供优惠贷款的工程项目；

(2)由联合国经济援助的项目；

(3)由国际财团或多家金融机构投资的工程项目；

(4)需要承包商带资承包或延期付款的工程项目；

(5)实行保护主义的国家的大型土木工程，或施工难度大，发包国在技术和人力方面均无实施能力的工程。

2)选择性招标

选择性招标，又称限制性招标，它一般不在报刊上刊登广告，而是根据招标人自己积累的经验、相关资料介绍或由咨询公司提供的承包商名单，向若干被认为最有能力和信誉的承包商发出邀请。经过对应邀人进行资格预审后，通知其提出报价，递交投标书。

选择性招标的优点是：经过选择的投标商在技术、信誉上都比较可靠，可以减少违约的风险，并可节省费用，简化手续，迅速成交。缺点是：招标人所了解的情况和承包商的数量有限，在邀请时难免遗漏某些在技术上和报价上有竞争能力的厂商。

选择性招标主要适用于以下情况：

(1)工程量不大，投标商数目有限或其他不宜进行国际公开招标的项目。

(2)某些大而复杂的专业性很强的工程项目，可能投标者不多，但准备招标的成本很高，为了节省时间、费用，及时获取较好的报价，招标可以限制在几家合格的承包商中进行，从而使每个承包商都有争取合同的机会。

(3)由于工期紧迫或出于军事保密要求或其他各方面原因不宜公开招标的项目。

(4)工程规模太大，中小型公司不能胜任，只好邀请若干家大公司投标的项目。

(5)工程项目招标通告发出后，无人投标或投标商的数目不足法定人数(至少三家)，招标人可通过选择性招标再选择几家公司投标。

2.两阶段招标

两阶段招标，又称两阶段竞争性招标。它是无限竞争性招标和有限竞争性招标结合使用的一种招标方式。

第一阶段按公开招标方式进行，经开标、评价后再邀请其中报价较低、最有资格的数家承包商(一般为三四家)进行第二阶段报价。由于第二阶段投标人较少，一般采取谈判报价或秘密报价方式。

两阶段招标主要适用于以下情况：

(1)第一阶段报价、开标、评标后，如最低标价超过底价20%，而且经过减价重新比价之后，仍不能低于底价时，需再做第二阶段报价。

(2)招标过程尚处于发展过程，需在第一阶段招标中博采众议，进行评价，选出最新最优方案，再在第二阶段邀请被选中方案的投标人详细报价。

(3)在某些经营管理或技术要求高的大型项目中，招标人对项目经营管理缺乏足够的经验，可在第一阶段向投标人提出要求，就其熟悉的经营管理方法或就其建造方案进行报价，经过评标，选出其中最佳方案的投标人。

3.议标

议标,亦称谈判招标,是招标人直接选定一个或少数几家公司谈判承包条件及标价。

议标的主要特点是:没有资格预审、开标等过程,方式简单,通过直接谈判即可授标;对投标人来说,不用出具投标保函,也无须在一定期限内对其报价负责;竞争对手少,缔约成交的可能性大。严格地讲,议标不算一种招标方式,只是一种"谈判合同",在国际工程承包实际业务中采用较少。

议标一般用于下列工程项目:

(1)执行政府协议缔结的承包合同;

(2)由于技术方面的特定需要只能委托给特定的承包商或制造商实施的合同;

(3)属于国防需要的工程或秘密工程;

(4)项目已公开招标,但无中标者或没有理想的承包商,通过议标,另行委托承包商实施工程;

(5)业主提出合同外新增工程。

七、FIDIC 合同条件

(一)FIDIC 合同条件的概念

FIDIC 是国际咨询工程师联合会的法文缩写。FIDIC 的本义是指国际咨询工程师联合会这一独立的国际组织。习惯上有时也指 FIDIC 条款或 FIDIC 方法。FIDIC 是世界上多数独立的咨询工程师的代表,是最具权威的咨询工程师组织,它推动着全球范围内高质量、高水平的工程咨询服务业的发展。

FIDIC 合同条件的构成体系包括以下四种:

1.施工合同条件

该条件简称新红皮书,是 1987 年版红皮书《土木工程施工合同条件》的最新修订版。主要用于由发包人设计的或由咨询工程师设计的房屋建筑工程和土木工程的施工项目。合同计价方式属于单价合同。

2.生产设备和设计——建造合同条件

该条件简称新黄皮书,是 1987 年版黄皮书《电气与机械工程合同条件》的最新修订版。适用于由承包商做绝大部分设计的工程项目,承包商要按照业主的要求进行设计、提供设备以及建造其他工程。合同计价采用总价合同方式。

3.设计采购施工(EPC)/交钥匙工程合同条件

该条件简称新橘皮书,是 1995 年版橘皮书《设计—建造和交钥匙工程合同条件》的最新修订版。适用于在交钥匙的基础上进行的工程项目的设计和施工,承包商要负责所有的设计、采购和建造工作,在交钥匙时,要提供一个设施配备完整、可以投产运行的项目。合同计价采用固定总价方式。

4.简明合同格式

该合同格式在 FIDIC 合同范本系列中首次出现。适用于投资额较低的一般不需要分包的建筑工程或设施,或尽管投资额较高,但工作内容简单、重复,或建设周期短的工程。合同计价可以采用单价合同、总价合同或者其他方式。

（二）FIDIC 合同与我国示范文本的主要区别

1. 作用的范围与效力的差异

FIDIC 合同条件是国际土木工程施工的通则，一般的国际项目合同均可以它为依据。但FIDIC 合同条件本身并不具备法律约束力，仅具有合同效力。我国建设工程施工合同(示范文本)适用于国内大、中、小型工程。它是针对我国土木工程施工特点制定的，它尚处于发展时期，有待进一步完善，尤其缺乏与我国现行监理制的有效结合。但是它与我国法律、法规紧密结合，将有关法律、法规部分规则融于合同条款之中。

2. 工程师的地位与作用的差异

建设工程施工合同文本中将监理单位委派的总监理工程师和发包人指定的履行本合同的代表均称为工程师。FIDIC 合同条件下"工程师"的概念是指与业主签订委托协议，对某一工程项目实施全方位的监督、管理和协调工作的工程师。拿我国的现有法规与 FIDIC 合同条件相比，我国工程师权力不足。由于工程师在合同管理中应具有的权力是出于合同管理的必然要求，当合同中不能详细罗列工程师的各项权力时，则有必要对工程师的权力做出概括性规定，否则工程师的一些合理权力就不具备合法基础。FIDIC 合同条件规定，工程师可以行使合同中规定的或合同中必然隐含的权力，这使得工程师的一些未能明确规定的合理权力具有了合法基础，而我国的法规及建设施工合同文本对此没有规定。

3. 工程分包的差异

FIDIC 合同与国内建设工程施工合同均对工程分包做了规定，通过比较得出：业主控制分包是两者一致的约定，两者均约定承包商不得肢解分包，不得自行分包，如承包商违反该义务则业主可以解除合同。国内建设工程施工合同中还规定承包人不得将其承包的全部工程转包给别人，但 FIDIC 对此所持的态度为发包方认可即可。

4. 质量与检查的差异

FIDIC 合同条件中的施工质量控制以工程师起主导作用，体现的是投资人的意志，工程质量是否满足要求的依据是由工程师根据业主意图编制的针对其单一工程的《技术规范说明书》，它可以和质量标准不一致，更多地体现投资人的个性要求；而国内建筑行业还处于计划经济与市场经济的转型期，不得不辅以计划经济的行政手段。工程施工质量控制还是承包单位起着主导作用，更多地需要其自律和国家及行业管理。

5. 争议解决的差异

在 FIDIC 合同条件下，涉及工程量、支付、索赔处理等方面，由工程师根据合同规定，在与双方磋商后予以决定。如果承包商不同意工程师的决定，在 FIDIC 合同条件中引入了争端裁决委员会(DAB)。DAB 进行的实际上是一种履行过程中的动态解决方法，大量的争议被消化在工程师决定和友好协商阶段。而我国的争端解决方式单一，仲裁程序规定缺乏灵活性，我国仲裁实行一裁终局制，同时又缺乏与司法监督之间的良性机制。若付诸诉讼则耗时过长、成本太大，现实中更倾向于采用非正式手段解决争端。

（三）实施 FIDIC 合同条款的注意事项

国际承包合同的实施过程，也是完成承包商与业主根据 FIDIC 条件所签合同的全过程。在其执行过程中应注意以下几点：

（1）工程的开工、延长和暂停工程的开工。承包商收到工程师向自己发出的开工通知的日期即作为开工日期。竣工期限由开工日期起算。如果由于业主未能按承包商的施工进度表的要求做好征地、拆迁工作，导致承包商延误工期或增加开支，应给予承包商延长工期的权利并补偿由此引起的开支。

（2）当承包商认为所承包的全部工程实质上完工，并且已通过了合同规定的竣工检验时，可递交报告向工程师申请颁发移交证书。在申请报告中应保证在缺陷责任期内完成各项扫尾工作。标书附件中若有区段完工要求的，或是已局部竣工，工程师认为合格且已为业主占有、使用的永久性工程，均应根据承包商的申请，由工程师颁发区段或部分工程的移交证书。

（3）缺陷责任期也叫维修期，在正式签发移交证书并将工程移交给业主后的一段时期内，承包商除应继续完成在移交证书上写明的扫尾工作外，还应对工程在施工期所产生的各种缺陷负责维修。这些缺陷的产生如果是由于承包商未按合同要求施工，或由于承包商负责设计的部分永久工程出现缺陷，或由于承包商疏忽等原因未能履行其义务时，则应由承包商自费修复。缺陷责任期一般由竣工之日（或区段或部分工程竣工之日）起开始计算。缺陷责任期时间长短应在投标书附件中注明，一般为一年，也有长达两年的。

（4）在工程承包中经常发生各种争端，有一些争端可以按照合同来解决，另一些争端可能在合同中没有做详细的规定，或是虽有规定而双方理解不一致，这种争端可通过谈判、调解、仲裁、诉讼等方式解决。在工程承包合同中，应该规定争端的解决办法，一般均通过工程师调解，不能解决时再诉诸仲裁。合同应对仲裁地点、机构、程序和仲裁效力等方面做出具体明确的规定。

（5）业主违约大多发生在支付环节上，包含以下几种情况：

①在合同条件中规定的应付款期限期满后28天内，未按工程师签署的支付证书向承包商支付。

②干扰、阻挠或拒绝批准工程师上报的支付证书。

③如果业主不是政府或公共当局而是一家公司时，此公司宣告破产或停业清理。

④由于不可预见的原因或经济混乱，业主通知承包商已不可能继续履行合同。承包商有权通知业主和工程师，在发出此通知14天后，业主根据合同对承包商的雇用将自动终止，并且不再受合同的约束，从现场撤出所有承包商的设备。此时业主应按合同条件有关规定向承包商赔偿由于其违约对承包商所造成的各种损失。

本章小结

通过学习本章，可以了解工程项目招标投标的基本程序，掌握工程项目招标文件的内容和格式，熟悉投标的相关内容及投标时的决策与技巧。建设工程合同的种类，建设工程施工合同的订立、履行及终止，建设工程索赔的基本理论、程序与方法，建设工程施工合同相关各方的合同管理工作任务及建设工程合同管理全过程的主要内容。了解国际承包合同，了解FIDIC合同条件。

复习思考题

1. 工程项目招标投标的概念及特征。

2. 工程项目招标的分类与方式。

3. 工程项目招标文件的内容包括哪些方面？

4. 工程项目投标的概念。

5. 工程项目投标种类。

6. 工程项目投标决策前期阶段的调查分析具体包括哪些因素？

7. 工程项目投标技巧有哪些？

8. 代理活动有哪些特征？无权代理是无效代理吗？为什么？

9. 你知道建设工程合同中总价合同与单价合同为哪些具体的分类？

10. 建设工程施工合同订立的条件有哪些？

11. 建设工程索赔的事因有哪些？不可抗力导致的承包人在工期及费用上的损失能得到赔偿吗？

第5章　工程项目进度管理

【学习目标】
1. 了解建设工程项目进度计划系统的各种进度计划类型与特点；
2. 掌握进度计划的编制方法与表达方式；
3. 熟悉进度控制的基本概念、方法、措施、主要任务以及进度的检查与调整方法。

【学习重点】
1. 横道图和网络图的编制方法；
2. 进度检查方法与进度计划的调整途径。

5.1　工程项目进度计划编制

一、流水施工原理

（一）流水施工的基本概念

1. 概念

建筑施工流水作业是由固定组织的施工人员，在若干个工作性质相同的施工区域中依次连续地工作的一种施工组织方式。

2. 建筑施工流水作业的特点

建筑施工流水作业与一般工业生产的组织方式有所不同，它有自身的特点：

（1）产品固定；

（2）施工人员同所使用的机械设备一起流动。

3. 建筑施工的组织工作方式

任何建筑工程都是由若干简单的和复杂的施工过程所组成，而这些施工过程又是由各专业工作队或混合工作队来完成。按照劳动力的组织与安排不同，建筑施工有以下三种组织方式：

（1）依次施工组织方式，又叫顺序施工。是将拟建工程项目中的每一个施工对象分解为若干个施工过程，按施工工艺要求依次完成每一个施工过程；当一个施工对象完成后，再按同样的顺序完成下一个施工对象，依此类推，直至完成所有的施工对象。它是一种最基本的、最原始的施工组织方式。

【案例5-1】　拟新建四幢相同的建筑物，其编号分别为Ⅰ、Ⅱ、Ⅲ、Ⅳ。它们的基础工程量都相等，而且均由挖土方、做垫层、砌基础和回填等四个施工过程组成，每个施工过程在每个建筑物中的施工时长均为5天。其中，挖土方时，工作队由8人组成；做垫层时，工作队由6人组成；砌基础时，工作队由14人组成；回填土时，工作队由5人组成。按依次施工方式组织施工，其施工进度计划如图 5 - 1"依次施工"栏所示。

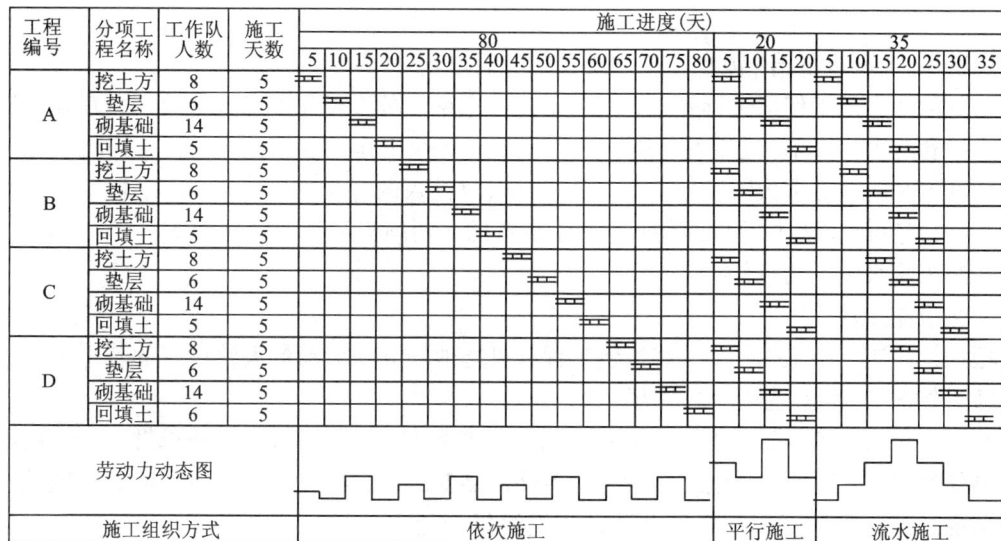

工程编号	分项工程名称	工作队人数	施工天数	施工进度（天）		
				80	20	35
A	挖土方	8	5			
	垫层	6	5			
	砌基础	14	5			
	回填土	5	5			
B	挖土方	8	5			
	垫层	6	5			
	砌基础	14	5			
	回填土	5	5			
C	挖土方	8	5			
	垫层	6	5			
	砌基础	14	5			
	回填土	5	5			
D	挖土方	8	5			
	垫层	6	5			
	砌基础	14	5			
	回填土	6	5			
劳动力动态图						
施工组织方式				依次施工	平行施工	流水施工

图 5 - 1　施工组织方式

由图 5 - 1 可以看出，依次施工组织方式具有以下特点：

没有充分地利用工作面进行施工，工期长；如果按专业成立工作队，则各专业队不能连续作业，有时间间歇，劳动力及施工机具等资源无法均衡使用；如果由一个工作队完成全部施工任务，则不能实现专业化施工，不利于提高劳动生产率和工程质量；单位时间内投入的劳动力、施工机具、材料等资源量较少，有利于资源供应的组织；施工现场的组织、管理比较简单。

适用范围：适用于规模较小、工作面有限的工程。

（2）平行施工组织方式。是组织几个劳动组织相同的工作队，在同一时间、不同的空间按施工工艺要求完成各施工对象。

在例 5 - 1 中，如果采用平行施工组织方式，其施工进度计划如图 5 - 1"平行施工"栏所示。

由图 5 - 1 可以看出，平行施工组织方式具有以下特点：

充分地利用工作面进行施工，工期短；如果每一个施工对象均按专业成立工作队，则各专业队不能连续作业，劳动力及施工机具等资源无法均衡使用；如果由一个工作队完成一个施工对象的全部施工任务，则不能实现专业化施工，不利于提高劳动生产率和工程质量；单位时间内投入的劳动力、施工机具、材料等资源量成倍地增加，不利于资源供应的组织；施工现场的组织、管理比较复杂。

适用范围：适用于工期要求紧、需要突击完工的工程。

（3）流水施工组织方式。是将拟建工程项目中的每一个施工对象分解为若干个施工过程，并按照施工过程成立相应的专业工作队，各专业队按照施工顺序依次完成各个施工对象的施工过程，同时保证施工在时间和空间上连续、均衡和有节奏地进行，使相邻两专业队能最大限度地搭接作业。

在例 5-1 中，如果采用流水施工组织方式，其施工进度计划如图 5-1"流水施工"栏所示。

由图 5-1 可以看出，流水施工方式具有以下特点：

尽可能地利用工作面进行施工，工期比较短；各工作队实现了专业化施工，有利于提高技术水平和劳动生产率，也有利于提高工程质量；专业工作队能够连续施工，同时使相邻专业队的开工时间能够最大限度地搭接；单位时间内投入的劳动力、施工机具、材料等资源量较为均衡，有利于资源供应的组织；为施工现场的文明施工和科学管理创造了有利条件。

4.组织流水施工的条件

1）划分施工段

根据组织流水施工的需要，将拟建工程尽可能地划分为劳动量大致相等的若干个施工区域，每一个施工区域就是一个施工段。

建筑工程组织流水施工的关键是将建筑单件产品变成多件产品，以便成批生产。由于建筑产品体型庞大，通过划分施工段就可将单件产品变成"批量"的多件产品，从而形成流水作业的前提。没有"批量"就不可能也没必要组织任何流水作业。每一个区段，就是一个假定"产品"。

2）划分施工过程

把拟建工程的整个建造过程分解为若干个施工过程。划分施工过程的目的，是为了对施工对象的建造过程进行分解，以便逐一实现局部对象的施工，从而使施工对象整体得以实现。

3）每一个施工过程组织独立的施工班组

在一个流水分部中，每个施工过程尽可能组织独立的施工班组，其形式可以是专业班组，也可以是混合班组，这样可使每个施工班组按施工顺序，依次地、连续地、均衡地从一个施工段转移到另一个施工段进行相同的操作。

4）主要施工过程必须连续、均衡地施工

主要施工过程是指工程量较大、作业时间长的施工过程。对主要施工过程，必须连续、均衡地施工；对其他次要施工过程，可考虑与相邻的施工过程合并。如不能合并，为缩短工期，可安排间断施工。

5）不同施工过程之间尽可能组织平行搭接施工

不同施工过程之间的关系，关键是工作时间上有搭接和工作空间上有搭接。在有工作面的条件下，除必要的技术和组织间歇时间外，应尽可能组织平行搭接。

5.流水施工的技术经济效果

流水施工在工艺划分、时间安排和空间布置上的统筹安排，必然会给相应的施工项目部带来显著经济效果，具体可归纳为以下几点：

（1）由于流水施工的连续性，减少了专业工作的间隔时间，达到了缩短工期的目的，可使拟建工程项目尽早竣工，交付使用，发挥投资效益；

（2）便于改善劳动组织，改进操作方法和施工机具，有利于提高劳动生产率；

（3）专业化的生产可提高工人的技术水平，使工程质量得到相应提高；

（4）工人技术水平和劳动生产率的提高，可以减少用工量和施工暂设建造量，降低工程成本，提高利润水平；

（5）可以保证施工机械和劳动力得到充分、合理的利用；

（6）由于工期短、效率高、用人少、资源消耗均衡，可以减少现场管理费和物资消耗，实现合理储存与供应，有利于提高施工项目部的综合经济效益。

（二）流水施工的主要参数

流水施工是一种科学、有效的工程项目施工组织方法之一。它可以充分地利用工作时间和操作空间，减少非生产性劳动消耗，提高劳动生产率，保证工程施工连续、均衡、有节奏地进行，从而对提高工程质量、降低工程造价、缩短工期有着显著的作用。

1. 流水施工的表达要素

1）工艺参数

工艺参数是指一组流水施工过程的个数。在计划施工过程时，只有那些对工程施工具有直接影响的施工内容才予以考虑并组织在流水之中。施工过程可以根据计划的需要确定其粗细程度，可以是一个个工序，也可以是一项项分项工程，还可以是它们的组合。组织流水的施工过程如果各由一个专业队施工，则施工过程数和专业队数相等；有时由几个专业队（组）负责完成一个施工过程或一个专业队（组）完成几个施工过程，则施工过程数与专业队数并不相等。计算时可以用 N 表示施工过程数，用 N 表示专业队（组）数。

2）空间参数

空间参数指的是单体工程划分的施工段或群体工程划分的施工区的个数。施个区、段可称为流水段，划分施工段的基本要求如下：

（1）当建筑物只有一层时，施工段数就是一层的段数；当建筑物是多层时，施工段数是各层段数之和。各层应有相等的段数和上下垂直对应的分段界限。

（2）尽量使各段的工程量大致相等，以便组织节奏流水，使施工连续、均衡、有节奏。

（3）有利于保持建筑物的整体性，尽量利用结构缝在平面上有变化处。住宅可按单元、楼层划分；厂房可按跨、按生产线划分；线性工程可依主导施工过程的工程量为平衡条件，按长度分段；建筑群可按栋、按区分段。

（4）段数的多少应与主要施工过程相协调，以主要施工过程为主形成工艺组合。工艺组合数应等于或小于施工段数。因此分段不宜过多，过多可能延长工期或使工作面狭窄；过少则无法流水，使劳动力或机械设备窝工。

（5）分段大小应与行动组织相适应，有足够的工作面。以机械为主的施工对象还应考虑机械的台班能力的发挥。混合结构、大模板现浇混凝土结构、全装配结构等工程的分段大小，都应考虑吊装机械能力的充分利用。

3）时间参数

（1）流水节拍。

流水节拍是指在组织流水施工时，某个专业工作队在一个施工段上的施工时间。第 j 个专业工作队在第 i 个施工段的流水节拍一般用 $t_{i,j}$ 来表示（$j=1,2,\cdots,n$；$i=1,2,\cdots,m$）。

流水节拍是流水施工的主要参数之一，它表明流水施工的速度和节奏性。流水节拍小，其流水速度快，节奏感强；反之则相反。流水节拍决定着单位时间的资源供应量，同时，流水节拍也是区别流水施工组织方式的特征参数。

同一施工过程的流水节拍，主要由所采用的施工方法、施工机械以及在工作面允许的前提下投入施工的工人数、机械台数和采用的工作班次等因素确定。有时，为了均衡施工和减少转移施工段时消耗的工时，可以适当调整流水节拍，其数值最好为半个班的整数倍。

（2）流水步距。

流水步距是指两个相邻的工作队进入同一个施工段进行流水作业的最小时间间隔，以符号"K"表示。流水步距的长度，要根据需要及流水方式的类型经过计算确定，计算对应考虑的因素有：

①每个专业队连续施工的需要。流水步距的最小长度，必须保证专业队进场以后，不发生停工、窝工的现象。

②技术间歇的需要。有些施工过程完成后，后续施工过程不能立即投入作业，必须有足够的时间间歇，这个间歇时间应尽量安排在专业队进场之前，不然便不能保证专业队工作的连续。

③流水步距的长度应保证每个施工段的施工作业程序不乱，不要发生前一施工过程尚未完成，而后一施工过程便开始施工的现象。有时为了缩短时间，某些次要的专业队可以提前插入，但必须在技术上可行，而且不影响前一个专业队的正常工作。提前插入的现象越少越好，多了会打乱节奏，影响均衡施工。

（3）工期。

工期是指从第一个专业队投入流水作业开始，到最后一个专业队完成最后一个施工过程的最后一段工作而退出流水作业为止的整个持续时间。由于一项工程往往由许多流水组组成，所以这里说的是流水组的工期，而不是整个工程的总工期，可用符号"T_L"表示。

（三）流水施工的分类及计算

建筑施工流水作业按不同的分类标准可分为不同的类型。

1. 按组织流水作业的范围划分

1）分项工程流水施工

分项工程流水施工又叫细部流水施工，是指一个工作队利用同一生产工具，依次连续地在各施工区域中完成同一施工过程的施工组织方式。它是一条标有施工段或工作队编号的水平进度指示线段或斜向进度指示线段。如浇砼1、浇砼2，挖基槽1、挖基槽2等。

2）分部工程流水施工

分部工程流水施工又叫专业流水施工，是指若干个工作队各自利用同一生产工具，依次连续地在各施工区域中完成同一施工过程的施工组织方式。

3）单位工程流水施工

所有工作队在同一个施工对象的各施工区域中依次连续地完成各自同样工作的施工组织方式。

4）建筑群流水施工

建筑群流水施工也称为综合流水施工，是指所有工作队在一个建筑群的各施工区域中依次连续地完成各自同样工作的组织方式。

5）分别流水导工作

是将若干个分别组织的分部工程流水，按照施工工艺顺序和要求搭接起来，组织成一个单位工程或建筑群的流水施工。

前两种流水是流水作业的基本形式，其中以分部工程流水施工较普遍，所以本书主要以分部工程流水施工为基础来阐明建筑施工流水作业的一般原理和组织方法。

2. 按流水节拍的特征划分

1）全等节拍流水

顾名思义，所有施工过程在任意施工段上的流水节拍均相等，也称固定节拍流水。根据其有无间歇时间，而将全等节拍流水分为无间歇全等节拍流水和有间歇全等节拍流水。

（1）无间歇全等节拍流水。

专业工作队数目等于施工过程数，各专业工作队均能连续施工，工作面没有停歇。

无间歇全等节拍流水的工期计算如下：

不分层施工

$$T_L = \sum K + T_n = (n-1)t + mt = (m+n-1)t$$

式中：T_L——流水施工工期；

　　　　m——施工段数；

　　　　n——施工过程数；

　　　　t——流水节拍。

分层施工

$$T_L = (mr+n-1)t$$

式中：r——施工层数，其他含义同前（见图 5 - 2）。

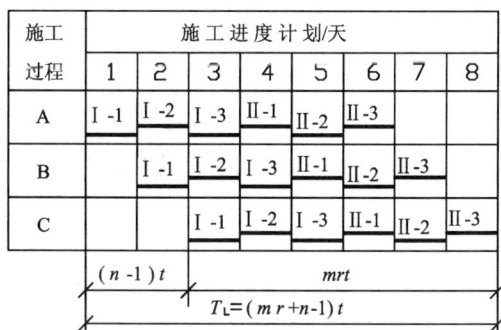

（a）水平排列

注：表中 Ⅰ、Ⅱ分别表示两相邻施工层编号

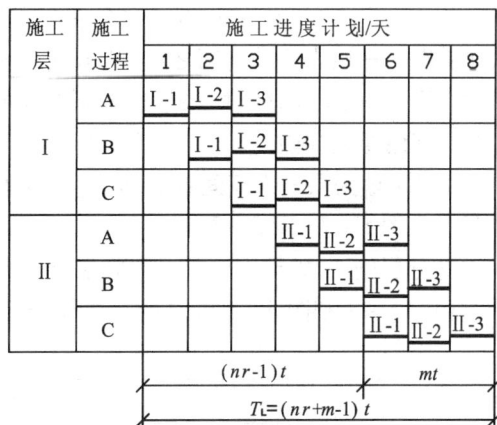

（b）竖直排列

图 5 - 2　施工进度计划（分层）

（2）有间歇全等节拍流水。

专业工作队数目等于施工过程数，有间歇或同时有搭接时间。有间歇全等节拍流水的工期计算如下：

不分层施工

$$T_L = \sum K + T_n = (n-1)t + Z_1 - \sum t_d + mt = (m+n-1)t + Z_1 - \sum t_d$$

式中：Z_1——层内间歇时间之和（$Z_1 = \sum t_{j1} + \sum t_{z1}$）；

　　　　$\sum t_d$——搭接时间之和；其他意义同前。

说明：$\sum t_{j1}$、$\sum t_{z1}$分别为层内技术间歇时间和层内组织间歇时间。详见图5-3。

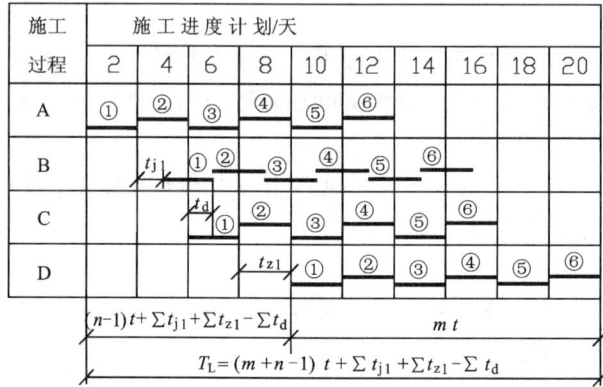

图5-3 有间歇不分层施工进度计划

分层施工

$$T_L = \sum K + T_n = (n-1)t + Z_1 - \sum t_d + mrt$$
$$= (mr + n - 1)t + Z_1 - \sum t_d$$

或
$$T_L = (nr - 1)t + Z_1 + Z_2 - \sum t_d + mt$$
$$= (m + nr - 1)t + Z_1 + Z_2 - \sum t_d$$

式中：Z_1——层内间歇时间之和（$Z_1 = \sum t_{j1} + \sum t_{z1}$）；

Z_2——层间间歇时间之和（$Z_2 = \sum t_{j2} + \sum t_{z2}$）；

其他意义同前。

说明：t_{z1}为层内组织间歇时间，t_{j2}为层间技术间歇时间，t_{z2}为层间组织间歇时间。（以上代号参见图5-7、图5-8）。

③分层施工时m与n之间的关系讨论

由图5-4和图5-5可以看出，当$r=2$时，有

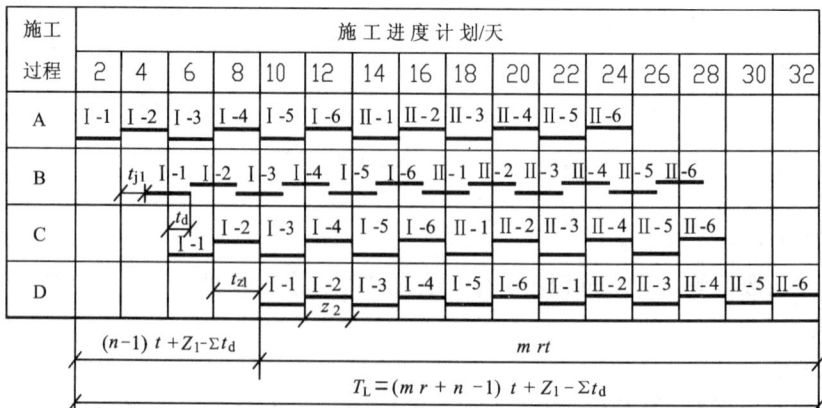

图5-4 有间歇分层施工进度计划（横向排列）

126

施工层	施工过程	施工进度计划/天															
		2	4	6	8	10	12	14	16	18	20	22	24	26	28	30	32
Ⅰ	A	①	②	③	④	⑤	⑥										
	B		t_{j1} ①②	③	④	⑤	⑥										
	C		t_d ①	②	③	④	⑤	⑥									
	D		t_{z1} ①	②	③	④	⑤	⑥									
Ⅱ	A				z_2 ①	②	③	④	⑤	⑥							
	B						t_{j1} ①②	③	④	⑤	⑥						
	C							t_d ①	②	③	④	⑤	⑥				
	D								t_{z1} ①	②	③	④	⑤	⑥			

$$(nr-1)t+\sum t_{j1}+\sum t_{z1}+Z_2-\sum t_d=(nr-1)t+Z_1+Z_2-\sum t_d \qquad mt$$

$$T_L=(m+nr-1)t+Z_1+Z_2-\sum t_d$$

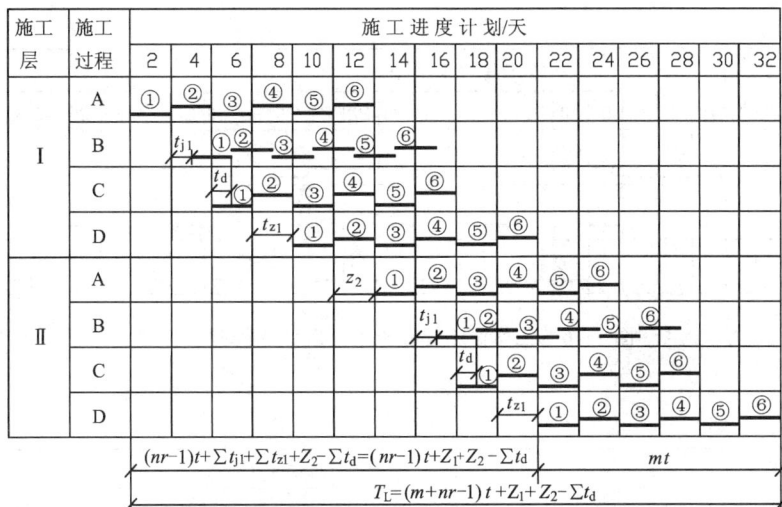

图 5 - 5　有间歇分层施工进度计划(竖向排列)

$$T_{L} = (mr + n - 1)t + Z_{1} - \sum t_{d} = (2m + n - 1)t + t_{j1} + t_{z1} - t_{d}$$

或　　$T_{L} = (m + nr - 1)t + Z_{1} + Z_{2} - \sum t_{d} = (m + 2n - 1)t + 2t_{j1} + 2t_{z1} + Z_{2} - 2t_{d}$

可得等式

$$(2m + n - 1)t + t_{j1} + t_{z1} - t_{d} = (m + 2n - 1)t + 2t_{j1} + 2t_{z1} + Z_{2} - 2t_{d}$$

即　　　　　　　　$(m - n)t = t_{j1} + t_{z1} + Z_{2} - t_{d} = Z_{1} + Z_{2} - t_{d}$

将 $K = t$ 代入上式,得到

$$(m - n)K = Z_{1} + Z_{2} - t_{d}$$

最终可得　　　　　　　　$m = n + \dfrac{Z_{1} + Z_{2} - t_{d}}{K}$

此为专业工作队连续施工时需满足的关系式,即 m 的最小值 $m_{min} = n + \dfrac{Z_{1} + Z_{2} - t_{d}}{K}$。若施工有间歇,则 $m > n$(见图 5 - 3);若没有任何间歇和搭接,则 $m = n$(见图 5 - 2)。

全等节拍流水方式比较适用于施工过程数较少的分部工程流水,主要见于施工对象结构简单、规模较小的房屋工程或线性工程。因其对于流水节拍要求比较严格,组织起来比较困难,所以实际施工中应用不是很广泛。

2)成倍节拍流水

成倍节拍流水是指同一个施工过程的节拍全都相等;不同施工过程之间的节拍不全等,但为某一常数的倍数。

【案例 5 - 2】　某分部工程施工,施工段为 6,流水节拍为 $t_A = 6$ d, $t_B = 2$ d, $t_C = 4$ d。试组织流水作业。

【解】　本例所述施工组织方式,可有如下几种:

①考虑充分利用工作面(工期短),见图 5 - 6;

②考虑施工队施工连续(工期长),见图 5 - 7;

③考虑工作面及施工均连续（即成倍节拍流水），见图5-6。

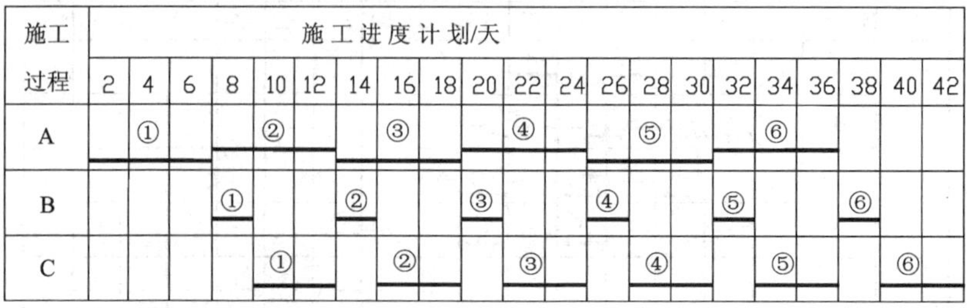

施工过程	施工进度计划/天																				
	2	4	6	8	10	12	14	16	18	20	22	24	26	28	30	32	34	36	38	40	42
A		①			②			③			④			⑤			⑥				
B				①			②			③			④			⑤			⑥		
C					①			②			③			④			⑤			⑥	

图5-6 工作面不停歇施工进度计划（间断式）

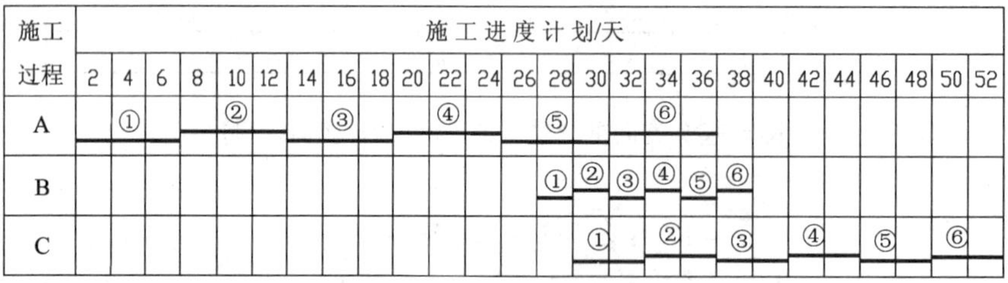

施工过程	施工进度计划/天																									
	2	4	6	8	10	12	14	16	18	20	22	24	26	28	30	32	34	36	38	40	42	44	46	48	50	52
A		①			②			③			④			⑤			⑥									
B														①	②	③	④	⑤	⑥							
C															①		②		③		④		⑤		⑥	

图5-7 施工队不停歇施工进度计划（连续式）

通过图5-6所述成倍节拍流水施工方式，可以得出成倍节拍流水施工方式的以下特点：
①同一个施工过程的流水节拍全都相等；
②各施工过程之间的流水节拍不全等，但为某一常数的倍数；
③若无间歇和搭接时间流水步距 K 彼此相等，且等于各施工过程流水节拍的最大公约数 K_b（即最小流水节拍 t_{min}）；
④需配备的专业工作队数目 $N = \sum t_i / t_{min}$ 大于施工过程数，即 $N > n$；
⑤各专业施工队能够连续施工，施工段没有间歇。
成倍节拍流水施工的计算：
不分层施工（见图5-8）

流水工期 $$T = (m + N - 1) t_{min} + Z - \sum t_d$$

分层施工（见图5-9）

$$T = (mr + N - 1) t_{min} + Z_1 - \sum t_d$$

说明：m——即 $m_{min} = N + \dfrac{Z_1 + Z_2 - t_d}{K}$；

　　　Z——间歇时间；

　　　Z_1——层内间歇时间；

　　　Z_2——层间间歇时间；

　　　t_d——搭接时间。

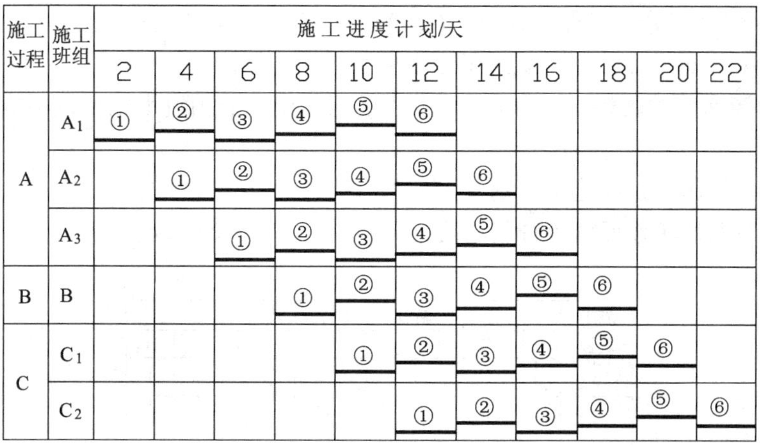

施工过程	施工班组	施工进度计划/天										
		2	4	6	8	10	12	14	16	18	20	22
A	A₁	①	②	③	④	⑤	⑥					
	A₂		①	②	③	④	⑤	⑥				
	A₃			①	②	③	④	⑤	⑥			
B	B				①	②	③	④	⑤	⑥		
C	C₁					①	②	③	④	⑤	⑥	
	C₂						①	②	③	④	⑤	⑥

图 5-8　成倍节拍流水施工进度计划(不分层)

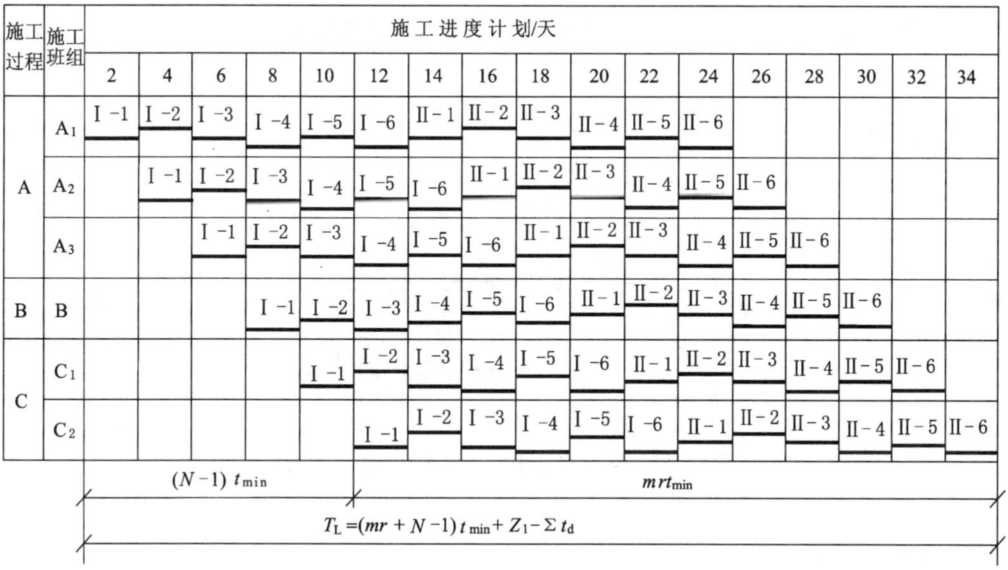

施工过程	施工班组	施工进度计划/天																
		2	4	6	8	10	12	14	16	18	20	22	24	26	28	30	32	34
A	A₁	I-1	I-2	I-3	I-4	I-5	I-6	II-1	II-2	II-3	II-4	II-5	II-6					
	A₂		I-1	I-2	I-3	I-4	I-5	I-6	II-1	II-2	II-3	II-4	II-5	II-6				
	A₃			I-1	I-2	I-3	I-4	I-5	I-6	II-1	II-2	II-3	II-4	II-5	II-6			
B	B				I-1	I-2	I-3	I-4	I-5	I-6	II-1	II-2	II-3	II-4	II-5	II-6		
C	C₁					I-1	I-2	I-3	I-4	I-5	I-6	II-1	II-2	II-3	II-4	II-5	II-6	
	C₂						I-1	I-2	I-3	I-4	I-5	I-6	II-1	II-2	II-3	II-4	II-5	II-6

$(N-1)t_{min}$　　mrt_{min}

$$T_L=(mr+N-1)t_{min}+Z_1-\Sigma t_d$$

图 5-9　成倍节拍流水施工进度计划(分层)

从理论上讲,很多工程均具备组织成倍节拍流水施工的条件,但实际工程若不能划分成足够的流水段或配备足够的资源,则不能采用该施工方式。

成倍节拍流水施工方式比较适用于线性工程(如管道、道路等)的施工。

3)异节拍流水

异节拍流水施工方式的特点:

①同一施工过程流水节拍相等;

②不同施工过程之间流水节拍不完全相等,且相互间不完全成倍比关系(即不同于成倍节拍);

③专业工程队数与施工过程数相等（即 $N=n$）。

【案例 5-3】 某分部工程有 A、B、C、D 四个施工过程，分三段施工，每个施工过程的节拍分别为 3 d、2 d、3 d、2 d。试组织流水施工。

【解】 由流水节拍的特征可以看出，既不能组织全等节拍流水施工也不能组织成倍节拍流水施工。

①考虑施工队施工连续施工计划，见图 5-10；

②考虑充分利用工作面施工计划，见图 5-11。

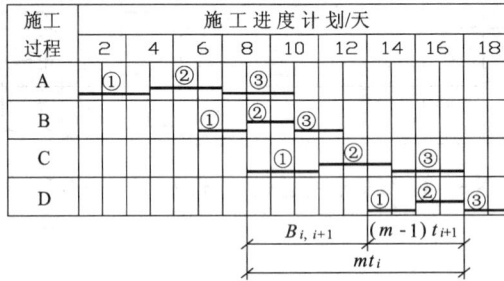

图 5-10 异节拍流水施工进度计划（连续式）

图 5-11 异节拍流水施工进度计划（间断式）

流水步距的确定：

间断式异节拍流水施工方式，流水步距的确定比较简单，此处略。连续式异节拍流水施工方式，其流水步距的确定则有些复杂，可分两种情形进行：

①当 $t_i \leqslant t_{i+1}$ 时，$K_{i, i+1} = t_i$

②当 $t_i > t_{i+1}$ 时，$K_{i, i+1} = mt_i - (m-1)t_{i+1}$

说明：这里所说的是不含间歇时间和搭接时间的情形，若有则需将它们考虑进去（加上间歇时间，减去搭接时间），此处不再赘述。

$$T = \sum K_{i, i+1} + mt_n + Z - \sum t_d$$

$$K_{A, B} = mt_A - (m-1)t_B = 3 \times 3 - 2 \times 2 = 5 \text{(d)}$$

$$K_{B, C} = t_B = 2 \text{(d)} ; \quad K_{C, D} = 3 \times 3 - 2 \times 2 = 5 \text{(d)}.$$

流水工期的确定（连续式）：

$$T = (5 + 2 + 5) + 3 \times 2 = 18(\text{d})$$

绘制施工计划(见图 5 – 11)。

异节拍流水施工方式对于不同施工过程的流水节拍限制条件较少,因此在计划进度的组织安排上比全等节拍流水和成倍节拍流水施工灵活得多,实际应用更加广泛。

4)无节奏流水

通过上述示例可以得出无节奏流水的特点:

①同一施工过程流水节拍未必全等;

②不同施工过程之间流水节拍不完全相等;

③专业工程队数与施工过程数相等(即 $N = n$);

④各专业施工队能够连续施工,但施工段可能有闲置。

【案例 5 – 4】　某 A、B、C 三个施工过程,分三段施工,流水节拍见下表。试组织流水施工。

施工段 施工过程	①	②	③
A	1	4	3
B	3	1	3
C	5	1	3

【解】　由流水节拍的特征可以看出,不能组织有节奏流水施工。施工计划见图 5 – 12。

图 5 – 12　无节奏流水施工进度计划

流水步距的确定:

用"潘特考夫斯基法"求流水步距,即"累加—斜减—取大差"法,以例 5 – 4 为例,进行求解。

①累加(流水节拍逐段累加)

累加结果如下表所示:

A	1	5	8
B	3	4	7
C	5	6	9

②斜减（亦或错位相减）

A－B	1	5	8	
	－	3	4	7
	1	2	4	－7
			√	
B－C	3	4	7	
	－	5	6	9
	3	－1	1	－9
	√			

③取大差

$$K_{A,B} = \max\{1, 2, 4, -7\} = 4（天）$$
$$K_{B,C} = \max\{3, -1, 1, -9\} = 3（天）$$

流水工期的确定：

仍以例 5－4 为例，进行求解。

$$T = \sum K_{i,i+1} + T_n = (4+3) + 9 = 16（天）$$

于是，可以绘出施工进度计划如图 5－12 所示。

无节奏流水施工方式的流水节拍没有时间约束，在施工计划安排上比较自由灵活，因此能够适应各种结构各异、规模不等、复杂程度不同的工程，具有广泛的应用性。在实际施工中，该施工方式比较常见。

二、网络计划技术

（一）网络计划技术的基本概念

网络计划技术是指用网络计划对任务的工作进度进行安排和控制，以保证实现预定目标的科学的计划管理技术。其中，网络计划是指用网络图表达任务构成、工作顺序并加注工作时间参数的施工进度计划。而网络图是指由箭线和节点组成，用来表达工作流程的有向、有序的网状图形，包括单代号网络图和双代号网络图，见图 5－13。

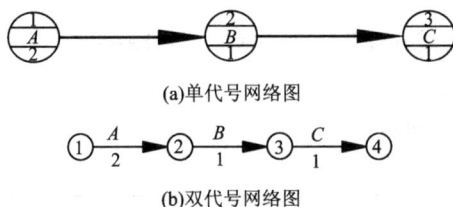

(a)单代号网络图

(b)双代号网络图

图 5－13　单代号、双代号网络图

顾名思义，单代号网络图是指以一个节点及其编号（即一个代号）表示工作的网络图，双代号网络图是指以两个代号表示工作的网络图。由于工程中最为常见的是双代号网络图，因此，本文以下所述网络图如无特别说明均指双代号网络图。

（二）网络计划的绘制

网络图有三个基本要素，即箭线、节点和线路。

1. 箭线

网络图中一端带箭头的实线或虚线即为箭线。在双代号网络图中，它与其两端的节点表示一项工作，并且有实箭线和虚箭线两种。

1）实箭线

在双代号网络图中，实箭线表达的内容有以下几个方面：

（1）一根箭线表示一项工作或表示一个施工过程。根据网络计划的性质和作用的不同，工作既可以是一个简单的施工过程，如挖土、做垫层等分项工程或者基础工程、主体工程、装饰工程等分部工程；也可以是一项复杂的工程任务，如教学楼装饰工程等单位工程或者教学楼土建工程等单项工程。如何确定一项工作的范围取决于所绘制的网络计划的作用。

（2）一根箭线表示一项工作所消耗的时间和资源，分别用数字标注在箭线的下方和上方。一般而言，每项工作的完成都要消耗一定的时间和资源，如铝合金门窗安装、砖墙隔断等；也存在只消耗时间而不消耗资源的工作，如油漆养护、砂浆找平层干燥等技术间歇，若单独考虑时，也应作为一项工作对待。

（3）在无时间坐标的网络图中，箭线的长度不代表时间的长短，画图时原则上是任意的，但必须满足网络图的绘制规则。在有时间坐标的网络图中，其箭线的长度必须根据完成该项工作所需要的时间长短按比例绘制。

（4）箭线的方向表示工作进行的方向和前进的路线，箭尾表示工作开始，箭头表示工作的结束。

在单代号网络图中，箭线表示紧邻工作之间的逻辑关系。

箭线可以画成直线、折线或斜线。必要时也可以画成曲线，但应以水平直线为主，一般不宜画成垂直线。

2）虚箭线

虚箭线只表示工作之间的逻辑关系，它既不消耗时间也不消耗资源，只有在双代号网络图中才会出现，一般不标注工作名称，持续时间为0。虚线有三大作用，即区分、联系和断路作用。其表示方法如图5-14所示。

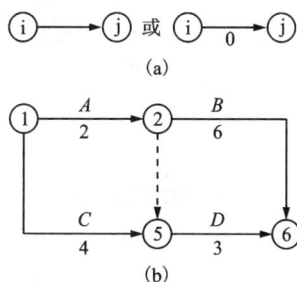

图 5-14　双代号网络图虚箭线两种表示方法

3)内向箭线和外向箭线

指向某个节点的箭线称为该节点的内向箭线,如图5-15(a)所示

指从某节点引出的箭线称为该节点的外向箭线,如图5-15(b)所示。

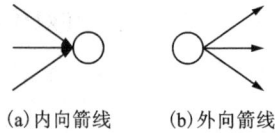

(a)内向箭线   (b)外向箭线

图5-15　内向箭线和外向箭线

2.节点

网络图中箭线端部的圆圈就是节点,用以标志该圆圈前面一项或若干项工作的结束和允许后面一项或若干项工作的开始实行。

1)在双代号网络图中表达的含义

(1)节点表示前面工作结束和后面工作开始的瞬间,所以节点不需要消耗时间和资源。

(2)箭线的箭尾节点表示该工作的开始,箭线的箭头节点表示该工作的结束。

(3)根据节点在网络图中的位置不同可以分为起点节点、终点节点和中间节点。起点节点是网络图的第一个节点,表示一项任务的开始。终点节点是网络图的最后一个节点,表示一项任务的完成。除起点节点和终点节点以外的节点称为中间节点,中间节点都有双重的含义,既是前面工作的箭头节点,也是后面工作的箭尾节点,如图5-16所示。

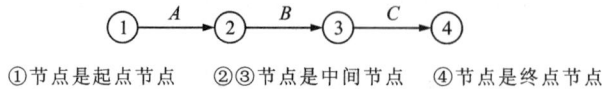

①节点是起点节点　　②③节点是中间节点　　④节点是终点节点

图5-16　双代号网络图节点的表示方法

2)单代号网络图中节点表示方法

单代号网络图中每一个节点表示一项工作,宜用圆圈或矩形表示。节点所表示的工作名称、持续时间和工作代号等应标注在节点内,如图5-17所示。

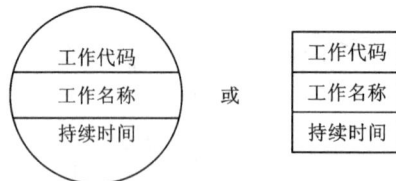

图5-17　单代号网络图节点的表示方法

3)节点编号

网络图中的每个节点都有自己的编号,以便赋予每项工作以代号,便于计算网络图的时间参数和检查网络图是否正确。

(1)节点编号必须满足两条基本原则:其一,箭头节点编号大于箭尾节点编号,因此节

点编号顺序是箭尾节点编号在前,箭头节点编号在后,凡是箭尾没有编号,箭头节点不能编号;其二,在一个网络图中,所有节点不能出现重复编号,编号的号码可以按自然数顺序进行,也可以非连续编号,以便适应网络计划调整中增加工作需要,编号留有余地。

(2)节点编号的方法有两种:一种是水平编号法,即从起点开始由上到下逐行编号,每行自左到右顺序编号,如图 5 - 18 所示;另一种是垂直编号法,即从起点开始自左到右逐列编号,每列则根据编号规则的要求进行编号,如图 5 - 19 所示。

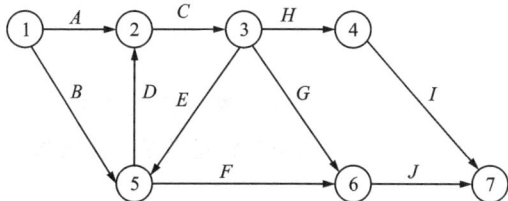

图 5 - 18　节点水平编号法

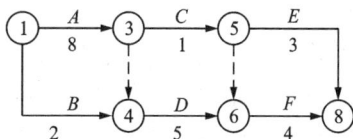

图 5 - 19　节点垂直编号法

3.线路

网络图中从起点节点开始,沿箭头方向顺序通过一系列箭线与节点,最后达到终点节点的通路称为线路。一个网络图中,从起点节点到终点节点,一般都存在着许多条线路,每条线路都包含若干项工作,这些工作的持续时间之和就是该线路的时间长度,即线路上总的工作持续时间。

线路上总的工作持续时间最长的线路称为关键线路,一般用双箭线或加粗的黑线表示。如图 5 - 20 所示。

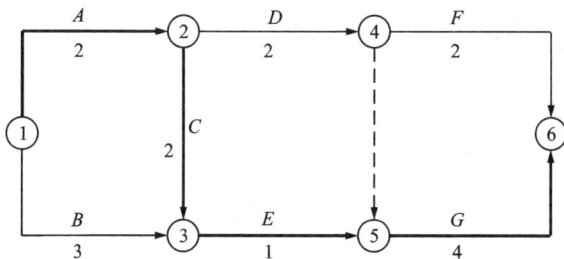

图 5 - 20　双代号网络图关键线路表示图

线路 ① $\xrightarrow{A}{2}$ ② $\xrightarrow{C}{2}$ ③ $\xrightarrow{E}{1}$ ⑤ $\xrightarrow{G}{4}$ ⑥ 总的工作持续时间最长,即为关键线路。其余线路称为非关键线路。位于关键线路上的工作称为关键工作。关键工作完成快慢直接影响整个计划工期的实现。

一般来说,一个网络图中至少有一条关键线路。关键线路也不是一成不变的,在一定的条件下,关键线路和非关键线路会相互转化。例如,当采取技术组织措施,缩短关键工作的持续时间,或者非关键工作持续时间延长时,就有可能使关键线路发生转移。网络计划中,关键工作的比重往往不宜过大,网络计划愈复杂工作节点就愈多,则关键工作的比重应该越小,这样有利于抓住主要矛盾。

非关键线路上都有若干天的机动时间（即时差），它意味着工作完成日期容许适当变动而不影响工期。时差的意义就在于可以使非关键工作在时差允许范围内放慢施工进度，将部分人、财、物转移到关键工作上去，以加快关键工作的进程；或者在时差允许范围内改变工作开始和结束时间，以达到均衡施工的目的。

4.逻辑关系

网络图的逻辑关系是指网络计划中所表示的各个工作之间客观上存在或主观上安排的先后顺序关系。一般有两类，一类是施工工艺关系，称为工艺逻辑关系；另一类是施工组织关系，称为组织逻辑关系。

1）工艺关系

工艺关系是指生产工艺客观存在的先后顺序关系，或者是非生产性工作之间由工作程序决定的先后顺序关系。例如，建筑工程施工时，先做基础，后做主体；先做结构，后做装修。工艺关系是不能随意改变的。

2）组织关系

组织关系是指在不违反工艺关系的前提下，人为安排工作的先后顺序关系。例如，建筑群中各个建筑物的开工先后顺序，施工对象的分段流水作业等。组织顺序可以根据具体情况，按安全、经济、高效的原则统筹安排。

3）网络图中各工作之间的逻辑关系

（1）紧前工作。

紧排在本工作之前的工作称为本工作的紧前工作。双代号网络图中，本工作和紧前工作之间可能有虚箭线（虚工作）。

（2）紧后工作。

紧排在本工作之后的工作称为本工作的紧后工作。双代号网络图中，本工作和紧后工作之间可能有虚箭线（虚工作）。

（3）平行工作。

可与本工作同时进行的工作称为本工作的平行工作。

表5－2　网络图各工作逻辑关系表示方法

序号	工作之间的逻辑关系	网络图表示方法	说　明
1	A、B两工作按照依次施工方式进行		B工作依赖A工作，A工作约束着B工作的开始
2	A、B、C三项工作同时开始		A、B、C三项工作为平行工作

序号	工作之间的逻辑关系	网络图表示方法	说　明
3	A、B、C 三项工作同时结束		A、B、C 三项工作为平行工作
4	有 A、B、C 三项工作,在 A 完成后 B、C 才能开始		A 工作约束着 B、C 工作的开始,B、C 工作是平行工作
5	有 A、B、C 三项工作,C 工作只有在 A、B 完成后才能开始		C 工作依赖 A、B 工作,A、B 工作是平行工作
6	有 A、B、C、D 四项工作,只有当 A、B 完成后 C、D 才能开始		通过中间事件 j 正确地表达了 A、B、C、D 之间的关系
7	有 A、B、C、D 四项工作,A 完成后 C 才开始,A、B 完成后 D 才能开始		D 与 A 之间引入了逻辑连接(虚工作),只有这样才能正确表达它们之间的约束关系

序号	工作之间的逻辑关系	网络图表示方法	说　明
8	有 A、B、C、D、E 五项工作，A、B 完成后 C 开始，B、D 完成后 E 开始		虚工作 $i-j$ 反映出 C 工作受到 B 工作的约束，虚工作 $i-k$ 反映出 E 工作受到 B 工作的约束
9	有 A、B、C、D、E 五项工作，A、B、C 完成后 D 开始，B、C 完成后 E 开始		这是前面序号 1、5 情况通过虚工作联系起来，虚工作表示 D 工作受到 B、C 工作约束
10	A、B 两项工作分三个施工段平行施工		每个工种工程建立专业工作队，在每个施工段上进行流水作业，不同工种之间用逻辑搭接关系表示

【案例 5-5】　某三跨车间地面水磨石工程，包括镶玻璃条、铺抹水泥石子浆面层、浆面磨光三个施工过程，每个施工过程划分为 A、B、C 三个施工段进行搭接施工，其施工持续时间见表 5-3，试绘制双代号网络图。

表 5-3　施工持续时间

施工过程名称	持续时间（天）		
	A 跨	B 跨	C 跨
镶玻璃条	4	3	4
铺水泥石子	3	2	3
浆面磨光	2	1	2

解：(1)根据施工工艺可以得出各工作逻辑关系表，如表 5-4 所示。

表 5-4　各工作逻辑关系

工作名称	镶 A	镶 B	镶 C	铺 A	铺 B	铺 C	浆 A	浆 B	浆 C
紧前工作	—	镶 A	镶 B	镶 A	镶 B、铺 A	镶 C、铺 B	铺 A	铺 B、浆 A	铺 C、浆 B
持续时间	4	3	4	3	2	3	2	1	2

(2)根据逻辑关系绘制双代号网络图草图,如图5-21所示。

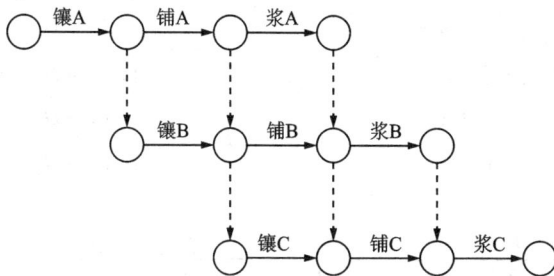

图5-21　地面水磨石工程双代号网络图草图

(3)检查逻辑关系,并检查是否有多余的虚工作,绘制最终双代号网络图,如图5-22所示。

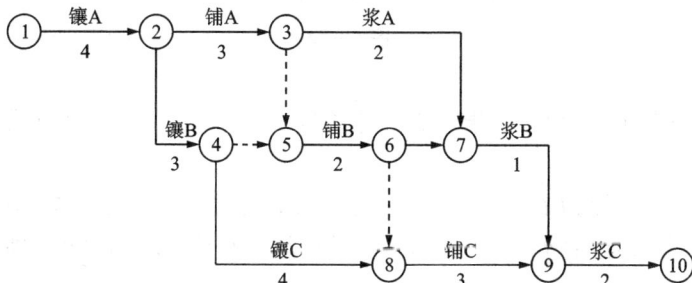

图5-22　地面水磨石工程修改后的双代号网络图

(三)网络计划时间参数的计算

(1)节点最早时间:表示该节点前面工作全部完成,后面工作最早可能开始的时间。用ET_i表示,且规定网络图起点节点的最早开始时间等于零,即$ET_1 = 0$,顺着箭线方向相加,逢箭头相幢取大值。

(2)节点最迟时间:在不影响终点节点的最迟完成时间的前提下,结束该节点的各工序最迟必须完成的时间。用LT_n表示,一般终点节点的最迟完成时间应以工程总工期为准。

①若无规定工期T_p,则终点节点的最迟完成时间等于网络图的计算工期T_r,即$LT_n = T_r$;

②若有规定工期T_p,则终点节点的最迟完成时间等于规定工期T_p,即$LT_n = T_p$。

逆着箭线方向相减,逢箭尾相幢取小值。

【案例5-6】　已知某网络图如图5-23所示,试计算各节点的ET和LT。

【解】

$ET_1 = 0$

$ET_2 = ET_1 + D_{1-2} = 0 + 2 = 2$

$ET_3 = \max \begin{cases} ET_1 + D_{1-3} = 0 + 3 = 3 \\ ET_2 + D_{2-3} = 2 + 0 = 2 \end{cases} = 3$

$LT_6 = ET_6 = 9$

$LT_5 = ET_6 - D_{5-6} = 9 - 3 = 6$

$LT_4 = \min \begin{cases} LT_6 - D_{4-6} = 9 - 2 = 7 \\ LT_5 - D_{4-5} = 6 - 0 = 6 \end{cases} = 6$

$$ET_4 = \max \begin{cases} ET_3 + D_{3-4} = 3 + 2 = 5 \\ ET_2 + D_{2-4} = 2 + 3 = 5 \end{cases} = 5 \qquad LT_3 = \min \begin{cases} LT_4 - D_{3-4} = 6 - 2 = 4 \\ LT_5 - D_{3-5} = 6 - 3 = 3 \end{cases} = 3$$

$$ET_5 = \max \begin{cases} ET_3 + D_{3-5} = 3 + 3 = 6 \\ ET_4 + D_{4-5} = 3 + 0 = 3 \end{cases} = 6 \qquad LT_2 = \min \begin{cases} LT_4 - D_{2-4} = 6 - 3 = 3 \\ LT_3 - D_{2-3} = 3 - 0 = 3 \end{cases} = 3$$

$$ET_6 = \max \begin{cases} ET_4 + D_{4-6} = 5 + 2 = 7 \\ ET_5 + D_{5-6} = 6 + 3 = 9 \end{cases} = 9 \qquad LT_1 = \min \begin{cases} LT_2 - D_{1-24} = 3 - 2 = 1 \\ LT_3 - D_{13} = 3 - 3 = 0 \end{cases} = 0$$

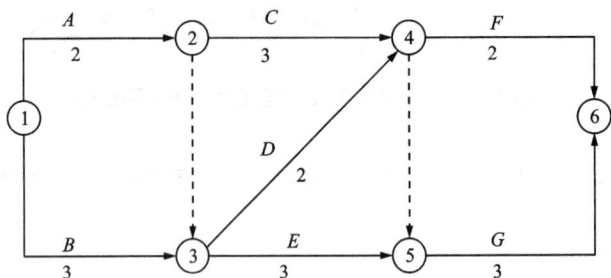

图 5-23

（3）工作最早开始时间 ES_{i-j}：指在其所有紧前工作全部完成后，本工作有可能开始的最早时刻，$ES_{i-j} = ET_i$

（4）工作最早完成时间 EF_{i-j}：指在其所有紧前工作全部完成后，本工作有可能完成的最早时刻。工作的最早完成时间等于工作最早开始时间与其持续时间之和，即

$$EF_{i-j} = ES_{i-j} + D_{i-j}$$

（5）工作最迟完成时间 LF_{i-j}：指在不影响整个任务按期完成的前提下，本工作必须完成的最迟时刻，$LF_{i-j} = LT_j$

（6）工作最迟开始时间 LS_{i-j}：指在不影响整个任务按期完成的前提下，本工作必须开始的最迟时刻，工作的最迟开始时间等于工作最迟完成时间与其持续时间之差，即

$$LS_{i-j} = LF_{i-j} - D_{i-j}$$

（7）总时差 TF_{i-j}：指在不影响总工期的前提，本工作可以利用的机动时间。

$$\begin{aligned} TF_{i-j} &= LT_{-j} ET_i - D_{i-j} \\ &= LS_{i-j} - ES_{i-j} \\ &= LF_{i-j} - EF_{i-j} \end{aligned}$$

（8）自由时差 FF_{i-j}：指在不影响其紧后工作最早开始时间的前提下，本工作可以利用的机动时间。

$$FF_{i-j} = ET_j - ET_i - D_{i-j}$$

【案例 5-7】 计算图 5-23 所示各工作的六个时间参数，计算结果如表 5-5。

表 5 – 5　各工作时间参数计算表

时间参数 工作名称	ET_i ①	D_{i-j} ②	ET_j ③	LT_j ④	ES_{i-j} ⑤＝①	EF_{i-j} ⑥＝ ①＋②	LF_{i-j} ⑦＝④	LS_{i-j} ⑧＝ ⑦－②	TF_{i-j} ⑨＝ ⑧－⑤ 或＝ ⑦－⑥	FF_{i-j} ⑩＝③－ ①－②
A	0	2	2	3	0	2	3	1	1	0
B	0	3	3	3	0	3	3	0	0	0
C	2	3	5	6	2	5	6	3	1	0
D	3	2	5	6	3	5	6	4	1	0
E	3	3	6	6	3	6	6	3	0	0
F	5	2	9	9	5	7	9	7	2	2
G	6	3	9	9	6	9	9	6	0	0

(9)双代号网络图时间参数的计算方法

分析计算法：利用理论计算公式来计算的一种方法。

表格计算法：将各工作的时间参数列成表格来计算的一种方法。

矩阵计算和电算法

图上计算法：是根据分析计算法的计算公式，直接在网络图上计算的一种方法。

1)图上计算法的表示方法

①

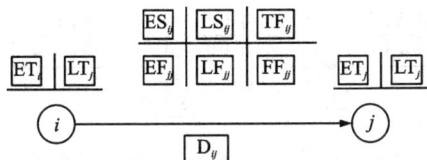

②

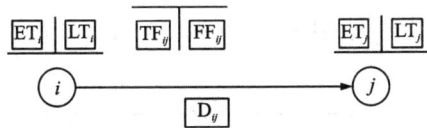

图 5 – 24

2)图上计算法的基本步骤

①在图上分别计算各节点的最早时间 ET_i 和最迟时间 LT_i；

②在图上分别计算各工作的最早开始时间 ES_{i-j} 和最早完成时间 EF_{i-j}；

③在图上分别计算各工作的最迟开始时间 LS_{i-j} 和最迟完成时间 LF_{i-j}；

④在图上分别计算各工作的自由时差 FF_{i-j} 和总时差 TF_{i-j}；

⑤找出关键线路并求出总工期。

3）举例

【案例 5 - 8】 已知某双代号网络图如图 5 - 25 所示,试用图上计算法计算时间参数。

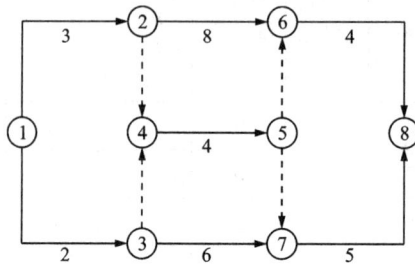

图 5 - 25

【解】 根据图上计算法的基本步骤,得各工作的时间参数,如图 5 - 26 所示。

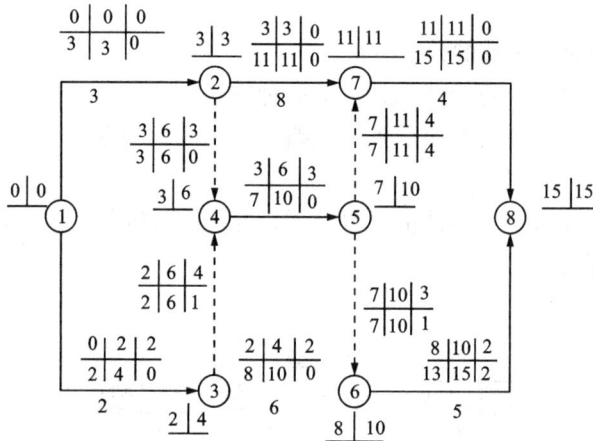

图 5 - 26 图上计算各工作的时间参数

【案例 5 - 9】 已知某双代号网络图如图 5 - 27 所示,试用图上计算法计算时间参数。

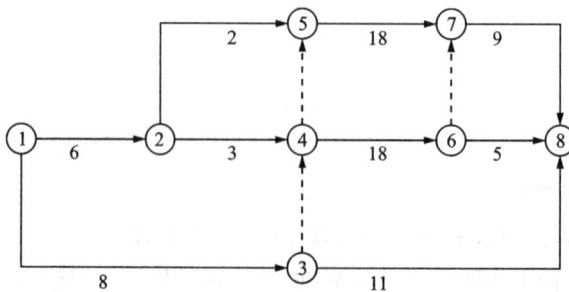

图 5 - 27

142

【解】　根据图上计算法的基本步骤，得各工作的时间参数如图 5 - 28 所示：

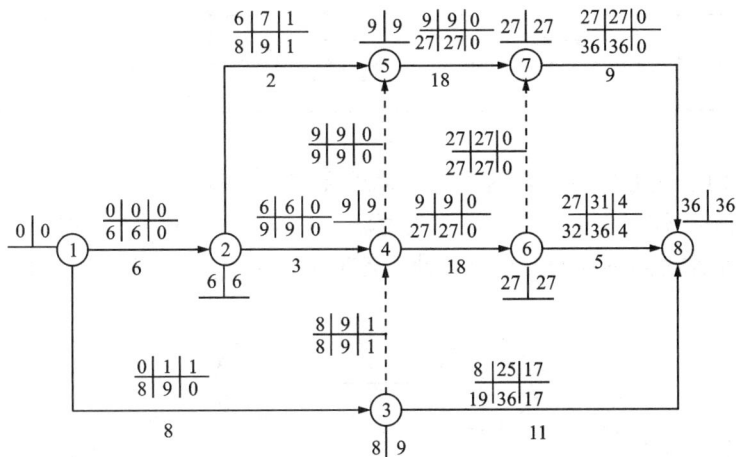

图 5 - 28　图上法计算各工作的时间参数

10. 单代号网络图时间参数及其计算

分析计算法：利用各时间参数的理论计算公式来计算。

图上计算法：将工作的各时间参数直接在图上表示出来，其表示方法如下：

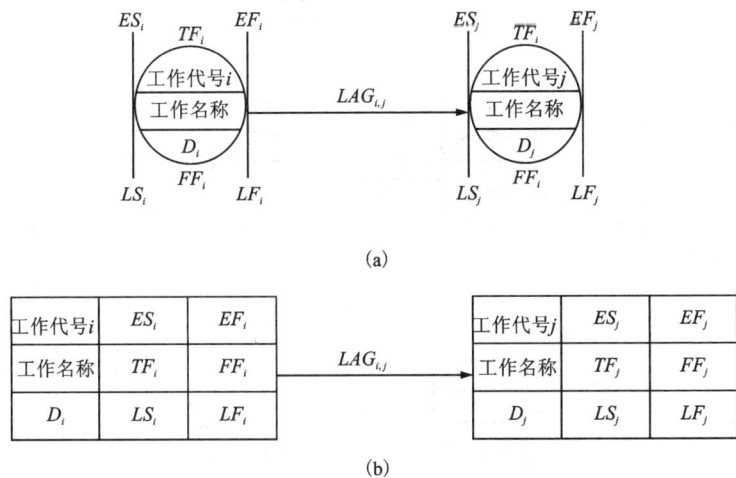

(a)

(b)

图 5 - 29

【案例 5 - 10】　已知网络图的逻辑关系如表 5 - 6 所示，试绘制单代号网络图，并计算各工作的时间参数。

表 5 – 6   某网络图的逻辑关系表

工作	A	B	C	D
紧前工作	—	—	A	A、B
持续时间	3	2	5	4

【解】 (1)由上表可知,A、B 两工作同时开始,C、D 两工作同时结束,故要虚拟一个开始工作和一个完成工作。根据表中各工作的逻辑关系绘制的单代号网络图如图 5 – 30 所示。

(2)利用各工作时间参数的计算公式计算各工作的时间参数,如图 5 – 31 所示。

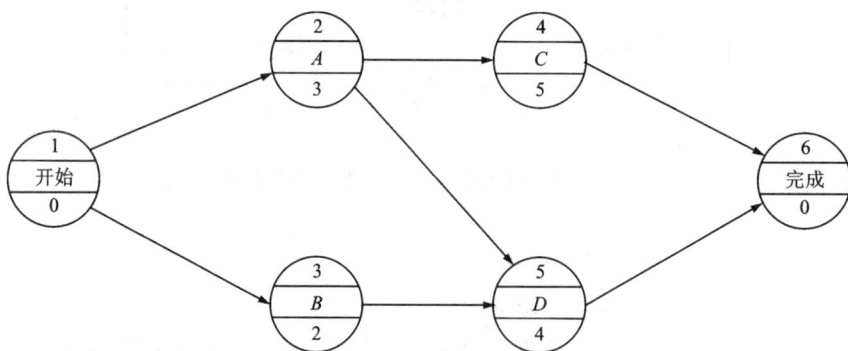

图 5 – 30   单代号网络图

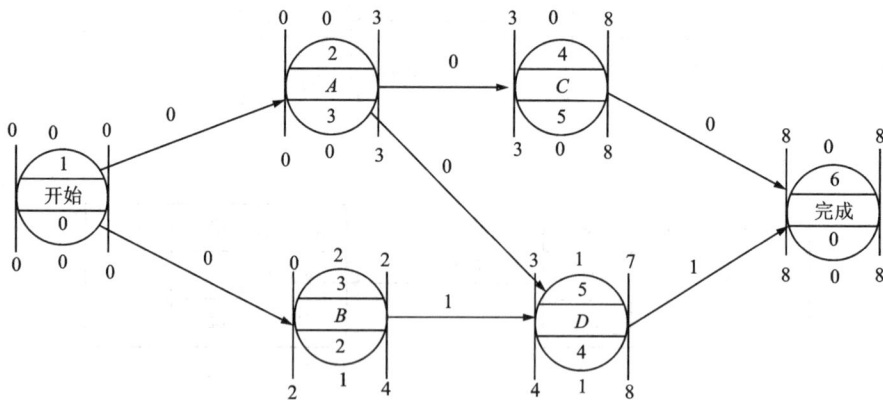

图 5 – 31   单代号网络图时间参数

11.时标网络计划中时间参数的判定

1)关键线路的判定

时标网络计划中的关键线路可从网络计划的终点节点开始,逆着箭线方向进行判定。凡自始至终不出现波形线的线路即为关键线路。因为不出现波形线,就说明在这条线路上相邻两项工作之间的时间间隔全部为零,也就是在计算工期等于计划工期的前提下,这些工作的总时差和自由时差全部为零。

2）计算工期的判定

网络计划的计算工期应等于终点节点所对应的时标值与起点节点所对应的时标值之差。

3）相邻两项工作之间时间间隔的判定

除以终点节点为完成节点的工作外，工作箭线中波形线的水平投影长度表示工作与其紧后工作之间的时间间隔。

4）工作最早开始时间和最早完成时间的判定

工作箭线左端节点中心所对应的时标值为该工作的最早开始时间。当工作箭线中不存在波形线时，其右端节点中心所对应的时标值为该工作的最早完成时间；当工作箭线中存在波形线时，工作箭线实线部分右端点所对应的时标值为该工作的最早完成时间。

5）工作总时差的判定

工作总时差的判定应从网络计划的终点节点开始，逆着箭线方向依次进行。

（1）以终点节点为完成节点的工作，其总时差应等于计划工期与本工作最早完成时间之差。

（2）其他工作的总时差等于其紧后工作的总时差加本工作与该紧后工作之间的时间间隔所得之和的最小值。

6）工作自由时差的判定

（1）以终点节点为完成节点的工作，其自由时差应等于计划工期与本工作最早完成时间之差。事实上，以终点节点为完成节点的工作，其自由时差与总时差必然相等。

（2）其他工作的自由时差就是该工作箭线中波形线的水平投影长度。但当工作之后只紧接虚工作时，则该工作箭线上一定不存在波形线，而其紧接的虚箭线中波形线水平投影长度的最短者为该工作的自由时差。

7）工作最迟开始时间和最迟完成时间的判定

（1）工作的最迟开始时间等于本工作的最早开始时间与其总时差之和。

（2）工作的最迟完成时间等于本工作的最早完成时间与其总时差之和。

时标网络计划中时间参数的判定结果应与网络计划时间参数的计算结果完全一致。

【案例 5-11】　已知某工程的网络图如图 5-32 所示，试用间接法绘制时标网络计划。

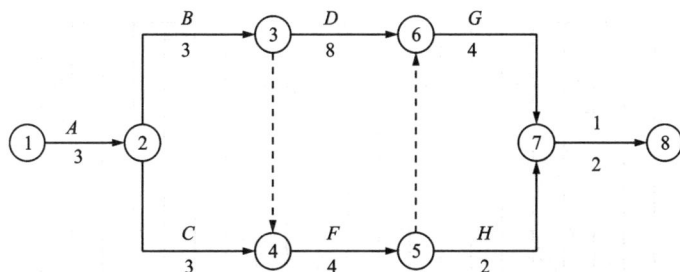

图 5-32　某工程双代号网络图

【解】 （1）计算网络图节点最早时间和最迟时间，见图 5 – 33。

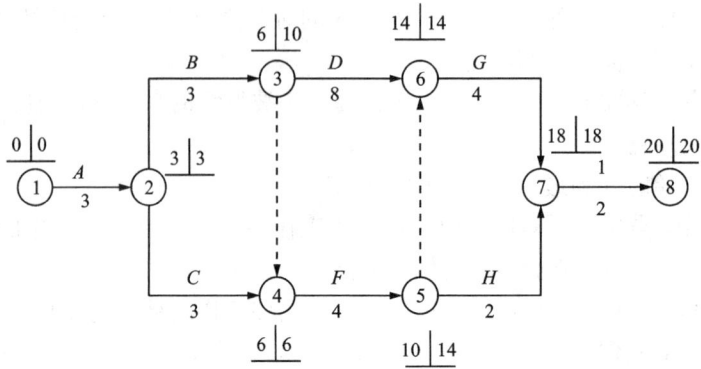

图 5 – 33　各节点的时间参数

（2）绘制时间坐标网，如图 5 – 34 所示。

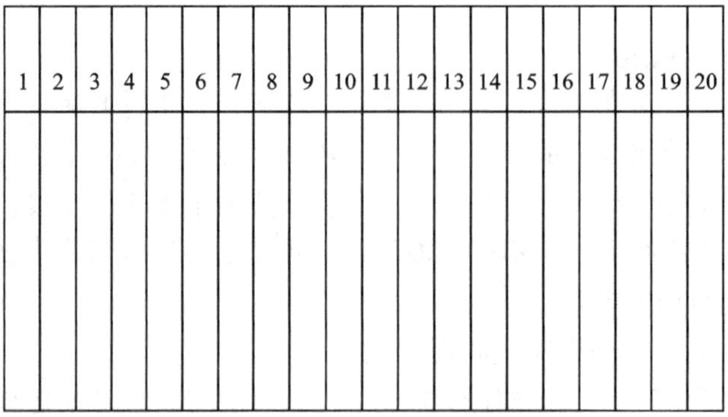

图 5 – 34　时间坐标网

（3）在时间坐标网中确定节点位置，如图 5 – 35。

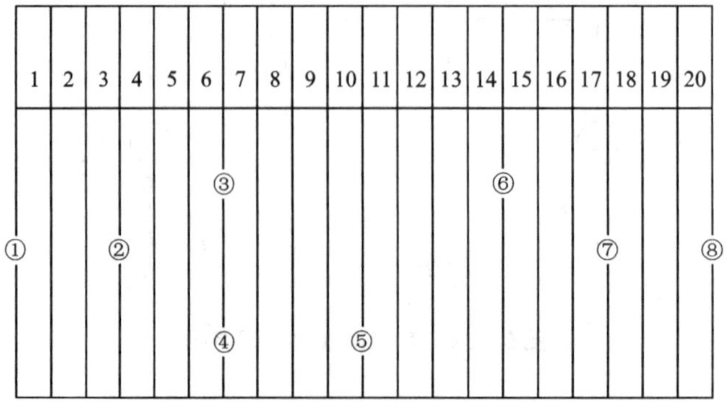

图 5 – 35　各节点在时间坐标中的位置

146

（4）从节点依次向外引出箭杆，将各工作画在时间坐标内，如图 5 - 36 所示。

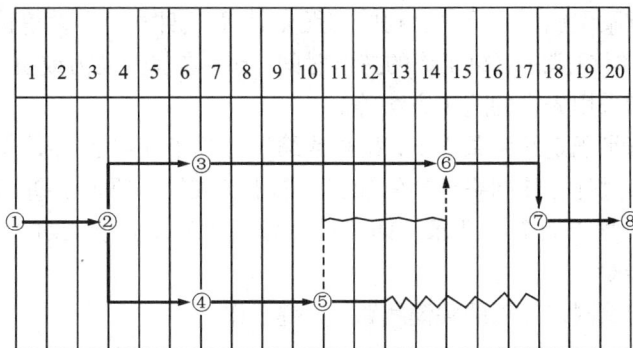

图 5 - 36　双代号网络时标网络计划

（5）标明关键线路：指自始至终不出现波形线的线路，用彩色线、粗实线或双箭杆标明，如图 5 - 37 所示。

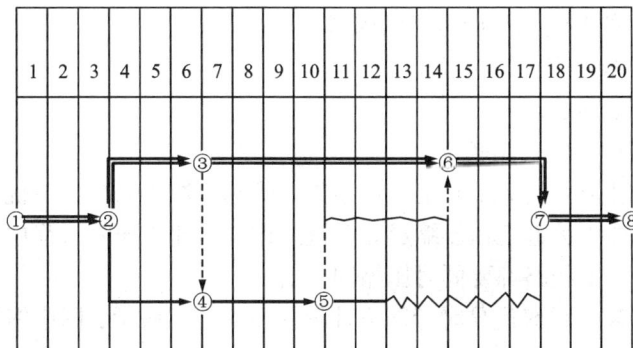

图 5 - 37　时标网络计划关键线路表示方法

（四）网络计划的优化

1.网络计划优化的概念

网络计划绘制和计算后可得出最初方案，但这一方案只是一种可行方案，并不是最后方案，也不一定是最好方案，所以，要想得到一个最好且最优的方案，还必须对网络计划进行优化。

网络计划优化是指在一定约束条件下，按既定目标对网络计划进行不断检查、评价、调整和完善的过程。

网络计划优化的目的是：通过依次改善网络计划，使它能如期完工，并在现有资源限制条件下，均衡地使用各种资源，以最小的消耗取得最大的经济效果。

2.网络优化的分类

工期优化：指考虑工期暂不考虑资源的一种优化。

费用优化：又称工期—费用优化，指工期较短、费用最少或规定工期、费用最少的优化。

资源优化：又称工期—资源优化，指资源有限、工期最短或规定工期、资源最少的优化。

3. 工期优化

网络计划初始方案编制后，最常遇到的问题是计算工期大于建设单位规定的要求工期。因此需要采取技术、组织措施缩短工作的持续时间，如：增加劳动力或机械设备，增加班次，调整施工组织方案和采用先进的施工方法等。

工期优化指在满足既定约束条件下，延长或缩短计算工期以达到要求工期的目标，使工期合理。其目的是通过优化使网络计划的计算工期小于或等于要求工期，即

计算工期 $T_c \leqslant$ 计划工期 $T_p \leqslant$ 要求工期 T_r，或计算工期 $T_c \leqslant$ 要求工期 T_r。

1）工期优化的步骤

①计算并找出初始网络计划的关键线路、关键工作；

②求出应压缩的时间 $\Delta T = T_c - T_r$

③确定各关键工作能压缩的时间；

④选择关键工作，压缩其作业时间，并重新计算工期 T'_c；

⑤当 $T'_c > T_r$，重复以上步骤，直至 $T'_c \leqslant T_r$；

⑥当所有关键工作的持续时间都已达到能缩短的极限，工期仍不能满足要求时，应对网络计划的技术、组织方案进行调整或对要求工期重新进行审定。

2）选择压缩时间的关键工作应考虑的因素

①压缩时间对质量和安全影响较小；

②有充足的备用资源；

③压缩时间所需增加的费用较少。

将所有工作考虑上述三方面，确定优选系数。优选系数小的工作最优先压缩。在压缩过程中，一定要注意不能把关键工作压缩成非关键工作。因此在压缩过程中如果出现了多条关键线路，则每次每条关键线路都要同时压缩同一值。

【案例 5－12】 某工程双代号时标网络计划如图 5－38 所示，图中箭线下方括号外为正常持续时间，括号内最短持续时间，箭线上方为优选系数。要求工期为 110 天，对其进行工期优化。

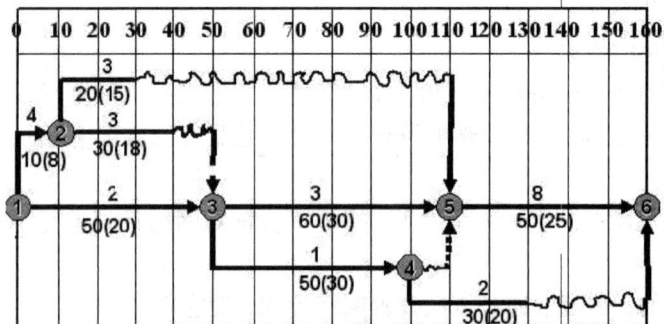

图 5－38　某网络计划的时标网络计划

【解】 （1）计算并找出初始网络计划的关键线路、关键工作，见图 5 - 39 双箭线表示。

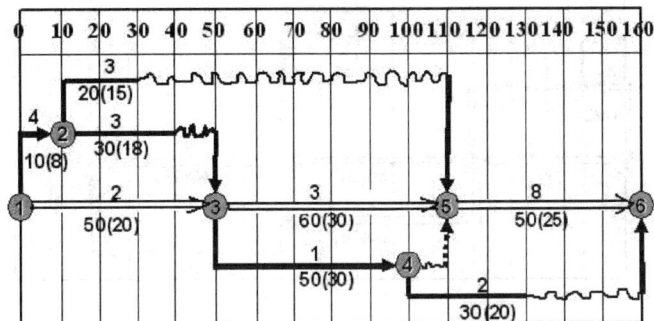

图 5 - 39 某网络计划的关键线路表示

（2）求出应压缩的时间：

$$\Delta T = T_c - T_r = 160 - 110 = 50（天）。$$

（3）选择关键工作压缩时间，并重新计算工期 T'_c。

因为关键工作① - ③工作的优选系数最小，故选择压缩工作① - ③10 天，成为 40 天；工期变为 150 天，① - ②和② - ③也变为关键工作。如图 5 - 40 所示。

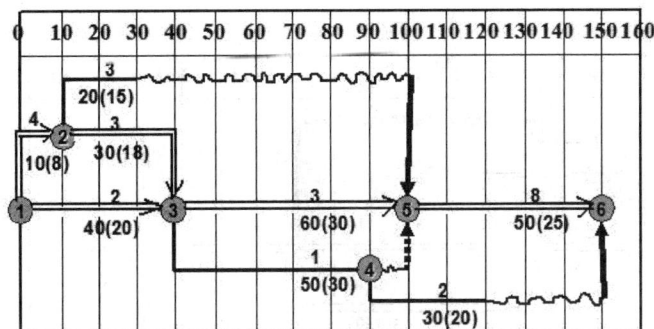

图 5 - 40 第一次压缩后的双代号时标网络图

（4）由于出现了多条关键线路，故应进行方案组合：

方案一：压缩工作① - ②和① - ③，组合优选系数为 4 + 2 = 6；

方案二：压缩工作② - ③和① - ③，组合优选系数为 3 + 2 = 5；

方案三：压缩工作③ - ⑤，优选系数为 3；

方案四：压缩工作⑤ - ⑥，优选系数为 8。

故应选方案三，即压缩工作③ - ⑤10 天，成为 50 天，工期变为 140 天，③ - ④和④ - ⑤也变为关键工作，如图 5 - 41 所示。

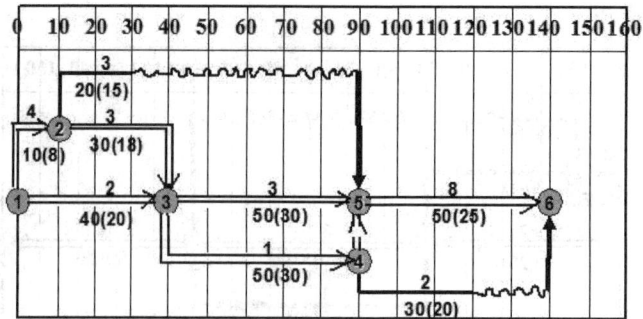

图 5－41　第二次压缩后的双代号时标网络图

（5）进行第二次压缩后以增加了一条关键线路，故应重新进行方案组合：

方案一：压缩工作①－②和①－③，组合优选系数为 4＋2＝6；

方案二：压缩工作②－③和①－③，组合优选系数为 3＋2＝5；

方案三：压缩工作③－⑤和③－④，组合优选系数为 3＋1＝4；

方案四：压缩工作⑤－⑥，优选系数为 8。

故应选方案三，即压缩工作③－⑤和③－④各 20 天，成为 30 天，工期变为 120 天，关键工作没变化，如图 5－42 所示。

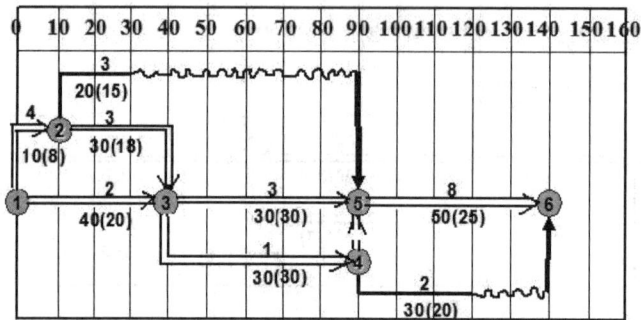

图 5－42　第三次压缩后的双代号时标网络图

（6）由于工作③－⑤和③－④均已达到最短持续时间，故不能再压缩，在第（5）步中的方案一、二、四中选方案二，即压缩工作②－③和①－③各 10 天，①－③成为 30 天，②－③成为 20 天，工期变为 110 天，达到了规定工期，优化完毕。优化后的最终网络图如图 5－43 所示。

150

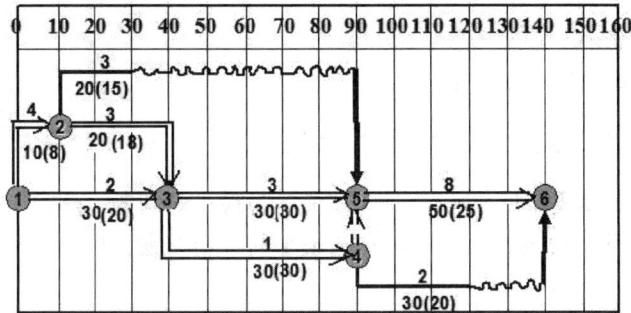

图 5 - 43　压缩后最终的双代号时标网络图

4. 资源优化

资源优化就是在工期固定的条件下，如何使资源均衡或在资源限制的条件下如何使工期最短。资源优化的方法是通过改变工作的开始时间，使资源按时间的分布符合优化目标。

1) 工期固定、资源均衡的优化

工期固定、资源均衡的优化就是在工期不变的情况下，使资源需要量大致均衡。

衡量资源需要量的不均衡程度有两个指标，即方差（σ^2）与标准差（σ）。方差（或标准差）越大，说明计划的均衡性越差。

方差和标准差可按下式计算：

$$\sigma^2 = \frac{1}{T} \sum_{i=1}^{T} (R_i - \bar{R})^2$$

$$= \frac{1}{T} \left[(R_1 - \bar{R})^2 + (R_2 - \bar{R})^2 + \cdots + (R_t - \bar{R})^2 \right]$$

$$= \frac{1}{T} \left[(R_1^2 + R_2^2 + \cdots + R_T^2) + T\bar{R}^2 - 2\bar{R}(R_1 + R_2 + \cdots + R_T) \right]$$

$$= \frac{1}{T} \left(\sum_{i=1}^{T} R_i^2 + T\bar{R}^2 - 2\bar{R} \sum_{i=1}^{T} R_i \right)$$

因为　　　　$$\bar{R} = \frac{R_1 + R_2 + \cdots + R_T}{T} = \frac{\sum_{i=1}^{T} R_i}{T}$$

所以　　　　$$\sum_{i=1}^{T} R_i = T\bar{R}$$

故　　　　$$\sigma^2 = \frac{1}{T} \left(\sum_{i=1}^{T} R_i^2 + T\bar{R}^2 - 2T\bar{R}^2 \right)$$

$$= \frac{1}{T} \sum_{i=1}^{T} R_i^2 - \bar{R}^2$$

或　　　　$$\sigma = \sqrt{\frac{1}{T} \sum_{i=1}^{T} R_i^2 - \bar{R}^2}$$

式中：σ^2—— 资源消耗的方差；

σ—— 资源消耗的标准方差;

T—— 计划工期;

R_i—— 资源在第 i 天的消耗量;

$\bar{R}$—— 资源每日平均消耗量。

因为 T、$\bar{R}$ 为常数,因此要使方差最小,即使 $W = \sum_{i=1}^{T} R_i^2 = R_1^2 + R_2^2 + \cdots + R_T^2$ 最小。

由于计划工期 T 是固定的,所以求解 σ^2 或 σ 为最小值问题,只能在各工序总时差范围内调整其开始结束时间,从中找出一个 σ^2 或 σ 最小的计划方案,即为最优方案。其优化方法和步骤如下:

①确定关键线路及非关键工作总时差

根据工期固定条件,按最早时间绘制时间坐标网络计划及资源需要动态曲线,从中明确关键线路和非关键工作的总时差。

为了满足工期固定的条件,在优化过程中不考虑关键工作开始或结束时间的调整。

②按节点最早时间的后先顺序,自右向左进行优化

自终点节点开始,逆箭头方向逐个调整非关键工作的开始和结束时间。假设节点 j 为最后一个节点,应首先对以节点 j 为结束的工作进行调整,若以节点 j 为结束点的非关键工作不止一个,应首先考虑开始时间为最晚的那项工作。

假定 j 工作的开始时间最晚的一项工作为 $i-j$,若 $i-j$ 工作在第 K 天开始,到第 L 天结束,如果工作 $i-j$ 向右移一天,那么第 K 天需要资源量将减少 r_{i-j},而 $L+1$ 天需要的资源数将增加 r_{i-j},即

$$R'_K = R_K - r_{i-j}$$
$$R'_L = R_{L+1} + r_{i-j}$$

工作 $i-j$ 向右移一天后,$R_1^2 + R_2^2 + \cdots + R_T^2$ 的变化值等于

$$\Delta W = 2r_{i-j}\left[\left(R_{L+1} + r_{i-j}\right)^2 - R_{K+1}^2\right] - \left[R_K^2 - \left(R_K - r_{i-j}\right)\right]$$

上式化简后得

$$\Delta W = 2r_{i-j}\left[R_{L+1} - \left(R_K - r_{i-j}\right)\right]$$

显然,$\Delta W < 0$ 时,表示减小,工作 $i-j$ 可向右移动一天。在新的动态曲线上,按上述同样的方法继续考虑 $i-j$ 是否还能再右移一天,那么就再右移,直至不能移动为止。

若 $\Delta W > 0$ 时,表示 σ^2 增加,不能向右移动一天,那么就考虑工作 $i-j$ 能否向右移(在总时差允许的范围内)。此时,$R_{L+1} - (R_K - r_{i-j})$ 为正值,那么就计算

$$\left[R_{L+1} - \left(R_K - r_{i-j}\right)\right] + \left[R_{L+2} - \left(R_{K+1} - r_{i-j}\right)\right]$$

如果结果为负值,即表示工作 $i-j$ 可向右移动两天,那么就考虑工作 $i-j$ 能否右移三天的问题(在总时差许可的范围内)。

当工作 $i-j$ 的右移确定以后,按上述顺序继续考虑其他工作的右移。

③按节点最早时间的后先顺序,自右向左继续优化

在所有工作都按节点最早时间的后先顺序,自右向左进行了一次调整之后,再按节点最早时间的后先顺序,自右向左进行第二次调整。反复循环,直至所有工作的位置都不能再移动为止。

【**案例 5 – 13**】　某资源的供应计划如图 5 – 44 所示,资源供应量没有限制,最高峰日期每天资源需要量 $R_{max} = 21$ 个单位,请进行工期一资源优化,即在工期不变的条件下改善网络计划的进度安排,选择资源消耗最为均衡的计划方案。

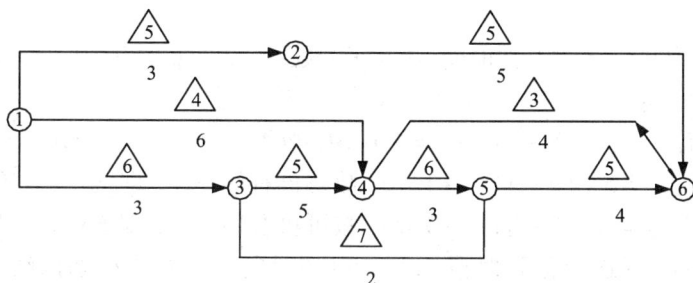

图 5 – 44　初始网络图

【**解**】　(1)画出初始时标网络计划图,如图 5 – 45 所示,确定关键工作和关键线路(图中双线表示)。

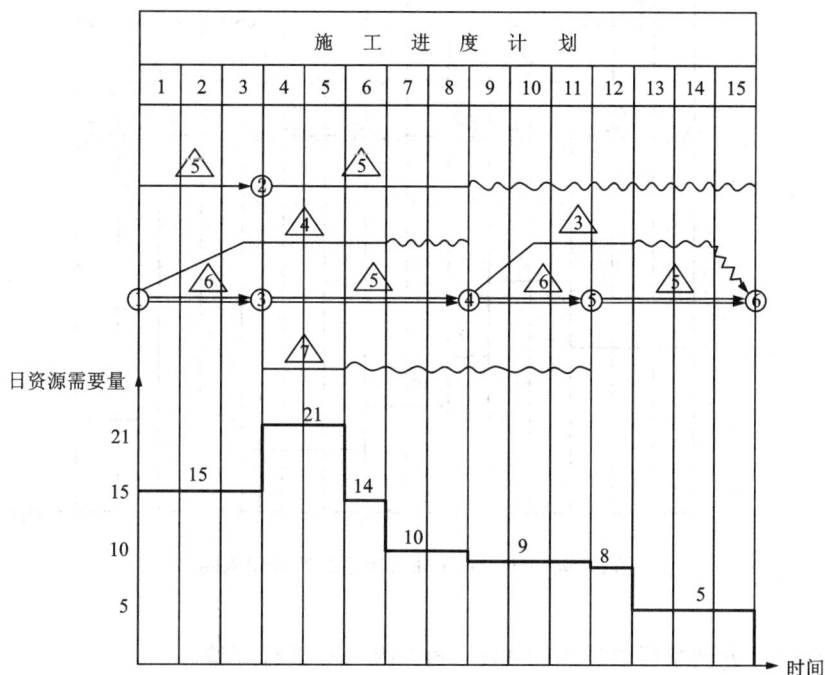

图 5 – 45　初始时标网络图

(2)求每天平均需求量 $\bar{R}_m$

$$\bar{R}_m = \frac{15 \times 3 + 21 \times 2 + 14 + 10 \times 2 + 9 \times 3 + 8 + 5 \times 3}{15} = 11.4$$

资源需求量不均衡系数为:

$$K = \frac{21}{11.40} \approx 1.84$$

（3）第一次调整：

①对以节点⑥为结束点的两项工作②－⑥和④－⑥进行调整（⑤－⑥为关键工作，不考虑它的调整）。

从图可知，工作④－⑥的开始时间（第 9 天）较工作②－⑥的开始时间（第 4 天）迟，因此先考虑调整工作④－⑥。

由于 $R_{13} - (R_9 - r_{4-6}) = 5 - (9-3) = -1 < 0$，故可右移一天，即 $ES_{4-6} = 9$，

$R_{14} - (R_{10} - r_{4-6}) = 5 - (9-3) = -1 < 0$，故可再右移一天，即 $ES_{4-6} = 10$，

$R_{15} - (R_{11} - r_{4-6}) = 5 - (9-3) = -1 < 0$，故可再右移一天，即 $ES_{4-6} = 11$。

可见工作④－⑥可逐步移到时段［12，15］内进行，均能使动态曲线的方差减少，如图 5-46 所示。

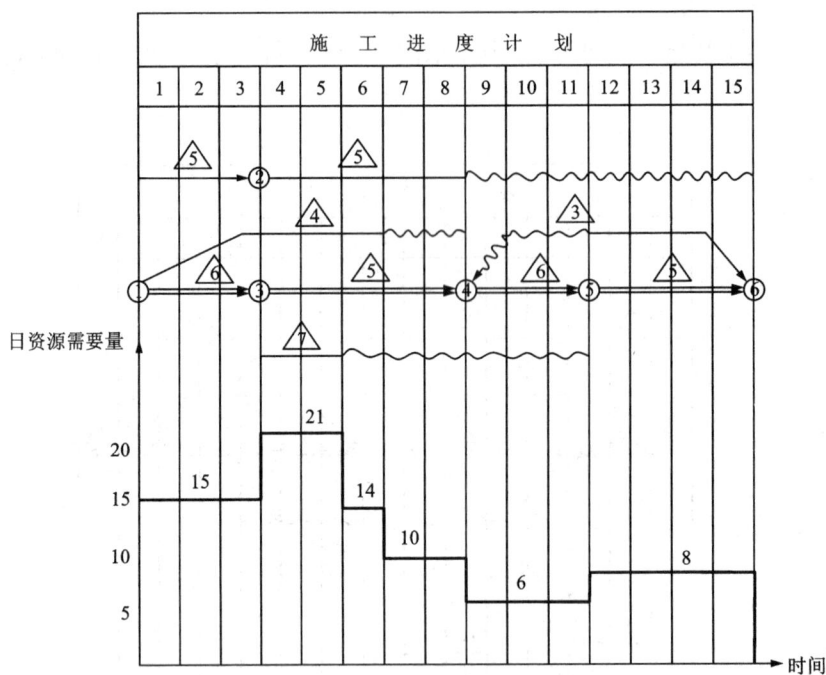

图 5-46　④－⑥工作调整后的时标网络图

根据工作④－⑥调整后的动态曲线图，再对②－⑥进行调整。

由于 $R_9 - (R_4 - r_{2-6}) = 6 - (21-5) = -10 < 0$，故可右移一天，即 $ES_{2-6} = 4$，

$R_{10} - (R_5 - r_{2-6}) = 6 - (21-5) = -10 < 0$，再右移一天，即 $ES_{2-6} = 5$，

$R_{11} - (R_6 - r_{2-6}) = 6 - (14-5) = -3 < 0$，再右移一天，即 $ES_{2-6} = 6$，

$R_{12} - (R_7 - r_{2-6}) = 8 - (10-5) = 3 > 0$，不能右移，

$R_{13} - (R_8 - r_{2-6}) = 8 - (10-5) = 3 > 0$，不能右移，

$R_{14} - (R_9 - r_{2-6}) = 8 - (6-5) = 7 > 0$，不能右移，

$R_{15} - (R_{10} - r_{2-6}) = 8 - (6 - 5) = 7 > 0$，不能右移。

因此，工作②－⑥只能右移 3 天，其移动后的时标网络计划如图 5－47 所示。

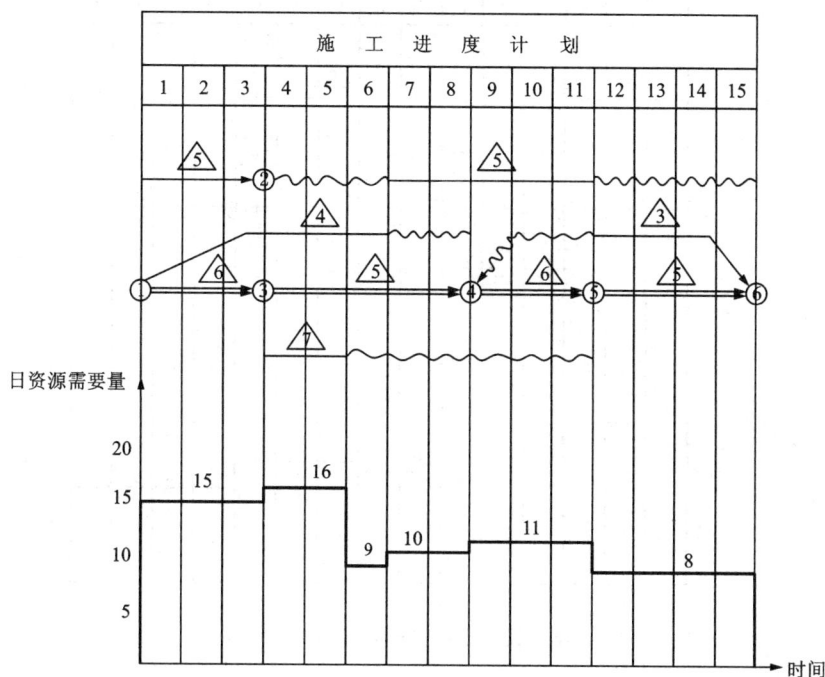

图 5－47 ②－⑥工作调整后的时标网络图

②对节点⑤为结束点的工作③－⑤进行调整。根据②－⑥调整后的时标网络图（如图 5－47）进行计算。

$R_6 - (R_4 - r_{3-5}) = 9 - (16 - 7) = 0$，故可右移一天，即 $T_{3-5}^{ES} = 4$

$R_7 - (R_5 - r_{3-5}) = 10 - (16 - 7) = 1$，不能右移

在③－⑤右移一天后的时标网络图（图 5－48）基础上，考虑工作③－⑤能否再右移 2 天：

因为 $R_8 - (R_7 - r_{3-5}) = 10 - (16 - 7) = 1 > 0$，不能右移 2 天。

再考虑工作③－⑤能否再右移 3 天：

又 $R_9 - (R_7 - r_{3-5}) = 11 - (17 - 7) = 1 > 0$，不能右移 3 天。

同样可算得不能再右移 4 天，因此③－⑤工作只能右移一天

③对节点④为结束点的非关键工作①－④进行调整。

$R_7 - (R_1 - r_{1-4}) = 10 - (15 - 4) = -1 < 0$，可右移一天，即 $ES_{1-4} = 1$，

$R_8 - (R_2 - r_{1-4}) = 10 - (15 - 4) = -1 < 0$，可右移一天，即 $ES_{1-4} = 2$。

可见工作①－④移到时段[3,8]内，均能使动态曲线的方差值减少，如图 5－49 所示。

（4）第二次调整：

①在图 5－49 的基础上，对节点⑥为结束节点的工作②－⑥继续调整（④－⑥时差已用完）。

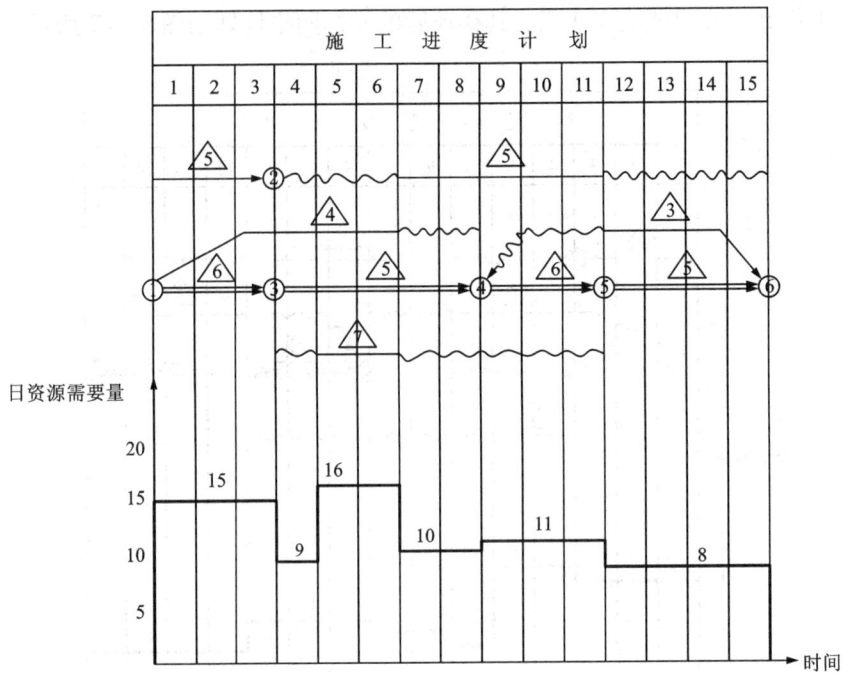

图 5 - 48 ③ - ⑤右移一天后的时标网络图

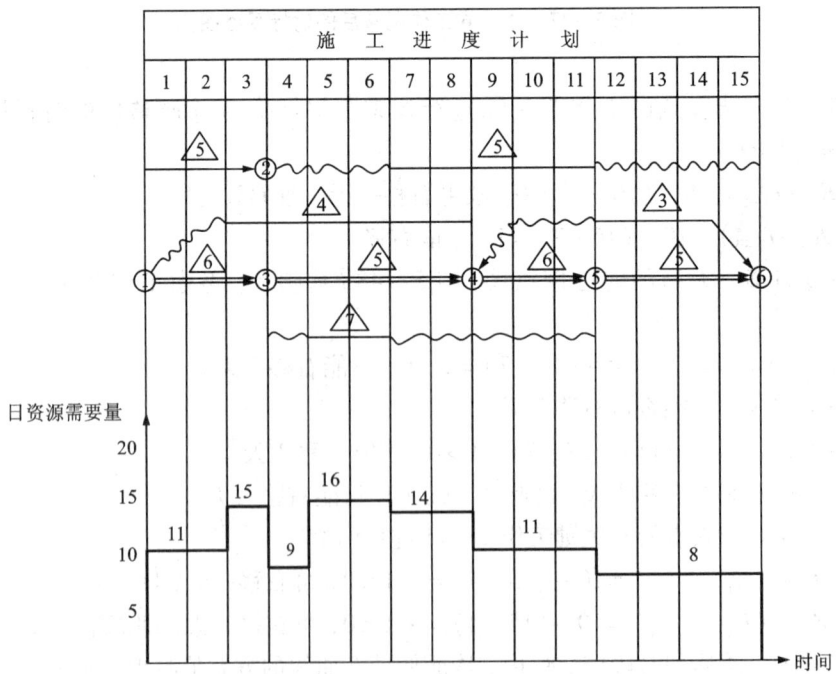

图 5 - 49 第一次调整后的时标网络图

$R_{12} - (R_7 - r_{2-6}) = 8 - (14 - 5) = -1 < 0$，可右移一天，即 $ES_{2-6} = 7$，

$R_{13} - (R_8 - r_{2-6}) = 8 - (14 - 5) = -1 < 0$，可右移一天，即 $ES_{2-5} = 8$，

$R_{14} - (R_9 - r_{2-6}) = 8 - (11 - 5) = 2 > 0$，不能右移

可见工作②－⑥右移到时段 $[9,13]$ 内均能使动态曲线的方差值减少，如图 5－50 所示。

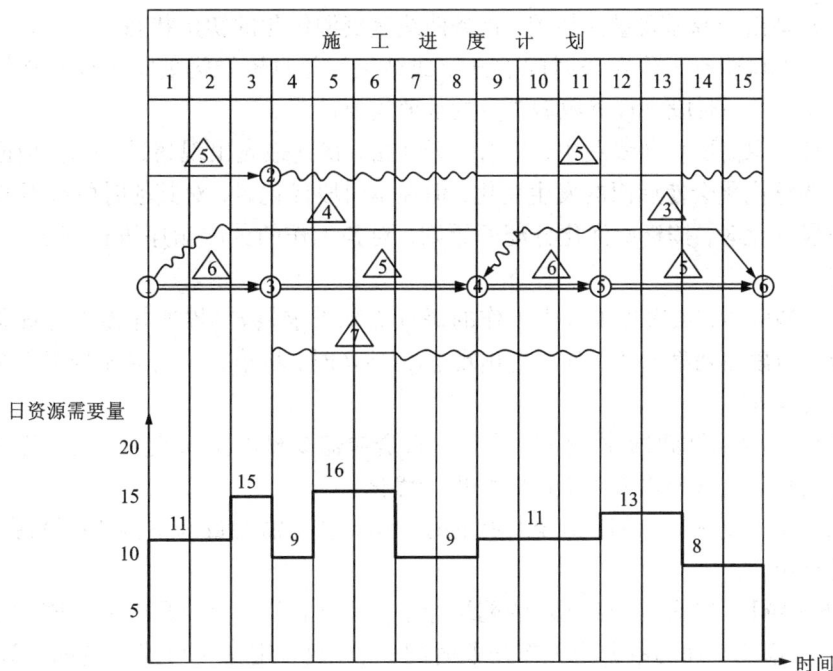

图 5－50　第二次调整后的时标网络图

②分别考虑以节点⑤、④为结束点的各非关键工作的调整，计算结果表明都不能右移。

从第二次调整后图 5－50 可以看出，优化后的资源动态曲线，最高峰日期每天资源需用量 $R_{max} = 16$，不均衡系数为：

$$K = \frac{16}{11.84} \approx 1.35 < 1.84$$

2）资源有限、工期最短的优化

资源有限、工期最短的优化是指在满足资源限制条件，寻求工期最短的施工计划。

①优化过程，原网络计划的逻辑关系不改变；网络计划的各工作作业时间不改变；除规定可中断的工作外，一般不允许中断工作，应保持其连续性；各工作每天的资源需要量是均衡、合理的，在优化过程不予变更。

②优化时资源分配的原则

资源优化分配是指按各工作在网络计划中的重要程度，将有限的资源进行科学的分配。其原则是：

a. 关键工作应优先满足，按每日资源需要量大小，从大到小顺序供应资源；

b. 非关键工作在满足关键工作资源供应后，应先考虑利用独立时差，然后考虑利用总时差，根据时差从大到小的顺序供应资源。当时差相等时，以叠加量不超过资源限额的工作并

能用足额的工作优先供应资源。在优化过程中，已被供应资源而不允许中断的工作在本条内优先供应。

③优化步骤

a. 按最早开始时间绘制带时间坐标的网络计划图，找出关键线路和非关键工作的自由时差及总时差。

b. 计算并画出资源需要量曲线图，这条曲线是资源优化的初始状态。每日资源需要量曲线的每一变化都说明有工作在该时间点开始或结束。每日资源需要量不变且连续的一段时间，称为时段。每一时段每日资源需要量的数值均要注明。

c. 在每日资源需要量曲线图中，从第一天开始，找到最先出现超过资源供应限额的时段进行调整。调整优化会使后面的发生变化，但在本时段优化时，对其他时段暂不考虑。

d. 本时段优化时，按资源优化分配的原则，对各工作的分配顺序进行列表编号，从第 1 号至第 n 号。

e. 按编号的顺序，依次将本段内工作的每日资源需求量 r_{i-j} 累加并逐次与资源供应限额 R 进行比较。当累加到第 x 号工作首先出现 $\sum r_{i-j} > R$ 时，将第 x 号到第 n 号工作全部推移出本时段，$\sum r_{i-j} \leqslant R$。

f. 画出工作推移后的时标网络图，进行每日资源需要量的重新叠加，从已优化的时段向后找到首先出现越过资源供应限额的时段进行优化。

优化工作是重复步骤 d ~ f，直至所有的时段每日资源需要量都不再超过资源限额，资源优化工作都结束了。

【案例 5 – 14】 如图 5 – 51 所示的网络计划，箭线上面△内的数据表示该工作每天的资源需求量 r_{i-j}，箭线下面的数据为工作作业时间 t_{i-j}。现假定每天可能供应的资源数量为 14 个单位，工作不允许中断，试进行资源有限、工期最短优化。

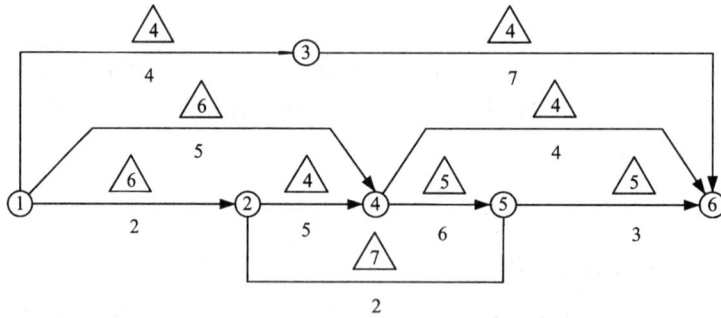

图 5 – 51　资源优化初始网络计划图

【解】 （1）按最早开始时间绘制时标网络图，并画出资源需用量动态曲线，如图 5 – 52 所示。

从图 5 – 52 中可以看出，时段[0，2]、[2，4]每天所需要的资源数量分别为 16、21 个单位，均超出了可能供应的限制条件，所以计划必须调整。

调整工作首先从时段[0，2]开始。

处于该时段内同时进行的工作有①–②、①–③、①–④，按资源分配原则，它们的编号顺序是：

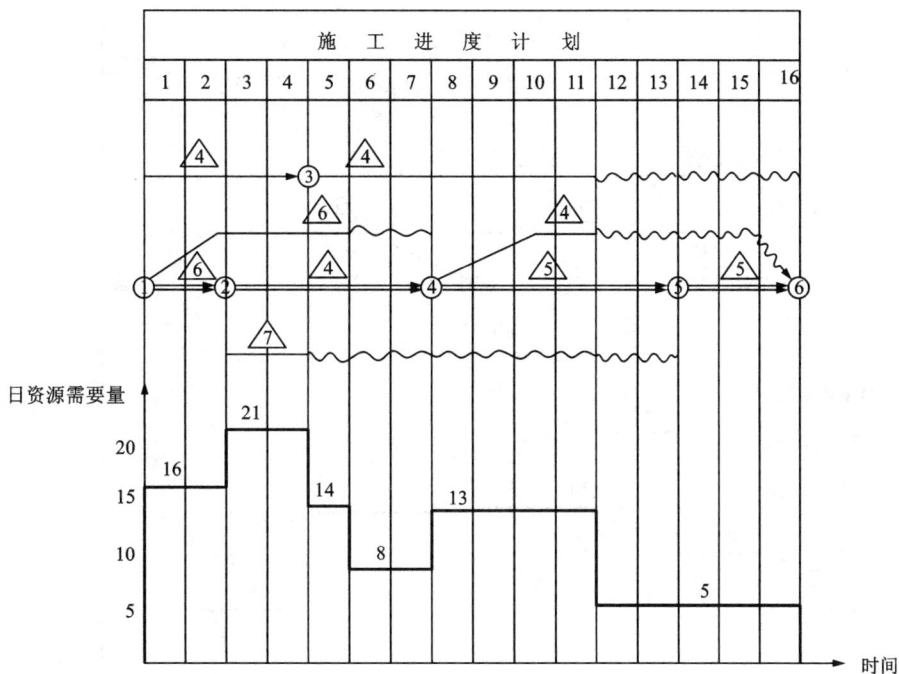

图 5 – 52　原始时标网路图

表 5 – 7

编号顺序	工作名称 $i-j$	每天资源需要量 r_{i-j}	编号依据
1	① – ②	6	关键工作 $TF_{1-2}=0$
2	① – ③	4	非关键工作 $TF_{1-3}=0$
3	① – ④	6	非关键工作 $TF_{1-4}=0$

　　按编号顺序，对各工作每天资源需要量 r_{i-j} 进行分配，其中第一项分配 $r_{1-2}=6$，第二项分配 $r_{1-3}=4$，两项相加为 $6+4=10$，而第三项工作① – ③每天资源需要量是 6，已经不够分配，因此，工作① – ④推迟到下一时段开始。见图 5 – 53 所示。

　　再研究时段$[2,4]$的调整，处于该时段内同时进行的工作有① – ③、① – ④、② – ④、② – ⑤，根据分配原则，它们的顺序见表 5 – 8。

表 5 – 8

编号顺序	工作名称 $i-j$	每天资源需要量 r_{i-j}	编号依据
1	② – ④	4	关键工作 $TF_{2-4}=0$
2	① – ④	6	非关键工作 $TF_{1-4}=0$（时差已用完）
3	① – ③	4	非关键工作 $TF_{1-3}=5$
3	② – ⑤	7	非关键工作 $TF_{2-5}=9$

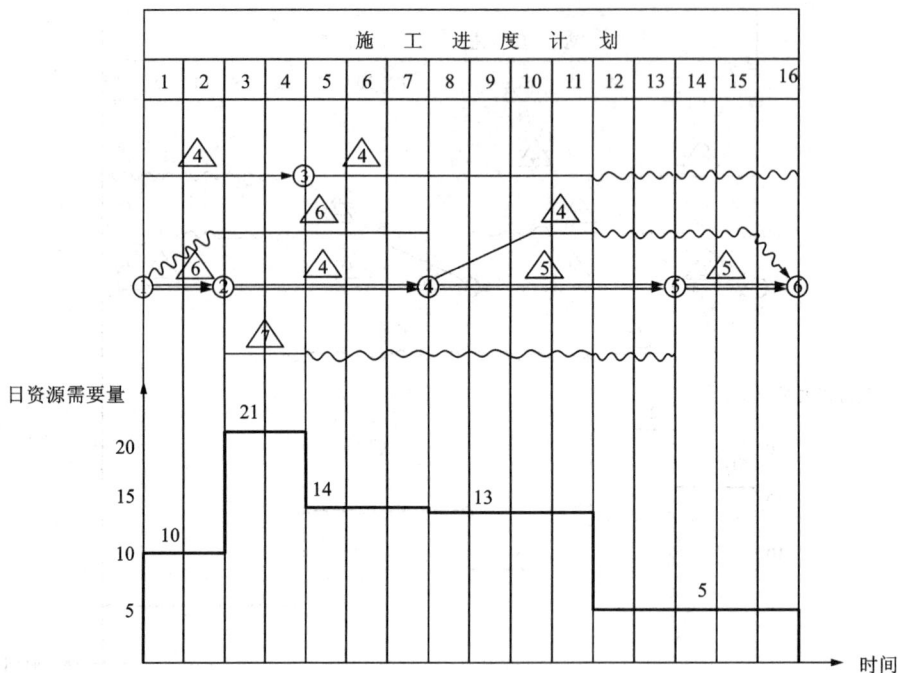

图 5-53 ①—④推迟开始后的时标网络图

按编号顺序，工作②-④、①-④、①-③三项每天的需要量之和为 $4+6+4=14=R \times m$，故工作②-⑤必须推到下一个时段开始。

工作②-⑤推迟开始后的时标网络图如图 5-54 所示。

再研究时段[4,6]的调整，处于该时段内同时进行的工作有②-④、①-④、②-⑤、③-⑥，根据分配原则，它们的顺序见表 5-9。

表 5-9

编号顺序	工作名称 $i-j$	每天资源需要量 r_{i-j}	编号依据
1	②-④	4	关键工作 $TF_{2-4}=0$
2	①-④	6	非关键工作 $TF_{1-4}=0$（总时差已用完）
3	③-⑥	4	非关键工作 $TF_{3-6}=5$
3	②-⑤	5	非关键工作 $TF_{2-5}=7$

按编号顺序，工作②-④、①-④、③-⑥三项每天的资源需要量之和为 $4+6+4=14$，因此，②-⑤都应推迟到下一个时段开始。

依此类推，继续以下各步调整，最后可得图 5-55 所示的资源有限、工期最短的图解。

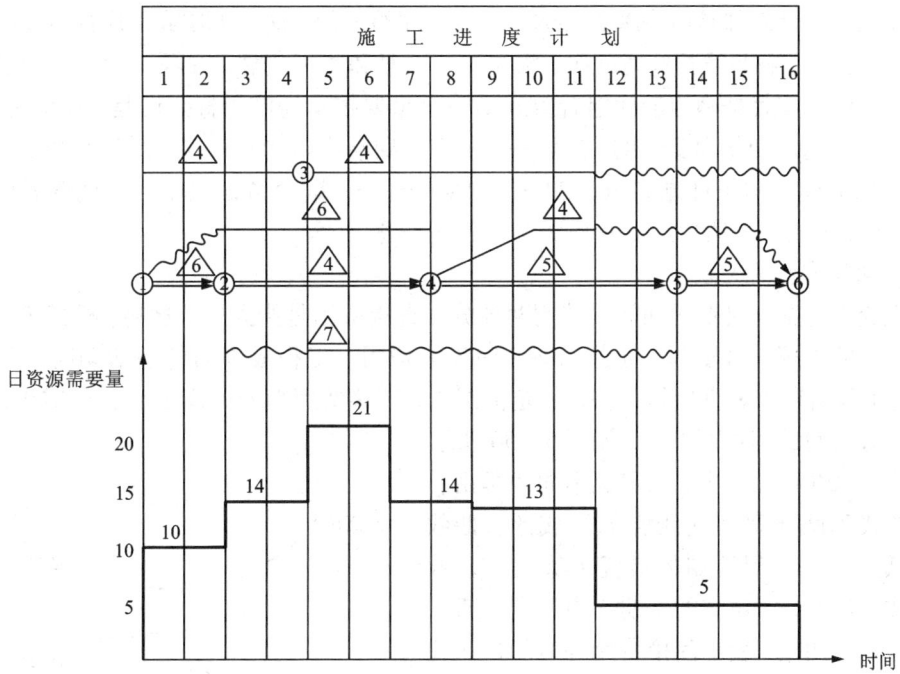

图 5 - 54　②—⑤推迟开始时间后的时标网络图

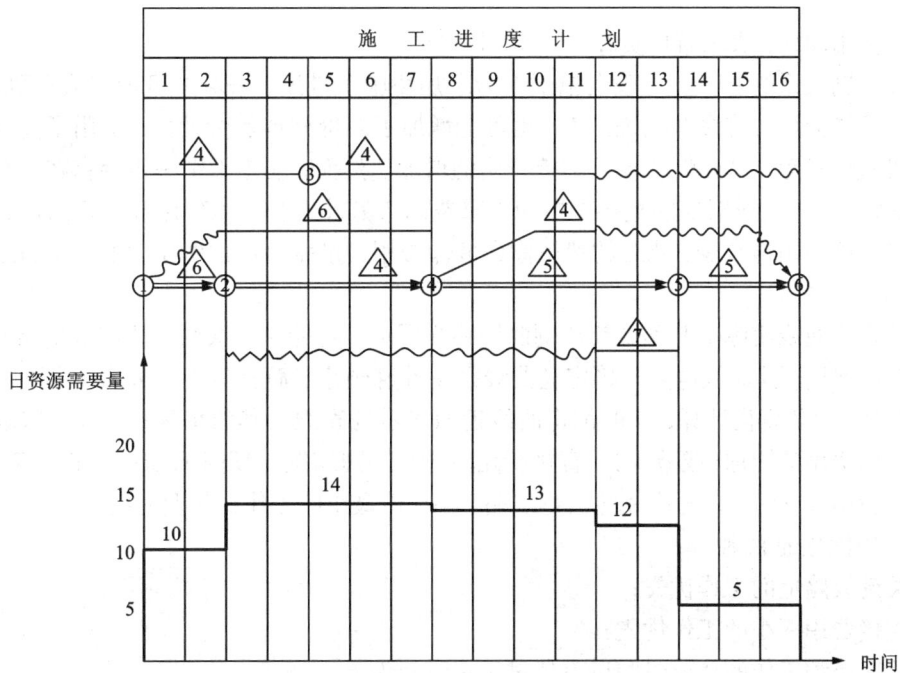

图 5 - 55　资源有限、工期最短的图解

5.费用优化

一项工程或计划都是由许多必要的工作或工序组成的,这些工作或工序都有着各自的施工方法施工机械、材料及持续时间等,根据这些因素和实际条件,一项工程可组成若干方式进行施工。而成本就是确定最优组合方式的一个重要技术经济指标。但是,在一定范围内,成本是随着工期的变化而变化的,这样一来,在工期与成本之间就存在最优平衡点。成本优化就是应用前述的网络计划方法,在一定约束条件下,综合考虑成本与工期两者的相互关系,以达到成本低、工期短这样的平衡点的定量方法。

1)工期与成本的关系

工程成本包括直接费用和间接费用两部分。直接费用是指人工、材料、机械等与各项活动直接有关的费用,间接费用是指管理、销售等费用。工程成本与各项活动时间无直接关系,而与工程周期长短直接相关。在一定范围内,直接费用随着时间的延长而减少,而间接费用则随着时间的延长而增加,如图5-56所示。

由图5-56可以看出:工程成本曲线是由直接费用曲线和间接费用曲线叠加而成的。曲线上的最低点就是工程计划的最优方案之一。此方案的成本最低,相对应的工期称为最优工期。

间接费用曲线:表示间接费用和时间成正比关系的曲线,为一条直线。斜率表示间接费用在单位时间内的增加值(或减少值)。间接费用与施工单位的管理水平、施工条件、施工组织等有关。

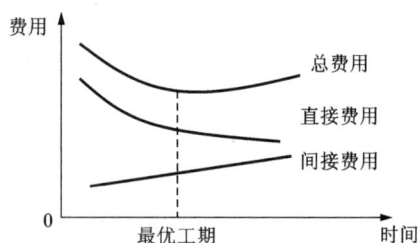

图5-56 工期与成本关系图

直接费用曲线:表示直接费在一定范围内与时间成反比例关系的曲线。一般在施工中为了加快施工进度,采取加班加点或多班制作业,这样一来可能会增加许多非熟练工人,也可能增加了高价材料及劳动力,采用了高价的施工方法及机械设备等,这必然会导致直接费用的增加。然而,在施工中一定会存在一个极限工期,即最短工期,它所对应的直接费用为极限费用。另外,也同样存在着不管怎样延长工期也不能使直接费用再减少,此时的费用称为最低费用,亦称为正常费用,相对应的工期称为正常工期。

直接费用曲线实际上并不像反比例曲线那样圆滑,而是由一系列线段组成的折线,并且越接近最高费用,其曲线越陡。确定其曲线是一件麻烦事,而且就工程而言,也不需要这样精确,所以,为了简化计算,一般都将曲线近似表示为直线。其斜率为费用率,即表示单位时间内直接费用的增加(或减少),直接费用率越大,则缩短工期时而增加的直接费用越多。故在进行费用优化时,首先应缩短关键线路上 ΔC 值最小的工作的作业时间。

2)费用优化的原则

①关键线路上的工作优先;

②直接费用率小的工作优先;

③逐次压缩工作的作业时间以不超过最短时间为限。

3)费用优化的步骤

(1)计算各工作的直接费用率。

(2)分别找出正常持续时间和最短持续时间网络计划中的关键线路并求出相应的计算工期。

(3)计算正常时间条件下的工程总费用和最短时间下的工程总费用。

(4)逐步压缩关键线路的作业时间,找出最低费用时所对应的最佳工期。

每次优化以后,会引起关键线路的变化,因而要重新绘制网络图,寻找出关键线路,并进行方案组合。

【案例 5 – 15】　根据表 5 – 10 所示资料求最低成本与相应最优工期。间接费用:工期在 25 天内完成为 60 万元,若工期超过 25 天,每天增加 5 万元。

表 5 – 10　某网络计划的基本资料表

工　序	正常工作		极限工作	
	持续时间(天)	直接费用(万元)	持续时间(天)	直接费用(万元)
1 – 2	20	60	17	72
1 – 3	25	20	20	30
2 – 3	10	30	8	44
2 – 4	12	40	6	70
3 – 4	5	30	2	42
4 – 5	10	30	5	60

【解】　(1)计算各工作的直接费用率,见表 5 – 11。

表 5 – 11　各工作费用率计算表

工　序	正常工作		极限工作		费用率 ΔC_{i-j} (万元/天)
	持续时间(天) D_N	直接费用(万元) C_N	持续时间(天) D_M	直接费用(万元) C_M	
1 – 2	20	60	17	72	4
1 – 3	25	20	20	30	2
2 – 3	10	30	8	44	7
2 – 4	12	40	6	70	5
3 – 4	5	30	2	42	4
4 – 5	10	30	5	60	6

(2)分别找出正常持续时间和最短持续时间网络计划中的关键线路并求出相应的计算工期,分别见图 5 – 57 和图 5 – 58 所示。

(3)进行工期缩短,选直接费用率最少的关键工作优先缩短。

从表 5 – 11 可以看出:1 – 2 和 3 – 4 工作的直接费用率最小,故选其中一个工作进行缩短。若缩短 1 – 2 工作 3 天，则工期变为 $T_{CN1} = 45 - 3 = 42$（天），增加的直接费用为 $\Delta C_1 = 4 \times 3 = 12$（万元），总直接费用为 $\sum C_{N1} = 210 + 12 = 222$（万元），第一次压缩后的网络图如图 5 – 59 所示。

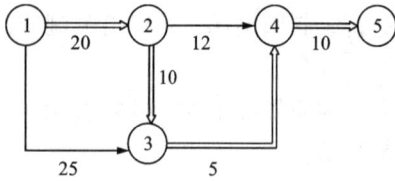

图 5 – 57 正常持续时间网络图

$\sum C_N = 60 + 20 + 30 + 40 + 30 + 30$
$= 210$（万元）

$T_{CN} = 45$（天）

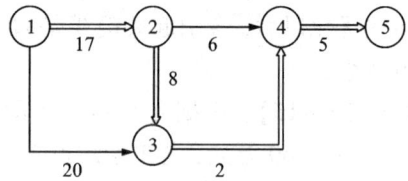

图 5 – 56 最短持续时间网络图

$\sum C_M = 72 + 30 + 44 + 70 + 42 + 60$
$= 318$（万元）

$T_{CM} = 32$（天）

（4）由图 5 – 59 可知第一次压缩后关键线路没有发生变化，在余下的关键线路中 3 – 4 工作的直接费用率取小，故压缩 3 – 4 工作 3 天，则工期变为 $T_{CN2} = 42 - 3 = 39$（天），增加的直接费用为 $\Delta C_2 = 4 \times 3 = 12$（万元），总直接费用为 $\sum C_{N2} = 222 + 12 = 234$（万元），第二次压缩后的网络图如图 5 – 60 所示。

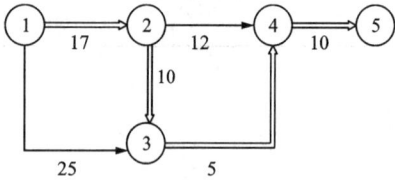

图 5 – 59 第一次压缩后的网络图

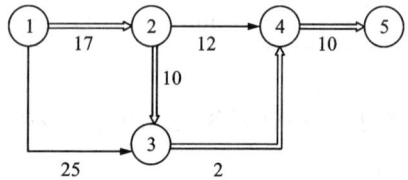

图 5 – 60 第二次压缩后的网络图

（5）由图 5 – 60 可知，第二次压缩后增加了一条关键线路，故应进行方案组合：
①压缩 2 – 3 和 2 – 4 工作，组合费用率为 $7 + 5 = 1$（2 万元/天）；
②压缩 4 – 5 工作，费用率为 6 万元/天。

故选方案（2），即压缩 4 – 5 工作 5 天，则工期变为 $T_{CN3} = 39 - 5 = 34$（天），增加的直接费用为 $\Delta C_3 = 6 \times 5 = 30$（万元），总直接费用为 $\sum C_{N3} = 234 + 30 = 264$（万元），第三次压缩后的网络图如图 5 – 61 所示。

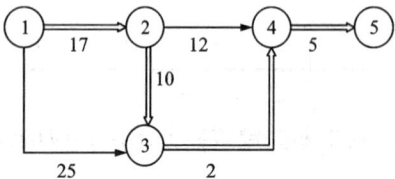

图 5 – 61 第三次压缩后的网络图

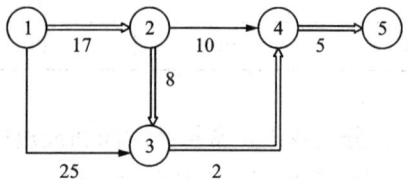

图 5 – 62 第四次压缩后的网络图

（6）由图 5－61 可知第三次压缩后关键线路没有发生变化，只有一个方案可压缩，即压缩 2－3 和 2－4 工作各 2 天，则工期变为 $T_{CN4} = 34 - 2 = 32$（天），已经达到了最短工期，故网络图不能再压缩，第四次压缩增加的直接费用为 $\Delta C_4 = 12 \times 2 = 24$（万元），总直接费用为 $\sum C_{N4} = 264 + 24 = 288$（万元），第四次压缩后的网络图如图 5－62 所示。

（7）将上述工期和总费用计算如表 5－12 所示。

表 5－12　工期与费用汇总表

工期（天）	直接费用（万元）	间接费用（万元）	总费用（万元）
45	210	$60 + 20 \times 5 = 160$	370
42	222	$60 + 17 \times 5 = 145$	365
39	234	$60 + 14 \times 5 = 120$	364
34	264	$60 + 9 \times 5 = 105$	369
32	288	$60 + 7 \times 5 = 95$	383

由表上可知：①总费用最低时所对应的总工期为 39 天，即最优工期为 39 天。

②工期共缩短 45－32＝13 天，增加的直接费用为 288－210＝78 万元，而全部采用最短持续时间的工期也为 32 天，但所需的直接费为 318 万元，采用优化方案所需直接费用为 288 万元，可节约 318－288＝30（万元）。

三、横道图

（一）横道图特点及适用范围

横道图是一种最直观的工期计划方法。它在国外又被称为甘特（Gantt）图，在工程中广泛应用，并受到欢迎。横道图用横坐标表示时间，工程活动在图的左侧纵向排列，以活动所对应的横道位置表示活动的起始时间，横道的长短表示持续时间的长短。它实质上是图和表的结合形式。

1. 优点

（1）能够清楚地表达活动的开始时间、结束时间和持续时间，一目了然，易于理解，并能够为各层次的人员所掌握和运用。

（2）使用方便，制作简单。

（3）不仅能够安排工期，而且可以与劳动力计划、材料计划、资金计划相结合。

2. 缺点

（1）很难表达工程活动之间的逻辑关系。如果一个活动提前或推迟，或延长持续时间，很难分析出它会影响哪些后续的活动。

（2）不能表示活动的重要性，如哪些是关键的，哪些活动有推迟或拖延的余地。

（3）横道图上所能表达的信息量较少。

（4）不能用计算机处理，即对一个复杂的工程不能进行工期计算，更不能进行工期方案的优化。

3. 应用范围

横道图的优缺点决定了它既有广泛的应用范围和很强的生命力，同时又有局限性。

它可直接应用于一些简单的小项目。由于活动较少，可以直接用它排工期计划。

项目初期由于尚没有做详细的项目结构分解，工程活动之间复杂的逻辑关系尚未分析出来，一般人们都用横道图制订总体计划。

上层管理者一般仅需了解总体计划，故都用横道图表示。

（二）横道图的类型

横道图进度计划法是传统的进度计划方法。横道图计划表示的进度线（横线）与时间坐标相对应，这种表达方式较直观，易看懂计划编制的意图。横道图表示进度计划可分为以下不同种类。

1. 按流水施工对象的范围分类

（1）细部流水：指一个专业队利用同一生产工具依次地、连续不断地在各个区段上完成同一施工过程的工作流水。

（2）专业流水（或称工艺组合工程流水）：把若干个工艺上有密切联系的细部流水组合起来便形成了专业流水。它是各个专业队共同完成一个分部工程的流水。如：基础工程流水、结构工程流水、装修工程流水。

（3）工程项目流水：为完成单位工程而组织起来的全部专业流水的总和。

（4）综合流水：为完成工程或配用建筑群而组织起来的全部工程项目流水的总和。

2. 按施工过程分解的深度分类

（1）彻底分解流水：经过分解后的所有施工过程都是属于单一工种完成的施工过程，为完成该施工过程，所组织的专业队都应该是由单一工种的工人（或机械）组成。

（2）局部分解流水：在进行施工过程的分解时将一部分施工工作适当合并在一起，形成多工种协作的综合性施工过程，是一种不彻底分解的施工过程。

3. 按流水的节奏特征分类

（1）等节奏流水：即全等节拍流水，是一种流水速度相等的组织流水方式，这种流水方式能够保证专业队的工作连续、有节奏，可以实现均衡施工。图5-63为等节奏流水施工的横道图。它是一种最理想的组织流水方式，在可能的情况下，应尽量采用这种流水方式组织流水施工。

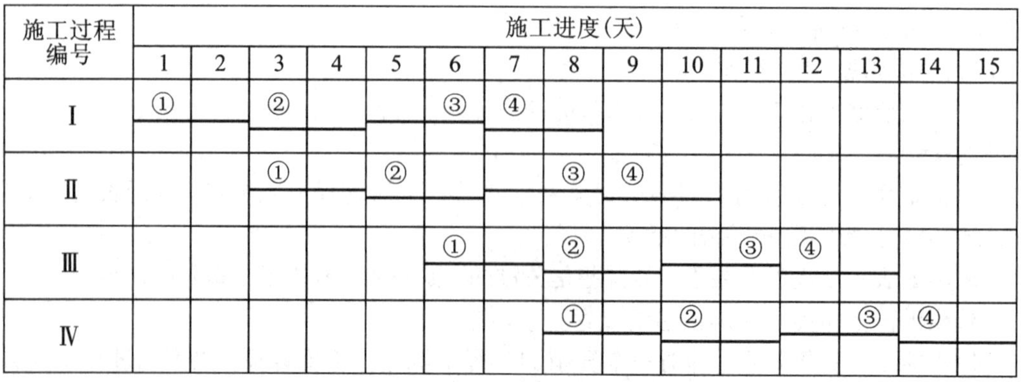

施工过程编号	施工进度（天）														
	1	2	3	4	5	6	7	8	9	10	11	12	13	14	15
I	①		②			③	④								
II			①		②			③	④						
III						①		②			③	④			
IV								①		②			③	④	

图5-63　等节奏流水施工的横道图

166

这种流水方式适用于各施工段的工程量基本相等,以及其他施工过程的流水节拍与主导施工过程的流水节拍相等的情况。一般在多层的建筑施工中,且每层的工程量变化不大的情况下最适合,但应做到施工段数与专业队数相等,这样更为理想。

(2)异节奏流水:是一种流水速度不相等的组织流水方式,其优点是各专业队的工作有相同的节奏。无疑会给组织连续、均衡施上带来方便。一般在组织这种流水施工时,均采用各专业队的流水节拍都是某一个常数的倍数,即成倍节拍流水。图5-64为成倍节拍流水施工的横道图。这种流水施工的横道图绘制方法,一般是以主导施工过程为主,其余施工过程根据主导施工过程的时间安排。

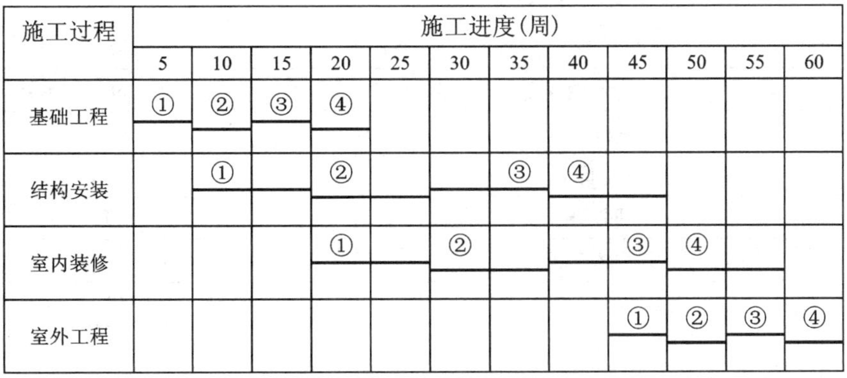

施工过程	施工进度(周)											
	5	10	15	20	25	30	35	40	45	50	55	60
基础工程	①	②	③	④								
结构安装		①		②			③	④				
室内装修					①		②		③	④		
室外工程									①	②	③	④

图5-64　成倍节拍流水施工的横道图

(3)无节奏流水:指各工作队连续作业,流水步距经计算确定,使专业队之间在一个施工段内部相互干扰(无超前,但可能滞后),或做到前后工作队之间工作紧紧衔接。这种施工方式是建设工程流水施工的普遍方式,关键是正确计算流水步距。图5-65为无节奏流水施工的横道图。

施工过程	施工进度(周)																	
	1	2	3	4	5	6	7	8	9	10	11	12	13	14	15	16	17	18
基础开挖	①		②				③		④									
基础处理			①				②				③		④					
浇筑混凝土									①		②				③		④	

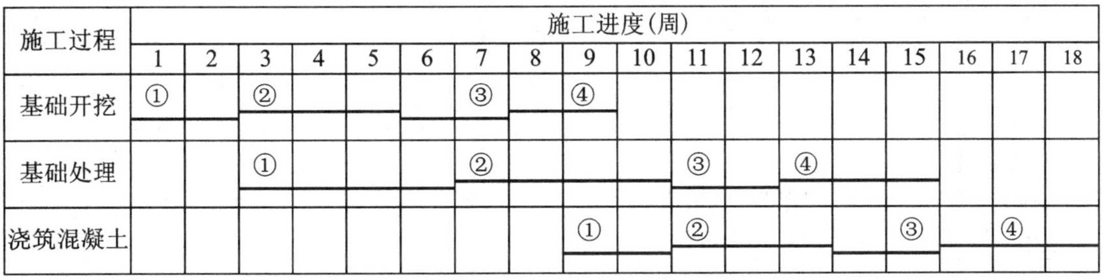

图5-65　无节奏流水施工的横道图

4.横道图进度计划法缺点

(1)工序(工作)之间的逻辑关系可以设法表达,但不易表达清楚;

(2)仅适用于手工编制计划;

(3)没有通过严谨的时间参数计算,不能确定计划的关键工作、关键路线与时差;

(4)计划调整只能用于手工方式进行,其工作量较大,难以适应大的进度计划系。

（三）横道图的应用

某四层学生公寓，建筑面积 3277.88 m²。基础为钢筋混凝土独立基础，主体工程为全现浇框架结构。装修工程为铝合金窗、胶合板门；外墙贴面砖；内墙为中级抹灰，普通涂料刷白；底层顶棚吊顶，楼地面贴地板砖；屋面用 200 mm 厚加气混凝土块做保温层，上做 SBS 改性沥青防水层，其劳动量一览表见表 5 – 13。

表 5 – 13   某幢四层框架结构公寓楼劳动量一览表

序　号	分项工程名称	劳动量（工日或台班）
	基础工程	
1	机械开挖基础土方	6
2	混凝土垫层	30
3	绑扎基础钢筋	59
4	基础模板	73
5	基础混凝土	87
6	回填土	150
	主体工程	
7	脚手架	313
8	柱筋	135
9	柱、梁、板模板（含楼梯）	2263
10	柱混凝土	204
11	梁、板筋（含楼梯）	801
12	梁、板混凝土（含楼梯）	939
13	拆模	398
14	砌空心砖墙（含门窗框）	1095
	屋面工程	
15	加气混凝土保温隔热层（含找坡）	236
16	屋面找平层	52
17	屋面防水层	49
	装饰工程	
18	顶棚墙面中级抹灰	1648
19	外墙面砖	957
20	楼地面及楼梯地砖	929
21	一层顶棚龙骨吊顶	148
22	铝合金窗扇安装	68
23	胶合板门	81
24	顶棚墙面涂料	380
25	油漆	69
26	水、电	

由于本工程各分部的劳动量差异较大，因此先分别组织各分部工程的流水施工，然后再考虑各分部之间的相互搭接施工。具体组织方法如下：

1. 基础工程

基础工程包括基础挖土、混凝土垫层、绑扎基础钢筋、支设基础模板、浇筑基础混凝土、回填土等施工过程。其中基础挖土采用机械开挖，考虑到工作面及土方运输的需要，将机械挖土与其他手工操作的施工过程分开考虑，不纳入流水。混凝土垫层劳动量较小，为了不影响其他施工过程的流水施工，将其安排在挖土施工过程完成之后，也不纳入流水。

基础工程平面上划分两个施工段组织流水施工（$m=2$），在 4 个施工过程中，参与流水的施工过程有 4 个，即 $n=4$，组织全等节拍流水施工如下：

绑扎基础钢筋劳动量为 59 个工日，施工班组人数为 10 人，采用一班制施工，其流水节拍为：

$$t_{筋}=\frac{59}{2\times10\times1}=3（天）。$$

尝试组织全等节拍流水施工，即各施工过程的流水节拍均取 3 天，施工班组人数选择如下：支设基础模板施工班组人数 $R_{模}=\frac{73}{2\times3}=12（人）（可行）$；浇筑基础混凝土施工班组人数 $R_{混凝土}=\frac{87}{2\times3}=15（人）（可行）$；回填土施工班组人数 $R_{回填}=\frac{150}{2\times3}=25（人）（可行）$。

于是，可以计算流水工期为：

$$T=(m+n-1)t=(2+4-1)\times3=15（天）$$

考虑另外两个不纳入流水施工的施工过程——基础挖土和混凝土垫层，其组织如下：

基础挖土劳动量为 6 个台班，用一台机械二班制施工，则作业持续时间为：$6/2=3（天）$；

混凝土垫层劳动量为 30 个工日，15 人采用一班制施工，其作业持续时间为：$30/15=2$（天）。

于是，可得基础工程的工期为：

$$T_1=3+2+15=20（天）。$$

2. 主体工程

主体工程包括立柱筋，安装柱、梁、板模板，浇筑柱混凝土，梁、板、楼梯钢筋绑扎，浇筑梁、板、楼梯混凝土，搭脚手架，拆模板，砌空心砖墙等施工过程。由于主体工程有层间关系，要保证施工过程能够实现流水施工，必须使 $m\geq n$。而本工程中平面上划分为两个施工段（即 $m=2$），因此只能是 $n=1$ 或 2。要保证主体工程全部施工过程连续作业是不可能的，此时，只要保证主导施工过程能够流水施工即可。主导施工过程为柱、梁、板模板安装（即 $n=1$），满足 $m\geq n$ 的要求。其他施工过程应根据施工工艺要求，尽量搭接施工即可，不纳入流水施工。具体流水节拍计算列表如下：

表 5 - 14

施工过程	劳动量	班组人数	班制	施工层数	施工段数	流水节拍/天
柱筋	135	17	1	4	2	1
柱、梁、板模板(含楼梯)	2263	25	2	4	2	6
柱混凝土	204	14	2	4	2	1
梁、板筋(含楼梯)	801	25	2	4	2	2
梁、板混凝土(含楼梯)	939	20	3	4	2	2
拆模	398	25	1	4	2	2
砌空心砖墙(含门窗框)	1095	25	1	4	2	3

说明:拆模施工过程计划须在梁、板混凝土浇捣养护 12 天后进行。

主体工程的工期为:

$$T_2 = 1 + 6 \times 8 + 1 + 2 + 2 + 12 + 2 + 3 = 71(天)。$$

3. 屋面工程

屋面工程包括屋面保温隔热层、找平层和防水层三个施工过程。考虑屋面防水要求高,因此,施工时不分段,采用依次施工的组织方式,具体流水节拍计算列表如下:

表 5 - 15

施工过程	劳动量	班组人数	班制	施工段数	流水节拍/天
屋面保温层(含找坡)	236	40	1	1	6
屋面找平层	52	18	1	1	3
屋面防水层	49	10	1	1	5

说明:屋面找平层完成后,安排 7 天的养护和干燥时间,之后方可进行屋面防水层的施工。

4. 装饰工程

装饰工程包括顶棚墙面抹灰、外墙面砖、楼地面及楼梯地砖、一层顶棚龙骨吊顶、铝合金窗扇安装、胶合板门安装、内墙涂料、油漆等施工过程。装修工程采用自上而下的施工流向。结合装修工程的特点,把每一楼层视为一个施工段,共 4 个施工段($m = 4$)。具体流水节拍计算列表如表 5 - 16:

通过流水节拍值的计算,可以看出装饰工程施工除一层顶棚龙骨吊顶宜组织穿插施工,不参与流水作业外,其余施工过程宜组织异节拍流水施工。装饰分部流水施工工期计算如下:

$$K_{外墙、抹灰} = K_{抹灰、地面} = 7(天),$$

$$K_{地面、窗扇} = 4 \times 7 \ 天 - (4 - 1) \times 3 \ 天 = 19(天),$$

$$K_{窗扇、门} = K_{门、涂料} = K_{涂料、油漆} = 3(天),$$

所以，$T_3 = (7 + 7 + 19 + 3 + 3 + 3) + 4 \times 3 = 54(天)$。

表 5 – 16

施工过程	劳动量	班组人数	班制	施工段数	流水节拍/天
顶棚墙面中级抹灰	1648	60	1	4	7
外墙面砖	957	34	1	4	7
楼地面及楼梯地砖	929	33	1	4	7
一层顶棚龙骨吊顶	148	15	1	1	10
铝合金窗扇安装	68	6	1	4	3
胶合板门	81	7	1	4	3
顶棚墙面涂料	380	30	1	4	3
油漆	69	6	1	4	3

将以上 4 个分部工程进行合理穿插搭接，将脚手架及水电视作辅助工作配合进行，即可完成本工程的流水施工进度计划安排，如图 5 – 66 所示。

四、单位工程施工进度计划

（一）单位工程施工进度计划概述

单位工程施工进度计划是在施工方案的基础上，根据规定的工期和技术物资供应条件，遵循工程的施工顺序，用横道图或网络图表示各分部分项工程搭接关系及工程开工、竣工时间的一种计划安排。

1. 单位工程施工进度计划的作用

单位工程施工进度计划是施工组织设计的重要内容，是控制各分部分项工程施工进程及总工期的主要依据，也是编制施工作业计划及各项资源需要量计划的依据。

它的主要作用是：

①控制单位工程的施工进度，指导现场的施工安排，确保施工任务的如期完成。

②确定各分部分项工程的施工时间及其相互之间的衔接、穿插、平行搭接、协作配合等关系。

③确定所需的劳动力、机械、材料等资源用量。

④为编制季度、月进度计划提供依据。

2. 单位工程施工进度计划的表示方法

单位工程施工进度计划的表达方式一般有横道图和网络图两种。施工进度计划由两部分组成，一部分反映拟建工程所划分施工过程的工程量、劳动量或台班量、施工人数或机械数、工作班次及工作延续时间等计算内容；另一部分则用图表形式表示各施工过程的起止时间、延续时间及其搭接关系。

3. 单位工程施工进度计划的编制依据及程序

（1）编制单位工程施工进度计划的依据主要有：

施 工 进 度 / 天

序号	分部分项工程名称	劳动量(工日或台班)	每班人数	工作班制	持续时间
	基础工程				
1	机械挖土	6	1	2	3
2	混凝土垫层	30	15	1	2
3	绑扎基础钢筋	59	10	1	6
4	基础模板	73	12	1	6
5	基础混凝土	87	15	1	6
6	回填土	150	25	1	6
	主体工程				
7	脚手架				
8	柱筋	135	17	1	8
9	柱梁板模板	2263	25	2	48
10	柱混凝土	204	14	2	8
11	梁板筋(含梯)	801	25	2	16
12	梁板混凝土(含梯)	939	20	3	16
13	拆模	398	25	1	16
14	砌墙(含门窗框)	1095	45	1	24
	屋面工程				
15	屋面找坡保温层	236	40	1	6
16	屋面找平层	52	18	1	3
17	屋面防水层	47	10	1	5
	装饰工程				
18	外墙面砖	957	34	1	28
19	顶棚墙面中级抹灰	1648	60	1	28
20	楼地面及楼梯地砖	929	33	1	28
21	一层顶棚龙骨吊顶	148	15	1	10
22	铝合金窗扇安装	68	6	1	12
23	胶合板门	81	7	1	12
24	顶棚墙面涂料	380	30	1	12
25	油漆	69	6	1	12
26	水、电				

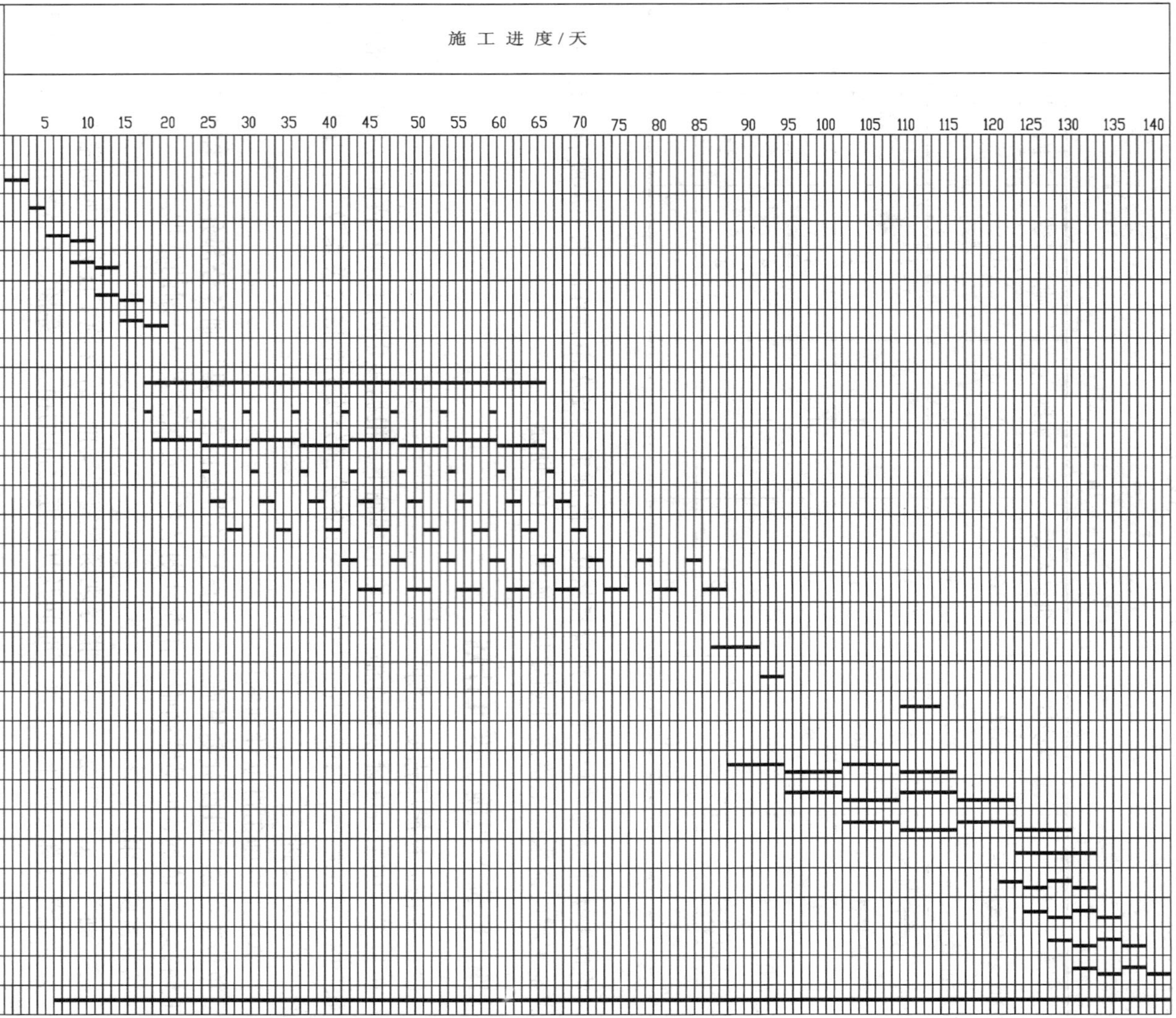

图5-66 某四层框架结构公寓楼施工进度计划

①经过审批的建筑总平面图，单位工程全套施工图，地质、地形图、工艺设计图及有关标准图等技术资料。

②施工组织总设计对本单位工程的要求。

③施工工期要求及开、竣工日期。

④施工条件、劳动力、材料、构配件及机械等资源供应情况。

⑤确定的主要分部分项工程的施工方案，包括施工顺序、施工段划分、施工起点流向、施工方法、质量及安全措施等。

⑥施工定额。

⑦其他有关要求和资料。

(2)单位工程施工进度计划的编制程序如图 5 - 67 所示。

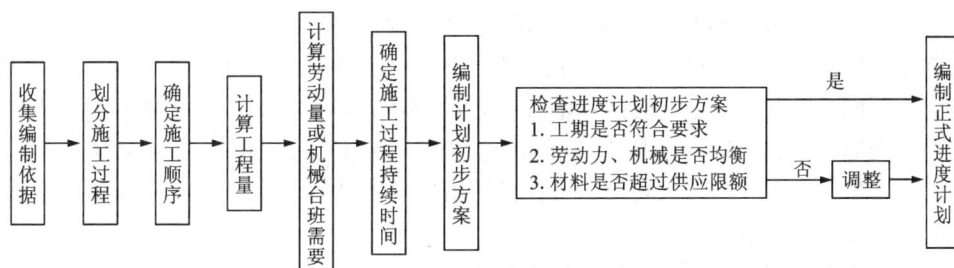

图 5 - 67　单位工程施工进度计划编制程序

(二)单位工程施工进度计划的编制

1. 划分施工过程

编制单位工程施工进度计划时，首先必须研究施工过程的划分，再进行有关内容的计算和设计。施工过程划分应考虑下述要求：

1)施工过程划分的粗细程度的要求

对于控制性施工进度计划，其施工过程的划分可以粗一些，一般可按分部工程划分施工过程。对于指导性施工进度计划，其施工过程的划分可以细一些，要求每个分部工程所包括的主要分项工程均应一一列出，起到指导施工的作用。

2)对施工过程进行适当合并，达到简明清晰的要求

为了使计划简明清晰、突出重点，一些次要的施工过程应合并到主要施工过程中去，如基础防潮层可合并到基础施工过程内；有些虽然重要但工程量不大的施工过程也可与相邻的施工过程合并，如油漆和玻璃安装可合并为一项；同一时期由同一工种施工的施工项目也可合并在一起。

3)施工过程划分的工艺性要求

现浇钢筋混凝土施工，一般可分为支模、绑扎钢筋、浇筑混凝土等施工过程，是合并还是分别列项，应视工程施工组织、工程量、结构性质等因素研究确定。一般现浇钢筋混凝土框架结构的施工应分别列项，而且可分得细一些。如：绑扎柱钢筋，安装柱模板，浇捣柱混凝土，安装梁、板模板，绑扎梁、板钢筋，浇捣梁、板混凝土，养护，拆模等施工过程。抹灰工程一般分内、外墙抹灰，外墙抹灰工程可能有若干种装饰抹灰的做法要求，一般情况下合

173

并列为一项，也可分别列项。室内的各种抹灰应按楼地面抹灰、顶棚及墙面抹灰、楼梯间及踏步抹灰等分别列项，以便组织施工和安排进度。

施工过程的划分，应考虑所选择的施工方案。如厂房基础采用敞开式施工方案时，柱基础和设备基础可合并为一个施工过程；而采用封闭式施工方案时，则必须列出柱基础、设备基础这两个施工过程。

住宅建筑的水、暖、煤、卫、电等房屋设备安装是建筑工程的重要组成部分，应单独列项；工业厂房的各种机电等设备安装也要单独列项，但不必细分，可由专业队或设备安装单位单独编制其施工进度计划。土建施工进度计划中列出设备安装的施工过程，表明其与土建施工的配合关系。

4）明确施工过程对施工进度的影响程度

根据施工过程对工程进度的影响程度可分为三类。一类为资源驱动的施工过程，这类施工过程直接在拟建工程进行作业，占用时间、资源，对工程的完成与否起着决定性的作用，它在条件允许的情况下，可以缩短或延长工期。第二类为辅助性施工过程，它一般不占用拟建工程的工作面，虽需要一定的时间和消耗一定的资源，但不占用工期，故可不列入施工计划以内。如交通运输，场外构件加工或预制等。第三类施工过程虽直接在拟建工程进行作业，但它的工期不以人的意志为转移，随着客观条件的变化而变化，它应根据具体情况列入施工计划。如混凝土的养护等。

施工过程划分和确定之后，应按前述施工顺序列出施工过程（分部分项工程）一览表，如表 5 – 13 所示。

2. 计算工程量

当确定了施工过程之后，应计算每个施工过程的工程量。工程量应根据施工图纸、工程量计算规则及相应的施工方法进行计算。实际就是按工程的几何形状进行计算，计算时应注意以下几个问题：

表 5 – 17　分部分项工程一览表

序号	分部分项工程名称	序号	分部分项工程名称
一	基础工程	二	主体工程
1	挖土	5	模板
2	混凝土垫层	6	钢筋
3	砌砖基础	7	混凝土
4	回填土	…	…

1）注意工程量的计量单位

每个施工过程的工程量的计量单位应与采用的施工定额的计量单位相一致。这样，在计算劳动量、材料消耗量及机械台班量时就可直接套用施工定额，不再进行换算。

2）注意采用的施工方法

计算工程量时，应与采用的施工方法相一致，以便计算的工程量与施工的实际情况相符合。（表述正确）

3)正确取用预算文件中的工程量

如果编制单位工程施工进度计划时,已编制出预算文件(施工图预算或施工预算),则工程量可从预算文件中抄出并汇总。但是,施工进度计划中某些施工过程与预算文件的内容不同或有出入时(如计量单位、计算规则、采用的定额等),则应根据施工实际情况加以修改、调整或重新计算。

3. 套用施工定额

确定了施工过程及其工程量之后,即可套用施工定额(当地实际采用的劳动定额及机械台班定额),以确定劳动量和机械台班量。

在套用国家或当地颁布的定额时,必须注意结合本单位工人的技术等级、实际操作水平、施工机械情况和施工现场条件等因素,确定定额的实际水平,使计算出来的劳动量、机械台班量符合实际需要。

4. 确定劳动量和机械台班量

劳动量和机械台班量可根据各分部分项工程的工程量、施工方法和施工定额来确定。

5. 确定各施工过程的持续时间

施工过程持续时间的确定方法有三种:经验估算法、定额计算法和倒排计划法。

1)经验估算法

经验估算法先估计出完成该施工过程的最乐观时间、最悲观时间和最可能时间三种施工时间,再根据公式计算出该施工过程的持续时间。这种方法适用于新结构、新技术、新工艺、新材料等无定额可循的施工过程。

计算公式为:

$$D = \frac{A + 4B + C}{6}$$

式中：A——最乐观的时间估算(最短的时间);

　　　B——最可能的时间估算(正常的时间);

　　　C——最悲观的时间估算(最长的时间)。

2)定额计算法

定额计算法是根据施工过程需要的劳动量或机械台班量,以及配备的劳动人数或机械台班,确定施工过程持续时间。

计算公式:

$$D = \frac{P}{N \times R}$$

$$D_{机械} = \frac{P_{机械}}{N_{机械} \times R_{机械}}$$

式中：D——某手工操作为主的施工过程持续时间,天;

　　　P——该施工过程所需的劳动量,工日;

　　　R——该施工过程所配备的施工班组人数,人;

　　　N——每天采用的工作班制,班;

　　　$D_{机械}$——某机械施工为主的施工过程持续时间,天;

　　　$P_{机械}$——该施工过程所需的机械台班数,台班;

$R_{机械}$——该施工过程所配备的机械台数，台；

$N_{机械}$——每天采用的工作台班数，台班。

在实际工作中，确定施工班组人数或机械台班数，必须结合施工现场的具体条件、最小工作面与最小劳动组合人数的要求以及机械施工的工作面大小、机械效率、机械必要的停歇维修与保养时间等因素，才能确定出符合实际和要求的施工班组数及机械台班数。

3）倒排计划法

倒排计划法是根据施工的工期要求，先确定施工过程的持续时间、工作班制，再确定施工班组人数或机械台数。

6.编制施工进度计划初步方案

以横道图为例，上述各项计算内容确定之后，即可编制施工进度计划的初步方案。一般的编制方法有：

1）根据施工经验直接安排的方法

这种方法是根据经验资料及有关计算，直接在进度表上画出进度线。其一般步骤是：先安排主导施工过程的施工进度，然后再安排其余施工过程。它应尽可能配合主要施工过程并最大限度地搭接，形成施工进度计划的初步方案。总的原则是应使每个施工过程尽可能早地投入施工。

2）按工艺组合组织流水的施工方法

这种方法就是先按各施工过程（即工艺组合流水）初排流水进度线，然后将各工艺组合最大限度地搭接起来。

无论采用上述哪一种方法编排进度，都应注意以下问题：

（1）每个施工过程的施工进度线都应用横道粗实线段表示（初排时可用铅笔细线表示，待检查调整无误后再加粗）；

（2）每个施工过程的进度线所表示的时间（天）应与计算确定的持续时间一致；

（3）每个施工过程的施工起止时间应根据施工工艺顺序及组织顺序确定。

7.检查与调整施工进度计划

施工进度计划初步方案编制后，应根据建设单位和有关部门的要求、合同规定及施工条件等，先检查各施工过程之间的施工顺序是否合理、工期是否满足要求、劳动力等资源消耗是否均衡，然后再进行调整，直至满足要求，正式形成施工进度计划。

总的要求是：在合理的工期下尽可能地使施工过程连续施工，这样便于资源的合理安排。

5.2 工程项目进度控制

一、工程项目进度控制原理

1.动态控制原理

工程进度控制是一个不断变化的动态过程。在项目开始阶段，实际进度按照计划进度的规划进行运动，但由于外界因素的影响，实际进度的执行往往会与计划进度出现偏差产生超前或滞后的现象。这时通过分析偏差产生的原因，采取相应的改进措施，调整原来的计划，使二者在新的起点上重合,并通过发挥组织管理作用,使实际进度继续按照计划进行。在一段时间后,实际进度和计划进度又会出现新的偏差。如此,工程进度控制出现了一个动态的调整过程。

2.封闭循环原理

项目进度控制的全过程是一个计划、实施、检查、比较分析、确定调整措施、再计划的封闭的循环过程。

3.弹性原理

工程进度计划工期长,影响因素多,因此进度计划的编制就会留出余地,使计划进度具有弹性。进行进度控制时就应利用这些弹性,缩短有关工作的时间,或改变工作之间的搭接关系,使计划进度和实际进度达到吻合。

4.信息反馈原理

信息反馈是工程进度控制的重要环节,施工的实际进度通过信息反馈给基层进度控制工作人员,在分工的职责范围内,信息经过加工逐级反馈给上级主管部门,最后到达主控制室,主控制室整理统计各方面的信息,经过比较分析做出决策,调整进度计划。进度控制不断调整的过程实际上就是信息不断反馈的过程。

5.系统原理

工程项目是一个大系统,其进度控制也是一个大系统。进度控制中计划进度的编制受到许多因素的影响,不能只考虑某一个因素或某几个因素。进度控制组织和进度实施组织也具有系统性。因此,工程进度控制具有系统性,应该综合考虑各种因素的影响。

6.网络计划技术原理

网络计划技术原理是工程进度控制的计划管理和分析计算的理论基础。在进度控制中要利用网络计划技术原理编制进度计划,根据实际进度信息,比较和分析进度计划,又要利用网络计划的工期优化、工期与成本优化和资源优化的理论调整计划。

二、工程项目进度计划的实施

项目进度计划的实施就是用项目进度计划指导施工活动、落实和完成计划。项目进度计划逐步实施的进程就是项目逐步完成的过程。

1.项目进度计划执行准备

要保证项目进度计划的落实,必须首先做好准备工作,估计和预测执行中可能出现的问题。做好进度计划执行的准备工作是项目进度计划顺利执行的保证。

2.签发施工任务书

编制好月(旬)作业计划以后,签发施工任务书使其进一步落实。施工任务书是向班组下达任务、实行责任承包、全面管理的综合性文件,是计划和实施的纽带。施工任务书包括施工任务单、限额领料单、考勤表等。其中施工任务单包括分项工程施工任务、工程量、劳动量、开工及完工日期、工艺、质量和安全要求等内容。限额领料单根据施工任务单编制,它是控制班组领用料的依据,主要列明材料名称、规格、型号、单位和数量、退领料记录等。

3.做好施工进度记录、填好施工进度统计表

在计划任务完成的过程中,各级施工进度计划的执行者都要跟踪做好施工记录,实事求是记载计划中的每项工作开始日期、工作进度和完成日期,并填好有关图表,为施工项目进

度检查分析提供信息。

4. 做好施工中的调度工作

施工调度是指在施工过程中不断组织新的平衡，建立和维护正常的施工条件及施工程序所做的工作。其主要任务是督促、检查工程项目计划和工程合同执行情况，调度物资、设备、劳力，解决施工现场出现的矛盾，协调内、外部的配合关系，促进和确保各项计划指标的落实。

5. 施工进度计划检查

为了能够经常掌握项目的进度情况，在进度计划执行一段时间后就要检查实际进度是否按照计划进度顺利进行。进度控制人员应经常地、定期地跟踪检查施工实际进度情况，收集施工项目进度材料，统计整理和对比分析，研究实际进度与计划进度之间的偏差。

1）跟踪检查施工实际进度

跟踪检查的主要工作是定期收集反映实际工程进度的有关数据。收集的方式有两种：报表的方式和现场实地检查。收集的数据应完整、正确，避免导致不全面或不正确的决策。

进度控制的效果与收集信息资料的时间间隔有关，不经常、定期地收集进度报表资料，就很难达到进度控制的效果。此外，进度检查的时间间隔还与工程项目的类型、规模、现场条件等多方面因素有关，可视工程进度的实际情况，每月、每半月或每周进行一次。在某些特殊情况下，甚至可能进行每日进度检查。

2）整理统计检查数据

收集到的施工项目实际进度数据，要进行必要的整理，对按计划控制的工程项目进行统计，形成与计划进度具有可比性的数据、相同的量纲和形象进度。一般可以按实物工程量、工作量和劳动消耗量以及累计百分率整理和统计实际检查的数据，以便与相应的计划完成量相对比。

3）对比实际进度与计划进度

主要是将实际的数据与计划的数据进行比较，如将实际的完成量、实际完成的百分率与计划的完成量、计划完成的百分率进行比较。通常可利用表格形成各种进度比较报表或直接绘制比较图形直观地反映实际与计划的差距。通过比较，了解实际进度比计划进度拖后、超前还是与计划进度一致。

4）施工项目进度检查结果的处理

施工项目进度检查的结果，按照检查报告制度的规定，形成进度控制报告向有关主管人员和部门汇报。进度控制报告是把检查比较的结果，有关施工进度现状和发展趋势，提供给项目经理及各级业务职能负责人的最简单的书面形式报告。

施工项目进度控制报告的基本内容如下：

（1）对施工进度执行情况的综合描述。检查期的起止时间、当地气象及晴雨天数统计、计划目标及实际进度、检查期内施工现场主要大事记。

（2）项目实施、管理、进度概况的总说明。施工进度、形象进度及简要说明，施工图纸提供进度，材料、物资、构配件供应进度，劳务记录及预测，日计划，对建设单位和施工者的工程变更指令、价格调整、索赔及工程款收支情况，停水、停电、事故发生及处理情况，实际进度与计划目标相比较的偏差状况及其原因分析，解决问题措施，计划调整意见等。

6. 施工进度计划的调整

施工进度计划的调整应依据施工进度计划检查结果，在进度计划执行发生偏离的时候，调整施工内容、工程量、起止时间、资源供应，或局部改变施工顺序，重新确认作业过程相互协作方式等工作关系，充分利用施工的时间和空间进行合理交叉衔接，并编制调整后的施工进度计划，以保证施工总目标的实现。

1）进度偏差影响分析

在建筑工程项目实施过程中，当通过实际进度与计划进度的比较，发现存在进度偏差时，需要分析该偏差对后续工作及总工期的影响，从而采取相应的调整措施对原进度计划进行调整，以确保工期目标的顺利实现。进度偏差的大小及其所处的位置不同，对后续工作和总工期的影响程度是不同的，分析时需要利用网络计划中工作总时差和自由时差的概念进行判断。分析步骤如下：

（1）分析进度偏差的工作是否为关键工作。若出现偏差的工作为关键工作，则无论偏差大小，都会对后续工作及总工期产生影响，必须采取相应的调整措施；若出现偏差的工作不是关键工作，需要根据偏差值与总时差和自由时差的大小关系，确定对后续工作和总工期的影响程度。

（2）分析进度偏差是否大于总时差。若工作的进度偏差大于该工作的总时差，说明此偏差必将影响后续工作和总工期，必须采取相应的调整措施；若工作的进度偏差小于或等于该工作的总时差，说明此偏差对总工期无影响，但它对后续工作的影响程度，需要根据比较偏差与自由时差的情况来确定。

（3）分析进度偏差是否大于自由时差。若工作的进度偏差大于该工作的自由时差，说明此偏差对后续工作产生影响，应该如何调整，应根据后续工作允许影响的程度而定；若工作的进度偏差小于或等于该工作的自由时差，则说明此偏差对后续工作无影响，因此，原进度计划可以不做调整。

经过以上分析，进度控制人员可以确认应该调整产生进度偏差的工作和调整偏差值的大小，以便确定采取调整新措施，获得新的符合实际进度情况和计划目标的新进度计划。

2）施工进度计划调整方法

缩短某些工作的持续时间。这种方法不改变工作之间的逻辑关系，而是缩短某些工作的持续时间使施工进度加快，确保实现计划工期。这些被压缩持续时间的工作是由于实际施工进度的拖延而引起总工期增长的位于关键线路和某些非关键线路上的工作，同时，这些工作又是可压缩持续时间的。这种方法实际上就是网络计划优化中的工期优化方法和费用优化方法。具体做法是：

（1）研究后续各工作持续时间压缩的可能性及其极限工作持续时间。

（2）确定由于计划调整和采取必要措施而引起的各工作的费用变化率。

（3）选择直接引起拖期的工作及紧后工作优先压缩，以免拖期影响扩大。

（4）选择费用变化率最小的工作优先压缩，以求花费最小代价，满足既定工期要求。

（5）综合考虑（3）（4），确定新的调整计划。

改变某些工作间的逻辑关系。当工程项目实施中产生的进度偏差影响到总工期，且有关工作的逻辑关系允许改变时，可以改变关键线路和超过计划工期的非关键线路上的有关工作之间的逻辑关系，达到缩短工期的目的。例如，将顺序进行的工作改为平行作业、搭接作业以及分段组织流水作业等,都可以有效地缩短工期。对于大型群体工程项目,单位工程间的相互制约相对较小,可调幅度较大;对于单位工程内部,由于施工顺序和逻辑关系约束较大,可调幅度较小。

资源供应的调整。对于因资源供应发生异常而引起进度计划执行问题,应采用资源优化方法对计划进行调整,或采取应急措施,使其对工期影响最小。

增减施工内容。增减施工内容应做到不打乱原计划的逻辑关系,只对局部逻辑关系进行调整。在增减施工内容以后,应重新计算时间参数,分析对原网络计划的影响。当对工期有影响时,应采取调整措施,保证计划工期不变。

增减工程量。增减工程量主要是指改变施工方案、施工方法,使工程量增加或减少。

起止时间的改变。起止时间的改变应在相应的工作时差范围内进行,如延长或缩短工作的持续时间,或将工作在最早开始时间和最迟完成时间范围内移动。每次调整必须重新计算时间参数,观察该项调整对整个施工计划的影响。

三、工程项目进度的检查与调整

(一)工程项目进度计划的检查

进度计划毕竟是人们的主观设想,在其实施过程中,会随着新情况的产生、各种因素的干扰和风险因素的作用而发生变化,使人们难以执行原定的计划。为此,必须掌握动态控制原理,在计划执行过程中不断地对进度计划进行检查和记录,并将实际情况与计划安排进行比较,找出偏离计划的信息;然后在分析偏差及其产生原因的基础上,采取措施,使之能正常实施。如果采取措施后,不能维持原计划,则需要对原进度计划进行调整或修改,再按新的进度计划实施。这样在进度计划的执行过程中不断进行检查和调整,以保证建设工程进度计划得到有效的实施和控制。

1. 前锋线比较法

前锋线比较法是通过绘制某检查时刻工程项目实际进度前锋线,进行工程实际进度与计划进度比较的方法,主要适用于时标网络计划。所谓前锋线,是指在原时标网络计划上,从检查时刻的时标点出发,依次将各项工作实际进展位置点连接而成的折线。

前锋线比较法就是通过实际进度前锋线与原进度计划中各工作箭线交点的位置来判断工作实际进度与计划进度的偏差,进而判定该偏差对后续工作及总工期影响程度的一种方法。

1)前锋线比较法的使用步骤

(1)绘制时标网络计划图。

工程项目实际进度前锋线在时标网络计划图上标示。为清楚起见,可在时标网络计划图的上方和下方各设一时间坐标。

(2)绘制实际进度前锋线。

一般从时标网络计划图上方时间坐标的检查日期开始绘制,依次连接相邻工作的实际进展位置点,最后与时标网络计划图下方坐标的检查日期相连接。

(3)进行实际进度与计划进度的比较。

前锋线可以直观地反映出检查日期有关工作实际进度与计划进度之间的关系。对某项工作来说,其实际进度与计划进度间的关系可能存在以下三种情况:

①工作实际进展位置点落在检查日期的左侧,表明该工作实际进度拖后,拖后时间为二

者之差。

②工作实际进展位置点与检查日期重合，表明该工作实际进度与计划进度一致。

③工作实际进展位置点落在检查日期的右侧，表明该工作实际进度超前，超前的时间为二者之差。

（4）预测进度偏差对后续工作及总工期的影响。

通过实际进度与计划进度的比较确定进度偏差后，还可根据工作的自由时差和总时差预测该进度偏差对后续工作及项目总工期的影响。由此可见，前锋线比较法既适用于工作实际进度与计划进度之间的局部比较，又可用来分析和预测工程项目整体进度状况。

【案例 5 - 16】　某工程项目时标网络计划如图 5 - 68 所示。该计划执行到第 6 天末检查实际进度时，发现工作 A 和工作 B 已经全部完成，工作 D、E 分别完成计划任务量的 80% 和 20%，工作 C 尚需 1 天完成，试用前锋线比较法进行实际进度与计划的比较。

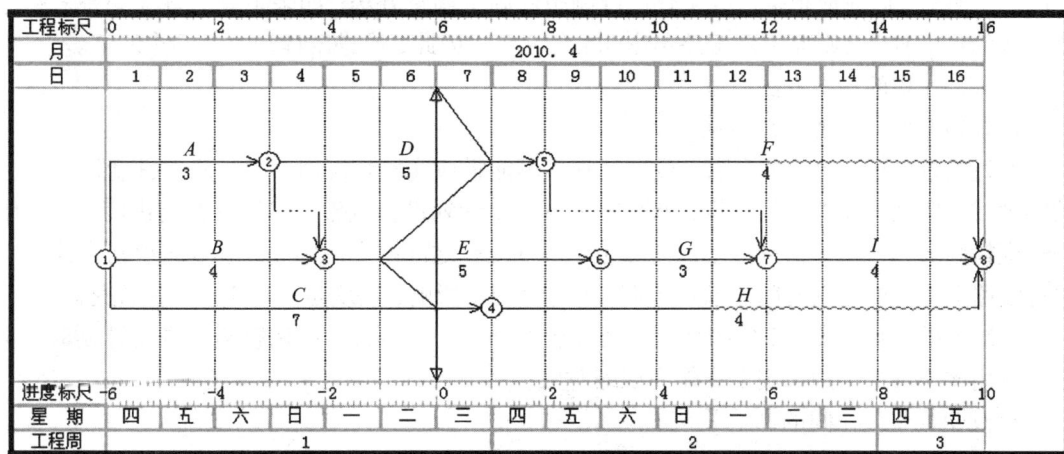

图 5 - 66　实际进度前锋线

【解】　根据第 6 天末实际进度的检查结果绘制前锋线，见图 5 - 68，通过比较可看出：

（1）工作 D 实际进度提前 1 天，可使其后续工作 F 的最早开始时间提前 1 天。

（2）工作 E 实际进度滞后 1 天，将使其后续工作 G 的最早开始时间推迟 1 天，最终将影响工期，导致工期拖延 1 天。

（3）工作 C 实际进度正常，既不影响其后续工作的正常进行，也不影响总工期。

由于工作 G 的开始时间推迟，从而使总工期延长 1 天。如果不采取措施加快进度，该工程项目的总工期将延长 1 天。

2. 工程项目进度计划的调整

在工程项目实施过程中，当通过实际进度与计划进度的比较，发现有进度偏差时，应根据偏差对后续工作及总工期的影响，采取相应的调整方法措施对原进度计划进行调整，以确保工期目标的顺利实现。

分析进度偏差对后续工作及总工期的影响

进度偏差的大小及其所处的位置不同，对后续工作和总工期的影响程度是不同的，分析时需要利用网络计划中工作总时差和自由时差的概念进行判断。分析步骤如下：

1）分析出现进度偏差的是否为关键工作

如果出现进度偏差的工作为关键工作，则无论其偏差有多大，都将对后续工作和总工期产生影响，必须采取相应的调整措施；如果出现偏差的工作为非关键工作，则需要根据进度偏差值与总时差和自由时差的关系作进一步分析。

2）分析进度偏差是否超过总时差

如果工作的进度偏差大于该工作的总时差，则此进度偏差必将影响其后续工作和总工期，必须采取相应的调整措施；如果工作的进度偏差未超过该工作的总时差，则此进度偏差不影响总工期。至于对后续工作的影响程度，还需要根据偏差值与其自由时差的关系作进一步分析。

3）分析进度偏差是否超过自由时差

如果工作的进度偏差大于该工作的自由时差，则此进度偏差将对其后续工作的最早开始时间产生影响，此时应根据后续工作的限制条件确定调整方法；如果工作的进度偏差未超过该工作的自由时差，则此进度偏差不影响后续工作，因此，原进度计划可以不作调整。

3. 进度计划的调整方法

1）缩短某些工作的持续时间

通过检查分析，如果发现原有进度计划已不能适应实际情况时，为了确保进度控制目标的实现或需要确定新的计划目标，就必须对原进度计划进行调整，以形成新的进度计划，作为进度控制的新依据。这种方法的特点是不改变工作之间的先后顺序，通过缩短网络计划中关键线路上工作的持续时间来缩短工期，并考虑经济影响，实质是一种工期费用优化。

一般来说，缩短某些工作的持续时间都会增加费用。因此，在调整施工进度计划时，应选择费用增加量最小的关键工作作为压缩对象。

2）改变某些工作间的逻辑关系

当工程项目实施中产生的进度偏差影响到总工期，且有关工作的逻辑关系允许改变时，不改变工作的持续时间，可以改变关键线路和超过计划工期的非关键线路上的有关工作之间的逻辑关系，达到缩短工期的目的。例如，将依次进行的工作改为平行作业、搭接作业或者分段组织流水作业等方法来调整施工进度计划，有效地缩短工期。

3）其他方法

除采用上述方法来缩短工期外，当工期拖延得太多时，还可以同时采用缩短工作持续时间和改变工作之间的逻辑关系的方法对同一施工进度计划进行调整，以满足工期目标要求。

复习思考题

1. 组织施工有哪几种方式？各有什么特点？
2. 组织流水施工需要具备哪些条件？
3. 流水施工中，主要参数有哪些？试分别叙述它们的含义。
4. 施工段划分的基本要求是什么？如保正确划分施工段？
5. 工作面有什么含义？如何确定？
6. 流水施工的时间参数如何确定？
7. 流水节拍的确定应考虑哪些因素？

8. 流水施工的基本方式有哪几种？各有什么特点？

9. 如何组织全等节拍流水施工？

10. 如何组织异节拍流水施工？

11. 组织无节奏流水时如何确定其流水步距？

12. 成倍节拍和全等节拍有何异同？

13. 无节奏流水施工方式在什么情况下可能实现？在一个分部工程中可否组织？

14. 有节奏流水施工流水步距可否用潘特考夫斯基法求解？

15. 组织无节奏流水施工流水时如果遇到了间歇时间或搭接时间该如何处理？

16. 流水施工不提倡间断式施工，请问是不是几乎没有可能采用间断式施工？

17. 什么是工作？工作和虚工作有何不同？

18. 什么是工艺关系和组织关系？试举例说明？

19. 简述网络图的绘制规则。

20. 什么是工作的总时差和自由时差。

21. 关键线路和关键工作的确定方法有哪些？

22. 双代号时标网络计划的特点有哪些？

23. 网络计划的优化内容有哪些？怎样进行工期优化？

24. 某工程有 A、B、C 三个施工过程，分四个施工段组织施工，设 $t_A = 2$ 天，$t_B = 4$ 天，$t_C = 3$ 天。试分别组织计算依次施工、平行施工及流水施工，并绘出施工进度计划。

25. 已知某工程任务划分为四个施工过程，分五段组织流水施工，流水节拍均为 3 天，在第二个施工过程结束后有 2 天的间歇时间，试计算其工期并绘制进度计划。

26. 某工程项目由 Ⅰ、Ⅱ、Ⅲ 三个分项工程组成，分为四个施工段。各分项工程在各个施工段上的持续时间依次为 6 天、2 天和 4 天。为了加快流水施工速度，试编制工期最短的流水施工方案。

27. 某工程由甲、乙、丙和丁四个分项工程组成，在平面上划分为四个施工段。各分项工程的流水节拍依次为 4 天、2 天、4 天、2 天。试组织成倍节拍和异节拍流水施工，并比较各自的特点。

28. 某建筑工程组织流水施工，经施工设计确定的施工方案规定为四个施工过程，划分四个施工段，各施工过程在不同施工段的流水节拍见表 5 - 18，试计算流水步距并绘制施工进度计划表。

表 5 - 18

施工段	施工过程			
	A	B	C	D
Ⅰ	5	4	2	3
Ⅱ	3	4	5	3
Ⅲ	4	5	3	2

29. 设某分部工程包括 A、B、C、D、E、F 六个分项工程，各工序的相互关系为：①A 完成后，B 和 C 可同时开始；②B 完成后 D 才能开始；③E 在 C 后开始；④在 F 开始前，E 和 D 都

必须完成。试绘制双代号网络图。

30. 绘出下列各工序的双代号网络图。

工序 C 和 D 都紧跟在工序 A 的后面；工序 E 紧跟在工序 C 的后面，工序 F 紧跟在工序 D 的后面；工序 B 紧跟在工序 E 和 F 的后面。

31. 根据表 5 – 19，绘出双代号时标网络图。

表 5 – 19

本工作	A	B	C	D	E	G	H
持续时间	9	4	2	5	6	4	5
紧前工作	—	—	—	B	B、C	D	D、E
紧后工作	—	D、E	E	G、H	H	—	—

32. 已知网络图各工作之间的逻辑关系如表 5 – 20 所示，试绘出其双代号网络图。

表 5 – 20

工作	A	B	C	D	E	G	H	I	J
紧后工作	E	H、A	J、G	H、I、J	无	H、A	无	无	无

33. 某分部工程有 A、B、C 三个施工过程，若分为三个施工段施工，流水节拍值分别为 $t_A = 2d$、$t_B = 1d$、$t_C = 1d$。请组织异节拍流水施工，绘出双代号时标网络图，并找出关键线路。

34. 某施工网络计划如图 5 – 69 所示，在施工过程中发生以下的事件：

工作 A 因业主原因晚开工 2 天；

工作 B 承包商用了 21 天才完成；

工作 H 由于不可抗力影响晚开工 3 天；

工作 G 由于业主方指令延误晚开工 5 天。

试问：承包商可索赔的工期为多少天？

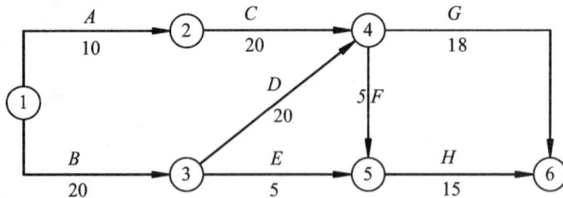

图 5 – 69

第6章 工程项目生产要素管理

【学习目标】

1. 了解建设工程生产要素管理的特点。

2. 熟悉建设工程项目人力资源组织形式和激励机制，熟悉建设工程材料管理控制的主要环节，建设工程机械设备管理机构及其职责，建设工程机械设备的保养和维修管理。

3. 掌握建设工程项目人力资源管理的控制计划的编制，掌握施工项目材料计划、进场验收和使用等管理知识，掌握常见机械的计划、使用和管理要求。

4. 初步具备根据建设工程项目建设的实际情况计划、组织、管理适宜的建设工程项目生产要素的基本能力。

5. 通过本课程的学习，培养学生的职业道德观和行业自律精神，为毕业后成为合格的项目管理者奠定基础。

【学习重点】

1. 人力资源管理计划的编制，人力资源的激励；

2. 材料管理主要的控制环节；

3. 施工现场材料管理；

4. 施工机械设备的选择；

5. 施工机械设备的使用和维修。

6.1 工程项目人力资源管理

一、工程项目人力资源管理概述

人力资源是建筑项目资源的重要方面，而且人的因素也是最重要的决定性因素。人力资源管理打破了工人、职员的界限，统一考虑组织所有体力、脑力劳动者。

对于建筑行业而言，各工种劳动力一般作为特定的劳务分包，以合同的形式参与到项目的生产过程中，并以进度计划的配套保证计划的方式进行约束和控制。劳动力管理虽然作为项目人力资源管理的重要方面，是项目经理和项目组织的管理重点之一，但就其管理内容和方法论而言，更多的是合同管理的内容和方法。

项目的人力资源管理除劳动力管理的特定内容外，还包括：根据项目的特点和具体情况，有针对性地进行项目的组织和人力资源规划，通过各种方式获得符合条件、有能力的员工，通过对员工的培训、工作设计和工作协调、绩效考评，并配合以合理的激励手段和政策，使项目的人力资源得到最好的使用，做到人尽其才、事得其人、人事相宜，实现项目的各项指标，同时也能实现员工的个人目标，使员工的潜能和价值得到发挥和发展。

（一）人力资源来源和组织

1. 劳动力的来源

根据建设部资质重新就位的文件要求，将施工单位定位为总承包企业、专业承包企业和劳务分包企业，不同性质的企业必然有不同的劳动力管理的特点，从劳动力的来源上主要分为自有职工和劳务分包两种形式。

1）自有职工

企业根据需求招收、培训、录用或聘用的职工，一般与企业签订定期合同，有的甚至是长期合同。一般总承包企业对自身职工的要求较高，自由职工一般为管理人员和技术工人。

2）劳务分包

随着建筑技术和管理技术的发展，专业分工更加细化，社会协作更加普遍，企业也不可能在建筑所有领域里保有优势，因此不可避免地将采取劳务分包进行劳动力补充。同时，采用劳务分包的形式也有利于减少成本，规避风险。劳务分包一般都使用农民工，除少数人外，普遍技术水平较低，因此对劳务分包如何进行有效的管理是一个非常重要和实际的问题。

2. 劳动力组织形式

1）专业施工队

按施工工艺由同一专业工种的职工组成的作业队，并根据需要配备一定数量的辅助工。其优点是生产任务专一，有利于工人提高技术水平，积累生产经验；缺点是分工过细，适应范围小，工种间搭接配合差。这种专业施工队适用于专业技术要求较高或专业工程量较集中的工程项目。

2）混合施工队

按劳动对象所需的相互联系的工种工人组织在一起形成的施工队。其优点是便于统一指挥，协调生产和工种间的搭接配合，有利于提高工程质量，有利于培养一专多能的多面手；但其组织工作要求严密，管理要得力，否则会产生干扰和窝工的现象。

3）大包队

这实际上是扩大了的专业施工队或混合施工队，适用于一个单位工程或分部分项工程的作业承包。其优点是可以进行综合承包，独立施工能力强，有利于协作配合，简化了管理工作。

施工队的规模一般应依工程的大小而定，而具体采取哪种形式，则应在有利于节约劳动力、提高劳动生产率的前提下，按照实际情况而定。

3. 劳动组织的调整和稳定

劳动组织要服从施工生产的需要，在保持一定稳定性的情况下，要随现场施工生产的变化而不断调整。劳动组织的调整必须遵循以下原则：

（1）根据施工对象的特点（结构特点、技术复杂程度、工程量大小等）分别采取不同的劳动组织形式。

（2）按照施工组织设计要求，有利于工种间的协作配合，有利于充分发挥工人在生产中的主动性、创造性。

（3）现场工人要相对稳定，并使骨干力量和一般力量，技术工人和普通工人密切配合，保证工程质量。

（二）人力资源培训和上岗

劳动者的素质和劳动技能的不同，在现场施工中所起的作用和获得的劳动成果也不相同。目前施工现场缺少的不是劳动力，而是缺少有知识、有技能、适应现代建筑业发展要求的新型劳动者和经营管理者。而使现有劳动力具有这样的文化水平和技术熟练程度的唯一途径是采取有效措施全面展开培训，通过培训达到预定的目标和水平，只有经过一定考核达到相应的技术熟练程度且取得文化水平的合格证，才能上岗。

1. 培训内容

（1）现代现场管理理论的培训。任何实践活动都离不开理论的指导，现场施工也是这样，如果管理者和被管理者不掌握现场管理理论，就无法做到协调高效率，而造成窝工浪费；同时管理上不能跟上，现场施工水平就要落后，不能参与市场竞争，企业就要被淘汰。所以，要加强现场管理理论的培训。

（2）文化知识的培训。文化知识是进行业务学习、提高操作水平的基础，要掌握一定的施工技术，必须有相应的文化知识作保证。文化知识就是工具，必须进行岗位培训使职工掌握这个工具。

（3）操作技术的培训。职工进行培训的目的是为了能上岗胜任工作，所以一切培训内容都要围绕这一点进行。结合现场技能、技术和协作的要求，围绕施工工艺进行培训，做到有的放矢，学以致用，使职工的技术水平达到岗位或工人工资级别相应的水平。

（4）做好考核和发证工作。凡是上岗人员都要统一考核，获得相应的岗位证书，保证培训的系统性、有效性。对那些一次培训不合格的人员不能发证上岗，这些人要么离岗，要么继续进行培训，直到取得合格的岗位证书，保证培训质量。

（5）培训计划和管理。培训工作要有计划、有步骤地进行，做到与需求同步，避免影响正常工作或培训内容滞后，因此需要进行培训计划的编制。根据工程的需要进行培训计划安排，同时与企业的各项培训相结合，做到结合实际，兼顾长远。同时还要对培训工作进行有效的档案管理，以利于专业知识和技能的普及和提高，也有利于优化劳动力组合，达到形成有专长的劳动资源的目的。

（三）劳动工资

企业正确地编制工资计划，可以促进劳动生产率的提高，改善经营管理，合理地运用工资基金，节约人力，降低工程成本。

工资计划应以工程项目为对象，按年度计划或季度计划编制，编制内容主要包括确定工资总额和平均工资两部分。

工资总额是指计划期内应付给全体职工的工资总额，包括标准工资、附加工资、经常性奖金和工资性质的津贴等。

平均工资是指施工项目全体职工在计划期内所得工资的平均数额，它反映职工的收入水平，也是工资计划中的一个重要指标。

$$年(季)计划平均工资 = \frac{年(季)计划工资总额}{年(季)计划平均在册人数}$$

工资基金计划应根据上级下达的有关指示、规定，参照计划期内施工任务、劳动生产率指标、各类人员的需求量、目前实行的工资、奖励和津贴制度等进行编制。

二、工程项目人力资源管理控制

(一)人力资源管理计划

施工现场劳动力计划管理就是为完成生产任务,履行施工合同,按有关定额指标,根据工程项目数量、质量、工期的需要,合理安排劳动力的数量和质量,做到科学合理而不盲目,具体方法和步骤如下:

1. 定额用工的分析

根据工程的实物量和定额标准分析劳动需用总工日;确定生产工人、工程技术人员、徒工的数量和比例,以便对现有人员进行调整、组织、培训,以保证现场施工的人力资源。

定额分析的方法有两种,见表6-1、表6-2。

表6-1 定额分析法(按分项工程进行用工分析)

序号	分项工程名称	工程量	单位	定额工日	需要工日	工人数
1	挖基槽土方	100	m²	0.37	37	10
2	砌砖基础	100	m²	1.30	130	35
3	回填土	100	m²	0.09	9	5

表6-2 定额分析法(按现场所需工种分析)

序号	工种名称	单位	总工日	定额工日	劳动力数量(人)
1	浇灌混凝土	工日	100	4	25
2	绑扎钢筋	工日	100	4	30
3	支模板	工日	100	4	25

2. 劳动力使用计划的编制

劳动力使用计划是工程工期计划的重要配套保证计划之一,也是保证工程工期计划实现的条件。劳动力使用计划编制的原则是劳动力均衡使用,避免出现过多、过大的需求高峰,以免给人力调配带来困难,同时也增加了劳动力的成本,还带来了住宿、交通、饮食、工具等方面的问题。

劳动力使用计划的编制质量与工程量的准确与否以及工期计划的合理与否有着直接的关系。工程量越准确,工期越合理,劳动力使用计划才能越合理。

3. 劳动力资源的落实

现场劳动力的需求计划编制完成后,就要与企业现有可供调配的劳动力加以比较,从数量、工期、技术水平等方面进行综合平衡,并按计划落实应进入现场的人员。在解决劳动力资源时要考虑以下三个原则:

1)全局性的原则

把施工现场作为一个系统,从整体功能出发,考察人员结构,不单纯安排某一工种或某一工人的具体工作,而是从整个现场需要出发做到不单纯用人,不用多余的人。

2）互补性原则

对企业来说，人员结构从素质上可以分为好、中、差，在确定现场人员时，要按照每个人的不同优势与劣势、长处与短处，合理搭配，使其取长补短，达到充分发挥整体效能的目的。

3）动态性原则

根据施工现场进展情况和需要的变化而随时进行人员结构、数量的调整，不断达到新的优化，当需要人员时立即组织进场，当出现多余人员时转向其他现场或进行定向培训，使每个岗位负荷饱满。

（二）人力资源的优化配置

施工现场劳动力组织优化，就是在考虑相关因素变化的基础上，合理配置劳动力资源，使劳动者之间、劳动者与生产资料和生产环境之间达到最佳的组合，使人尽其才，物尽其用，时尽其效，不断地提高劳动生产率。其要点是：

优化的依据：考虑相关因素的变化，即要考虑生产力的发展、市场需求、技术进步、市场竞争、职工年龄结构、知识结构、技能结构等因素的变化。

优化的内容：主要包括劳动者之间，劳动者与生产资料、生产环境之间的最佳组合。

优化要达到的目标是提高劳动生产率。

1. 劳动力组织优化的标志

1）数量合适

根据工程量的大小和合理的劳动定额并结合施工工艺和工作面的大小确定劳动者的数量。要做到在工作时间内能满负荷工作，防止"三个人的活，五个人干"的现象。

2）结构合理

结构合理是指在劳动力组织中的知识结构、技能结构、年龄结构、体能结构、工种结构等方面，与所承担的生产经营任务的需要相适应，能满足施工和管理的要求。

3）素质匹配

主要是指劳动者的素质结构与物质形态的技术结构相匹配；劳动者的技能素质与所操作的设备、工艺技术的要求相适应；劳动者的文化程度、业务知识、劳动技能、熟练程度和身体素质等，能胜任所担负的生产和管理工作。

4）协调一致

这是指管理者和被管理者、劳动者之间，相互支持、相互协作、相互尊重、相互学习，成为具有很强的凝聚力的劳动群体。

5）效益提高

这是衡量劳动力组织优化的最终标志。一个优化的劳动力组织不仅在工作上实现满负荷、高效率，更重要的是要提高经济效益。

2. 劳动力组织优化的原则

（1）精干高效的原则；

（2）竞争择优的原则；

（3）双向选择的原则；

（4）治懒汰劣的原则。

3. 人力资源的开发与激励

认真科学地分析现场职工的合理需要，并进行优化管理，然后采取措施尽量加以满足，从而不断激发职工的内在潜力和能力，充分发挥职工的积极性和创造性，使每个职工才有所用、力有所长、劳有所得、功有所补，不断提高施工生产水平，增强企业活力和竞争力，使企业得到发展壮大。

1）关注劳动者的需要

按需要的重要性及发生发展的先后次序排列为生理上的需要、安全上的需要、归属与相爱的需要、尊重的需要和自我实现的需要五个层次。其中生理上的需要是职工为了生存不可缺少的最基本的原始需要，如吃饭、穿衣、居住等；安全的需要是在生理需要满足后产生的，如生活要有保障，没有失业的威胁，年老生病有保障等；归属与相爱的需要是属于社交的需要，每个职工都是社会人，都有一种从属于某一组织或群体的感情，希望朋友之间、同事之间关系融洽，相互关心照顾；尊重的需要是职工对名誉、地位、个人能力、成就等要求被人们承认的需要；自我实现的需要是发挥人的潜在能力，实现自己既定理想目标的需要。

2）物质激励

一是工资激励，工资作为职工及家庭生活的重要物质条件，必须贯彻按劳分配原则，满足职工及家属的基本生存需要；二是奖金激励，奖金作为超额劳动的报酬，具有灵活性和针对性，运用得好能起到比工资更有效的激发职工工作热情的作用；三是福利、培训、工作条件和环境激励，它区别于工资和奖金的激励，不是直接计算职工的成果，而是通过对整个企业或承包单位全体施工人员工作条件的改善进行激励，能培养职工对现场施工的凝聚力和向心力。

3）精神激励

通过满足职工较高层次的需要，用精神激励手段来实现对企业职工积极性和创造性的激发。主要包括：思想政治工作，树立职工的主人翁意识，增强职工的自信心、荣誉感等。其作用为一是强化作用，使受表彰行为得到巩固，使不良行为受到抑制；二是引导作用，通过表彰、思想教育等方式来激发职工的动机以引导其行为，使外界教育转化为内在需要的动力；三是激发作用，通过树立典型来促进后进，带动中间。

4）实施方法

（1）深入了解职工工作动机、性格特点和心理需要；

（2）组织目标设置与满足职工需要尽量一致，使职工明确奋斗意义；

（3）企业管理方式和行为多实行参与制、民主管理，避免滥用职权，现场管理制度要有利于发挥职工的主观能动性，避免成为遏制力量；

（4）从现场职工的需要满足职工的自我期望、目标两方面进行激励；

（5）对不同职工在选择激励方法时要因人而异，可采用物质和精神激励相结合的方法；

（6）激励要掌握好时间和力度；

（7）建立良好的人际关系，领导、群众、上级、下级之间相互信任，相互尊重，相互关心；

（8）创造良好的施工环境，保障职工的身心健康。

6.2 工程项目材料管理

一、工程项目材料管理概述

施工项目材料管理是施工项目部为顺利完成工程项目施工任务、合理使用和节约材料、努力降低材料成本,所进行的材料计划、订货采购、运输、库存保管、供应、加工、使用、回收等一系列的组织和管理工作。

施工材料是施工项目最重要的生产要素之一,据有关资料统计,材料费用占工程成本的70%左右。因此,加强材料管理,是节约施工项目成本、增强企业盈利能力的潜力所在。

(一)材料分类

项目使用的材料数量大、品种多,对工程成本和质量的影响不同。企业将所需物资进行分类管理,不仅能发挥各级物资人员作用,也能尽量减少中间环节。目前,大部分企业在对物资进行分类管理中,运用了"ABC 法"的原理,即关键的少数、次要的多数,根据物资对本企业质量和成本的影响程度或物资管理体制,将物资分成 A、B、C 三类进行管理。

1.分类的依据

(1)根据物资对工程质量和成本的影响程度。对工程质量有直接影响的,关系用户使用生命和效果的,占工程成本较大的物资一般为 A 类;对工程质量有间接影响,为工程实体消耗的可分为 B 类;辅助材料、占工程成本较小的为 C 类。

(2)企业管理制度和物资管理制度。由总部主管部门负责采购供应的为 A 类,其余可为B、C 类。

2.分类内容见表 6 - 3

表 6 - 3　物资分类表

类别	序号	材料名称	具体种类
A 类	1	钢材	各类钢筋,各类型钢
	2	水泥	各等级袋装水泥,散装水泥,装饰工程用水泥,特种水泥
	3	木材	各类板、方材,木、竹制模板,装饰、装修工程用各类木制品
	4	装饰材料	精装修所用各类材料,各类门窗及配件,高级五金
	5	机电材料	工程用电线、电缆,各类开关、阀门、安装设备等所有机电产品
	6	工程机械设备	公司自购各类加工设备,租赁用自升式塔吊,外用电梯
B 类	1	防水材料	室内外各类防水材料
	2	保温材料	内外墙保温材料,施工过程中的混凝土保温材料,工程中管道保温材料
	3	地方材料	砂石,各类砌筑材料
	4	安全防护用具	安全网,安全帽,安全带
	5	租赁设备	钢筋加工设备,木材加工设备,电动工具,钢模板,架料,井字架
	6	建材	各类建筑胶,PVC 管,各类腻子
	7	五金	火烧丝,电焊条,圆钉,钢丝,钢丝绳
	8	工具	单价 400 元以上使用的手动工具
C 类	1	油漆	临建用调和漆,机械维修用材料
	2	小五金	临建用五金
	3	杂品	
	4	工具	单价 400 元以下手用工具
	5	劳保用品	按公司行政人事部有关规定执行

（二）材料管理的特点和意义

1. 材料管理的特点

（1）材料供应的多样性和多变性；

（2）材料消耗的不均衡性，受季节性影响；

（3）受到运输方式和运输环节的影响。

2. 材料管理的意义

（1）是保证施工生产顺利进行的先决条件；

（2）是提高工程质量的重要保障；

（3）可以保证工程项目按期或提前完成；

（4）可以降低工程成本；

（5）可以加速流动资金周转，减少流动资金的占用；

（6）有利于提高劳动生产率；

（7）有利于带动现场管理水平的提高。

（三）材料管理的任务

（1）施工项目部及时向企业材料机构提交各种材料计划，并签订相应的材料合同，实施材料的计划管理。

（2）加强现场材料的验收、存储保管；建立材料领发、退料登记的制度；监督材料的使用，实施材料定额消耗管理。

（3）大力探索节约材料、研究代用材料、降低材料成本的新技术、新途径和先进的科学方法，如 ABC 分类法、库存技术方法、价值分析法等。

（4）建立施工项目材料管理岗位责任制。施工项目经理是材料管理的全面领导责任者；施工项目部主管材料人员是施工现场材料管理直接责任者；班组料具员在主管材料员业务指导下，协助班组长组织监督本班组合理领、用、退料。

（四）材料管理主要控制环节

建筑材料管理是建筑工程项目管理的重要组成部分，在工程建设过程中建筑材料的采购管理、质量控制、环保节能、现场管理、成本控制是建筑工程管理的重要环节。搞好材料管理对于加快施工进度、保证工程质量、降低工程成本、提高经济效益，具有十分重要的意义。

1. 材料的采购管理

1）制订采购计划

项目部依据项目合同、设计文件、项目管理实施规划和有关采购管理制度编制采购计划。采购计划包括采购工作范围、内容及管理要求；采购信息，包括产品或服务的数量、技术标准和质量要求；检验方式和标准；供应方资质审查要求；采购控制目标及措施。

2）加强市场调研、合理选择供应商

一是审核查验材料生产经营单位的各类生产经营手续是否完备齐全；二是实地考察企业的生产规模、诚信观念、销售业绩、售后服务等情况；三是重点考察企业的质量控制体系是否具有国家及行业的产品质量认证，以及材料质量在同类产品中的地位；四是从建筑业界同行中了解，获得更准确、更细致、更全面的信息；五是组织对采购报价进行有关技术和商务的综合评审，并制定选择、评审和重新评审的准则。

3）材料价格的控制要点

对材料的采购价格进行控制。企业应通过市场调研或者通过咨询机构，了解材料的市场价格，在保证质量的前提下，货比三家，选择较低的材料采购价格。

对材料采购时的运费进行控制。要合理地组织运输，材料采购进行价格比较时要把运输费用考虑在内。在材料价格相同时，就近购料，选择最经济的运输方法，以降低运输成本。要合理地确定进货的批次和批量，还要考虑资金的时间价值，确定经济批量。

4）材料的进场检验

建筑材料验收入库时必须向供应商索要国家规定的有关质量合格及生产许可证明。项目采用的设备、材料应经检验合格，并符合设计及相应现行标准要求。材料检验单位必须具备相应的检测条件和能力，经省级以上质量技术监督部门或者其授权的部门考核合格后，方可承担检验工作。采购产品在检验、运输、移交和保管等过程中，应遵循职业健康安全和环境管理的要求，避免对职业健康安全、环境造成影响。

2. 材料的现场管理

1）材料存放管理

建筑材料应根据材料的不同性质存放于符合要求的专门材料库房，应避免潮湿、雨淋，防爆、防腐蚀。一个建筑工地所用材料较多，同一种材料有诸多规格，比如钢材从直径几毫米到几十毫米有几十个品种，水泥有标号高低之分，各种水电配件品种繁多，所以各种材料应标识清楚，分类存放。

2）材料发放管理

建立限额领料制度，对于材料的发放，不论是项经部、分公司还是项目部仓库物资的发放，都要实行"先进先出，推陈储新"的原则，项目部的物资耗用应结合分部、分项工程的核算，严格实行限额领料制度，在施工前必须由项目施工人员签限额领料单，限额领料单必须按栏目要求填写，不可缺项。对贵重和用量较大的物品，可以根据使用情况，凭领料小票分多次发放。对易破损的物品，材料员在发放时需做较详细的验交，并由领用双方在凭证上签字认可。

3. 施工中的组织管理

这是现场材料管理和管理目标的实施阶段，其主要内容如下：

（1）现场材料平面布置规划，做好场地、仓库、道路等设施的准备。

（2）履行供应合同，保证施工需要，合理安排材料进场，对现场材料进行验收。

（3）掌握施工进度变化，及时调整材料配套供应计划。

（4）加强现场物资保管，减少损失和浪费，防止物资丢失。

（5）施工收尾阶段，组织多余料具退库，做好废旧物资的回收和利用。

4. 材料的成本管理

明确施工过程中工程成本控制的内容，有针对性地进行成本控制。在工程项目中，成本控制的内容一般包括制度控制、限量控制、主材控制、材料索赔控制。

1）制度控制

树立"先算后用，节约有奖，浪费扣罚"的风尚，建立限额领料制度、余料回收奖励制度，包括"金点子"和合理化建议节约提成的激励制度；强化现场工程材料预算、计划和进场验收制度，对商品混凝土、钢材、水泥、砂石料、干粉砂浆和混凝土砌块等大宗材料应有专门采购收料制度，确保质量合格和数量准确；建立常用小器具和废旧料管理制度，扶梯、栏杆、灯架、配电箱等各种常用材料应设专人保管，废钢材、废电线等可回收材料应建立收集和处理制度。

2）材料限量控制

施工项目的工程材料费一般要占工程总成本的60%左右，显然材料成本是成本控制的重头戏。材料控制主要靠改进材料的采购、运输、收发、保管等方面的工作，减少各个环节的损耗，节约采购费用；采用精益的管理原则，合理堆放现场材料，减少二次搬运；对材料的领取做好管理工作，杜绝材料的浪费。坚持按定额确定的材料消费量，实行限额领料制度，施工人员只能在规定限额内分期分批领用，如超出限额领料，要分析原因，及时采取纠正措施；改进施工技术，推广使用降低材料用量的各种新技术、新工艺、新材料；加强现场管理，合理堆放，减少搬运，降低堆放、仓储损耗。

3）主材控制

（1）加强商品混凝土的数量控制。目前商品混凝土的数量不足有两种情况：一是商品混凝土厂家提供数量不足，二是由于施工班组楼板厚度控制不好造成浪费。针对第一种情况，建议商品混凝土合同签订时结算数量按图纸结算，避免数量失控；针对第二种情况，建议楼板混凝土厚度控制标高在施工前降低5～10毫米，因为楼板的正常沉降为5～10毫米。

（2）加强钢材用量的控制。目前钢筋存在超量问题，为了应付验收钢筋，钢筋工不懂规范只知道多放钢筋，造成超规范放置，这是因为班组结算时按吨位结算，多放钢筋对班组有利。针对钢筋用量严重超标现象，项目部应加强管理，要求钢筋工严格按照规范施工，按规范及图纸进行检查，多放要罚，同时合理利用钢筋的各类技术性能。如线材可进行工厂冷拔加工，增加长度、强度，现浇板采用冷轧扭钢筋，加强加工管理，合理配料。进料的长度，可根据配料单确定，减少钢筋损耗。施工员审核翻样单或施工员翻样，严格按翻样单制作钢筋。钢筋接头Φ14以上，均采用焊接接头，杜绝冷接接头。

（3）模板的控制。现场要加强模板的进货数量、规格尺寸控制，不能依靠班组，班组要多少就进多少。应根据进度安排、房屋类型来配置模板，模板规格根据结构模数定，要进行模板翻样的审核工作。考虑周转利用，旧模板可以制作成定型模板，进行重复利用。拆模后的模板及时清理并深脱模油，掌握好模板安装与拆模的技巧，控制模板拆模的损耗。小而结构复杂的模板难拆处，尽可能用旧模板替代。

5. 索赔控制

施工索赔是由于业主或其他方面的原因，致使施工单位在施工过程中付出了额外的费用或造成损失，施工单位通过合法途径和程序，要求业主偿还其施工中的费用损失。

关于材料常见的索赔内容有：由于业主和工程师方面的原因，引起施工临时中断和工效降低导致人工费、材料费、设备费增加而提出的索赔；业主和工程师发布加速指令，要求承包商投入更多资源，加班赶工来完成施工项目，导致工程成本的增加；业主材料质量问题或材料供应不及时引起的索赔。施工企业一定要增强索赔意识，加强索赔管理，做好索赔资料的收集、整理与保存工作。

二、工程项目材料管理控制

(一)材料管理计划

施工项目材料计划是对施工项目所需材料的预测、部署和安排,是指导组织施工项目材料订货、采购、加工、储备和供应的依据,是降低成本、加速资金周转、节约资金的一个重要因素,对项目施工的顺利进行具有十分重要的作用。

1.施工项目材料计划的分类

施工项目材料计划可根据其内容和作用,分为材料需用计划、材料供应计划、材料采购计划和材料节约计划。

材料需用计划是根据工程项目设计文件及施工项目管理实施规划编制的,反映完成施工项目所需的各种材料的品种、规格、数量和时间要求,是编制其他各项计划的基础。

材料供应计划是根据需用计划和可供应的货源编制的,主要反映施工项目所需材料的来源。

材料采购计划是根据供应计划编制的,反映从市场采购、订货的数量,是进行采购、订货的依据。

材料节约计划是根据材料的耗用量和技术措施编制的,反映施工项目材料消耗水平和节约量,是控制供应、指导消耗和考核的依据。

2.施工项目材料计划的编制依据和内容

施工项目部主要材料计划的内容及其编制依据如下:

1)施工项目主要材料需要量计划

依据施工图纸、预算,并考虑施工现场材料管理水平和节约措施编制材料需要量,以单位工程为对象,编制各种材料需要量计划,而后归集汇总整个项目的各种材料需要量,在项目开工前,向公司材料机构提出一次性材料计划,包括总计划、年计划,该计划作为企业材料机构采购、供应的依据。

2)主要材料月(季)需要量计划

在项目施工中,施工项目部向企业材料机构提出主要材料月(季)需要量计划。该计划内容主要包括各种材料的库存量、需要量、储备量等数据,同时还要编制材料平衡表。编制计划应依据工程施工进度,还应随着工程变更情况和调整后的施工预算进行及时调整。该计划是企业材料机构动态供应材料的依据。

3)构配件加工订货计划

依据施工图纸和施工进度计划进行编制,在构件制品加工周期允许时间内提出加工订货计划,作为企业材料机构组织加工和向现场送货的依据。

4)施工设施用料计划

依据施工平面图对现场设施的设计进行编制,按使用期提前向材料供应部门提出施工用料计划,作为材料供应部门及时送料的依据。

5)周转材料、工具租赁计划

依据施工组织设计,按品种、规格、数量、需用时间的要求,提出周转材料、工具的租赁计划,并提前向企业租赁站提出,作为租赁站送货到现场的依据。

6）主要材料节约计划

根据企业下达的材料节约率指标进行编制，要求落实到各有关的分部分项工程施工的技术组织措施中，作为施工班组领发材料限额及考核的依据。

3. 施工项目材料计划的编制

1）施工项目材料需要量计划编制

以单位工程为对象归集各种材料的需要量，在单位工程预算的基础上，按分部分项工程计算出各种材料的消耗量，然后在单位工程范围内，按材料种类、规格分别汇总，得出单位工程各种材料定额消耗量，在此基础上考虑施工现场材料管理水平及节约措施，即可编制出施工项目材料需要量计划。

2）施工项目材料需用量的确定

确定施工项目材料需用量有以下几种方法：

（1）定额计算法。这种方法计算的材料需用量比较准确，适用于有消耗定额的各种材料。先计算施工项目各分部、分项工程的工程量并套取相应的材料消耗定额，求得各分部、分项工程的材料需用量，再汇总各分部、分项工程的材料需用量，求得整个施工项目各种材料的总需用量。分部、分项工程材料需用量计划计算公式：

某种材料需用量 = 某分项工程量 × 该项材料消耗定额

（2）比例计算法。这种方法常用来确定无消耗定额，但有历史消耗数据的情况，即以有比例关系为基础来确定材料需用量，其计算公式如下：

$$材料需用量 = 对比期材料实际耗用量 × \frac{计划期工程量}{对比期实际完成工程量} × 调整系数$$

式中，调整系数一般可根据计划期与对比期施工技术与组织条件的对比分析、降低材料消耗的要求和采取节约措施后的效果等来确定。

（3）类比计算法。这种方法常用于计算新产品对某些材料的需用量。它是参考类似产品的材料消耗定额，确定该产品或该工艺的材料需用量的一种方法。其计算公式如下：

材料需用量 = 工程量 × 类似产品的材料消耗定额 × 调整系数

式中，调整系数可根据该种产品与类似产品在质量、结构、工艺等方面的对比分析来确定。

（4）经验估计法。这是根据计划人员以往的经验来估算材料需用量的一种方法。这种方法科学性差，只限不能或不必要采用其他方法的情况。

3）施工项目材料供应计划编制

施工项目材料供应计划，又称平衡分配计划，为组织货源、订购、储备、供应提供凭据。供应计划的编制，是在确定计划需用量的基础上，预计各种材料的期初储存量，经过综合平衡后，提出供应量。

期内供应量 = 期内需用量 − 期初储存量 + 期末储备量

其中，期末储备量主要由供应方式和现场条件决定，在一般情况下也可按下列公式计算：

某项材料储备量 = 某项材料的日需用量 ×（该项材料的供应间隔天数 + 运输天数 + 入库检验天数 + 生产前准备天数）

材料供应计划的编制，只是计划工作的开始，更重要的是组织计划的事实。计划实施的关键问题是实行配套供应，即对各分部分项工程所需的材料品种、数量、规格、时间及地点，组织配套供应，不能缺项，不能颠倒。其次，要实行承包责任制，明确供求双方的责任和义务，以及奖惩规定，签订供应合同，以确保施工项目顺利进行。材料供应计划在执行过程中，如遇到设计修改、生产或施工工艺变更时，应做相应的调整和修订，但必须有书面依据，要制订相应的措施，并及时通告有关部门，妥善处理并积极解决材料的余缺，以避免和减少损失。

在材料供应计划的执行过程中，应定期或不定期地进行检查。主要检查内容为供应计划的落实情况、材料采购情况、订货合同的执行情况、主要材料的消耗情况、主要材料的储备及周转情况等，以便及时发现问题、解决问题。

（二）材料订购采购

施工项目材料采购供应管理就是对项目所需物资的采购供应活动进行计划、组织、监督、控制，努力降低物资在流通领域的成本。

1. 施工项目材料采购供应管理的任务

通过对供应商的评审与评价，选择合理的供应方式和价格，适时地将工程所需物资配套供应至项目指定地点，保证项目施工生产的顺利进行，并在物资的流通过程中为企业创造较好的经济效益。

2. 材料采购应遵循的原则

1）遵守政策法规的原则

各级材料的采购部门在采购中应严格遵守国家、地方有关物资工作的法令、法规和企业的规章制度，认真贯彻执行政府行业主管部门对物资采购供应的有关规定，在《合同法》的约束下，进行采购供应活动。

2）按计划采购的原则

采购计划是以项目生产计划所需的物资需求量为依据，经过核查需用、核对图纸、盘查库存后编制，经过主管领导审批的。计划中已明确了物资的采购数量、采购价格、供方单位、质量标准和进场时间，采购过程中人员应严格按照采购计划采购，以确保生产的顺利进行。

3）坚持"三比一算"的原则

质量、价格、运距是组成物资流通成本的基本要素，比质量、比价格、比运距、核算成本是对采购人员最基本的要求，也是降低采购成本的基本方法和手段。采购供应过程中，采购人员应认真、切实做到"同质量比价格，同价格比质量"，认真细致地核算成本。

4）开展质量成本活动

不同的质量标准价格差异很大。在采购前，采购人员应充分了解物资的使用用途，根据工程不同的使用部位和对物资的质量要求选择不同的材质标准进行采购供应，以达到降低成本的目的。

（三）材料存储管理

材料购回至使用是有一定时间差的。在这段时间内，应加强材料存放管理，不能因保管不善而降低使用寿命。主要应注意两点：

1. 专门库房，妥善存放

建筑材料应存放于符合要求的专门材料库房，否则，会降低材料的使用寿命。如钢材、水泥等材料，应避免潮湿、雨淋。钢材（及制作成品）堆放在潮湿的地方或被雨淋，会很快被氧化锈蚀，从而影响其使用寿命；水泥回潮或被雨水冲淋了，就不能使用了。

2. 标识清楚，分类存放

一个建筑工地所用材料较多，同一种材料有诸多规格，比如钢材从直径几毫米到几十毫米几十个品种，又有圆钢和带肋之别；水泥有标号高低之不同，又有带R与不带R、硅酸盐、矿渣、立窑、悬窑之别，建筑物的不同浇灌部位，其设计标号是有差别的，绝不能错用、混用。

另外，对于材料的发放，不论是项经部、分公司还是项目部仓库物资的发放，都要实行"先进先出，推陈储新"的原则，项目部的物资耗用应结合分部分项工程的核算、严格实行限额/定额领料制度，在施工前必须由项目施工人员签限额领料单，限额领料单必须按栏目要求填写，不可缺项。对贵重和用量较大的物品，可以根据使用情况，凭领料小票分多次发放。对易破损的物品，材料员在发放时需较详细的验交，并由领用双方在凭证上签字认可。

(四)现场材料管理

施工现场材料管理有材料消耗定额管理、材料进场验收、材料储存保管与领发、材料使用监督、材料回收、周转材料现场管理等环节。这些环节的具体内容如下：

1.材料消耗定额管理的内容

应以材料施工定额为基础，向基层施工队、班组发放材料，进行材料核算。要经常考核和分析材料消耗定额的执行情况，着重于定额与实际用料的差异、非工艺损耗的构成等，及时反映定额达到的水平和总结节约用料的经验，不断提高定额管理水平。还应根据实际执行情况，积累数据作为修订和补充材料定额的参考。

2.材料进场验收

根据现场平面布置图，认真做好材料的堆放和临时仓库的搭设，要求做到有利于材料的进出和存放，方便施工，避免和减少场内二次搬运。在材料进场时，根据材料计划、送料凭证、质量保证书或材质证明(包括厂名、品种、出厂日期、出厂编号、实验数据等)和产品合格证，进行数量验收和质量确认，做好验收记录，办理验收手续。

材料的质量验收工作，要按质量验收规范和计量检测规定进行，严格执行验品种、验型号、验质量、验数量、验证件等制度。要求复检的材料要有取样送检证明报告；新材料未经试验鉴定，不得用于工程中；现场配制的材料应经试配，使用前应经认证。对不符合计划要求或质量不合格的材料，应更换、退货或让步接收(降级使用)，严禁使用不合格的材料。

材料的计量设备必须经具有资格的机构定期检验，确保计量所需要的精确度，不合格的检验设备不允许使用。

3.材料储存保管与领发

现场材料按施工平面布置图的要求定位放置，有保管措施，符合堆放保管制度。

需仓库存放的材料须验收后入库，按型号、品种分区堆放，并编号、标识；易燃易爆、有毒等危险品材料，应专门存放，由专人负责保管，有严格的安全措施；有保质期的材料应做好标识，定期检查，防止过期；材料仓库或现场堆放的材料必须有必要的防火、防雨、防潮、防盗、防风、防变质、防损坏等措施。

严格执行限额领发料制度，建立领发料台账，收发材料要及时入账，手续齐全，并做到日清、月结、定期盘点、账物相符。

4.材料使用监督

施工过程是材料的消耗过程，使用过程中材料管理的中心任务是保证施工用料，合理使用各种材料，降低消耗，实现材料管理目标。建立健全材料管理体系，坚持按分部分项工程或按楼层分阶段进行材料使用分析和核算，以便及时发现问题，防止材料超用，现场材料管理责任人应对现场材料使用进行分工监督、检查，做到"谁做谁清，随做随清，操作环境清，工完场地清"。

5. 材料回收

各施工班组施工完毕后必须回收余料，建立回收台账，记录节约或超额记录，处理好经济关系。余料回收时及时办理退料手续；回收和利用废旧材料，要求实行交旧领新、包装回收、修旧利废。

6. 周转材料现场管理

周转材料（如脚手架、模板等）的特点是价格高、用量大、使用周期长，其价格随着周转使用逐步转移到成本中。所以，对周转材料管理的要求是在保证施工生产的前提下，减少占用，加速周转，延长使用寿命，防止损坏。

周转材料进入施工现场均应按规格分别整齐码放，垛间应留有通道；露天堆放应限制堆放高度，周边应有防水等防护措施，零配件要装入容器按退库验收标准回收。

【案例6-1】 某机电安装公司，为进入某钢铁企业承担工程，采取低价中标的方法承接了高炉热风炉鼓风机安装任务。由于利润低，施工单位资源投入不足，项目经理对该工程积极性不大，造成施工准备不充分，影响了施工进度和质量。项目经理在电缆采购时只注重价格，使一些伪劣电缆进入施工现场，蒙混过了关。工程完工后，通过验收交付使用单位，过了保修期的一个夏季，当工程满负荷运行时，出现电缆发热，并造成停机。

问题：

（1）施工单位低价中标后，为保住得来不易的市场，应做好哪些方面的质量预控？

（2）资源投入主要包括哪些方面？

（3）从采用伪劣电缆事件分析，施工单位的材料管理在哪些环节上存在失控？

（4）电缆过热引起停机，已过保修期，施工单位是否应对其负责？说明理由。

【解】 （1）施工单位低价中标后，为了保住得来不易的市场，应做好施工组织设计或质量计划预控、施工准备状态预控、施工生产要素预控。

（2）资源投入包括人员、材料、施工设备（机具）和资金等。

（3）施工单位在材料管理上失控的环节有：供应商的选择，没有经过对比分析选择一个符合要求、资信好、价格合理的材料供应商；材料验收，电缆进场后没有认真进行检查验收，没认真履行报验制度。

（4）虽然已过保修期，但施工单位仍要对质量问题负责，原因是：该质量问题的发生，是由于施工单位采用不合格材料造成的，是施工过程中造成的质量隐患，不是因使用原因造成的质量问题，因此不存在过了保修期的说法。

6.3 工程项目机械设备管理

一、工程项目机械设备管理概述

施工项目的机械设备主要是指作为大型工具使用的大、中、小型机械。施工项目机械设备管理是指施工项目部针对其所承担的施工项目，运用科学方法优化选择和配备施工机械设备,并在生产过程中合理使用,进行维修保养等各项管理工作。施工项目机械设备管理的环节包括选择、合理使用、保养和维修,关键在使用,使用的关键是提高施工机械效率,而提高施工机械效率则必须提高利用率和完好率。通过施工机械设备管理,寻找提高利用率和完好率的措施,利用率的提高靠人,而完好率的提高在于保养维修。

（一）机械设备的分类

机械设备种类很多,分类方法也不尽相同,通常按其作用可分为输送设备、金属加工设备、铸造设备、动力设备、起重设备、冷冻设备、分离设备和成型与包装设备等。

（1）输送设备可分为:气体输送设备,如风机、压缩机、真空泵、液环泵等;液体输送设备,如各种水泵、油泵等。

（2）金属加工设备可分为:锻压设备,如锤类、剪切机、锻机、弯曲矫正机等。

（3）铸造设备分为砂处理设备、落砂及清理设备等。

（4）起重设备包括各种桥式起重机、门式起重机、电动葫芦等。

（5）成型与包装设备包括压块机、包装机、缝包机等。

（二）机械设备管理的任务

在设备使用寿命期内,机械设备管理的任务为科学地选好、管好、养好、修好机械设备,保持较高的设备完好率和最佳技术状态,从而提高设备利用率和劳动生产率,稳定提高工程质量,获得最大的经济效益。

（三）机械设备管理机构及其职责

1.企业集团在机械设备管理工作中的职责

（1）贯彻落实国家、当地政府有关施工企业机械设备管理的方针、政策和法规、条例、规定,制定适应企业集团的管理制度和规定;

（2）负责对企业集团机械设备管理工作的监督、管理,业务指导和信息协调服务工作;

（3）组织企业集团内机械设备管理工作经验交流,技术业务培训,为所属公司提供有关信息和咨询服务;

（4）协助企业集团直营企业做好施工现场机械设备管理工作;

（5）完成上级主管业务部门、行业管理部门及企业集团领导布置安排的其他有关机械设备管理的工作。

2.企业集团所属公司(以下简称公司)在机械设备管理工作中的职责

（1）贯彻落实国家、当地政府和企业集团有关施工企业机械设备管理的方针、政策和法规、条例、规定,制定适应公司的管理制度和规定;

（2）制定公司设备管理工作的年度方针目标和主要工作计划,并组织专业设备租赁公司和工程项目具体实施;

（3）建立健全公司机械设备管理的各项原始记录,做好统计、分析工作;

（4）认真搞好施工现场设备管理和安全使用管理,组织、参与对大型起重设备和成套设备的验收工作,配合好施工生产,确保使用的设备完好、有效,保护好生产能力;

（5）协助工程项目搞好设备的使用协调工作,组织好专业机械设备租赁公司和工程项目机务工作人员的技术业务培训,提高管理水平。

3. 专业机械设备租赁公司在设备管理工作中的职责

(1) 贯彻落实国家、当地政府、企业集团和公司有关施工企业机械设备管理的方针、政策和法规、条例、规定，制定适应本公司的管理制度、规定和实施细则；

(2) 制定机械设备租赁公司设备管理工作的年度方针政策目标、工作计划，经济指标、安全管理工作指标，并组织实施；

(3) 建立健全机械设备租赁公司机械设备管理的各项原始记录，设备台账，做好统计、分析工作；

(4) 制定、落实机械设备租赁公司设备的各项设备管理规程、目标、管理制度和各项设备台班定额，充分发挥设备资产效益，确保设备资产的保值和增值；

(5) 认真搞好施工现场设备管理、服务和安全使用管理工作，认真做好对大型起重设备、成套设备以及中小型设备的自查、自验和专项检查工作，配合好工程项目文明安全施工生产，确保使用的设备完好、有效，杜绝各种机械设备事故的发生。

(6) 积极参与国家、当地政府、企业集团和公司组织的机务工作人员的技术业务培训，提高管理水平，树立企业品牌。

4. 项目在机械设备管理工作中的职责

(1) 贯彻落实国家、当地政府、企业集团和公司有关施工企业机械设备管理的方针、政策和法规、条例、规定，制定适应本工程项目的设备管理制度；

(2) 按照施工组织设计积极寻求具有相应设备租赁资质、起重设备安拆资质、设备性能良好、服务优良、价格合理的设备租赁公司，承租相适应的机械设备；

(3) 签订合理的租赁合同，并组织实施，按合同要求设备租赁公司组织设备进场和退场；

(4) 对进入施工现场的机械设备认真做好验收工作，做好验收记录，建立现场设备台账，杜绝带有安全隐患的设备进入施工现场；

(5) 坚持对施工现场所使用的机械设备日巡查、周检查、月专业大检查制度，及时组织对设备的维修保养，杜绝设备带病运转；

(6) 做好设备使用安全技术交底，监督操作者按设备操作规程操作，设备操作者必须经过相应的技术培训、考试合格，取得相应设备操作证方可上岗操作；

(7) 积极参与国家、当地政府、企业集团和公司组织的机务工作人员的技术业务培训，提高设备管理水平，杜绝各种机械设备事故的发生。

二、工程项目机械设备管理控制

(一)机械设备管理计划

1. 机械设备需求计划

施工机械设备需求计划主要用于确定施工机具设备的类型、数量、进场时间，可据此落实施工机具设备来源，组织进场。其编制方法为：将工程施工进度计划表中的每一个施工过程每天所需的机具设备类型、数量和施工日期进行汇总，即得出施工机具设备需要量计划。

2. 机械设备使用计划

施工项目部应根据工程需要编制机械设备使用计划，报组织领导或组织有关部门审批，其编制依据是工程施工组织设计。施工组织设计包括工程的施工方案、方法、措施等。同样的工程采用不同的施工方法、生产工艺及技术安全措施，选配的机械设备也不同。因此编制施工组织设计，应在考虑合理的施工方法、工艺、技术安全措施时，考虑用什么设备组织生产，才能最合理、最有效地保证工期和质量，降低生产成本。

机械设备使用计划一般由施工项目部机械管理员或施工准备员负责编制。中小型设备机械一般由施工项目部主管经理审批，大型设备经主管项目经理审批后，报组织有关职能部门审批，方可实施运作。租赁大型起重机械设备，主要考虑机械设备配置的合理性（是否符合使用、安全要求）以及是否符合质量要求（包括租赁企业、安装设备组织的资质要求，设备本身在本地区的注册情况及年检情况，设备操作人员的资格情况等）。

3. 机械设备保养计划

机械设备保养的目的是为了保持机械设备的良好技术状态，提高设备运转的可靠性和安全性，减少零件的磨损，延长使用寿命，降低消耗，提高经济效益。

①例行保养。例行保养属于正常使用管理工作，不占用设备运转时间，由操作人员在机械运转间隙进行，其主要内容是：保持机械的清洁，检查运转情况，补充燃油与润滑剂，补充冷却水，防止机械腐蚀，按技术要求润滑、转向于制动系统是否灵活可靠等。

②强制保养。强制保养是隔一定的周期，需要占用机械设备正常运转时间而停工进行的保养。强制保养是按照一定周期和内容分级进行，保养周期根据各类机械设备的磨损规律、作业条件、维护水平及经济性四个主要因素确定。强制保养根据工作和复杂程度分为一级保养、二级保养、三级保养和四级保养，级数越高，保养工作量越大。

机械设备的修理，是对机械设备的自然损耗进行修复，排除机械运行的故障，对损坏的零件进行更换、修复，可以保证机械设备的使用效率，延长使用寿命，可以分为大修、中修和零星小修，大修和中修要列入修理计划，并由组织负责安排机械设备预检修计划对机械设备进行检修。

（二）机械设备的选择

任何一个工程项目施工机械设备的合理装备，必须依据施工组织设计。首先，对机械设备技术经济进行分析，选择既能满足生产、技术先进又经济合理的机械设备。结合施工组织设计，分析自装、购买和租赁的分界点，进行合理装备。其次，现场施工机械设备的装备必须配套成龙，使设备在性能、能力等方面相互配套。如果设备数量多，但相互之间不配套，不仅机械性能不能充分发挥，而且会造成经济浪费。所以不能片面地认为设备的数量越多，机械化水平越高，就一定带来好的经济效果。

现场施工机械设备的配套必须考虑主机和辅机的配套关系，综合机械化组列中前后工序机械设备间的配套关系，大、中、小型工程机械及动力工具的多层次结构的合理比例关系。

同时，在选择机械设备的时候必须根据各种机械设备的性能和特点，避免"大机小用"、"精机粗用"，以及所选用机械超负荷运转等现象的出现。

（三）机械设备的使用管理

机械设备的使用管理，就是要按机械设备运行规律去进行安全操作和维护保养，使机械设备达到安全、高效低耗、延长使用寿命的目的。机械设备使用不当，不仅缩短机械设备的使用寿命，减低使用效率，增加运行成本和维修费用，而且会影响施工任务的按时完成，因此，机械设备的使用管理是现场机械设备管理的核心内容。

（1）合理配备各种机械设备，搞好机械设备的综合利用。

（2）实行人机固定，推行机械使用、保养责任制。凡企业拥有的机械专人负责，个人使用的个人负责,多人或多班使用的由机(班)长负责。在降低使用消耗、提高产出效率上确定合理的考核指标,把机械设备的使用效益与个人联系起来。

(3)实行操作证制度。专机的专门操作人员必须经过培训,经有关部门统一考试,确认合理,发给操作证。没有操作证的人员应作为严重违章操作事故处理。

(4)操作人员必须坚持搞好机械设备的例行保养。操作人员在开机前、停机后必须按规定的项目和要求,对机械设备进行检查和例行保养。做好清洁、润滑、调整、紧固和防腐工作,经常保持机械设备的良好状态。

(5)遵守走合期规定。可以增强零件的耐用性,提高机械设备的可靠性和经济性,延长大修间隔期和使用寿命。

(6)单机或机组核算制。对机械设备具有使用权的机组或专人,以定额为基础,确定单机或机组生产率、消耗费用、保修费用,并按标准考核,根据考核的成绩实行奖惩。

(7)建立设备档案制度。设备档案是设备使用过程的历史记录,是使用、维修设备的重要依据。

(8)组织好机械设备调度施工,充分发挥机械设备效能。

(9)为机械设备创造良好的环境和工作条件。

(四)机械设备保养和维修管理

机械设备在使用过程中,随着运转时间的增加,机械设备耗损,导致机械性能下降,运转不正常。这就需要及时保养和修理,否则就会引起事故。

1.机械设备保养的内容

根据机械设备技术状况变化规律及现场施工实践,机械设备保养的内容主要有润滑、清洁、紧固、调整、防腐五个方面。

1)润滑

润滑是防止机械磨损最有效的手段。正常的润滑工作能保证机械持久而良好的运转,防止和减少机械故障的发生,使机械充分发挥技术性能,延长使用寿命,降低能源消耗,为现场施工生产提供可靠的技术物质手段,创造良好的经济效益。

机械润滑不仅具有改善零件磨损程度,还具有冷却、清洁、密封、防腐的作用。

2)清洁

机械设备在工作中,特别是在施工现场,必然引起机械设备内外及各系统、各部位的脏污。有些关键部位脏污将使机械设备不能正常工作。因此,进行清洁工作不仅是保持机容整洁卫生的需要,更是保持机械设备安全和正常工作的需要。

3)紧固

机械设备上有很多螺丝固定的部位,现场施工中由于机械设备工作时不断震动和交变负荷的影响,有些螺丝可能松动,必须及时检查,予以紧固,以免造成机械设备事故性损坏及人员伤亡。

4)调整

机械设备上有很多零部件的相对关系和工作参数需要及时进行检查、调整,才能保证机械设备正常工作,否则,轻者造成工作效率低,重者导致机械工作不安全,甚至发生事故。

5)防腐

机械设备在使用过程中,不可避免地造成一些金属制品的保护层脱落。为此必须进行补漆或涂油脂等防腐涂料。对一些非金属制品也应采取必要的防腐措施加以保护。

2.机械设备的修理

机械设备的修理是对机械设备的自然损耗进行修复,排除机械设备运行的故障,对损坏零部件进行更换、修复。其修理的类别和方式见表6-4、表6-5。

表6-4 机械设备的修理类别

序号	修理类别	修理内容
1	小修	是对机械设备做局部的修理,工作量较小,不全部拆除机器,只需要更换部分磨损较快的易损零件,并做局部调整以保证机械设备能用到下一次计划修理时间
2	中修	更换和修复机械设备的主要零部件和较多磨损件,同时需检查整个机器系统,紧固所有机件,消除扩大了的各种间隔,换油和调整设备,校正基准,以保证机械设备能恢复和达到应有的标准和技术要求
3	大修	对机械设备进行全面的解体修理,需全部拆开,更换所有的磨损零部件,校正和调整整理机械设备,以全面恢复原有的精度、性能和生产效率

表6-5 机械设备的修理方式

序号	修理方式	修理根据	特 点
1	检查后整理	事先只规定机械设备的检查计划,根据检查的结果和以前的修理资料,确定修理日期,内容和工作量	简单易行,但如掌握不好部件的缺陷情况会影响修理前的准备工作
2	定期修理	根据设备实际使用情况,在基本掌握了设备零部件使用寿命的基础上,参考有关检修周期,确定设备修理工作的计划日期和修理工作量。确切的修理时间和内容则根据每次修理前的检查再详细规定	此法比较切合实际,有利于修理前的准备工作、缩短修理时间、保证修理质量
3	标准修理	根据机械设备的零部件使用寿命,对修理日期、修理类别、内容和工作量,预先制订具体的计划,不管机械设备的实际技术状态如何,都严格按计划规定执行	便于修理前充分做好准备并能最有效地保证机械设备的正常运转,尤其适用于一些特别重要的机械设备

五、机械设备的经济寿命

设备经济寿命又称价值寿命,是指设备年平均使用成本最低的年数,或设备从开始使用到创造最佳经济效益所经过的时间。换言之,是从经济角度来选择最佳使用年限。

(一)设备的寿命

设备的寿命包括自然寿命、技术寿命和经济寿命。

1.设备的自然寿命(物质寿命)

设备从投入使用开始到报废为止的全部时间,由设备的有形磨损所决定,不能成为设备更新的依据。

2.设备的技术寿命(有限寿命)

设备从投入使用开始到因技术落后而被淘汰所持续的时间,由设备的无形磨损所决定,一般比自然寿命短。在估算设备寿命时，必须考虑设备技术寿命期限的变化特点及其使用的制约或影响。

3. 设备的经济寿命

设备从投入使用开始到因继续使用在经济上不合理而被更新所经历的时间，由维护费用的提高和使用价值的降低所决定。

设备从开始使用到其等值年成本最小(或年盈利最高)的使用年限为设备的经济寿命，是从经济观点(成本观点或收益观点)确定的设备更新的最佳时刻。

设备寿命期限的影响因素有：设备的技术构成，设备成本，加工对象，生产类型，工作班次，操作水平，产品质量，维护质量，环境要求。

(二)设备的经济寿命估算

确定设备经济寿命的方法可以分为静态和动态两种模式。

1. 静态模式下设备经济寿命的确定方法

静态模式下设备经济寿命的确定方法，就是在不考虑资金时间价值的基础上计算设备年平均成本 $\overline{C}_N$，使 $\overline{C}_N$ 为最小的 N_0 就是设备的经济寿命。

$$\overline{C}_N = \frac{P - L_N}{N} + \frac{1}{N}\sum_{t=1}^{N} C_t \qquad (6-1)$$

式中：$\overline{C}_N$——N 年内设备的年平均使用成本；

　　　P——设备目前实际价值；

　　　C_t——第 t 年的设备经营成本；

　　　L_N——第 N 年末的设备净残值。

2. 动态模式下设备经济寿命的确定方法

动态模式下设备经济寿命的确定方法，就是在考虑资金时间价值的情况计算设备的净年值 NAV 或年成本 AC，通过比较年平均效益或年平均费用来确定设备的经济寿命 N_0。其公式如下：

$$NAV(N_0) = \left[\sum^{t=0}(CT - CO)(1+i)^-\right](A/P, i, N_0)$$

$$AC(N_0) = \left[\sum^{t=0} CO_t(P/F, i_c, t)(A/P, i_c, N_0)\right.$$

在上式中，如果使用年限 N 为变量，则当 $N_0(0 < N_0 \leq N)$ 为经济寿命时，应满足：

当 $(CI - CO)t > 0$ 时，$NAV \to$ 最大(max)；

当 $(CI - CO)t < 0$ 时，$NAV \to$ 绝对值最小(min)。

如果设备目前实际价值为 P，使用年限为 N 年，设备第 N 年的净残值为 L_N，第 t 年的运行成本为 C_t，基准折现率为 i_c，其经济寿命为 N_0。

$$AC = \left[P - L_N(P/F, i_c, N) + \sum_{t=0}^{N} C_t(P/F, i_c, t)\right](A/P, i_c, N)$$

或　$$AC = P(A/P, i_c, N) - L_N(A/F, i_c, N) + \sum_{t=0}^{N} C_t(P/F, i_c, t)(A/P, i_c, N)$$

式中 $[P(A/P, i, n) - L_N(A/F, i, n)]$ 为资金恢复费用。由"等额支付系列偿债基金公式"和"等额支付系列资金回收公式"可得：

$$(A/F, i, n) = \frac{i}{(1+i)^n - 1} = \frac{i(1+i)^n}{(1+i)^n - 1} - i = (A/P, i, n) - i$$

代入(6 – 5)式,

$$AC = (P - L_N)(A/P, i_c, N) + L_N i_c + \sum_{t=0}^{N} C_t(P/F, i_c, t)(A/P, i_c, N)$$

由上面可以看到,用净年值或年成本估算设备的经济寿命的过程是:在已知设备现金流量和利率的情况下,逐年计算出从寿命1年到 N 年全部使用期的年等效值,从中找出平均年成本的最小值(项目考虑以支出为主时)或是平均年盈利的最大值(项目考虑以收入为主时)所对应的年限,从而确定设备的经济寿命。这个过程通常是用表格计算来完成的。

3.设备更新方案的比选

设备更新方案的比选就是对新设备(包括原型设备和新型设备)方案与旧设备方案进行比较分析,也就是决定现在马上购置新设备、淘汰旧设备;还是至少保留使用旧设备一段时间,再用新设备替换旧设备。新设备原始费用高,营运费和维修费低;旧设备原始费用(目前净残值)低,营运费和维修费高。必须进行权衡判断,才能做出正确的选择,一般情况是要进行逐年比较。

本章小结

本章施工项目管理中生产要素的管理中,叙述施工项目人力资源的组织、计划、优化配置、劳动工资计划等劳动力管理;叙述了施工项目材料管理概述、施工项目材料管理控制(包括施工项目材料的计划、采购、存储等)、施工现场材料的管理;叙述了施工项目机械管理的任务及其管理机构的职责,施工机械设备管理的控制(包括机械设备管理计划、使用管理等),还介绍了施工项目施工机械设备的选择、合理使用、维修和保养等。

复习思考题

1.施工项目的劳动力组织形式有哪些?

2.试述施工项目劳动力的优化配置。

3.介绍施工项目材料计划的编制依据及内容。

4.如何进行施工项目现场材料管理?

5.施工项目材料的供货方式有哪些?

6.施工项目选择施工机械设备有哪些方法?

7.试述施工项目机械设备管理机构的职责。

8.试述施工项目机械设备管理的维修和保养。

第7章　工程项目成本管理

【学习目标】

1. 掌握工程项目成本的概念；

2. 熟悉工程项目成本管理的原则、内容及流程；

3. 熟悉工程项目成本管理各环节（成本预测、成本计划、成本控制、成本核算、成本分析、成本考核）的基本方法。

【学习重点】

成本计划的编制方法；成本控制及其实施方法；成本分析的方法；成本核算的方法。

工程项目成本管理是企业管理的基础工作，包括成本预测、成本决策、成本计划、成本控制、成本考核等内容。以施工过程中直接耗费为原则，对项目从开工到竣工所发生的各项收支进行全面系统的管理，以实现项目施工成本最优化目的的过程。施工项目管理是一项系统工程，项目成本又是项目管理的中心工作，这项工作要求项目班子全员共同参与。而成本计划工作就是做好成本管理的基础工作，是先算后干，边干边算，干完再算工作的具体体现；是把粗放管理、经验管理向规范化、流程化的模式发展的指导方向。

7.1　工程项目成本管理概述

一、工程项目成本管理基本概念

工程项目成本含义，工程项目中的价值消耗惯用法或术语较多，如投资或投资计划，成本或成本计划，费用或费用计划等。无论是业主还是承包商，计划和控制方法是相同的。在这里将其统一，根据国内外文献中常用名称，采用"工程项目成本"或"成本计划"。有时也会采用"投资"、"费用"等术语。

（一）成本

1. 成本是商品价值中的 $C+V$ 部分

商品是使用价值和价值的统一。商品价值决定于生产该商品的社会必要劳动，它由三个部分组成：一是生产中已消耗的生产资料的价值（C），二是劳动者为自己劳动所创造的价值（V），三是劳动者为社会所创造的价值（M）。在商品价值构成的三部分 $C+V+M$ 中，成本是前两部分价值之和，即 $C+V$。

因此，成本是一个价值范畴，它同价值有着密切联系，成本是商品价值中的 $C+V$ 部分，成本是商品生产过程中，已消耗的生产资料的价值与劳动者所创造的价值之和。对于成本概念的这一表述，说明了成本的经济实质。

2. 成本是企业为生产产品、提供劳务而发生的各种耗费

成本是商品价值中 $C+V$ 部分，说明了成本的经济实质，但这只是一种"理论成本"的表述。商品价值必须以货币形式来表现。商品生产(广义的商品生产，包括生产产品和提供劳务)过程中已消耗的生产资料的价值与劳动者为自己劳动所创造的价值，以货币形式来实现，称为折旧费、材料费、人工费等耗费。因此，成本是企业为生产产品(商品)、提供劳务而发生的各种耗费。

（二）工程项目成本

工程项目成本是指工程项目在实施过程中所发生的全部生产费用的总和，其中包括支付给生产工人的工资、奖金，所消耗的材料、构配件，周转材料的摊销费或租赁费，机械费，以及现场进行组织与管理所发生的全部费用支出。

工程项目成本是企业的主要产品成本，一般以建设项目的单位工程作为成本核算的对象，通过各单位工程成本核算的综合来反映工程项目的成本。

1. 工程项目成本的构成

工程项目实施过程中所发生的各项费用支出计入成本费用。按成本的经济性质和国家的规定，项目成本由直接成本和间接成本组成。

（1）直接成本。是指实施过程中耗费的构成工程实体或有助于工程实体形成的各项费用支出。

（2）间接成本。指企业内各施工项目部为实施准备、组织和管理工程的全部费用的支出。

2. 工程项目成本的形成

1）根据成本管理要求来划分

（1）承包成本。指根据工程量清单计算出来的工程量，企业的建筑、安装工程基础定额和各地区的市场劳务价格、材料价格信息，并按有关取费的指导性费率进行计算。

（2）计划成本。指施工项目部根据计划期的有关资料，在实际成本发生前预先计算的成本。它反映了企业在计划期内应达到的成本水平。

（3）实际成本。项目在项目报告期内实际发生的各项生产费用的总和。把实际成本与计划成本比较，可揭示成本的节约和超支，考核企业技术水平及技术组织措施的贯彻执行情况和企业的经营效果。实际成本与承包成本比较，可以反映工程盈亏情况。

2）按生产费用计入成本的方法划分

（1）直接成本。指直接耗用于并能直接计入工程对象的费用。

（2）间接成本。指非直接用于也无法直接计入工程对象，但为进行工程施工所必须发生的费用，通常是按照直接成本的比例来计算。

3）按生产费用与工程量关系来划分

（1）固定成本。指在一定的工程量范围内，其发生的成本额不受工程量增减变动的影响而相对固定的成本，如折旧费、大修理费、管理人员工资、办公费、照明费等。

（2）变动成本。指发生总额随着工程量的增减变动而成正比例变动的费用，如直接用于工程的材料费、实行计件工资制的人工费等。

（三）工程项目成本管理

工程项目成本管理就是对企业施工生产活动中所发生的工程项目成本有组织、有系统地进行成本预测、成本计划、成本控制、成本核算、成本分析和成本考核等一系列科学管理，提

高企业管理的水平，增加经济效益。具体而言，项目成本管理应按以下程序进行：企业进行项目成本预测，施工项目部编制成本计划，施工项目部实施成本计划，施工项目部进行成本控制，施工项目部进行成本核算，企业对项目成本的考核和企业对施工项目部可控责任成本的考核。

二、工程项目成本管理基础知识

（一）工程项目成本管理的原则

1. 全过程成本管理原则

全过程成本管理理论是在基于活动的成本管理思想上发展起来的。一个工程项目的全过程成本是由各个具体的过程、分过程和子过程的成本构成的，可以按照工程项目的过程与组成及分解规律去实现对项目的全过程成本管理。对于承包企业而言，项目成本管理包括项目投标成本估算、项目设计、项目施工成本计划、项目设备材料采购与施工分包、项目施工安装以及竣工验收结算等各阶段的成本管理。

2. 系统性成本管理原则

工程项目成本管理是工程项目管理系统中的一个子系统，成本管理的目标必须为实现整个项目管理的总目标服务。工程项目质量、进度、成本、安全管理等各个子系统之间是相互影响和相互作用的，存在着相互依赖和相互制约的关系。系统工程提出"整体大于部分简单之和"的原理，强调必须从整体角度全面地思考和分析问题，系统思想的核心就是要实现各个构成部分之间的协调工作。

3. 动态成本管理原则

成本的动态管理就是对事先设定的成本目标及相应措施的实施过程自始至终进行监督、控制、调整和修正。工程成本的构成要素受到各种因素的影响，具有高度的不确定性，对于这些不确定性因素，需要在成本管理中进行主动控制，预先分析目标偏离的可能性，拟订和采取各项预防措施保证计划目标的实现，并且随时关注、反馈成本，及时采取措施纠正偏差。

4. 成本管理责任制原则

企业应建立以项目经理为核心的目标成本责任制度，实行项目成本的独立核算和考核。为了实行系统性成本管理，必须对工程项目成本进行层层分解，以分级、分工、分人的成本责任制作保证。项目经理应对企业下达的成本指标负责，班组和个人应对施工项目部的成本目标负责，以做到层层保证，并进行定期考核评定。成本管理责任制的关键是划清责任，并与奖惩制度挂钩，鼓励各部门、班组和个人共同关注项目成本。

（二）工程项目成本管理内容

承包企业应建立健全项目成本管理的责任体系，明确管理业务分工和责任关系，将项目成本管理的目标分解与渗透到各项技术工作、管理工作和经济工作中去。承包企业的项目成本管理体系应包括两个不同层次的管理职能：

1. 企业管理层的成本管理

企业管理层应是项目成本管理的决策与计划中心，确定项目投标报价和合同价格；确定项目成本目标和成本计划，通过项目管理目标责任书确定项目管理层的成本目标。

2. 项目管理层的成本管理

项目管理层应是项目生产成本的控制中心，负责执行企业对项目提出的成本管理目标，在企业授权范围内实施可控责任成本的控制。

（三）工程项目成本管理措施

按照动态管理的原则和成本管理的内容，承包企业项目成本管理流程具体包括成本预测、成本计划、成本控制、成本核算、成本分析、成本考核活动。

1. 工程项目成本预测

工程项目成本预测是指承包企业及其施工项目部有关人员凭借历史数据和工程经验，运用一定方法对工程项目未来的成本水平及其可能的发展趋势做出科学估计。预测的目的，一是为挖掘降低成本的潜力指明方向，作为计划期降低成本决策的参考；二是为企业内部各责任单位降低成本指明途径，作为编制增产节约计划和制订降低成本措施的依据。成本预测的方法可分为定性预测和定量预测两大类。

1）定性预测

定性预测是指成本管理人员根据专业知识和实践经验，通过调查研究，利用已有资料，对成本费用的发展趋势及可能达到的水平所进行的分析和推断。由于定性预测主要依靠管理人员的素质和判断能力，因而这种方法必须建立在对项目成本费用的历史资料、现状及影响因素深刻了解的基础之上。这种方法简便易行，在资料不多、难以进行定量预测时最为适用。具体方式有：座谈会法和函询调查法。

2）定量预测

定量预测是利用历史成本费用统计资料以及成本费用与影响因素之间的数量关系，通过建立数学模型来推测、计算未来成本费用的可能结果。在成本费用预测中，常用的定量预测方法有加权平均法、回归分析法等。

2. 工程项目成本计划

成本计划是在成本预测的基础上编制的，是承包企业及其施工项目部对计划期内项目的成本水平所做的筹划，是对项目制定的成本管理目标。

3. 工程项目成本控制

成本控制是项目成本管理的主要环节的工作，根据全过程成本管理的原则，成本控制应贯穿于项目建设的各个阶段，是项目成本管理的核心内容，也是项目成本管理中不确定因素最多、最复杂、最基础的管理内容。

4. 工程项目成本核算

成本核算是承包企业利用会计核算体系，对项目建设工程中所发生的各项费用进行归集，统计其实际发生额，并计算项目总成本和单位工程成本的管理工作。项目成本核算是承包企业成本管理最基础的工作，它所提供的各种信息，是成本预测、成本计划、成本控制和成本考核等的依据。

5. 工程项目成本分析

成本分析是揭示项目成本变化情况及其变化原因的过程。在成本形成过程中，利用项目的成本核算资料，将项目的实际成本与目标成本（计划成本）进行比较，系统研究成本升降的各种因素及其产生的原因，总结经验教训，寻找降低项目施工成本的途径，以进一步改进成本管理工作。成本分析为成本考核提供依据，也为未来的成本预测与成本计划编制指明方向。

6. 工程项目成本考核

成本考核是在工程项目建设的过程中或项目完成后，定期对项目形成过程中的各级单位管理的成绩或失误进行总结与评价。通过成本考核，给予责任者相应的奖励或惩罚。承包企业应建立健全项目成本考核制度，作为项目成本管理责任体系的组成部分。考核制度应对考核的目的、时间、范围、对象、方式、依据、指标、组织领导以及结论与惩罚原则等做出明确规定。

（四）工程项目成本管理与企业成本管理的关系

工程项目成本是指企业发生的按项目核算的成本，其成本核算的对象是具体的工程项目；项目成本管理的目的是保证工程项目在预定的成本范围内完成企业交付的任务；其成本管理的责任由施工项目部全面负责。

企业成本是指企业正常生产运营必须投入的成本，其成本核算的对象为整个承包企业，不仅包括其下属的各个施工项目部，还包括为工程承包服务的附属企业及企业各职能部门；企业成本管理的任务是将整个企业的成本、费用控制在预定计划之内，成本管理强调部门成本责任，涉及各个职能部门和机构。

7.2　工程项目成本计划

一、工程项目成本计划概述

（一）工程项目成本计划的概念与作用

1. 工程项目成本计划的概念

工程项目成本计划是以货币形式编制工程项目在计划期内的生产费用、成本水平、成本降低率及为降低成本所采取的主要措施和规划的书面方案。它是建立工程项目成本管理责任制、开展成本控制和核算的基础。

承包企业的项目计划成本应通过投标与签订合同形成，作为项目管理的目标成本。目标成本是承包企业实施项目成本控制和工程价款结算的基本依据。项目经理在接受企业法定人委托之后，应通过主持编制项目管理实施规划寻求降低成本的途径，组织编制施工预算，确定项目的计划目标成本。

2. 工程项目成本计划的作用

（1）成本计划是企业组织有效成本管理的依据和条件。

（2）成本计划可以调动企业内部各方面的积极因素，合理使用物资和资源。

（3）成本计划可以为企业编制财务计划和确定施工生产经营利润等提供重要依据。

（二）工程项目成本计划的组成

工程项目成本计划一般由直接成本计划和间接成本计划组成。

1. 直接成本计划

主要反映项目直接成本的预算成本、计划降低额及计划降低率。主要包括项目的成本目标及核算原则、降低成本计划表或总控制方案、对成本计划估算过程的说明及对降低成本途径的分析等。

2.间接成本计划

主要反映项目间接成本的计划数及降低额，在计划制订中，成本项目应与会计核算中间接成本项目的内容一致。

此外，工程项目成本计划还应包括项目经理对可控责任目标成本进行分解后形成的各个实施性计划成本，即各责任中心的责任成本计划。责任成本计划又包括年度、季度和月度责任成本计划。

二、工程项目成本计划的编制

（一）工程项目成本计划编制的依据

承包企业在编制项目成本计划时的主要依据包括：

（1）工程承包范围、发包方的项目建设纲要、功能描述书；

（2）工程招标文件、承包合同、劳务分包合同及其他分包合同；

（3）国家和有关部门有关编制成本计划的规定；

（4）施工项目部与企业签订的承包合同及企业下达的成本降低额、降低率和其他有关技术经济指标；

（5）成本预测的相关资料；

（6）承包工程的施工图预算、实施项目的技术方案和管理措施；

（7）施工项目使用的机械设备生产能力及利用情况；

（8）施工项目的材料消耗、物资供应、劳动工资及劳动效率等计划资料及相关消耗量定额；

（9）同类项目成本计划的实际执行情况及有关技术经济指标的完成情况的分析资料；

（10）行业中同类项目的成本、定额、技术经济指标资料及增产节约的经验和措施。

（二）工程项目成本计划编制的要求

（1）收集编制成本计划的资料，对其进行加工整理，深入分析项目的当前情况和发展趋势，了解影响项目成本的因素，研究降低成本、克服不利因素的措施。

（2）目标成本即为项目实施的计划成本，目标成本应根据不同阶段管理的需要，在各项成本要素预测的基础上进行编制，并用于指导项目实施过程的成本控制。

（3）要充分考虑不可预见因素、工期制约因素及风险因素、市场价格波动因素，结合在计划期内准备采取的增产节约措施，最终确定目标成本，并综合计算项目目标成本的降低额和降低率。

（三）工程项目成本计划编制的原则

1.从实际情况出发

编制工程项目成本计划，应根据国家的方针政策，从企业的实际情况出发，充分挖掘企业内部潜力，使降低成本指标既积极可靠，又切实可行。

2.与其他目标计划结合

制订工程项目成本计划，必须与项目的其他各项计划如施工方案、生产进度、财务计划、材料供应及耗费计划等密切结合，保持平衡。一方面，工程项目成本计划要根据项目的生产、技术组织措施、劳动工资、材料供应等计划来编制；另一方面，工程项目成本计划又影响着其他各种计划指标适应降低成本的要求。

3.采用先进的技术经济定额的原则

编制工程项目成本计划,必须以各种先进的技术经济定额为依据,并针对工程的具体特点,采取切实可行的技术组织措施作保证。

4.统一领导、分级管理的原则

在项目经理的领导下,以财务和计划部门为中心,发动全体职工共同总结降低成本的经验,找出降低成本的正确途径,使目标成本的制定和执行具有广泛的群众基础。

5.弹性原则

编制工程项目成本计划应留有充分余地,保持目标成本的一定弹性。在计划期内,施工项目部的内部或外部的技术经济状况和供产销条件很可能发生一些未预料的变化,尤其是材料供应市场价格千变万化,给目标成本的拟订带来很大困难,因而在制定目标时应充分考虑这些情况,使成本计划保持一定的应变适应能力。

（四）工程项目成本计划编制的方法

1.目标利润法

目标利润法是指根据项目的合同价格扣除目标利润后得到目标成本的方法。在采用正确的投标策略和方法以最理想的合同价中标后,施工项目部从标价中减去预期利润、税金、应上缴的管理费和规费等,之后的余额即为项目实施中所能支出的最大限额。

2.技术进步法

技术进步法是以项目计划采取的技术组织措施和节约措施所能取得的经济效果为项目成本降低额,求项目目标成本的方法。即项目目标成本＝项目成本估算值－技术节约措施计划节约额（降低成本额）。

3.按实计算法

按实计算法是以项目的实际资源消耗测算为基础,根据所需资源的实际价格,详细计算各项活动或各项成本组成的目标成本。

$$人工费 = \sum 人员计划用工量 \times 实际工资标准$$
$$材料费 = \sum 材料的计划用量 \times 实际材料基价$$
$$施工机械使用费 = \sum 机械的计划台班量 \times 实际台班单价$$

此基础上,由施工项目部生产和财务管理人员结合施工技术和管理方案等测算措施费、施工项目部的管理费等,最后构成项目的目标成本。

4.定率估算法（历史资料法）

定率估算法（历史资料法）是当项目非常庞大和复杂而需要分为几个部分时采用的方法。首先将项目分为若干子项目,参照同类项目的历史数据,采用算术平均法计算子项目目标成本降低率和降低额,然后再汇总整个项目的目标成本降低率、降低额。

（五）工程项目成本计划表

1.直接工程费成本计划表

直接工程费成本计划表综合反映企业及其所属内部独立核算的施工单位,在计划期内的分项工程预算成本、计划成本构成情况及其分项工程成本的降低额和降低率,以便确定建筑工程的计划成本水平和分析各项工程成本项目的降低情况。

建筑安装直接工程费成本计划表见表7-1。

表 7-1 建筑安装直接工程费成本计划表

成本项目	预算成本/万元	计划成本/万元	降低额/万元	降低率（%）
人工费	204.6	204	0.6	0.29
材料费	1613.2	1582	31.2	1.93
机械使用费	122.4	117.8	4.6	3.76
措施项目费	125.4	111.8	13.6	14.43
工程成本合计	2065.6	2015.6	50	2.42

工程直接成本计划的编制通常有以下两种方法：

（1）工程成本降低额计算法

计算公式如下：

$$计划目标成本 = 工程预算成本 - 计划成本降低额$$

采用这种方法要先确定降低成本指标和降低成本技术组织措施，然后再编制成本计划。

（2）施工预算法

施工预算法编制工程成本计划是以单位工程施工预算为依据，并辅以降低成本技术组织措施，由此算出计划成本。

2. 间接费计划

间接费计划由企业管理费、财务费用计划和其他费用计划等组成。

7.3 工程项目成本控制

一、工程项目成本控制概述

（一）工程项目成本控制概念

工程项目成本控制是指对影响工程项目成本的各种因素加以控制管理，采取各种有效措施，将工程项目各阶段的各种消耗和支出严格控制在成本计划范围内，随时揭示并反馈。工程项目的成本控制应贯穿项目的全过程，对企业而言，是指从投标到竣工验收阶段的全过程。

（二）成本控制 PDCA 循环

戴明循环（PDCA 循环）法是成本控制的一种较好的控制方法。它将成控制分解为四个步骤——计划（Plan）、实施（Do）、检查（Check）、处置（Action），往复循环，持续改进，不断提高。

（三）工程项目成本控制的原则

工程项目成本控制有以下几个原则：

（1）成本最低化原则。承建工程应注重降低成本的可能性和合理的成本最低化。

（2）全面成本控制原则。项目成本的全面控制有一个系统的实质性内容，包括各部门、各单位的责任网络和班组经济核算。

（3）动态控制原则。

（4）责、权、利相结合原则。

（四）工程项目成本控制的特点

（1）项目成本管理的对象具有单一性。

（2）项目成本管理的工作具有一次性特点。

（3）项目成本管理系统具有综合性。

（4）项目成本管理范围具有约束性。

（五）工程项目成本控制的主要内容

（1）分解预算成本。工程项目中标后，以审定的施工图预算为依据，确立预算成本。

（2）确定计划成本。计划成本的确定要从预算成本为基础，考虑各个项目的可能支出。在确定分解的材料费成本时，可根据预算材料费减去材料计划降低额求得。

（3）实施成本控制。成本控制包括定额或指标控制、合同控制等。定额或指标控制指为了控制项目成本，要求成本支出必须按定额执行；合同控制即项目部为了达到降低成本目的，根据已确定各成本子项的计划成本，与各专业人员签订的成本管理责任制。

（4）进行成本核算。成本核算，要严格遵守成本开支范围，划清成本费用支出与非成本费用支出的界限，划清工程项目成本和期间费用的界限。

通过以上分析，我们可以清晰地认识到工程项目成本控制的基本任务是：全过程的核算控制项目成本，即对设计、采购、制造、质量、管理等发生的所有费用进行跟踪，执行有关的成本开支范围、费用开支标准、工程预算定额等，制订积极的、合理的计划成本和降低成本的措施，严格、准确地控制和核算施工过程中发生的各项成本，及时地提供可靠的成本分析报告和有关资料，并与计划成本相对比，对项目进行经济责任承包的考核，以期改善经营管理，降低成本，提高经济效益。

工程项目的最终目标是经济效益最优化。成本控制的一切工作都是为了效益，建筑产品的价格一旦确定，成本便是最终效益的决定因素。只有稳健地控制住工程项目成本，利润空间才能打开。

（六）工程项目成本控制的措施

（1）组织措施。实行项目经理责任制，建立成本控制责任体系，编制工作计划和工作流程，加强调度和施工定额管理、施工任务单管理。

（2）技术措施。采用最佳施工方案和施工方法，合适的施工机械组合，以降低成本。

（3）经济措施。编制资金使用计划，并严格控制开支，及时记录、整理、核实发生的实际成本，预测、纠偏。推荐国际上通行的"赢得值法"（又叫挣值法），进行费用和进度综合分析。

（4）合同措施。选用合适的合同结构，严格履行合同的规定，控制潜在的风险，并寻求索赔的机会。

（七）工程项目成本的影响因素

质量、进度、成本是对立统一体，工程项目确定后，影响项目成本的主要因素有：

（1）施工方案。正确评估并选择最优方案，才可降低成本，加快工程速度，保质量和安全，提高效益。

（2）施工进度。在保证要求工期的前提下尽量降低施工成本，在项目目标成本控制下，优化资源组合，尽量加快施工速度。

（3）施工质量。应按照国家规范要求保证施工质量。保证在质量成本最经济的情况下控制质量水平。

（4）施工安全。安全事故少，处理事故支出费用就越少。

上述各因素对工程项目成本的影响趋势和变化轨迹见表7-2。

（八）工程项目成本控制中存在的主要问题

（1）没有形成一套完善的责、权、利相结合的成本管理体制。任何管理活动，都应建立责、权、利相结合的管理体制才能取得成效，成本控制也不例外。

（2）忽视工程项目"质量成本"的管理和控制。保证质量会引起成本的变化，但不能因此把质量与成本对立起来。长期以来，我国施工企业未能充分认识质量和成本之间的辩证统一关系，习惯于强调工程质量，而对工程成本关心不够。

（3）忽视工程项目"工期成本"的管理和控制。工期目标是工程项目管理三大主要目标之一，施工企业能否实现合同工期是取得信誉的重要条件。工程项目都有其特定的工期要求，保证工期往往会引起成本的变化。

（4）项目管理人员经济观念不强。如果搞技术的为了保证工程质量，选用可行却不经济的方案施工，必然会保证了质量但增大了成本；如果搞材料的只从产品质量角度出发，采购高强优质高价材料，即使是材料使用没有一点浪费，成本还是降不下来。

表7-2　成本管理影响因素的趋势和变化轨迹

因素	变化趋势	成本影响	轨迹
质量	质量过低或提高标准	成本增加	U形
工期	急赶工期或工期过长		U形
材料人工价格	价格上涨		直线单调上升
管理水平	管理水平低		直线单调下降

二、工程项目成本控制的主要依据

（一）施工成本计划

施工成本计划是根据施工项目的具体情况制订的施工成本控制方案。

（二）进度报告

进度报告提供了每一时刻的工程实际完成量、工程施工成本实际支付情况等重要信息。

（三）工程变更

工程变更一般包括设计变更、进度计划变更、施工条件变更、技术规范与标准变更、施工次序变更、工程数量变更等。

（四）其他

如分包合同等也都是施工成本控制的依据。

三、工程项目成本控制程序

项目成本控制程序是指成本控制工作的步骤、顺序和内容。具体可分为成本事前控制、成本事中控制和成本事后控制三个环节。

（一）项目成本事前控制。

项目成本事前控制是在产品投产前对影响成本的经济活动进行事前的规划、审核，确定目标成本，它是成本的前馈控制。

1.估算成本控制

（1）以业主招标文件为基础，结合现场情况和自己掌握的有关资料，计算和确定该项工程的估算成本和投标报价。

（2）计算确定拟投标工程的全部生产费用，并以此为基础计算出该项目的投标价格。

2.责任目标成本预控

（1）将合同预算的全部造价，分成现场施工费和组织管理费两部分，前者作为施工项目成本控制和核算的界定标准，也是承包人责任成本目标的依据。

（2）责任目标成本是对施工项目部提出的指令成本目标，也是施工项目部具体制定相应措施的要求。

3.施工计划成本预控

（1）施工项目部在接受任务后，应尽快编制项目管理实施规划，组织编制施工预算，确定项目的计划目标成本。

（2）施工预算总额应控制在计划成本目标范围内，在操作中如遇特殊情况，应及时与相关人员共同协商，以便项目能顺利展开。

（二）项目成本事中控制

项目成本事中控制是在成本形成过程中，根据实际发生的成本与目标成本对比，及时发现差异并采取相应措施予以纠正，以保证成本目标的实现，它是成本的过程控制。

1.人工费控制

人工费控制实行"量价分离"。把各种用工按作业用工定额劳动量按一定比例综合确定用工数量和单价，通过劳务合同进行控制。

2.材料价格控制

材料价格是由买价、运杂费、损耗费等组成的。因此控制材料价必须从这三方面下手。

3.材料用量控制

材料用量多少直接关系到成本高低，应在保证质量的前提下尽可能减少用料量，要有效地控制材料的损耗。

4.机械设备使用费的控制

主要是控制台班数量和台班单价。

（三）项目成本事后控制

项目成本事后控制是指在竣工结算、决算、工程索赔、交付使用后的保修期的相关工作。是在产品成本形成之后，对实际成本的核算、分析和考核，它是成本的反馈控制。成本事后控制通过实际成本和一定标准的比较，确定成本的节约或浪费，并进行深入的分析，查明成本节约或超支的主客观原因，确定其责任归属，对成本责任单位进行相应的考核和奖惩。

通过成本分析，为日后的成本控制提出积极改进意见和措施，进一步修订成本控制标准，改进各项成本控制制度，以达到降低成本的目的。

7.4 工程项目成本核算

工程项目成本核算是指按照规定开支范围,对各项费用进行归集,计算出项目费用实际发生额。并根据成本核算对象,采取适当的方法,计算出该工程项目的总成本和单位成本。

一、建立工程项目成本核算制

工程项目成本核算制是明确工程项目成本核算的原则、范围、程序、方法、内容、责任要求的制度。施工项目部都应建立工程项目成本核算制。它与项目经理责任制同等重要。而工程项目管理必须实行工程项目成本责任制,设置核算台账,记录原始数据,明确管理责任关系和权限,组织管理层与项目管理层的经济关系,项目管理组织所承担的责任成本核算的范围,核算业务流程及要求等。上述种种都应以制度的形式明确规定。

二、工程项目成本核算的原则

1. 合法性原则

指计入成本的费用都必须符合法律、法规、制度等的规定。不合规定的费用不能计入成本。

2. 可靠性原则

包括真实性和可核实性。真实性就是所提供的成本信息与客观的经济事项相一致,不应掺假,或人为地提高、降低成本。

3. 一致性原则

项目成本核算应坚持形象进度、产值统计、成本归集三同步。成本核算所采用的方法,前后各期必须一致,以使各期的成本资料有统一的口径,前后连贯,互相可比。

4. 相关性原则

包括成本信息的有用性和及时性。有用性是指成本核算要为管理当局提供有用的信息,为成本管理、预测、决策服务。及时性是强调信息取得的时间性。及时的信息反馈,可使施工企业及时采取措施,改进工作。

5. 分期核算原则

为了取得一定期间所建设产品的成本,必须将川流不息的生产活动按一定阶段(如月、季、年)划分为各个时期,分别计算各期产品的成本。成本核算的分期,必须与会计年度的分月、分季、分年相一致,这样可以便于利润的计算。

6. 权责发生制原则

应由本期成本负担的费用,不论是否已经支付,都要计入本期成本;不应由本期成本负担的费用(即已计入以前各期的成本,或应由以后各期成本负担的费用),虽然在本期支付,也不应考虑本期成本,以便正确提供各项的成本信息。

7. 实际成本计价原则

生产所耗用的原材料、燃料、动力要按实际耗用数量的实际单位成本计算,完工建设成本的计算要按实际发生的成本计算。原材料、燃料、产成品的账户可按计划成本(或定额成本、标准成本)加、减成本差异,以调整到实际成本。

8. 重要性原则

对于成本有重大影响的项目应作为重点，力求精确。

三、工程项目成本核算的要点

1. 确定成本核算的目标

成本核算有多种目标，如计算销售成本和确定收益，成本决策和成本控制等。

2. 确定成本核算的对象

不同核算目标决定了对象的多样化。计算工程项目的总成本和单位成本；以各个单位工程为对象，计算责任成本等。按单位工程划分较适宜。

3. 确定成本核算的内容

成本核算一般包括费用归集分配与工程成本计算两部分。

4. 按规定时间间隔进行成本核算

宜以每月为一核算期，在月末进行。

5. 编制定期成本报告

四、工程项目成本核算的方法

1. 业务核算

业务核算是各业务部门根据业务工作的需要而建立的核算制度。

2. 会计核算

会计核算主要是价值核算。它通过一系列有组织且系统的方法，来记录工程项目的经营活动，并提出一些用货币来反映的各种经济指标的数据。

3. 统计核算

统计核算是利用业务核算和会计核算资料，按统计方法加以系统整理，表明其规律性。

7.5　工程项目成本分析和考核

一、工程项目成本分析

工程项目成本分析是降低成本，提高项目经济效益的重要手段之一。通过成本分析，增强了项目成本的透明度和可靠性，能通过账簿、报表反映的成本现象，看清成本的本质，为加强成本控制、实现成本目标创造条件。

（一）工程项目成本分析的原则

实事求是的原则、为生产经营的原则、用数据说话的原则、注重实效的原则。

（二）项目成本分析的方法

1. 成本分析的基本方法

1）比较法

（1）将实际指标与计划指标对比，以检查计划的完成情况；

（2）本期实际指标与上期实际指标对比；

（3）与本行业平均水平、先进水平对比。

2）因素分析法

又称连锁置换法或连环替代法，其计算步骤如下：

（1）确定分析对象，即所分析的技术经济指标，并计算出实际与计划（预算）数的差异；

（2）确定该指标是由哪几个因素组成的，并按其相互关系进行排序；

（3）以计划（预算）数为基础，将各因素的计划（预算）数相乘，作为分析替代的基数；

（4）将各个因素的实际数按照上面的排列顺序进行替换计算，并将替换后的实际数保留下来；

（5）将每次替换计算所得的结果，与前一次的计算结果相比较，两者的差异即为该因素对成本的影响程度；

（6）各个因素的影响程度之和，应与分析对象的总差异相等。

【案例 7-1】　某承包企业承包一工程，计划砌砖工程量为 1200 m³，每块空心砖计划单价为 0.12 元；实际砌砖工程量却达 1500 m³，每立方米实耗空心砖 500 块，每块空心砖实际购入价为 0.18 元。试用因素分析法进行成本分析。

砌砖工程的空心砖成本计算公式为：

空心砖成本 = 砌砖工程量 × 每立方米空心砖消耗量 × 空心砖价格

采用因素分析法对上述三个因素分别对空心砖成本的影响进行分析。技术过程和结果如表 7-3 所示。

表 7-3　砌砖工程空心砖成本分析表

计算顺序	砌砖工程量（m³）	每立方米空心砖消耗量	空心砖价格（元）	空心砖成本（元）	差异数（元）	差异原因
计划数	1200	510	0.12	73440		
第一次替代	1500	510	0.12	91800	18360	由于工程量增加
第二次替代	1500	500	0.12	90000	-1800	由于空心砖节约
第三次替代	1500	500	0.18	135000	45000	由于价格提高
合计					61560	

以上分析结果表明，实际空心砖成本比计划超出 61560 元，主要原因是由于工程量增加和空心砖价格提高引起的；另外，由于节约空心砖消耗，使空心砖成本节约了 1800 元，这是好的现象，应当总结经验，继续发扬。

3）差额计算法

差额计算法是因素分析法的一种简化形式，它利用各个因素的计划与实际的差额来计算其对成本的影响程度。

【案例 7-2】　以案例 7-1 的成本分析资料为基础，利用差额计算法分析各因素对成本的影响程度。

$$工程量的增加对成本的影响额 = (1500 - 1200) \times 510 \times 0.12 = 18360（元）$$
$$材料消耗量变动对成本的影响额 = 1500 \times (500 - 510) \times 0.12 = -1800（元）$$
$$材料单价变动对成本的影响额 = 1500 \times 500 \times (0.18 - 0.12) = 45000（元）$$

各因素变动对材料费用的影响 $= 18360 - 1800 + 45000 = 61560$（元）

两种方法的计算结果相同，但采用差额计算法显然要比第一种方法简化。

4）比率法——用两个以上的指标的比例进行分析的方法

（1）相关比率。由于项目经济活动的各个方面是互相联系，互相依存，又互相影响的，因而将两个性质不同而又相关的指标加以对比，求出比率，并以此来考察经营成果的好坏。

（2）构成比率。又称比重分析法或结构对比分析法。通过构成比率，可以考察成本总量的构成情况以及各成本项目占成本总量的比重，同时也可看出量、本、利的比例关系。

（3）动态比率。动态比率法，就是将同类指标不同时期的数值进行对比，求出比率，以分析该项指标的发展方向和发展速度。

2. 综合成本的分析方法

（1）分部分项工程成本分析

（2）月（季）度成本分析

（3）年度成本分析

（4）竣工成本的综合分析

单位工程竣工成本分析，应包括竣工成本分析，主要资源节超对比分析，主要技术节约措施及经济效果分析。

3. 成本项目的分析方法

1）人工费分析

对施工项目部来说，对人工费应进行量差和价差的分析。除了按合同规定支付劳务费以外，还可能发生一些其他人工费支出。

2）材料费分析

材料费分析包括主要材料、结构件和周转材料使用费的分析以及材料储备的分析。

3）机械使用费分析

4）措施项目费分析

5）间接成本分析

间接成本是建筑安装工程间接费，是指虽不直接由施工的工艺过程所引起，但却与工程的总体条件有关的，建筑安装企业为组织施工、进行经营管理以及间接为建筑安装服务的各项费用，由企业管理费、财务费用和其他费用组成。

4. 项目专项成本分析法

（1）成本盈亏异常分析。成本出现盈亏异常情况，对施工项目来说，必须引起高度重视，必须彻底查明原因，必须立即加以纠正。检查成本盈亏异常的原因，应从经济核算的"三同步"入手。"三同步"检查可以通过以下五方面的对比分析来实现。

①产值与施工任务单的实际工程量和形象进度是否同步？

②资源消耗与施工任务单的实耗人工、限额领料单的实耗材料、当期租用的周转材料和施工机械是否同步？

③其他费用（如材料价差、超高费、井点抽水的打拔费和台班费等）的产值统计与实际支付是否同步？

④预算成本与产值统计是否同步？

⑤实际成本与资源消耗是否同步？

实践证明，把以上五方面的同步情况查明以后，成本盈亏的原因自然一目了然。

（2）工期成本分析。在一般情况下，工期越长费用支出越多，工期越短费用支出越少，特别是固定成本的支出，基本上是与工期长短成正比增减的，是进行工期成本分析的重点。工期成本分析，就是计划工期成本与实际工期成本的比较分析。

进行工期成本分析的前提条件是，根据施工图预算和施工组织设计进行量本利分析，计算施工项目的产量、成本和利润的比例关系，然后用固定成本除以合同工期，求出每月支用的固定成本。

（3）资金成本分析。通常应用"成本支出率"指标，即成本支出占工程款收入的比例。其计算公式如下：

$$成本支出率 = \frac{计算期实际成本支出}{计算期实际工程款收入} \times 100\%$$

通过对成本支出率的分析，可以反映资金收入中用于成本支出的比重，还可以反映储备金和结存金所占的比重，分析资金使用的合理性，从而达到控制成本支出，加强资金管理的目的。

（4）技术组织措施执行效果分析。技术组织措施执行效果的分析要实事求是，理论联系实际，对节约的实物进行验收，按节约效果进行奖励。

二、工程项目成本考核及改进措施

（一）工程项目成本考核

考核的目的，在于总结经验教训，贯彻落实责权利相结合的原则，促进成本管理工作的健康发展，更好地完成施工项目的成本目标。

施工项目的成本考核，可以分为两个层次：一是企业对项目经理的考核，二是项目经理对所属部门、施工队和班组的考核。通过以上的层层考核，督促项目经理、责任部门和责任者更好地完成自己的责任成本，从而形成实现项目成本目标的层层保证体系。

1. 工程项目成本考核的内容

工程项目成本考核的内容见表 7-4。

表 7-4　项目成本考核的内容

项目成本考核的内容	企业对项目经理考核		1. 项目成本目标和阶段成本目标完成情况； 2. 建立以项目经理为核心的成本管理责任制的落实情况； 3. 成本计划的编制和落实情况； 4. 对各部门、各作业队和班组责任成本的检查和考核情况； 5. 在成本管理中贯彻责权利相结合原则的执行情况
	项目经理对所属各部门、各作业队和班组考核	对各部门考核	1. 本部门、本岗位责任成本的完成情况； 2. 本部门、本岗位责任成本管理的执行情况
		对各作业队考核	1. 对劳务合同规定的承包范围和内容的执行情况； 2. 劳务合同以外的补充收费情况； 3. 对班组施工任务单的管理情况，以及对班组完成任务的考核情况
		对生产班组考核	以施工任务单和限额领料单的结算资料为依据，与施工预算对比，考核班组责任成本的完成情况

2.项目成本考核的实施

(1)施工项目的成本考核采取评分制。

(2)施工项目的成本考核要与相关指标的完成情况相结合。

(3)强调项目成本的中间考核,可从两方面考虑:月度成本考核、阶段成本考核。

(4)考核施工项目的竣工成本。施工项目的竣工成本,是在工程竣工和工程款结算的基础上编制的,是竣工成本考核的依据。

(5)施工项目成本的奖罚。对成本完成情况的经济奖罚,应分别在上述三种成本考核的基础上立即兑现。

(二)工程项目成本考核的改进措施

(1)加强项目成本核算意识及观念的转变,建立、完善项目成本核算的管理体制。建立项目经理责任制和项目成本核算制是实行项目管理的关键,而"两制"建设中,项目成本核算制是基础。

(2)加强施工成本核算监督力度,增强成本核算员自身的素质建设和工作责任感。

(3)抓好成本预测、预控,选择、使用好劳务分包队伍。

(4)加强材料管理,控制工程成本。

【案例7-3】 商品砼目标成本为443040元,实际成本为473697元,比目标成本增加30657元,相关资料见表7-5,试用因素分析法分析成本增加的原因。

表7-5 商品砼目标成本与实际成本对比表

项 目	单 位	目 标	实 际	差 额
产 量	m^3	600	630	+30
单 价	元	710	730	+20
损 耗 率	%	4	3	-1
成 本	元	443040	473697	+30657

【解】 (1)分析对象是商品砼的成本,实际成本与目标成本的差额是30657元。该指标是由产量、单价、损耗率三个因素组成的。

(2)以目标数 600×710×1.04 = =443040(元)为分析替代的基础。

第一次替代产量因素,以630替代600。

$$630 \times 710 \times 1.04 = 465192(元)。$$

第二次替代单价因素,以730替代710,并保留上次替代后的值。

$$630 \times 730 \times 1.04 = 478296(元)$$

第三次替代损耗率因素,以1.03替代1.04,并保留上两次替代后的值。

$$630 \times 730 \times 1.03 = 473692(元)$$

(3)计算差额。

$$第一次替代与目标数的差额 = 465192 - 443040 = 22152(元)$$

$$第二次替代与第一次替代的差额 = 478296 - 465192 = 13104(元)$$

$$第三次替代与第二替代的差额 = 473692 - 478296 = -4599(元)$$

（4）由计算可见，产量增加使成本增加了22152元，单价提高使成本增加了13104元，而损耗率下降使成本减少了4599元。

（5）各影响因素之和 = 22152 + 13104 - 4599 = 30657（元），和实际成本与目标成本的总差额相等。

本章小结

工程项目成本是指工程项目在实施过程中所发生的全部生产费用的总和，其中包括支付给生产工人的工资、奖金，所消耗的主、辅材料和构配件，周转材料的摊销费或租赁费，机械费，以及现场进行组织与管理所发生的全部费用支出。要想降低工程项目成本，提高企业经济效益，就必须加强成本管理。工程项目成本管理就是对企业施工生产活动中所发生的工程项目成本有组织、有系统地进行成本预测、成本计划、成本控制、成本核算、成本分析和成本考核等一系列科学管理，提高企业管理的水平，增加经济效益。工程项目成本计划编制的方法有目标利润法、技术进步法、按实计算法、定率估算法（历史资料法）。工程项目成本控制包括事前控制、事中控制和事后控制。工程项目成本分析的基本方法包括比较法、因素分析法、差额计算法、比率法等。

复习思考题

1. 简述工程项目成本的概念及组成。

2. 何谓成本控制 PDCA 循环？

3. 工程项目成本控制的措施有哪些？

4. 工程项目成本控制的方法有哪些？

5. 工程项目投资控制的重点是什么？

6. 工程项目成本计划编制的作用是什么？

7. 工程项目成本计划编制的要求有哪些？

8. 工程项目成本计划编制的内容是什么？

9. 工程项目成本控制的原则是什么？

10. 工程项目成本控制的三个环节是什么？

11. 工程项目成本核算的原则和方法有哪些？

12. 工程项目成本核算的内容是什么？

13. 成本考核的内容是什么？成本考核的改进措施有哪些？

14. 成本分析的主要方法有哪些？

15. 假设表7-6里成本中材料费超支1400元，影响材料费超支的因素有3个，即产量、单位产品材料消耗量和材料单价。它们之间的关系可用如下公式表示：材料费总额 = 产量 × 单位产品材料消耗量 × 材料单价。要求用连锁替代法和差额计算法分析影响成本超支的主要因素。

表 7 - 6　材料费总额组成因素

指　　标	计划数	实际数	差额
材料费(元)	4000	5400	+1400
产量(m³)	100	120	+20
单位产品材料消耗量(kg)	10	9	-1
材料单价(元)	4	5	+1

第8章 工程项目质量管理

【学习目标】

通过本章的学习，明确工程项目质量的主要内容。

【学习重点】

1. 工程项目质量控制方法；
2. 工程质量问题的分析和处理；
3. 建筑工程质量验收。

8.1 工程项目质量管理概述

一、质量管理发展简史

从实践看，按照解决质量所依据的手段和方式来划分，质量管理发展到今天的全过程，可分为质量检验、统计质量控制和全面质量管理三大阶段。

（一）质量检验阶段

这一段的时间从 20 世纪初至 30 年代末。其特点是以事后检验为主。在此之前的产品检验都是通过工人自检来进行的。20 世纪初，美国出现了以泰罗的"科学管理"为代表的管理理论，要求按照职能的不同进行合理的分工，首次将质量检验作为一种管理职能从生产过程中分离出来，建立了专职质量检验制度。这对保证产品质量起了积极的重要作用。在这方面，大量生产条件下的互换性理论和规格公差的概念也为质量检验奠定了理论基础，根据这些理论规定了产品的技术标准和适宜的加工精度。质量检验人员根据技术标准，利用各种测试手段，对零部件和成品进行检查，做出合格与不合格的判断，不允许不合格品进入下道工序或出厂，起到了把关的作用。

（二）统计质量控制阶段

这一阶段的时间从 20 世纪 40 年代至 50 年代末。其主要特点是：从单纯依靠质量检验事后把关，发展到工序控制，突出了质量的预防性控制与事后检验相结合的管理方式。在 20 世纪二三十年代提出质量控制理论与质量检验理论之际，恰逢西方发达国家处于经济衰退时期，所以当时这些新理论乏人问津，直至第二次世界大战期间，由于国防工业迫切需要保证军火质量，才获得广泛应用。上述理论应用于实际的效果显著，战后遂风行全世界。由于在 20 世纪 40 年代至 50 年代，质量管理强调"用数据说话"，强调应用统计方法进行科学管理，故称质量管理的第二个发展阶段为统计质量控制阶段。

统计质量控制阶段是质量管理发展史上的一个重要阶段。在管理科学中首先引入统计学的就是质量管理，而在上世纪四五十年代的统计质量控制阶段，除去定性分析以外，还强调定量分析，这是质量管理科学走向成熟的一个标志。应该指出，正是统计质量控制阶段，为严格的科学管理和全面质量管理奠定了基础。

（三）全面质量管理阶段

这一阶段从 20 世纪 60 年代开始，可以说一直延续至今。从统计质量控制阶段发展到全面质量管理阶段，这是质量管理的又一重大进步。统计质量控制着重于应用统计方法来控制生产过程质量，发挥预防作用，保证产品质量。但产品质量的形成过程，不仅与生产过程紧密相关，而且还与其他一些过程、环节和因素密切相关，这不是单纯应用质量控制统计方法所能解决的。全面质量管理主要就是"三全"的管理，即全面的质量管理、全过程的质量管理和全员的质量管理。事实上，上述"三全"就是系统科学全局观点的反映。所以有些专家学者称全面质量管理为质量系统工程。

在全面质量管理阶段，为了进一步提高和保证产品质量，从系统观点出发又提出了若干新的理论，如质量保证理论、产品质量责任理论、质量经济学、质量文化、质量控制理论和质量检验理论等等。应该看到，质量管理发展的三个阶段不是孤立的、互相排斥的，前一个阶段是后一个阶段的基础，后一个阶段是前一个阶段的继承和发展。

二、工程项目施工质量管理术语

1. 建筑工程（building engineering）

为新建、改建或扩建房屋建筑物和附属构筑物设施所进行的规划、勘察、设计和施工、竣工等各项技术工作和完成的工程实体。

2. 建筑工程质量（quality of building engineering）

反映建筑工程满足相关标准规定或合同约定的要求，包括其在安全、使用功能及其在耐久性能、环境保护等方面所有明显和隐含能力的特性总和。

3. 验收（acceptance）

建筑工程在施工单位自行质量检查评定的基础上，参与建设活动的有关单位共同对检验批、分项、分部、单位工程的质进行抽样复验，根据相关标准以书面形式对工程质量达到合格与否做出确认。

2. 进场验收（site acceptance）

对换进入施工现场的材料、构配件、设备等相关标准规定要求进行检验，对产品达到合格与否做出确认。

3. 检验批（inspection lot）

按同一的生产条件或按规定的方式汇总起来供检验用的、由一定数量样本组成的检验体。

4. 检验（inspection）

对检验项目中的性能进行量测、检查、试验等，并将结果与标准规定要求进行比较，以确定每项性能是否合格所进行的活动。

5. 见证取样检测（evidential testing）

在监理单位或建设单位监督下，由施工单位有关人员现场取样，并送至具备相应资质的检测单位所进行的检测。

6. 交接检验(handing over inspection)

由施工的承接方与完成方经双方检查并对可否继续施工做出确认的活动。

7. 主控项目(dominant item)

建筑工程中的对安全、卫生、环境保护和公众利益起决定性作用的检验项目。

8. 一般项目(general item)

除主控项目以外的检验项目。

9. 抽样检验(sampling inspection)

按照规定的抽样方案，随机地从进场的材料、构配件、设备或建筑工程检验项目中，按检验批抽取一定数量的样本所进行的检验。

10. 抽样方案(sampling scheme)

根据检验项目的特性所确定的抽样数量和方法。

11. 计数检验(counting inspection)

在抽样的样本中，记录每一个体有某种属性或计算每一个体中的缺陷数目的检查方法。

12. 计量检验(quantitative inspection)

在抽样检验的样本中，对每一个体测量其某个定量特性的检查方法。

13. 观感质量(quality of appearance)

通过观察和必要的量测所反映的工程外在质量。

15. 返修(repair)

对工程不符合标准规定的部位采取整修等措施。

16. 返工(rework)

对不合格的工程部位采取的重新制作、重新施工等措施。

8.2 质量控制方法

一、质量管理 PDCA 循环工作法

PDCA 循环是指由计划(Plan)、实施(Do)、检查(Check)和处理(Action)四个阶段组成的工作循环，如图 8-1 所示。它是一种科学管理程序和方法，其工作步骤如下：

1. 计划(Plan)

这个阶段包含以下四个步骤：

第一步，分析质量现状，找出存在的质量问题。

首先，要分析企业范围内的质量通病，也就是工程质量上的常见病和多发病，其次，针对工程中的一些技术复杂、难度大的项目，质量要求高的项目，以及新工艺、新技术、新结构、新材料等项目，要依据大量的数据和情报资料，让数据说话，用数理统计方法来分析反映问题。

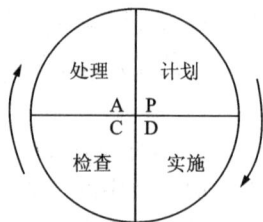

图 8-1 PDCA 循环

第二步，分析产生质量问题的原因和影响因素。

这一步也要依据大量的数据，应用数理统计方法，并召开有关人员和有关问题的分析会议，最后绘制成因果分析图。

第三步，找出影响质量的主要因素。

为找出影响质量的主要因素，可采用的方法有两种：一是利用数理统计方法和图表；二是当数据不容易取得或者受时间限制来不及取得时，可根据有关问题分析会的意见来确定。

第四步，制定改善质量的措施，提出行动计划，并预计效果。

在进行这一步时，要反复考虑并明确回答"5W1H"问题：①为什么要采取这些措施？为什么要这样改进？即要回答采取措施的原因。（Why）②改进后能达到什么目的？有什么效果？（What）③改进措施在何处（哪道工序、哪个环节、哪个过程）执行？（Where）④什么时间执行，什么时间完成？（When）⑤由谁负责执行？（Who）⑥用什么方法完成？用哪种方法比较好？（How）

2. 实施（Do）

这个阶段只有一个步骤，即第五步——组织对质量计划或措施的执行。

怎样组织计划措施的执行呢？首先，要做好计划的交底和落实。落实包括组织落实、技术落实和物资材料落实。有关人员还要经过训练、实习并经考核合格再执行。其次，计划的执行，要依靠质量管理体系。

3. 检查（Check）

检查阶段也只有一个步骤，即第六步——检查采取措施的效果。

也就是检查作业是否按计划要求去做的：哪些做对了？哪些还没有达到要求？哪些有效果？哪些还没有效果？

4. 处理（Action）

处理阶段包含两个步骤。

第七步，总结经验，巩固成绩。

也就是经过上一步检查后，把确有效果的措施在实施中取得的好经验，通过修订相应的工艺文件、工艺规程、作业标准和各种质量管理的规章制度加以总结，把成绩巩固下来。

第八步，提出尚未解决的问题。

通过检查，把效果还不显著或还不符合要求的那些措施，作为遗留问题，反映到下一循环中。PDCA 循环是不断进行的，每循环一次，就实现一定的质量目标，解决一定的问题，使质量水平有所提高。如是不断循环，周而复始，使质量水平也不断提高。

二、质量控制的统计分析方法

1. 质量统计基本知识

1）质量数据的收集方法

（1）全数检验。

全数检验是对总体中的全部个体逐一观察、测量、计数、登记，从而获得对总体质量水平评价结论的方法。

全数检验比较可靠，能提供大量的质量信息，但要消耗很多人力、物力、财力和时间，特别是不能用于具有破坏性的检验和过程质量控制，应用上具有局限性；在有限总体中，对重要的检测项目，当可采用简易快速的不破损检验方法时可选用全数检验方案。

（2）随机抽样检验。

随机抽样检验是按照随机抽样的原则，从总体中抽取部分个体组成样本，根据对样品进行检测的结果，推断总体质量水平的方法。

随机抽样检验抽取样品不受检验人员主观意愿的支配，每一个体被抽中的概率都相同，从而保证了样本在总体中的分布比较均匀，有充分的代表性；同时它还具有节省人力、物力、财力、时间和准确性高的优点；它可用于破坏性检验和生产过程的质量监控，完成全数检测无法进行的检测项目，具有广泛的应用空间。抽样的具体方法有：

a. 简单随机抽样

简单随机抽样又称纯随机抽样、完全随机抽样，是对总体不进行任何加工，直接进行随机抽样，获取样本的方法。一般的做法是对全部个体编号，然后采用抽签、摇号、随机数字表等方法确定中选号码，相应的个体即为样品。这种方法常用于总体差异不大，或对总体了解甚少的情况。

b. 分层抽样

分层抽样又称分类或分组抽样，是将总体按与研究目的有关的某一特性分为若干组，然后在每组内随机抽取样本的方法。

由于对每组都有抽取，样本在总体中分布均匀，更具代表性，特别适用于总体比较复杂的情况。如研究混凝土浇筑质量时，可以按生产班组分组，或按浇筑时间(白天、黑夜；或季节)分组，或按原材料供应商分组后，再在每组内随机抽取个体。

c. 等距抽样

等距抽样又称机械抽样、系统抽样，是将个体按某一特性排队编号后均分为 n 组，这时每组有 $K = N/n$ 个个体，然后在第一组内随机抽取一个个体，以后每隔一定距离(K 号)抽选出其余个体组成样本的方法。如在流水作业线上每生产 100 件产品抽出一件产品做样品，直到抽出 n 件产品组成样本。

在这里距离可以理解为空间、时间、数量的距离。若分组特性与研究目的有关，就可看作分组更细且等比例的特殊分层抽样，样本在总体中分布更均匀，更有代表性，抽样误差也最小；若分组特性与研究目的无关，就是纯随机抽样。进行等距抽样时特别要注意的是所采用的距离(K 值)不要与总体质量特性值的变动周期一致，如对于连续生产的产品按时间距离抽样时，相隔的时间不能是每班作业时间 8 h 的约数或倍数，以避免产生系统偏差。

d. 整群抽样

整群抽样一般是将总体按自然存在的状态分为若干群，并从中抽取样品群组成样本，然后在中选群内进行全数检验的方法。如对原材料质量进行检测，可按原包装的箱、盒为群随机抽取，对中选箱、盒做全数检验；每隔一定时间抽出一批产品进行全数检验等。

由于随机性表现在群间，样品集中，分布不均匀，代表性差，产生的抽样误差也大，同时在有周期性变动时，也应注意避免系统偏差。

e. 多阶段抽样

多阶段抽样又称多级抽样。前面四种抽样方法的共同特点是整个过程中只有一次随机抽样，因而统称为单阶段抽样。但是当总体很大时，很难一次抽样完成预定的目标。多阶段抽样是将各种单阶段抽样方法结合使用，通过多次随机抽样来实现的抽样方法。如检验钢材、水泥等质量时，可以对总体按不同批次分为 R 群，从中随机抽取 r 群，而后在中选的 r 群中的 M 个个体中随机抽取 m 个个体，这就是整群抽样与分层抽样相结合的二阶段抽样，它的随机性表现在群间和群内有两次。

2）质量数据的分布特征

（1）质量数据的特性。

质量数据具有个体数值的波动性和总体（样本）分布的规律性。

在实际质量检测中，我们发现即使在生产过程稳定正常的情况下，同一总体（样本）的个体产品的质量特性值也是互不相同的，这种个体间表现形式上的差异性，反映在质量数据上即为个体数值的波动性、随机性；然而，当运用统计方法对这些大量丰富的个体质量数值进行加工、整理和分析后，我们又会发现这些产品质量特性值（以计量值数据为例）大多都分布在数值变动范围的中部区域，即有向分布中心靠拢的倾向，表现为数值的集中趋势；还有一部分质量特性值在中心的两侧分布，随着逐渐远离中心，数值的个数变少，表现为数值的离中趋势。质量数据的集中趋势和离中趋势反映了总体（样本）质量变化的内在规律性。

（2）质量数据波动的原因。

众所周知，影响产品质量主要有五方面因素：人，包括质量意识、技术水平、精神状态等；材料，包括材质均匀度、理化性能等；方法，包括生产工艺、操作方法等；环境，包括时间、季节、现场温湿度、噪声干扰等；机械设备，包括其先进性、精度、维护保养状况等。同时这些因素自身也在不断变化中。个体产品质量的表现形式的千差万别就是这些因素综合作用的结果，质量数据也就具有了波动性。

质量特性值的变化在质量标准允许范围内波动称为正常波动，是由偶然性原因引起的；超越了质量标准允许范围的波动则称为异常波动，是由系统性原因引起的。

a. 偶然性原因

在实际生产中，影响因素的微小变化具有随机发生的特点，是不可避免、难以测量和控制的，或者是在经济上不值得消除，它们大量存在但对质量的影响很小，属于允许偏差、允许位移范畴，引起的是正常波动，一般不会因此造成废品，生产过程正常稳定。通常把因素的这类变化归为偶然性原因、不可避免原因或正常原因。

b. 系统性原因

当影响质量的因素发生了较大变化，如工人未遵守操作规程、机械设备发生故障或过度磨损、原材料质量规格有显著差异等情况发生时，没有及时排除，生产过程则不正常，产品质量数据就会离散过大或与质量标准有较大偏离，表现为异常波动，次品、废品产生。这就是产生质量问题的系统性原因或异常原因。由于异常波动特征明显、容易识别和避免，特别是对质量的负面影响不可忽视，生产中应该随时监控、及时识别和处理。

（3）质量数据分布的规律性。

对于每件产品来说，在产品质量形成的过程中，单个影响因素对其影响的程度和方向是不同的，也是在不断改变的。众多因素交织在一起，共同起作用，使各因素引起的差异大多互相抵消，最终表现出来的误差具有随机性。对于在正常生产条件下的大量产品，误差接近零的产品数目要多些，具有较大正负误差的产品相对少些，偏离很大的产品就更少了，同时正负误差绝对值相等的产品数目非常接近。于是就形成了一个能反映质量数据规律性的分布，即以质量标准为中心的质量数据分布，它可用一个"中间高、两端低、左右对称"的几何图形表示，一般服从正态分布。

概率数理统计在对大量统计数据研究中，归纳总结出许多分布类型，如一般计量值数据服从正态分布，计件值数据服从二项分布，计点值数据服从泊松分布等。实践中只要是受许多起微小作用的因素影响的质量数据，都可认为近似服从正态分布，如构件的几何尺寸、混凝土强度等；如果是随机抽取的样本，无论它来自的总体是何种分布，在样本容量较大时，其样本均值也将服从或近似服从正态分布。因而，正态分布最重要、最常见、应用最广泛。正态分布曲线如图 8 - 2 所示。

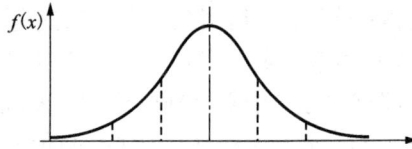

图 8 - 2　正态分布曲线

2. 统计调查表法

统计调查表法又称统计调查分析法，是利用专门设计的统计表对质量数据进行收集、整理和粗略分析质量状态的一种方法。在质量控制活动中，利用统计调查表收集数据，简便灵活，便于整理，实用有效。它没有固定格式，可根据需要和具体情况，设计出不同统计调查表。常用的有：

(1) 分项工程作业质量分布调查表；

(2) 不合格项目调查表；

(3) 不合格原因调查表；

(4) 施工质量检查评定用调查表等。

表 8 - 1 是混凝土空心板外观质量缺陷调查表。

表 8 - 1　混凝土空心板外观质量缺陷调查表

产品名称	混凝土空心板			生产班组	
日生产总数	200 块	生产时间	年　月　日	检查时间	年　月　日
检查方式	全数检查		检查员		
项目名称	检查记录			合计	
露筋	正正一			11	
蜂窝	正正			10	
孔洞	T			2	
裂缝	一			1	
其他	F			3	
总计				27	

应当指出，统计调查表往往同分层法结合起来应用，可以更好、更快地找出问题的原因，以便采取改进的措施。

232

3.分层法

分层法又叫分类法，是将调查收集的原始数据，根据不同的目的和要求，按某一性质进行分组、整理的分析方法。分层的结果使数据各层间的差异突出地显示出来，层内的数据差异减少了。在此基础上再进行层间、层内的比较分析，可以更深入地发现和认识质量问题的原因。由于产品质量是多方面因素共同作用的结果，因而对同一批数据，可以按不同性质分层，使我们能从不同角度来考虑、分析产品存在的质量问题和影响因素。

常用的分层标志有：

(1)按操作班组或操作者分层；

(2)按使用机械设备型号分层；

(3)按操作方法分层；

(4)按原材料供应单位或供应时间或等级分层；

(5)按施工时间分层；

(6)按检查手段、工作环境等分层。

现举例说明分层法的应用。

【案例 8 - 1】 钢筋焊接质量的调查分析，共检查了 50 个焊接点，其中不合格 19 个，不合格率为 38%，存在严重的质量问题，试用分层法分析质量问题的原因。现已查明这批钢筋的焊接是由 A、B、C 三个师傅操作的，而焊条是由甲、乙两个厂家提供的。因此，分别按操作者和焊条生产厂家进行分层分析，即考虑一种因素单独的影响。见表 8 - 2 和表 8 - 3。

表 8 - 2　按操作者分层

操作者	不合格	合格	不合格率(%)
A	6	13	32
B	3	9	25
C	10	9	53
合计	19	31	38

表 8 - 3　按供应焊条厂家分层

工厂	不合格	合格	不合格率(%)
甲	9	14	39
乙	10	17	37
合计	19	31	38

由表 8 - 2 和表 8 - 3 分层分析可见，操作者 B 的质量较好，不合格率 25%；而不论是采用甲厂还是乙厂的焊条，不合格率都很高且相差不大。为了找出问题所在，再进一步采用综合分层进行分析，即考虑两种因素共同影响的结果。见表 8 - 4。

表8-4　综合分层分析焊接质量

操作者	焊接质量	甲厂		乙厂		合计	
		焊接点	不合格率（%）	焊接点	不合格率（%）	焊接点	不合格率（%）
A	不合格	6	75	0	0	6	32
	合格	2		11		13	
B	不合格	0	0	3	43	3	25
	合格	5		4		9	
C	不合格	3	30	7	78	10	53
	合格	7		2		9	
合计	不合格	9	39	10	37	19	38
	合格	14		17		31	

从表8-4的综合分层法分析可知,在使用甲厂的焊条时,应采用 B 师傅的操作方法为好,在使用乙厂的焊条时,应采用 A 师傅的操作方法为好,这样会使合格率大大提高。

分层法是质量控制统计分析方法中最基本的一种方法。其他统计方法一般都要与分层法配合使用,如排列图法、直方图法、控制图法、相关图法等,常常是首先利用分层法将原始数据分门别类,然后再进行统计分析。

4. 排列图法

1)什么是排列图法

排列图法是利用排列图寻找影响质量主次因素的一种有效方法。排列图又叫帕累托图或主次因素分析图,由两个纵坐标、一个横坐标、几个连起来的矩形和一条曲线所组成。如图 8-5 所示,左侧的纵坐标表示频数,右侧纵坐标表示累计频率,横坐标表示影响质量的各个因素或项目,按影响程度大小从左至右排列,直方形的高度示意某个因素的影响大小。实际应用中,通常按累计频率划分为 0%~80%、80%~90%、90%~100% 三部分,与其对应的影响因素分别为 A、B、C 三类。A 类为主要因素,B 类为次要因素,C 类为一般因素。

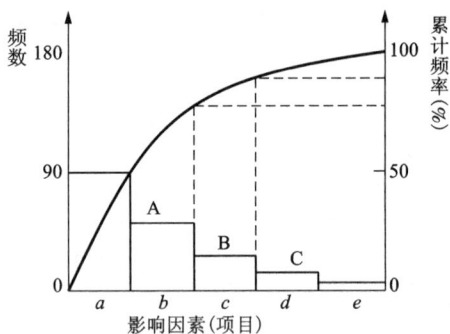

图8-5　排列图

排列图最早是由意大利经济学家帕累托创立的,当他发现少数人占有社会大量财富这一现象,即推断出所谓的"关键的少数和次要的多数"的关系。后经美国质量管理专家朱兰将其应用到质量管理中,认为影响质量的因素很多,要解决质量问题,必须抓"关键的少数",分清主次,这样才能收到好的效果。

（2）排列图的作法

下面结合实例加以说明。

【案例 8 - 2】　某工地现浇混凝土结构尺寸质量检查结果是：在全部检查的 8 个项目中不合格点（超偏差限值）有 150 个，为改进并保证质量，应对这些不合格点进行分析，以便找出混凝土结构尺寸质量的薄弱环节。

（1）收集整理数据。

首先收集混凝土结构尺寸各项目不合格点的数据资料，见表 8 - 5。各项目不合格点出现的次数即频数。然后对数据资料进行整理，将不合格点较少的轴线位置、预埋设施中心位置、预留孔洞中心位置三项合并为"其他"项。按不合格点的频数由大到小顺序排列各检查项目，"其他"项排在最后。以全部不合格点数为总数，计算各项的频率和累计频率，结果见表 8 - 6。

表 8 - 5　不合格点统计表

序号	检查项目	不合格点数
1	轴线位置	1
2	垂直度	8
3	标高	4
4	截面尺寸	45
5	电梯井	15
6	表面平整度	75
7	预埋设施中心位置	1
8	预留孔洞中心位置	1

表 8 - 6　不合格点项目频数频率统计表

序号	项目	频数	频率（%）	累计频率（%）
1	表面平整度	75	50	50
2	截面尺寸	45	30	80
3	电梯井	15	10	90
4	垂直度	8	5.3	95.3
5	标高	4	2.7	98
6	其他	3	2	100
合计		150	100	

（2）排列图的绘制。

a. 画横坐标。将横坐标按项目数等分，并按项目频数由大到小顺序从左至右排列，该例中横坐标分为六等份。

235

b. 画纵坐标。左侧的纵坐标表示项目不合格点数即频数，右侧纵坐标表示累计频率。要求总频数对应累计频率100%。该例中150应与100%在一条水平线上。

c. 画频数直方形。以频数为高画出各项目的直方形。

d. 画累计频率曲线。从横坐标左端点开始，依次连接各项目直方形右边线及所对应的累计频率值的交点，所得的曲线为累计频率曲线。

e. 记录必要的事项。如标题、收集数据的方法和时间等。

图8-6为本例混凝土结构尺寸不合格点排列图。

3）排列图的观察与分析

（1）观察直方形，大致可看出各项目的影响程度。排列图中的每个直方形都表示一个质量问题或影响因素。影响程度与各直方形的高度成正比。

（2）利用ABC分类法，确定主次因素。将累计频率曲线按0%～80%、80%～90%、90%～100%分为三部分，各曲线下面所对应的影响因素分别为A、B、C三类因素，该例中A类（即主要因素）是表面平整度（2 m长度）、截面尺寸（梁、柱、墙板、其他构件），B类（即次要因素）是电梯井（井筒长、宽对定位中心线，井筒全高垂直度），C类（即一般因素）有垂直度、标高和其他项目。综上分析结果，下步应重点解决A类的质量问题。

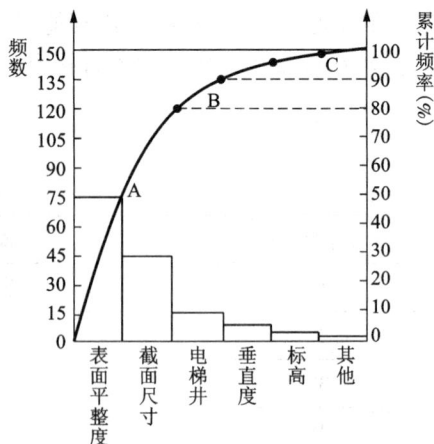

图8-6　混凝土结构尺寸不合格点排列图

4）排列图的应用

排列图可以形象、直观地反映主次因素。其主要应用有：

（1）按不合格点的缺陷形式分类，可以分析出造成质量问题的薄弱环节。

（2）按生产作业分类，可以找出生产不合格品最多的关键过程。

（3）按生产班组或单位分类，可以分析比较各单位技术水平和质量管理水平。

（4）将采取提高质量措施前后的排列图对比，可以分析措施是否有效。

（5）可以用于成本费用分析、安全问题分析等。

5. 因果分析图法

1）什么是因果分析法

因果分析图法是利用因果分析图来系统整理分析某个质量问题（结果）与其产生原因之间关系的有效工具。因果分析图也称特性要因图，又因其形状常被称为树枝图或鱼刺图。因果分析图基本形式如图8-7所示。从图8-7可见，因果分析图由质量特性（即质量结果指某个质量问题）、要因（产生质量问题的主要原因）、枝干（指一系列箭线表示不同层次的原因）、主干（指较粗的直接指向质量结果的水平箭线）等组成。

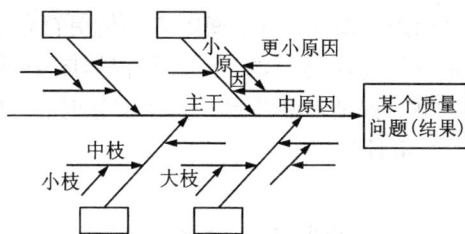

图 8 - 7　因果分析图的基本形式

2）因果分析图的绘制

下面结合实例加以说明。

【案例 8 - 3】　绘制混凝土强度不足的因果分析图。

因果分析图的绘制步骤与图中箭头方向恰恰相反，是从"结果"开始将原因逐层分解的，具体步骤如下：

（1）明确质量问题。该例分析的质量问题是"混凝土强度不足"，作图时首先由左至右画出一条水平主干线，箭头指向一个矩形框，框内注明研究的问题，即结果。

（2）分析确定影响质量特性大的方面原因。一般来说，影响质量的因素有五大方面，即人、机械、材料、方法、环境等。另外还可以按产品的生产过程进行分析。

（3）将每种大原因进一步分解为中原因、小原因，直至分解的原因可以采取具体措施加以解决为止。

（4）检查图中的所列原因是否齐全，可以对初步分析结果广泛征求意见，并做必要的补充及修改。

（5）选择出影响大的关键因素，做出标记"△"，以便重点采取措施。

图 8 - 8 是混凝土强度不足的因果分析图。

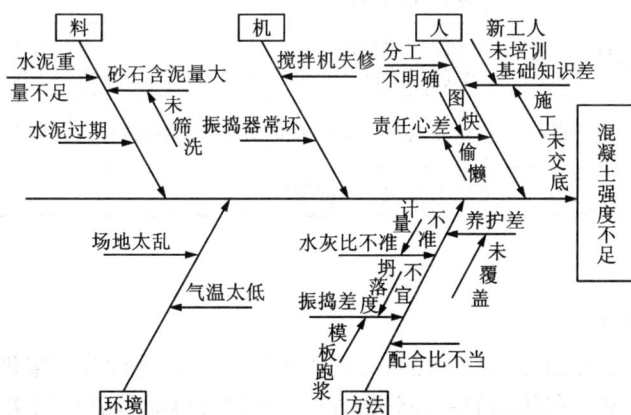

图 8 - 8　混凝土强度不足的因果分析图

3）绘制和使用因果分析图时应注意的问题

（1）集思广益。绘制时要求绘制者熟悉专业施工方法技术，调查、了解施工现场实际条件和操作的具体情况。要以各种形式，广泛收集现场工人、班组长、质量检查员、工程技术人员的意见，集思广益，相互启发、相互补充，使因果分析更符合实际。

（2）制定对策。绘制因果分析图不是目的，而是要根据图中所反映的主要原因，制定改进的措施和对策，限期解决问题，保证产品质量。具体实施时，一般应编制一个对策计划表。表8-7是混凝土强度不足的对策计划表。

表8-7　对策计划表

项目	序号	生产问题原因	采取的对策	执行人	完成时间
人	1	分工不明确	根据个人特长，确定每项作业的负责人及各操作人员职责，挂牌示出		
	2	基本知识差	①组织学习操作规程 ②搞好技术交底		
方法	3	配合比不当	①根据数理统计结果，按施工实际水平进行配比计算 ②进行试验		
	4	水灰比不准	①制作试块 ②捣制时每半天测砂石含水率一次 ③捣制时控制坍落度在5cm以下		
	5	计量不准	校正磅秤		
材料	6	水泥重量不足	进行水泥重量统计		
	7	原材料不合格	对砂、石、水泥进行各项指标试验		
	8	砂、石含泥量大	冲洗		
机械	9	振捣器常坏	①使用前检修一次 ②施工时配备电工 ③备用振捣器		
	10	搅拌机失修	①使用前检修一次 ②施工时配备检修工人		
环境	11	场地乱	认真清理，搞好平面布置，现场实行分片制		
	12	气温低	准备草包，养护落实到人		

6. 直方图法

1）直方图法的用途

直方图法即频数分布直方图法，是将收集到的质量数据进行分组整理，绘制成频数分布直方图，用以描述质量分布状态的一种分析方法，所以又称质量分布图法。

通过直方图的观察与分析，可了解产品质量的波动情况，掌握质量特性的分布规律，以便对质量状况进行分析判断。同时可通过质量数据特征值的计算，估算施工生产过程总体的不合格品率，评价过程能力等。

2）直方图的绘制方法

（1）收集整理数据。

用随机抽样的方法抽取数据，一般要求数据在 50 个以上。

【**案例 8 - 4**】　某建筑施工工地浇筑 C30 混凝土，为对其抗压强度进行质量分析，共收集了 50 份抗压强度试验报告单，经整理如表 8 - 8。

表 8 - 8　数据整理表　（单位：N/mm²）

序号	抗压强度数据					最大值	最小值
1	39.8	37.7	33.8	31.5	36.1	39.8	31.5*
2	37.2	38.0	33.1	39.0	36.0	39.0	33.1
3	35.8	35.2	31.8	37.1	34.0	37.1	31.8
4	39.9	34.3	33.2	40.4	41.2	41.2	33.2
5	39.2	35.4	34.4	38.1	40.3	40.3	34.4
6	42.3	37.5	35.5	39.3	37.3	42.3	35.5
7	35.9	42.4	41.8	36.3	36.2	42.4	35.9
8	46.2	37.6	38.3	39.7	38.0	46.2*	37.6
9	36.4	38.3	43.4	38.2	38.0	42.4	36.4
10	44.4	42.0	37.9	38.4	39.5	44.4	37.9

* 数据中的最大值和最小值。

（2）计算极差。

极差尺是数据中最大值和最小值之差，本例中：

$$x_{max} = 46.2 \text{ N/mm}^2$$
$$x_{min} = 31.5 \text{ N/mm}^2$$
$$R = x_{max} - x_{min} = 46.2 \text{ N/mm}^2 - 31.5 \text{ N/mm}^2 = 14.7 \text{ N/mm}^2$$

（3）对数据分组。

包括确定组数、组距和组限。

①确定组数 k。确定组数的原则是分组的结果能正确地反映数据的分布规律。组数应根据数据多少来确定。组数过少，会掩盖数据的分布规律；组数过多，使数据过于零乱分散，也不能显示出质量分布状况。一般可参考表 8 - 9 的经验数值确定。

表 8 - 9　数据分组参考值

数据总数 n	分组数 k
50 ~ 100	6 ~ 10
100 ~ 250	7 ~ 12
250 以上	10 ~ 20

本例中取 $k = 8$。

②确定组距 h。组距是组与组之间的间隔,也即一个组的范围。各组距应相等,于是有:

极差≈组距×组数

即 $$R \approx h \cdot k$$

因而组数、组距的确定应结合极差综合考虑,适当调整,还要注意数值尽量取整,使分组结果能包括全部变量值,同时也便于以后的计算分析。

本例中: $$h = R/h = 14.7/8 = 1.8 \approx 2 \ (N/mm^2)$$

③确定组限。每组的最大值为上限,最小值为下限,上、下限统称组限。确定组限时应注意使各组之间连续,即较低组上限应为相邻较高组下限,这样才不致使有的数据被遗漏。对恰恰处于组限值上的数据,其解决的办法有二:一是规定每组上(或下)组限不计在该组内,而应计入相邻较高(或较低)组内;二是将组限值较原始数据精度提高半个最小测量单位。

本例采取第一种办法划分组限,即每组上限不计入该组内。首先确定第一组下限:

$$x_{min} - h/2 = 31.5 - 2.0/2 = 30.5$$

第一组上限:$30.5 + h = 30.5 + 2 = 32.5$

第二组下限 = 第一组上限 = 32.5

第二组上限:$32.5 + h = 32.5 + 2 = 34.5$

以下以此类推,最高组限为 44.5～46.5,分组结果覆盖了全部数据。

(4)编制数据频数统计表。统计各组频数,可采用唱票形式进行,频数总和应等于全部数据个数。本例频数统计结果见表 8 -10。

表 8 -10　频数统计表

组号	组限(N/mm²)	频数统计	频数	组号	组限(N/mm²)	频数统计	频数
1	30.5～32.5	T	2	5	38.5～40.5	正 止	9
2	32.5～34.5	正 一	6	6	40.5～42.5	正	5
3	34.5～36.5	正正	10	7	42.5～44.5	T	2
4	36.5～38.5	正正正	15	8	44.5～46.5	一	1
合计							50

从表 8 -10 中可以看出,浇筑 C30 混凝土,50 个试块的抗压强度是各不相同的,这说明质量特征值是有波动的。但这些数据分布是有一定规律的,就是数据在一个有限范围内变化,且这种变化有一个集中趋势,即强度值在 36.5～38.5 范围内的试块最多,可把这个范围即第四组视为该样本质量数据的分布中心,随着强度值的逐渐增大和逐渐减小,数据也逐渐减少。为了更直观、更形象地表现质量特征值的这种分布规律,应进一步绘制出直方图。

(5)绘制频数分布直方图。在频数分布直方图中,横坐标表示质量特性值,本例中为混凝土强度,并标出各组的组限值。根据表 8 -10 可画出以组距为底,以频数为高的 k 个直方形,便得到混凝土强度的频数分布直方图,见图 8 -9。

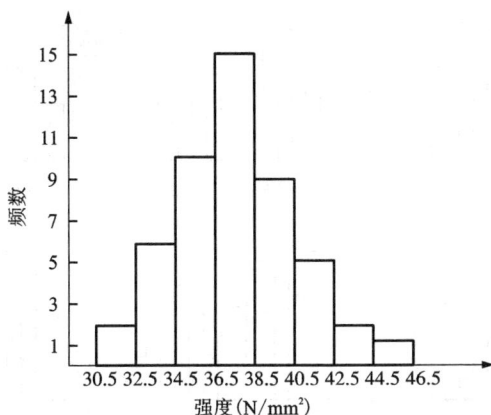

图 8 - 9 混凝土强度分布直方图

3）直方图的观察与分析

（1）观察直方图的形状，判断质量分布状态。

作完直方图后，首先要认真观察直方图的整体形状，看其是否属于正常型直方图。正常型直方图就是中间高，两侧底，左右接近对称的图形，如图 8 - 10(a) 所示。

出现非正常型直方图时，表明生产过程或收集数据作图有问题。这就要求进一步分析判断，找出原因，从而采取措施加以纠正。凡属非正常型直方图，其图形分布有各种不同缺陷，归纳起来一般有五种类型，如图 8 - 10 所示。

折齿型，是由于分组不当或者组距确定不当出现的直方图。

左（或右）缓坡型，主要是由于操作中对上限（或下限）控制太严造成的。

孤岛型，是原材料发生变化，或者临时他人顶班作业造成的。

双峰型，是由于用两种不同方法或两台设备或两组工人进行生产，然后把两方面数据混在一起整理产生的。

绝壁型，是由于数据收集不正常，可能有意识地去掉下限以下的数据，或是在检测过程中存在某种人为因素所造成的。

（2）将直方图与质量标准比较，判断实际生产过程能力。

作出直方图后，除了观察直方图形状，分析质量分布状态外，再将正常型直方图与质量标准比较，从而判断实际生产过程能力。正常型直方图与质量标准相比较，一般有如图 8 - 11 所示六种情况。

①如图 8 - 11(a)，B 在 T 中间，质量分布中心 $\bar{x}$ 与质量标准中心 M 重合，实际数据分布与质量标准相比较两边还有一定余地。这样的生产过程质量是很理想的，说明生产过程处于正常的稳定状态。在这种情况下生产出来的产品可认为全都是合格品。

②如图 8 - 11(b)，B 虽然落在 T 内，但质量分布中 $\bar{x}$ 与质量标准中心 M 不重合，偏向一边。如果生产状态一旦发生变化，就可能超出质量标准下限而出现不合格品。出现这样的情况时应迅速采取措施，使直方图移到中间来。

③如图 8 - 11(c)，B 在 T 中间，且 B 的范围接近 T 的范围，没有余地，生产过程一旦发

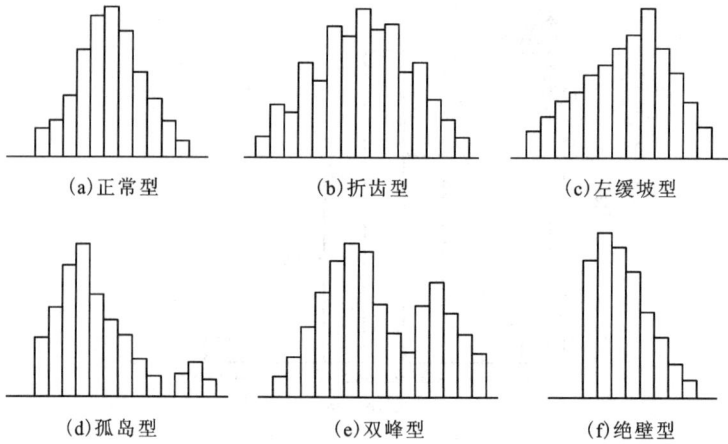

（a）正常型　　　　　　　（b）折齿型　　　　　　　（c）左缓坡型

（d）孤岛型　　　　　　　（e）双峰型　　　　　　　（f）绝壁型

图 8－10　常见的直方图图形

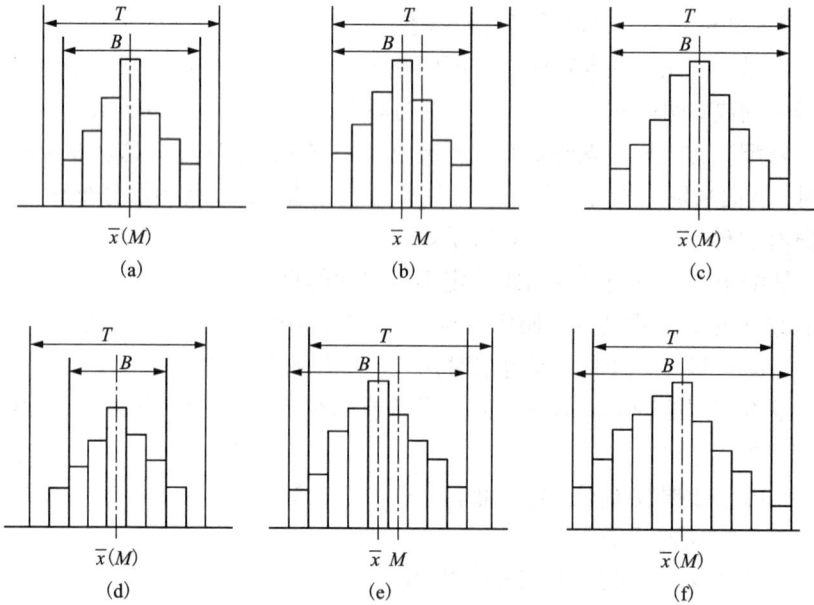

图 8－11　实际质量分析与标准比较

T 表示质量标准要求界限，B 表示实际质量特性分布范围。

生小的变化，产品的质量特性值就可能超出质量标准。出现这种情况时，必须立即采取措施，以缩小质量分布范围。

④如图 8－11（d），B 在 T 中间，但两边余地太大，说明加工过于精细，不经济。在这种情况下，可以对原材料、设备、工艺、操作等控制要求适当放宽些，有目的地使 B 扩大，从而有利于降低成本。

⑤如图 8－11（e），质量分布范围 B 已超出标准下限之外，说明已出现不合格品。此时必须采取措施进行调整，使质量分布位于标准之内。

⑥图 8 - 11(f)，质量分布范围完全超出了质量标准上、下界限，离散程度太大，产生许多废品，说明过程能力不足，应提高过程能力，使质量分布范围 B 缩小。

4）统计特征值的应用

在质量控制中，我们还可以计算质量数据的统计特征值，进一步定量地描述直方图所显示的质量分布状况，用以估算总体（某一生产过程）的不合格品率，评价过程能力等。

当计算出样本的平均值 $\bar{x}$ 和标准差 s 后，我们就可以用 $\bar{x}$ 和 S 去估计总体的平均值 μ 和标准差 σ，并绘出总体的质量分布曲线。如果曲线与横坐标值围成的面积有超出公差标准上、下限以外的部分，就是总体的不合格品率，如图 8 - 12 所示。从图 8 - 12 中可以看出，T_U、T_L 分别是公差标准的上、下限，其超上、下限的不合格品率分别用 $P_上$ 和 $P_下$ 表示。

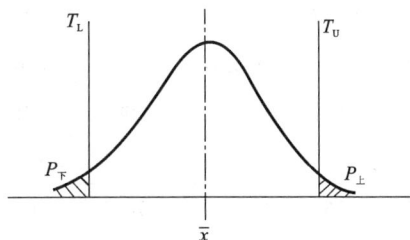

图 8 - 12　总体不合格品率示意图

（1）求超公差标准上限的不合格品率 $P_上$。

将公差标准上限 T_U 在正态分布中的位置，变换为标准正态分布中的位置：

$$Za_上 = \frac{|T_U - \bar{x}|}{s}$$

计算出 $Z_{a_上}$ 值后，查标准正态分布表见表 8 - 11 即可得 $P_上$。

（2）求超公差标准下限的不合格品率 $P_下$。首先将公差标准下限（T_L）在正态分布中的位置，变换为标准正态分布中的位置：

$$Za_下 = \frac{|T_L - \bar{x}|}{s}$$

根据计算出的 $Za_下$ 值同样查标准正态分布表即得 $P_下$。

（3）不合格品率合计为 $P = P_上 + P_下$

【案例 8 - 5】　某施工队浇筑 C30 混凝土，统计计算混凝土强度样本的平均值 $\bar{x} = 37.88$ N/mm^2 和标准差 $s = 3.13$ N/mm^2，如果只要求质量标准下限 $T_L = 30.0$ N/mm^2，试估算该施工队配制混凝土可能出现的不合格品率。

由题意可求得：

$$Za_下 = \frac{|T_L - \bar{x}|}{S|} = \frac{|30.0 - 37.88|}{3.13} = 2.52$$

查表 8 - 11 得，$P_下 = \alpha = 1 - 0.9941$（查表所得）$= 0.0059$，所以该施工队配制的 C30 混凝土可能出现的不合格品率为 0.59%。

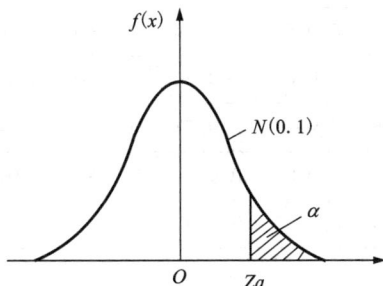

表 8 - 11　正态分布表

Za	0.00	0.01	0.02	0.03	0.04	0.05	0.06	0.07	0.08	0.09
0	0.5000	0.5040	0.5080	0.5120	0.5160	0.5199	0.5239	0.5279	0.5319	0.5359
0.1	0.5398	0.5438	0.5478	0.5517	0.5557	0.5596	0.5636	0.5675	0.5714	0.5753
0.2	0.5793	0.5832	0.5871	0.5910	0.5948	0.5987	0.6026	0.6064	0.6103	0.6141
0.3	0.6179	0.6217	0.6255	0.6293	0.6331	0.6368	0.6406	0.6443	0.6480	0.6517
0.4	0.6554	0.6591	0.6628	0.6664	0.6700	0.6736	0.6772	0.6808	0.6844	0.6879
0.5	0.6915	0.6950	0.6985	0.7019	0.7054	0.7088	0.7123	0.7157	0.7190	0.7224
0.6	0.7257	0.7291	0.7324	0.7357	0.7389	0.7422	0.7454	0.7486	0.7517	0.7549
0.7	0.7580	0.7611	0.7642	0.7673	0.7703	0.7734	0.7764	0.7794	0.7823	0.7852
0.8	0.7881	0.7910	0.7939	0.7967	0.7995	0.8023	0.8051	0.8078	0.8106	0.8133
0.9	0.8159	0.8186	0.8212	0.8238	0.8264	0.8289	0.8315	0.8340	0.8365	0.8389
1.0	0.8413	0.8438	0.8461	0.8485	0.8508	0.8531	0.8554	0.8577	0.8599	0.8621
1.1	0.8643	0.8665	0.8686	0.8708	0.8729	0.8749	0.8770	0.8790	0.8810	0.8830
1.2	0.8849	0.8869	0.8888	0.8907	0.8925	0.8944	0.8962	0.8980	0.8997	0.9015
1.3	0.9032	0.9049	0.9066	0.9082	0.9099	0.9115	0.9131	0.9147	0.9162	0.9177
1.4	0.9192	0.9207	0.9222	0.9236	0.9251	0.9265	0.9278	0.9292	0.9306	0.9319
1.5	0.9332	0.9345	0.9357	0.9370	0.9382	0.9394	0.9406	0.9418	0.9430	0.9441
1.6	0.9452	0.9463	0.9474	0.9484	0.9495	0.9505	0.9515	0.9525	0.9535	0.9545
1.7	0.9554	0.9564	0.9573	0.9582	0.9591	0.9599	0.9608	0.9616	0.9625	0.9633
1.8	0.9641	0.9648	0.9656	0.9664	0.9671	0.9678	0.9686	0.9693	0.9700	0.9706
1.9	0.9713	0.9719	0.9726	0.9732	0.9738	0.9744	0.9750	0.9756	0.9762	0.9767
2.0	0.9772	0.9778	0.9783	0.9788	0.9793	0.9798	0.9803	0.9808	0.9812	0.9817
2.1	0.9821	0.9826	0.9830	0.9834	0.9838	0.9842	0.9846	0.9850	0.9854	0.9857
2.2	0.9861	0.9864	0.9868	0.9871	0.9874	0.9878	0.9881	0.9884	0.9887	0.9890
2.3	0.9893	0.9896	0.9898	0.9901	0.9904	0.9906	0.9909	0.9911	0.9913	0.9916
2.4	0.9918	0.9920	0.9922	0.9925	0.9927	0.9929	0.9931	0.9932	0.9934	0.9936
2.5	0.9938	0.9940	0.9941	0.9943	0.9945	0.9946	0.9948	0.9949	0.9951	0.9952
2.6	0.9953	0.9955	0.9956	0.9957	0.9959	0.9960	0.9961	0.9962	0.9963	0.9964
2.7	0.9965	0.9966	0.9967	0.9968	0.9969	0.9970	0.9971	0.9972	0.9973	0.9974
2.8	0.9974	0.9975	0.9976	0.9977	0.9977	0.9978	0.9979	0.9979	0.9980	0.9981
2.9	0.9981	0.9982	0.9982	0.9983	0.9984	0.9984	0.9985	0.9985	0.9986	0.9986
3.0	0.9987	0.9990	0.9993	0.9995	0.9997	0.9998	0.9998	0.9999	0.9999	1.0000

查表范例：求 $Za=1.96$ 对应的 α 先从 Za 栏向下找到 1.9，再向右查到表头 0.06 对应值 0.9750，即得 $\alpha=1-0.9750=0.0250$。

7. 控制图法

1）控制图的基本形式及其用途

控制图又称管理图，是在直角坐标系内画有控制界限，描述生产过程中产品质量波动状态的图形。利用控制图区分质量波动原因，判明生产过程是否处于稳定状态的方法称为控制图法。

（1）控制图的基本形式。

控制图的基本形式如图 8-13 所示。横坐标为样本（子样）序号或抽样时间，纵坐标为被控制对象，即被控制的质量特性值。控制图上一般有三条线：在上面的一条虚线称为上控制界线，用符号 UCL 表示；在下面的一条虚线称为下控制界线，用符号 LCL 表示；中间的一条实线称为中心线，用符号 CL 表示。中心线标志着质量特性值分布的中心位置，上下控制界线标志着质量特性值允许波动范围。

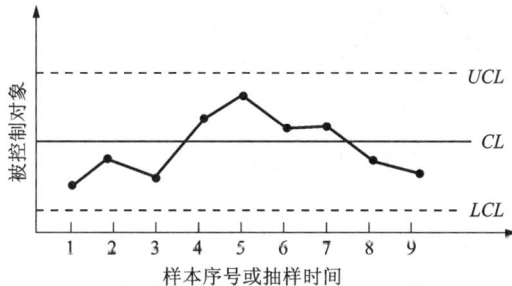

图 8-13　控制图基本形式

在生产过程中通过抽样取得数据，把样本统计量描在图上来分析判断生产过程状态。如果点随机地落在上、下控制界线内，则表明生产过程正常处于稳定状态，不会产生不合格品；如果点超出控制界线，或点的排列有缺陷，则表明生产条件发生了异常变化，生产过程处于失控状态。

（2）控制图的用途。

控制图是用样本数据来分析判断生产过程是否处于稳定状态的有效工具。它的用途主要有两个：

①过程分析，即分析生产过程是否稳定。为此，应随机连续收集数据，绘制控制图，观察数据点分布情况并判定生产过程状态。

②过程控制，即控制生产过程质量状态。为此，要定时抽样取得数据，将其变为点描在图上，发现并及时消除生产过程中的失调现象，预防不合格品的产生。

前述排列图、直方图法是质量控制的静态分析法，反映的是质量在某一段时间里的静止状态。然而产品都是在动态的生产过程中形成的，因此，在质量控制中单用静态分析法显然是不够的，还必须有动态分析法。只有动态分析法，才能随时了解生产过程中质量的变化情况，及时采取措施，使生产处于稳定状态，起到预防出现废品的作用。控制图就是典型的动态分析法。

2）控制图的原理

影响生产过程和产品质量的因素，可分为系统性因素和偶然性因素。在生产过程中，如果仅仅存在偶然性因素影响，而不存在系统性因素，这时生产过程处于稳定状态，或称为控制状态。其产品质量特性值的波动是有一定规律的，即质量特性值分布服从正态分布。控制图就是利用这个规律来识别生产过程中的异常因素，控制系统性因素造成的质量波动，保证生产过程处于控制状态。

如何衡量生产过程是否处于稳定状态呢？我们知道：一定状态下生产的产品质量是具有一定分布的，过程状态发生变化，产品质量分布也随之改变。观察产品质量分布情况，一是看分布中心位置(μ)，二是看分布的离散程度(σ)。这可通过图 8 – 14 所示的四种情况来说明。

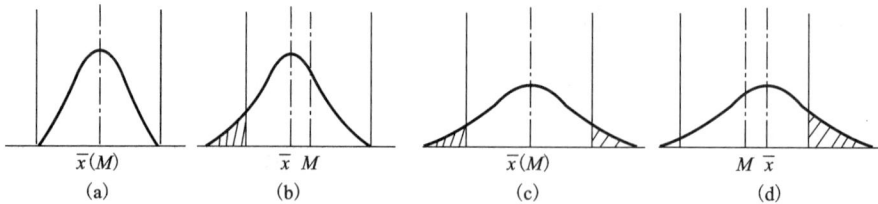

图 8 – 14　质量特性值分布变化

①图 8 – 14(a)，反映产品质量分布服从正态分布，其分布中心 $\bar{x}$ 与质量标准中心 M 重合，离散分布在质量控制界线之内，表明生产过程处于稳定状态，这时生产的产品基本上都是合格品，可继续生产。

②图 8 – 14(b)，反映产品质量分布离散程度没变，而分布中心发生偏移。

③图 8 – 14(c)，反映产品质量分布中心虽然没有偏移，但分布的离散程度变大。

④图 8 – 14(d)，反映产品质量分布中心和离散程度都发生了较大变化，即 $\mu(x)$ 值偏离标准中心，$\sigma(s)$ 值增大。

后三种情况都是由于生产过程中存在异常因素引起的，都出现了不合格品，生产过程处于不稳定状态，应及时分析，消除异常因素的影响。

综上所述，我们可依据描述产品质量分布的集中位置和离散程度的统计特征值，随时间（生产进程）的变化情况来分析生产过程是否处于稳定状态。在控制图中，只要样本质量数据的特征值是随机地落在上、下控制界线之内，就表明产品质量分布的参数 μ 和 σ 基本保持不变，生产中只存在偶然因素，生产过程是稳定的。而一旦发生了质量数据点飞出控制界线，或排列有缺陷，则说明生产过程中存在系统原因，使 μ 或 σ 发生了改变，生产过程出现异常情况。

3）控制图的种类

①分析用控制图。主要是用来调查分析生产过程是否处于控制状态。绘制分析用控制图时，一般需连续抽取 20 ~ 25 组样本数据，计算控制界线。

②管理（或控制）用控制图。主要用来控制生产过程，使之经常保持在稳定状态下。当根

据分析用控制图判明生产处于稳定状态时,一般都是把分析用控制图的控制界线延长作为管理用控制图的控制界线,并按一定的时间间隔取样、计算、打点,根据点的分布情况,判断生产过程是否有异常因素影响。

4)控制图的观察与分析

绘制控制图的目的是分析判断生产过程是否处于稳定状态。这主要是通过对控制图上点的分布情况的观察与分析进行。因为控制图上的点作为随机抽样的样本,可以反映出生产过程(总体)的质量分布状态。

当控制图同时满足点的几乎全部落在控制界线之内,控制界线内的点的排列没有缺陷两个条件时,我们就可以认为生产过程基本上处于稳定状态。如果点的分布不满足其中任何一条,都应判断生产过程为异常。

①点几乎全部落在控制界线内,是指应符合下述三个要求:

a.连续 25 点以上处于控制界线内;

b.连续 35 点中仅有 1 点超出控制界线;

c.连续 100 点中不多于 2 点超出控制界线。

②点的排列没有缺陷,是指点的排列是随机的,而没有出现异常现象。这里的异常现象是指点的排列出现了"链"、"多次同侧"、"趋势或倾向"、"周期性变动"、"接近控制界线"等情况。

a.链。指点连续出现在中心线一侧的现象。出现五点链,应注意生产过程发展状况;出现六点链,应开始调查原因;出现七点链,应判定工序异常,需采取处理措施。如图 8-15 所示。

b.多次同侧。指点在中心线一侧多次出现的现象,或称偏离。下列情况说明生产过程已出现异常:在连续 11 点中有 10 点在同侧(如图 8-16 所示),在连续 14 点中有 12 点在同侧,在连续 17 点中有 14 点在同侧,在连续 20 点中有 16 点在同侧。

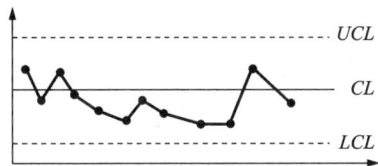

图 8-15

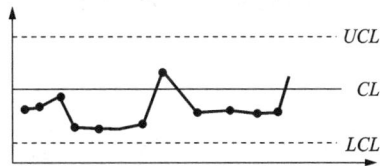

图 8-16

c.趋势或倾向。指点连续上升或连续下降的现象。连续 7 点或 7 点以上上升或下降排列,就应判定生产过程有异常因素影响,要立即采取措施,如图 8-17 所示。

d.周期性变动。即点的排列显示周期性变化的现象。这样即使所有的点都在控制界线内,也应认为生产过程为异常,如图 8-18 所示。

e.点的排列接近控制界线。指点落在了 $x \pm 2\sigma$ 以外和 $x \pm 3\sigma$ 以内。如属下列情况的判定为异常:连续 3 点至少有 2 点接近控制界限,连续 7 点至少有 3 点接近控制界限,连续 10 点至少有 4 点接近控制界限,如图 8-19。

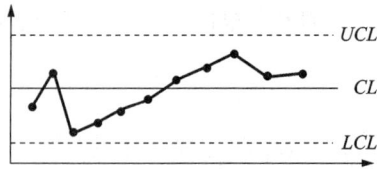

图 8－17

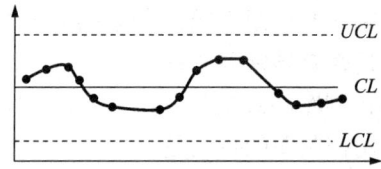

图 8－18

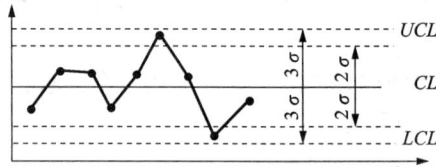

图 8－19

以上是分析用控制图判断生产过程是否正确的准则。如果生产过程处于稳定状态，则把分析用控制图转为管理用控制图。分析用控制图是静态的，而管理用控制图是动态的。随着生产过程的进展，通过抽样取得质量数据把点描在图上，随时观察点的变化，一是点落在控制界线外或界线上，即判断生产过程异常，点即使在控制界线内，也应随时观察其有无缺陷，以对生产过程正常与否做出判断。

8.3　工程质量问题的分析和处理

一、工程质量问题的分类

工程质量问题一般分为工程质量缺陷、工程质量通病、工程质量事故。

1. 工程质量缺陷

指工程达不到技术标准允许的技术指标的现象。

2. 工程质量通病

指各类影响工程结构、使用功能和外形观感的常见性质量损伤，犹如"多发病"一样，因而称为质量通病。目前建筑安装工程最常见的质量通病主要有以下几类：

（1）基础不均匀下沉，墙开裂。

（2）现浇钢筋混凝土工程出现蜂窝、麻面、露筋。

（3）现浇钢筋混凝土阳台、雨篷根部开裂或倾覆、坍塌。

（4）砂浆、混凝土配合比控制不严，任意加水，强度得不到保证。

（5）屋面、厨房渗水、漏水。

（6）墙面抹灰起壳、裂缝、起麻点、不平整。

（7）地面及楼面起砂、起壳、开裂。

（8）门窗变形、缝隙过大、密封不严。

248

(9)水暖电卫安装粗糙,不符合使用要求。

(10)结构吊装就位偏差过大。

(11)预制构件裂缝,预埋件移位,预应力张拉不足。

(12)砖墙接槎或预留脚手眼不符合规范要求。

(13)金属栏杆、管道、配件锈蚀。

(14)墙纸粘贴不牢、空鼓、褶皱、压平起光。

(15)饰面板、饰面砖拼缝不平、不直、空鼓、脱落。

(16)喷浆不均匀、脱色、掉粉等。

3.工程质量事故

指由于建设、勘察、设计、施工、监理等单位违反工程质量有关法律法规和工程建设标准,使工程产生结构安全、重要使用功能等方面的质量缺陷,造成人身伤亡或者重大经济损失的事故。如住宅阳台、雨篷倾覆,桥梁结构坍塌,大体积混凝土强度不足,管道、容器爆裂使气体或液体严重泄漏等等。它的特点是:

(1)经济损失达到较大的金额。

(2)有时造成人员伤亡。

(3)后果严重,影响结构安全。

(4)无法降级使用,难以修复时,必须推倒重建。

二、工程质量事故的划分、报告、调查及处理

住房和城乡建设部《关于做好房屋建筑和市政基础设施工程质量事故报告和调查处理工作的通知》(建质〔2010〕111 号)对工程质量事故的划分、报告、调查及处理做了相关规定。

1.事故等级划分

根据工程质量事故造成的人员伤亡或者直接经济损失,工程质量事故分为 4 个等级:

(1)特别重大事故,是指造成 30 人以上死亡,或者 100 人以上重伤,或者 1 亿元以上直接经济损失的事故;

(2)重大事故,是指造成 10 人以上 30 人以下死亡,或者 50 人以上 100 人以下重伤,或者 5000 万元以上 1 亿元以下直接经济损失的事故;

(3)较大事故,是指造成 3 人以上 10 人以下死亡,或者 10 人以上 50 人以下重伤,或者 1000 万元以上 5000 万元以下直接经济损失的事故;

(4)一般事故,是指造成 3 人以下死亡,或者 10 人以下重伤,或者 100 万元以上 1000 万元以下直接经济损失的事故。

本等级划分所称的"以上"包括本数,所称的"以下"不包括本数。

2.事故报告

(1)工程质量事故发生后,事故现场有关人员应当立即向工程建设单位负责人报告;工程建设单位负责人接到报告后,应于 1 小时内向事故发生地县级以上人民政府住房和城乡建设主管部门及有关部门报告。

情况紧急时,事故现场有关人员可直接向事故发生地县级以上人民政府住房和城乡建设主管部门报告。

(2)住房和城乡建设主管部门接到事故报告后,应当依照下列规定上报事故情况,并同

时通知公安、监察机关等有关部门：

①较大、重大及特别重大事故逐级上报至国务院住房和城乡建设主管部门，一般事故逐级上报至省级人民政府住房和城乡建设主管部门，必要时可以越级上报事故情况。

②住房和城乡建设主管部门上报事故情况，应当同时报告本级人民政府；国务院住房和城乡建设主管部门接到重大和特别重大事故的报告后，应当立即报告国务院。

③住房和城乡建设主管部门逐级上报事故情况时，每级上报时间不得超过 2 小时。

④事故报告应包括下列内容：

事故发生的时间、地点、工程项目名称、工程各参建单位名称；

事故发生的简要经过、伤亡人数（包括下落不明的人数）和初步估计的直接经济损失；

事故的初步原因；

事故发生后采取的措施及事故控制情况；

事故报告单位、联系人及联系方式；

其他应当报告的情况。

⑤事故报告后出现新情况，以及事故发生之日起 30 日内伤亡人数发生变化的，应当及时补报。

3. 事故调查

（1）住房和城乡建设主管部门应当按照有关人民政府的授权或委托，组织或参与事故调查组对事故进行调查，并履行下列职责：

①核实事故基本情况，包括事故发生的经过、人员伤亡情况及直接经济损失；

②核查事故项目基本情况，包括项目履行法定建设程序情况、工程各参建单位履行职责的情况；

③依据国家有关法律法规和工程建设标准分析事故的直接原因和间接原因，必要时对事故项目进行检测鉴定和专家技术论证；

④认定事故的性质和事故责任；

⑤依照国家有关法律法规提出对事故责任单位和责任人员的处理建议；

⑥总结事故教训，提出防范和整改措施；

⑦提交事故调查报告。

（2）事故调查报告应当包括下列内容：

①事故项目及各参建单位概况；

②事故发生经过和事故救援情况；

③事故造成的人员伤亡和直接经济损失；

④事故项目有关质量检测报告和技术分析报告；

⑤事故发生的原因和事故性质；

⑥事故责任的认定和事故责任者的处理建议；

⑦事故防范和整改措施。

事故调查报告应当附具有关证据材料。事故调查组成员应当在事故调查报告上签名。

4. 事故处理

（1）住房和城乡建设主管部门应当依据有关人民政府对事故调查报告的批复和有关法律法规的规定，对事故相关责任者实施行政处罚。处罚权限不属本级住房和城乡建设主管部门的，应当在收到事故调查报告批复后 15 个工作日内，将事故调查报告(附具有关证据材料)、结案批复、本级住房和城乡建设主管部门对有关责任者的处理建议等转送有权限的住房和城乡建设主管部门。

(2)住房和城乡建设主管部门应当依据有关法律法规的规定，对事故负有责任的建设、勘察、设计、施工、监理等单位和施工图审查、质量检测等有关单位分别给予罚款、停业整顿、降低资质等级、吊销资质证书其中一项或多项处罚，对事故负有责任的注册执业人员分别给予罚款、停止执业、吊销执业资格证书、终身不予注册其中一项或多项处罚。

5. 其他要求

(1)事故发生地住房和城乡建设主管部门接到事故报告后，其负责人应立即赶赴事故现场，组织事故救援。

发生一般及以上事故，或者领导有批示要求的，设区的市级住房和城乡建设主管部门应派员赶赴现场了解事故有关情况。

发生较大及以上事故，或者领导有批示要求的，省级住房和城乡建设主管部门应派员赶赴现场了解事故有关情况。

发生重大及以上事故，或者领导有批示要求的，国务院住房和城乡建设主管部门应根据相关规定派员赶赴现场了解事故有关情况。

(2)没有造成人员伤亡，直接经济损失没有达到 100 万元，但是社会影响恶劣的工程质量问题，参照建质[2010]111 号通知的有关规定执行。

三、工程质量问题原因分析

工程质量问题的表现形式千差万别，类型多种多样，例如结构倒塌、倾斜、错位、不均匀或超量沉陷、变形、开裂、渗漏、强度不足、尺寸偏差过大等等，但究其原因，归纳起来主要有以下几方面：

1. 违背建设程序和法规

1)违反建设程序

建设程序是工程项目建设过程及其客观规律的反映，但有些工程不按建设程序办事。例如不经可行性论证，未做调查分析就拍板定案；没有搞清工程地质情况就仓促开工；无证设计、无图施工；任意修改设计，不按图施工；不经竣工验收就交付使用等。这些是导致重大工程质量事故的重要原因。

2)违反有关法规和工程合同的规定

例如，无证设计，无证施工，越级设计，越级施工，工程招、投标中的不公平竞争，超常的低价中标，擅自转包或分包，多次转包，擅自修改设计等。

2. 工程地质勘察失误或地基处理失误

(1)工程地质勘察失误。诸如未认真进行地质勘察或勘探时钻孔深度、间距、范围不符合规定要求，地质勘察报告不详细、不准确、不能全面反映实际的地基情况等，从而使得或地下情况不清，或对基岩起伏、土层分布误判，或未查清地下软土层、墓穴、孔洞等，它们均会导致采用不恰当或错误的基础方案，造成地基不均匀沉降、失稳，使上部结构或墙体开裂、破坏，或引发建筑物倾斜、倒塌等质量事故。

(2)地基处理失误。对软弱土、杂填土、冲填土、大孔性土或湿隐性黄土、膨胀土、红黏土、熔岩、土洞、岩层出露等不均匀地基未进行处理或处理不当也是导致重大事故的原因。必须根据不同地基的特点，从地基处理、结构措施、防水措施、施工措施等方面综合考虑，加以治理。

3. 设计计算问题

诸如盲目套用图纸，采用不正确的结构方案，计算简图与实际受力情况不符，荷载取值过小，内力分析有误，沉降缝或变形缝设置不当，悬挑结构未进行抗倾覆验算，以及计算错误等，都是引发质量事故的隐患。

4. 建筑材料及制品不合格

诸如，钢筋物理力学性能不良会导致钢筋混凝土结构产生裂缝或脆性破坏；骨料中活性氧化硅会导致碱骨料反应使混凝土产生裂缝；水泥安定性不良会造成混凝土爆裂；水泥受潮、过期、结块，砂石含泥量及有害物质含量、外加剂掺量等不符合要求时，会影响混凝土强度、和易性、密实性、抗渗性，从而导致混凝土结构强度不足、裂缝、渗漏、蜂窝等质量问题。此外，预制构件断面尺寸不足、支承锚固长度不足、未可靠地建立预应力值、漏放或少放钢筋、板面开裂等均可能出现断裂、坍塌事故。

5. 施工与管理失控

施工与管理失控是造成大量质量问题的常见原因。其主要表现为：

(1) 图纸未经会审即仓促施工；或不熟悉图纸，盲目施工。

(2) 未经设计部门同意，擅自修改设计；或不按图施工。例如将铰接做成刚接，将简支梁做成连续梁，用光圆钢筋代替异形钢筋等，导致结构破坏。挡土墙不按图设滤水层、排水导孔，导致压力增大，墙体破坏或倾覆。

(3) 不按有关的施工质量验收规范和操作规程施工。例如浇筑混凝土时振捣不良，造成薄弱部位；砖砌体包心砌筑，上下通缝，灰浆不均匀饱满等均能导致砖墙或砖柱破坏。

(4) 缺乏基本结构知识，蛮干施工。例如将钢筋混凝土预制梁倒置吊装，将悬挑结构钢筋放在受压区等均将导致结构破坏，造成严重后果。

(5) 施工管理紊乱，施工方案考虑不周，施工顺序错误，技术交底不清，违章作业，疏于检查、验收等，均可能导致质量问题。

6. 自然条件影响

施工项目周期长，露天作业，受自然条件影响大，空气温度、湿度、暴雨、风、浪、洪水、雷电、日晒等均可能成为质量事故的诱因，施工中应特别注意并采取有效的措施预防。

7. 建筑结构或设施的使用不当

对建筑物或设施使用不当也易造成质量问题。例如未经校核验算就任意对建筑物加层，任意拆除承重结构部，任意在结构物上开槽、打洞、削弱承重结构截面等也会引起质量事故。

四、工程质量问题处理程序

工程质量问题发生后，一般可以按以下程序进行处理，如图 8-20 所示。

(1) 当发现工程出现质量问题或事故后，应停止有质量问题部位和其有关部位及下道工序施工，需要时，还应采取适当的防护措施。同时，要及时上报主管部门。

(2) 进行质量问题调研，主要目的是要明确问题的范围、问题程度、性质、影响和原因，为问题的分析处理提供依据。调查力求全面、准确、客观。

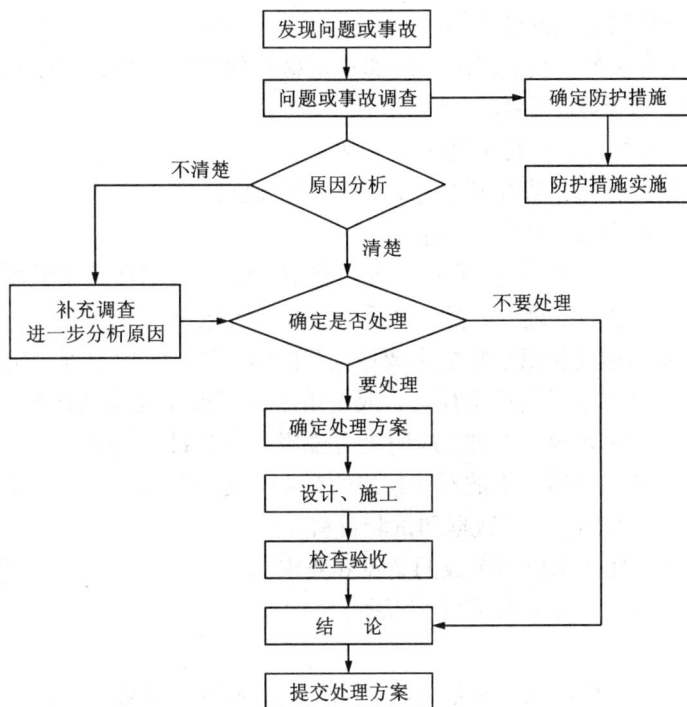

图 8 - 20　质量问题分析处理程序

（3）在问题调查的基础上进行问题原因分析，正确判断问题原因。事故原因分析是确定事故处理措施方案的基础。正确处理来源于对问题原因的正确判断。只有对调查提供的充分的调查资料、数据进行详细、深入的分析后，才能由表及里、去伪存真，找出造成事故的真正原因。

（4）研究制定事故处理方案。事故处理方案的制定以事故原因分析为基础。如果某些事故一时认识不清，而且事故一时不致产生严重的恶化，可以继续进行调查、观测，以便掌握更充分的资料数据，做进一步分析，找出原因，以利于制订方案。制定的事故处理方案，应体现安全可靠、不留隐患、满足建筑物的功能和使用要求、技术可行、经济合理等原则。如果一致认为质量缺陷不需专门的处理，必须经过充分的分析、论证。

（5）按确定的处理方案对质量事故进行处理。发生的质量事故不论是否由于施工承包单位方面的责任原因造成的，质量事故的处理通常都是由施工承包单位负责实施。如果不是施工单位方面的责任原因，则处理质量事故所需的费用或延误的工期，应给予施工单位补偿。

（6）在质量问题处理完毕后，应组织有关人员对处理结果进行严格的检查、鉴定和验收，由监理工程师写出"质量事故处理报告"，提交业主或建设单位，并上报有关主管部门。

五、质量事故处理方案的确定

1. 事故处理的依据

处理工程质量事故，必须分析原因，做出正确的处理决策，这就要以充分的、准确的有关资料作为决策基础和依据，一般的质量事故处理，必须具备以下资料：

（1）与工程质量事故有关的施工图。

（2）与工程施工有关的资料、记录。例如建筑材料的试验报告，各种中间产品的检验记录和试验报告，施工记录等。

（3）事故调查分析报告，一般应包括以下内容：

①质量事故的情况。包括发生质量事故的时间、地点，事故情况，有关的观测记录，事故的发展变化趋势、是否已趋稳定，等等。

②事故性质。应区分是结构性问题，还是一般性问题；是内在的实质性的问题，还是表面性的问题；是否需要及时处理，是否需要采取保护性措施。

③事故原因。阐明造成质量事故的主要原因，例如混凝土结构裂缝是由于地基的不均匀沉降原因导致的，还是由于温度应力所致，或是由于施工拆模前受到冲击、振动的结果，还是由于结构本身承载力不足等。对此，应附上有说服力的资料、数据。

④事故评估。应阐明该质量事故对于建筑物功能、使用要求、结构承受力性能及施工安全有何影响，并应附有实测、验算数据和试验资料。

⑤设计、施工以及使用单位对事故的意见和要求。

⑥事故涉及的人员与主要责任者的情况等。

2．事故处理方案

质量事故处理方案，应当在正确地分析和判断事故原因的基础上进行。对于工程质量问题，通常可以根据质量问题的情况，做出以下四类不同性质的处理方案。

1）修补处理

这是最常采用的一类处理方案。通常，当工程的某些部分的质量虽未达到规定的规范、标准或设计要求，存在一定的缺陷，但经过修补后还可达到要求的标准，又不影响使用功能或外观要求，在此情况下，可以做出进行修补处理的决定。修补处理的具体方案有很多，诸如封闭保护、复位纠偏、结构补强、表面处理等均是。例如，某些混凝土结构表面出现蜂窝麻面，经调查、分析，该部位经修补处理后，不会影响其使用及外观；某些结构混凝土发生表面裂缝，根据其受力情况，仅作表面封闭保护即可；等等。

2）返工处理

当工程质量未达到规定的标准或要求，有明显的严重质量问题，对结构的使用和安全有重大影响，而又无法通过修补的办法纠正所出现的缺陷的情况下，可以做出返工处理的决定。例如，某防洪堤坝的填筑压实后，其压实土的干密度未达到规定的干密度值，核算将影响土体的稳定和抗渗要求，可以进行返工处理，即挖除不合格土，重新填筑。又如某工程预应力按混凝土规定张力系数为 1.3，但实际仅为 0.8，属于严重的质量缺陷，也无法修补，需做出返工处理的决定。十分严重的质量事故甚至要做出整体拆除的决定。

3）限制使用

当工程质量问题按修补方案处理无法保证达到规定的使用要求和安全，而又无法返工处理的情况下，不得已时可以做出诸如结构卸荷或减荷以及限制使用的决定。

4）不做处理

某些工程质量问题虽然不符合规定的要求或标准，但如其情况不严重，对工程或结构的使用及安全影响不大，经过分析、论证和慎重考虑后，也可做出不做专门处理的决定。可以不做处理的情况一般有以下几种：

（1）不影响结构安全和使用要求者。例如，有的建筑物出现放线定位偏差，若要纠正则会造成重大经济损失，若其偏差不大，不影响使用要求，在外观上也无明显影响，经分析论证后，可不做处理；又如，某些隐蔽部位的混凝土表面裂缝，经检查分析，属于表面养护不够的干缩微裂，不影响使用及外观，也可不做处理。

（2）有些不严重的质量问题，经过后续工序可以弥补的。例如，混凝土的轻微蜂窝麻面或墙面，可通过后续的抹灰、喷涂或刷白等工序弥补，可以不对该缺陷进行专门处理。

（3）出现的质量问题，经复核验算，仍能满足设计要求者。例如，某一结构断面做小了，但复核后仍能满足设计的承载能力，可考虑不再处理。这种做法实际上是挖掘设计潜力或降低设计的安全系数，因此需要慎重处理。

六、质量事故处理的鉴定验收

质量事故的处理是否达到了预期目的，是否仍留有隐患，应当通过检查鉴定和验收做出确认。

事故处理的质量检查鉴定，应严格按施工质量验收规范及有关标准的规定进行，必要时还应通过实际量测、试验和仪表检测等方法获取必要的数据，才能对事故的处理结果做出确切的结论。检查和鉴定的结论可能有以下几种：

（1）事故已排除，可继续施工；

（2）隐患已消除，结构安全有保证；

（3）经修补、处理后，完全能够满足使用要求；

（4）基本上满足使用要求，但使用时应有附加的限制条件，例如限制荷载等；

（5）对耐久性的结论；

（6）对建筑物外观影响的结论等；

（7）对短期难以做出结论者，可提出进一步观测检验的意见。

事故处理后，监理工程师还必须提交事故处理报告，其内容包括：事故调查报告，事故原因分析，事故处理依据，事故处理方案、方法及技术措施，处理施工过程的各种原始记录资料，检查验收记录，事故结论等。

8.4　建筑工程质量验收

一、基本规定

（1）施工现场质量管理应有相应的施工技术标准，健全的质量管理体系、施工质量检验制度和综合施工质量水平评定考核制度。

施工现场质量管理可按表 8 - 12 的要求进行检查记录。

表 8－12　施工现场质量管理检查记录　开工日期：

工程名称		施工许可证(开工证)		
建设单位		项目负责人		
设计单位		项目负责人		
监理单位		总监理工程师		
施工单位		项目经理		技术负责人
序号	项　目		内　容	
1	现场质量管理制度			
2	质量责任			
3	主要专业工种操作上岗证书			
4	分包方资质与对分包单位的管理制度			
5	施工图审查情况			
6	地质勘察资料			
7	施工组织设计、施工方案及审批			
8	施工技术标准			
9	工程质量检验制度			
10	搅拌站及计量设置			
11	现场材料、设备存放与管理			
12				

检查结论：

　　总监理工程师
　　（建设单位项目负责人）

年　　月　　日

　　(2)建筑工程应按下列规定进行施工质量控制：

　　①建筑工程采用的主要材料、半成品、成品、建筑构配件、器具和设备应进行现场验收。凡涉及安全、功能的有关产品，应按各专业工程质量验收规范规定进行复检，并应经监理工程师(建设单位技术负责人)检查认可。

　　②各工序应按施工技术标准进行质量控制，每道工序完成后，应进行检查。

　　③相关各专业工种之间，应进行交接检验，并形成记录。未经监理工程师(建设单位技术负责人)检查认可，不得进行下道工序施工。

　　(3)建筑工程施工质量应按下列要求进行验收：

　　①建筑工程施工质量应符合建筑工程施工质量验收统一标准和相关专业验收规范的规定。

②建筑工程施工质量应符合工程勘察、设计文件的要求。

③参加工程施工质量验收的各方人员应具备规定的资格。

④工程质量的验收均应在施工单位自行检查评定的基础上进行。

⑤隐蔽工程在隐蔽前应由施工单位通知有关单位进行验收，并应形成验收文件。

⑥涉及结构安全的试块、试件以及有关材料，应按规定进行见证取样检测。

⑦检验批的质量应按主控项目和一般项目验收。

⑧对涉及结构安全和使用功能的重要分部工程应进行抽样检测。

⑨承担见证取样检测及有关结构安全检测的单位应具有相应资质。

⑩工程的观感质量应由验收人员通过现场检查，并应共同确认。

(4)检验批的质量检验，应根据检验项目的特点在下列抽样方案中进行选择：

①计量、计数或计量—计数等抽样方案。

②一次、二次或多次抽样方案。

③根据生产连续性和生产控制稳定性情况，尚可采用调整型抽样方案。

④对重要的检验项目当可采用简易快速的检验方法时，可选用全数检验方案。

⑤经实践检验有效的抽样方案。

(5)在制定检验批的抽样方案时，对生产方风险(或错判概率 α)和使用方风险(或漏判概率 β)可按下列规定采取：

①主控项目：对应于合格质量水平的 α 和 β 均不宜超过5%。

②一般项目：对应于合格质量水平的 α 不宜超过5%，β 不宜超过10%。

二、建筑工程质量验收的划分

建筑工程质量验收应划分为单位(子单位)工程、分部(子分部)工程、分项工程和检验批的质量验收。

1.单位工程的划分

(1)具备独立施工条件并能形成独立使用功能的建筑物及构筑物为一个单位工程。

(2)建筑规模较大的单位工程，可将其能形成独立使用功能的部分划分为一个子单位工程。

2.分部工程的划分

(1)分部工程的划分应按专业性质、建筑部位确定。如建筑工程可划分为九个分部工程：地基与基础、主体结构、建筑装饰装修、建筑屋面、建筑给排水及采暖、建筑电气、智能建筑、通风与空调、电梯等分部工程。

(2)当分部工程规模较大或较复杂时，可按材料种类、施工特点、施工顺序、专业系统及类别等划分为若干个子分部工程。如地基与基础分部工程可分为无支护土方、有支护土方、地基及基础处理、桩基、地下防水、混凝土基础、砌体基础、劲钢(管)混凝土和钢结构等子分部工程。

3.分项工程的划分

分项工程应按主要工种、材料、施工工艺、设备类别等进行划分。如无支护土方子分部工程可分为土方开挖和土方回填等分项工程。

4.检验批的划分

检验批是指按同一生产条件或按规定的方式汇总起来的供检验用的、由一定数量样本组成的检验体。检验批由于其质量基本均匀一致,因此可以作为检验的基础单位。

分项工程可由一个或若干个检验批组成,检验批可根据施工及质量控制和专业验收需要按楼层、施工段、变形缝等进行划分。分项工程划分成检验批进行验收有助于及时纠正施工中出现的质量问题,确保工程质量,也符合施工的实际需要。检验批的划分原则是:

(1)多层及高层建筑工程中主体部分的分项工程可按楼层或施工段划分检验批,单层建筑工程中的分项工程可按变形缝等划分检验批;

(2)地基基础分部工程中的分项工程一般划分为一个检验批,有地下层的基础工程可按不同地下层划分检验批;

(3)屋面分部工程的分项工程中的不同楼层屋面可划分为不同的检验批;

(4)其他分部工程中的分项工程,一般按楼层划分检验批;

(5)对于工程量较少的分项工程可统一划分为一个检验批;

(6)安装工程一般按一个设计系统或设备组别划分为一个检验批;

(7)室外工程统一划分为一个检验批;

(8)散水、台阶、明沟等含在地面检验批中。

5.室外工程的划分

可根据专业类别和工程规模划分单位(子单位)工程。

三、建筑工程质量验收标准

1.检验批质量合格规定

1)主控项目和一般项目的质量经抽样检验合格

主控项目是指建筑工程中的对安全、卫生、环境保护和公众利益起决定性作用的检验项目。主控项目是对检验批的基本质量起决定性影响的检验项目,其不允许有不符合要求的检验结果,即这种项目的检查具有否决权。因此,主控项目必须全部符合有关专业工程验收规范的规定。一般项目是指除主控项目以外的检验项目。

2)具有完整的施工操作依据、质量检查记录

质量控制资料反映了检验批从原材料到最终验收的各施工工序的操作依据、检查情况以及保证质量所必需的管理制度等。对其完整性的检查,实际是对过程控制的确认,这是检验批合格的前提。

2.分项工程质量验收合格规定

(1)分项工程所含的检验批均应符合合格质量的规定。

(2)分项工程所含的检验批的质量记录应完整。分项工程的验收是在检验批的基础上进行的。一般情况下,两者具有相同或相近的性质,只是批量的大小不同而已。

3.分部(子分部)工程质量验收合格规定

(1)分部(子分部)工程所含分项工程的质量均应验收合格。

(2)质量控制资料应完整。

(3)地基与基础、主体结构和设备安装等分部工程有关安全及功能的检验和抽样检测结果应符合有关规定。

（4）观感质量验收应符合要求。

4.单位（子单位）工程质量验收合格规定

（1）单位（子单位）工程所含分部（子分部）工程的质量均应验收合格。

（2）质量控制资料应完整。

（3）单位（子单位）工程所含分部（子分部）工程有关安全和功能的检测资料应完整。

（4）主要功能项目的抽查结果应符合相关专业质量验收规范的规定。

（5）观感质量验收应符合要求。

单位工程质量验收也称质量竣工验收，是施工项目投入使用前的最后一次验收，也是最重要的一次验收。

5.当建筑工程质量不符合要求时的处理

（1）经返工重做或更换器具、设备的检验批，应重新进行验收。在检验批验收时，其主控项目不能满足验收规范规定或一般项目超过偏差限值的子项不符合检验规定的要求时，处理后应重新进行检验；一般缺陷通过翻修或更换器具、设备，施工单位应在采取相应措施后重新验收。

（2）经有资质的检测单位检测鉴定能够达到设计要求的检验批，应予以验收。这种情况是指当个别检验批发现如试块强度等质量不满足要求，难以确定是否验收时，应请具有资质的法定检测单位检测。

（3）经有资质的检测单位检测鉴定达不到设计要求，但经原设计单位核算认可能够满足安全和使用功能的检验批，可予以验收。

（4）经返修或加固处理的分项、分部工程，虽然改变外形尺寸但仍能满足安全使用要求，可按技术处理方案和协商文件进行验收。

（5）通过返修或加固处理仍不能满足安全使用要求的分部（子分部）工程、单位（子单位）工程，严禁验收。

四、建筑工程质量验收程序和组织

所有检验批和分项工程均应由监理工程师（建设单位项目技术负责人）组织施工单位项目专业质量（技术）负责人等进行验收。验收前，施工单位先填好"检验批和分项工程质量验收记录"，并由项目专业质量检验员和项目专业技术负责人分别在检验批和分项工程质量检验记录中相关栏目签字，然后由监理工程师组织。

分部工程由总监理工程师（建设单位项目负责人）组织施工单位项目负责人和技术、质量负责人等进行验收；地基与基础、主体结构分部工程的勘查、设计单位工程项目负责人和施工单位技术、质量部门负责人也应参加相关分部工程的验收。

单位工程完成后，施工单位首先要依据质量标准、设计图纸等组织有关人员进行自检，并对检查结果进行评定，符合要求后向建设单位提交工程验收报告和完整的质量资料，请建设单位组织验收。建设单位收到工程验收报告后，应由建设单位（项目）负责人组织施工单位（含分包单位）、设计单位、监理单位等项目负责人进行单位（子单位）工程验收。

单位工程有分包单位施工时，分包单位对所承包的工程项目应按上述的程序进行检查验收，总包单位要派人参加。分包工程完成后，应将工程有关资料交给总包单位。

当参加验收各方对工程质量验收意见不一致时，可请当地建设行政主管部门或工程质量监督机构协调处理。

单位工程质量验收合格后，建设单位应在规定时间内将工程竣工验收报告和有关文件报建设行政主管部门备案。

本章小结

工程项目质量关系到项目使用者的人身安全与财产安全，因此，工程项目质量管理是工程项目管理工作中的重点内容。本章介绍了质量管理的三个发展阶段，提出了"三全"的质量管理观点；介绍了施工质量管理术语，详细阐述了质量控制的统计分析方法；讲述了工程质量问题(工程质量缺陷、工程质量通病、工程质量事故)的表现、成因以及处理方法；介绍了建筑工程质量验收的基本要求和做法。

复习思考题

1. 质量管理的发展经历了哪三个阶段？各有何特征？
2. PDCA 循环工作方法的内涵是什么？
3. 质量控制的统计分析方法有哪些？
4. 工程质量事故的等级如何划分？
5. 工程质量事故报告应包括哪些内容？
6. 造成工程质量问题的原因主要有哪些？
7. 简述工程质量问题处理程序。
8. 工程质量事故处理方案如何确定？
9. 简述单位(子单位)工程质量验收合格规定。
10. 当建筑工程质量不符合要求时如何处理？
11. 简述建筑工程质量验收程序和组织。

第9章　工程项目安全与文明施工管理

【学习目标】

通过本章的学习，明确工程项目安全事故与文明施工管理的主要内容。

【学习重点】

1. 安全生产基本方针；
2. 工伤事故分类及认定；
3. 安全事故的分类、报告、调查及处理；
4. 施工现场管理与文明施工。

9.1　安全生产基本方针

一、我国的安全生产基本方针

"安全第一、预防为主、综合治理"，是我国当前的安全生产基本方针。

2005 年 10 月 11 日，中共第十六届五中全会公报提出了"十一五"时期经济社会发展的主要目标，"民主法制建设和精神文明建设取得新进展，社会治安和安全生产状况进一步好转，构建和谐社会取得新进步"。会议通过的《中共中央关于制定十一五规划的建议》指出："保障人民群众生命财产安全。坚持安全第一、预防为主、综合治理，落实安全生产责任制，强化企业安全生产责任，健全安全生产监管体制，严格安全执法，加强安全生产设施建设。切实抓好煤矿等高危行业的安全生产，有效遏制重特大事故。"

把"综合治理"充实到安全生产方针之中，反映了近年来我国在进一步改革开放过程中，安全生产工作面临着多种经济所有制并存，而法制尚不健全完善、体制机制尚未理顺，以及急功近利的只顾快速不顾其他的发展观与科学发展观体现的又好又快的安全、环境、质量等要求的复杂局面；充分反映了近年来安全生产工作的规律特点。所以要全面理解"安全第一、预防为主、综合治理"的安全生产方针，绝不可脱离当前我国面临的国情。

二、我国的安全生产基本方针的内涵

1. 坚持安全第一

安全第一，就是在生产过程中把安全放在第一重要的位置上，切实保护劳动者的生命安全和身体健康。这是我们党长期以来一直坚持的安全生产工作方针，充分表明了我们党对安全生产工作的高度重视、对人民群众根本利益的高度重视。

安全第一的思想还体现在安全工作具有一票否决权，还体现在资金投入上保证安全第一、安全培训上安全第一、各种会议安全第一等等。

在新的历史条件下坚持安全第一，是贯彻落实以人为本的科学发展观、构建社会主义和谐社会的必然要求。以人为本，就必须珍爱人的生命；科学发展，就必须安全发展；构建和谐社会，就必须构建安全社会。坚持安全第一的方针，对于捍卫人的生命尊严、构建安全社会、促进社会和谐、实现安全发展具有十分重要的意义。因此，在安全生产工作中贯彻落实科学发展观，就必须始终坚持安全第一。

2. 坚持预防为主

预防为主，就是把安全生产工作的关口前移，超前防范，建立预教、预测、预报、预警、预防的递进式、立体化事故隐患预防体系，改善安全状况，预防安全事故。

预防为主体现了现代安全管理的思想。预防为主的方针又有了新的内涵，即通过建设安全文化、健全安全法制、提高安全科技水平、落实安全责任、加大安全投入，构筑坚固的安全防线。具体地说，就是促进安全文化建设与社会文化建设的互动，为预防安全事故打造良好的"习惯的力量"；建立健全有关的法律法规和规章制度，如《安全生产法》，安全生产许可制度，"三同时"制度，隐患排查、治理和报告制度等，依靠法制的力量促进安全事故防范；大力实施"科技兴安"战略，把安全生产状况的根本好转建立在依靠科技进步和提高劳动者素质的基础上；强化安全生产责任制和问责制，创新安全生产监管体制，严厉打击安全生产领域的腐败行为；健全和完善中央、地方、企业共同投入机制，提升安全生产投入水平，增强基础设施的安全保障能力。

3. 坚持综合治理

综合治理，是指适应我国安全生产形势的要求，自觉遵循安全生产规律，正视安全生产工作的长期性、艰巨性和复杂性，抓住安全生产工作中的主要矛盾和关键环节，综合运用经济、法律、行政等手段，人管、法治、技防多管齐下，并充分发挥社会、职工、舆论的监督作用，有效解决安全生产领域的问题。

实施综合治理，是由我国安全生产中出现的新情况和面临的新形势决定的。在社会主义市场经济条件下，利益主体多元化，不同利益主体对待安全生产的态度和行为差异很大，需要因情制宜、综合防范；安全生产涉及的领域广泛，每个领域的安全生产又各具特点，需要防治手段的多样化；实现安全生产，必须从文化、法制、科技、责任、投入入手，多管齐下，综合施治；安全生产法律政策的落实，需要各级党委和政府的领导、有关部门的合作以及全社会的参与；目前我国的安全生产既存在历史积淀的沉重包袱，又面临经济结构调整、增长方式转变带来的挑战，要从根本上解决安全生产问题，就必须实施综合治理。从近年来安全监管的实践特别是联合执法的实践来看，综合治理是落实安全生产方针政策、法律法规的最有效手段。因此，综合治理具有鲜明的时代特征和很强的针对性，是我们党在安全生产新形势下做出的重大决策，体现了安全生产方针的新发展。

"安全第一、预防为主、综合治理"的安全生产方针是一个有机统一的整体。安全第一是预防为主、综合治理的统帅和灵魂，没有安全第一的思想，预防为主就失去了思想支撑，综合治理就失去了整治依据。预防为主是实现安全第一的根本途径。只有把安全生产的重点放在建立事故隐患预防体系上，超前防范，才能有效减少事故损失，实现安全第一。综合治理是落实安全第一、预防为主的手段和方法。只有不断健全和完善综合治理工作机制，才能有效贯彻安全生产方针，真正把安全第一、预防为主落到实处，不断开创安全生产工作的新局面。

9.2　安全事故管理

一、工伤事故定义与分类

工伤事故又称劳动事故，有广义、狭义之分。在狭义上，我国人力资源和社会保障部有关工伤保险的业务指南中指出，"工伤事故应该是指适用《工伤保险条例》的所有用人单位的职工在工作过程中发生的人身伤害和急性中毒事故"，"其本质特征是由于工作原因直接或间接造成的伤害和急性中毒事故"；除此之外，广义的工伤事故还包括罹患职业病。《工伤保险条例》第一条规定："为了保障因工作遭受事故伤害或者患职业病的职工获得医疗救治和经济补偿，促进工伤预防和职业康复，分散用人单位的工伤风险，制定本条例。"根据《工伤保险条例》的基本精神，我国工伤事故赔偿中所指称的工伤事故采用的是广义，既包括一般伤害事故和急性中毒，又包括罹患职业病。

我国在工伤事故统计中，按照《企业职工伤亡事故分类》（GB 6441—1986）将企业工伤事故分为 20 类，分别为：物体打击、车辆伤害、机械伤害、起重伤害、触电、淹溺、灼烫、火灾、高处坠落、坍塌、冒顶片帮、透水、放炮、瓦斯爆炸、火药爆炸、锅炉爆炸、容器爆炸、其他爆炸、中毒和窒息及其他伤害等。

二、工伤事故认定

按照《工伤保险条例》规定，职工有下列情形之一的，应当认定为工伤：

（一）在工作时间和工作场所内，因工作原因受到事故伤害的；

（二）工作时间前后在工作场所内，从事与工作有关的预备性或者收尾性工作受到事故伤害的；

（三）在工作时间和工作场所内，因履行工作职责受到暴力等意外伤害的；

（四）患职业病的；

（五）因工外出期间，由于工作原因受到伤害或者发生事故下落不明的；

（六）在上下班途中，受到非本人主要责任的交通事故或者城市轨道交通、客运轮渡、火车事故伤害的；

（七）法律、行政法规规定应当认定为工伤的其他情形。

职工有下列情形之一的，视同工伤：

（一）在工作时间和工作岗位，突发疾病死亡或者在 48 小时之内经抢救无效死亡的；

（二）在抢险救灾等维护国家利益、公共利益活动中受到伤害的；

（三）职工原在军队服役，因战、因公负伤致残，已取得革命伤残军人证，到用人单位后旧伤复发的。

三、事故的报告与统计

（一）伤亡事故的等级划分

中华人民共和国国务院令第 493 号《生产安全事故报告和调查处理条例》，根据生产安全事故（以下简称事故）造成的人员伤亡或者直接经济损失，一般分为以下等级：

（1）特别重大事故，是指造成30人以上死亡，或者100人以上重伤（包括急性工业中毒，下同），或者1亿元以上直接经济损失的事故；

（2）重大事故，是指造成10人以上30人以下死亡，或者50人以上100人以下重伤，或者5000万元以上1亿元以下直接经济损失的事故；

（3）较大事故，是指造成3人以上10人以下死亡，或者10人以上50人以下重伤，或者1000万元以上5000万元以下直接经济损失的事故；

（4）一般事故，是指造成3人以下死亡，或者10人以下重伤，或者1000万元以下直接经济损失的事故。

所称的"以上"包括本数，所称的"以下"不包括本数。

（二）事故报告

1.事故报告的责任和程序

（1）事故发生后，事故现场有关人员应当立即向本单位负责人报告；单位负责人接到报告后，应当于1小时内向事故发生地县级以上人民政府安全生产监督管理部门和负有安全生产监督管理职责的有关部门报告。

情况紧急时，事故现场有关人员可以直接向事故发生地县级以上人民政府安全生产监督管理部门和负有安全生产监督管理职责的有关部门报告。

（2）安全生产监督管理部门和负有安全生产监督管理职责的有关部门接到事故报告后，应当依照下列规定上报事故情况，并通知公安机关、劳动保障行政部门、工会和人民检察院：

①特别重大事故、重大事故逐级上报至国务院安全生产监督管理部门和负有安全生产监督管理职责的有关部门；

②较大事故逐级上报至省、自治区、直辖市人民政府安全生产监督管理部门和负有安全生产监督管理职责的有关部门；

③一般事故上报至设区的市级人民政府安全生产监督管理部门和负有安全生产监督管理职责的有关部门。

安全生产监督管理部门和负有安全生产监督管理职责的有关部门依照上述规定上报事故情况，应当同时报告本级人民政府。国务院安全生产监督管理部门和负有安全生产监督管理职责的有关部门以及省级人民政府接到发生特别重大事故、重大事故的报告后，应当立即报告国务院。

必要时，安全生产监督管理部门和负有安全生产监督管理职责的有关部门可以越级上报事故情况。

④安全生产监督管理部门和负有安全生产监督管理职责的有关部门逐级上报事故情况，每级上报的时间不得超过2小时。

2.事故报告的内容

（1）事故发生单位概况；

（2）事故发生的时间、地点以及事故现场情况；

（3）事故的简要经过；

（4）事故已经造成或者可能造成的伤亡人数（包括下落不明的人数）和初步估计的直接经济损失；

（5）已经采取的措施；

（6）其他应当报告的情况。

事故报告后出现新情况的，应当及时补报。自事故发生之日起 30 日内，事故造成的伤亡人数发生变化的，应当及时补报。道路交通事故、火灾事故自发生之日起 7 日内，事故造成的伤亡人数发生变化的，应当及时补报。

（三）事故现场救援

事故发生单位负责人接到事故报告后，应当立即启动事故相应应急预案，或者采取有效措施，组织抢救，防止事故扩大，减少人员伤亡和财产损失。

事故发生地有关地方人民政府、安全生产监督管理部门和负有安全生产监督管理职责的有关部门接到事故报告后，其负责人应当立即赶赴事故现场，组织事故救援。

事故发生后，有关单位和人员应当妥善保护事故现场以及相关证据，任何单位和个人不得破坏事故现场、毁灭相关证据。因抢救人员、防止事故扩大、疏通交通等原因，需要移动事故现场物件的，应当做出标志，绘制现场简图并做出书面记录，妥善保存现场重要痕迹、物证。

事故发生地公安机关根据事故的情况，对涉嫌犯罪的，应当依法立案侦查，采取强制措施和侦查措施。犯罪嫌疑人逃匿的，公安机关应当迅速追捕归案。

安全生产监督管理部门和负有安全生产监督管理职责的有关部门应当建立值班制度，并向社会公布值班电话，受理事故报告和举报。

四、事故的调查处理

（一）事故调查

特别重大事故由国务院或者国务院授权有关部门组织事故调查组进行调查。

重大事故、较大事故、一般事故分别由事故发生地省级人民政府、设区的市级人民政府、县级人民政府负责调查。省级人民政府、设区的市级人民政府、县级人民政府可以直接组织事故调查组进行调查，也可以授权或者委托有关部门组织事故调查组进行调查。

未造成人员伤亡的一般事故，县级人民政府也可以委托事故发生单位组织事故调查组进行调查。

上级人民政府认为必要时，可以调查由下级人民政府负责调查的事故。自事故发生之日起 30 日内（道路交通事故、火灾事故自发生之日起 7 日内），因事故伤亡人数变化导致事故等级发生变化，依照规定应当由上级人民政府负责调查的，上级人民政府可以另行组织事故调查组进行调查。

特别重大事故以下等级事故，事故发生地与事故发生单位不在同一个县级以上行政区域的，由事故发生地人民政府负责调查，事故发生单位所在地人民政府应当派人参加。

事故调查组的组成应当遵循精简、效能的原则。根据事故的具体情况，事故调查组由有关人民政府、安全生产监督管理部门、负有安全生产监督管理职责的有关部门、监察机关、公安机关以及工会派人组成，并应当邀请人民检察院派人参加。事故调查组可以聘请有关专家参与调查。

事故调查组成员应当具有事故调查所需要的知识和专长，并与所调查的事故没有直接利害关系。事故调查组组长由负责事故调查的人民政府指定。事故调查组组长主持事故调查组的工作。

事故调查组履行下列职责：

(1)查明事故发生的经过、原因、人员伤亡情况及直接经济损失；

(2)认定事故的性质和事故责任；

(3)提出对事故责任者的处理建议；

(4)总结事故教训，提出防范和整改措施；

(5)提交事故调查报告。

事故调查组有权向有关单位和个人了解与事故有关的情况，并要求其提供相关文件、资料，有关单位和个人不得拒绝。事故发生单位的负责人和有关人员在事故调查期间不得擅离职守，并应当随时接受事故调查组的询问，如实提供有关情况。事故调查中发现涉嫌犯罪的，事故调查组应当及时将有关材料或者其复印件移交司法机关处理。

事故调查中需要进行技术鉴定的，事故调查组应当委托具有国家规定资质的单位进行技术鉴定。必要时，事故调查组可以直接组织专家进行技术鉴定。技术鉴定所需时间不计入事故调查期限。

事故调查组成员在事故调查工作中应当诚信公正、恪尽职守，遵守事故调查组的纪律，保守事故调查的秘密。未经事故调查组组长允许，事故调查组成员不得擅自发布有关事故的信息。

事故调查组应当自事故发生之日起60日内提交事故调查报告；特殊情况下，经负责事故调查的人民政府批准，提交事故调查报告的期限可以适当延长，但延长的期限最长不超过60日。

事故调查报告应当包括下列内容：

(1)事故发生单位概况；

(2)事故发生经过和事故救援情况；

(3)事故造成的人员伤亡和直接经济损失；

(4)事故发生的原因和事故性质；

(5)事故责任的认定以及对事故责任者的处理建议；

(6)事故防范和整改措施。事故调查报告应当附具有关证据材料。事故调查组成员应当在事故调查报告上签名。

事故调查报告报送负责事故调查的人民政府后，事故调查工作即告结束。事故调查的有关资料应当归档保存。

(二)事故处理

重大事故、较大事故、一般事故，负责事故调查的人民政府应当自收到事故调查报告之日起15日内做出批复；特别重大事故，30日内做出批复，特殊情况下，批复时间可以适当延长，但延长的时间最长不超过30日。有关机关应当按照人民政府的批复，依照法律、行政法规规定的权限和程序，对事故发生单位和有关人员进行行政处罚，对负有事故责任的国家工作人员进行处分。事故发生单位应当按照负责事故调查的人民政府的批复，对本单位负有事故责任的人员进行处理。负有事故责任的人员涉嫌犯罪的，依法追究刑事责任。

事故发生单位应当认真吸取事故教训，落实防范和整改措施，防止事故再次发生。防范和整改措施的落实情况应当接受工会和职工的监督。安全生产监督管理部门和负有安全生产监督管理职责的有关部门应当对事故发生单位落实防范和整改措施的情况进行监督检查。

事故处理的情况由负责事故调查的人民政府或者其授权的有关部门、机构向社会公布，依法应当保密的除外。

9.3　施工现场管理与文明施工

施工现场的管理与文明施工是安全生产的重要组成部分。安全生产是树立以人为本的管理理念，保护社会弱势群体的重要体现；文明施工是现代化施工的一个重要标志，是施工企业一项基础性的管理工作，坚持文明施工具有重要意义。安全生产与文明施工是相辅相成的，建筑施工安全生产不但要保证职工的生命财产安全，同时要加强现场管理，保证施工井然有序，改变过去脏乱差的面貌，对提高投资效益和保证工程质量也具有深远意义。

一、施工现场的平面布置与划分

施工现场的平面布置图是施工组织设计的重要组成部分，必须科学合理的规划，绘制出施工现场平面布置图，在施工实施阶段按照施工总平面图要求，设置道路、组织排水、搭建临时设施、堆放物料和设置机械设备等。

（一）施工总平面图编制的依据

（1）工程所在地区的原始资料，包括建设、勘察、设计单位提供的资料；

（2）原有和拟建建筑工程的位置和尺寸；

（3）施工方案、施工进度和资源需要计划；

（4）全部施工设施建造方案；

（5）建设单位可提供房屋和其他设施。

（二）施工平面布置原则

（1）满足施工要求，场内道路畅通，运输方便，各种材料能按计划分期分批进场，充分利用场地；

（2）材料尽量靠近使用地点，减少二次搬运；

（3）现场布置紧凑，减少施工用地；

（4）在保证施工顺利进行的条件下，尽可能减少临时设施搭设，尽可能利用施工现场附近的原有建筑物作为施工临时设施；

（5）临时设施的布置，应便于工人生产和生活，办公用房靠近施工现场，福利设施应在生活区范围之内；

（6）平面图布置应符合安全、消防、环境保护的要求。

（三）施工总平面图表示的内容

（1）拟建建筑的位置，平面轮廓；

（2）施工用机械设备的位置；

（3）塔式起重机轨道、运输路线及回转半径；

（4）施工运输道路、临时供水、排水管线、消防设施；

（5）临时供电线路及变配电设施位置；

（6）施工临时设施位置；

（7）物料堆放位置与绿化区域位置；

（8）围墙与人口位置。

（四）施工现场功能区域划分要求

施工现场按照功能可划分为施工作业区、辅助作业区、材料堆放区和办公生活区。施工现场的办公生活区应当与作业区分开设置，并保持安全距离。办公生活区应当设置于在建建筑物坠落半径之外，与作业区之间设置防护措施，进行明显的划分隔离，以免人员误入危险区域；办公生活区如果设置在在建建筑物坠落半径之内时，必须采取可靠的防砸措施。功能区的规划设置时还应考虑交通、水电、消防、卫生、环保等因素。

这里的生活区是指建设工程作业人员集中居住、生活的场所，包括施工现场以内和施工现场以外独立设置的生活区。施工现场以外独立设置的生活区是指施工现场内无条件建立生活区，在施工现场以外搭设的用于作业人员居住生活的临时用房或者集中居住的生活基地。

二、场地

施工现场的场地应当整平，清除障碍物，无坑洼和凹凸不平，雨季不积水，暖季应适当绿化。施工现场应具有良好的排水系统，设置排水沟及沉淀池，现场废水不得直接排入市政污水管网和河流；现场存放的油料、化学溶剂等应设有专门的库房，地面应进行防渗漏处理。地面应当经常洒水，对粉尘源进行覆盖遮挡。

三、道路

（1）施工现场的道路应畅通，应当有循环干道，满足运输、消防要求；

（2）主干道应当平整坚实，且有排水措施，硬化材料可以采用混凝土、预制块或用石屑、焦渣、砂头等压实整平，保证不沉陷，不扬尘，防止泥土带人市政道路；

（3）道路应当中间起拱，两侧设排水设施，主干道宽度不宜小于 3.5 m，载重汽车转弯半径不宜小于 15 m，如因条件限制，应当采取措施；

（4）道路的布置要与现场的材料、构件、仓库等堆场、吊车位置相协调、配合；

（5）施工现场主要道路应尽可能利用永久性道路，或先建好永久性道路的路基，在土建工程结束之前再铺路面。

四、封闭管理

施工现场的作业条件差，不安全因素多，在作业过程中既容易伤害作业人员，也容易伤害现场以外的人员。因此，施工现场必须实施封闭式管理，将施工现场与外界隔离，防止"扰民"和"民扰"问题，同时保护环境、美化市容。

（一）围挡

（1）施工现场围挡应沿工地四周连续设置，不得留有缺口，并根据地质、气候、围挡材料进行设计与计算，确保围挡的稳定性、安全性；

（2）围挡的用材应坚固、稳定、整洁、美观，宜选用砌体、金属材板等硬质材料，不宜使用彩布条、竹笆或安全网等；

（3）施工现场的围挡一般应高于 1.8 m；

（4）禁止在围挡内侧堆放泥土、砂石等散状材料以及架管、模板等，严禁将围挡做挡土墙使用；

（5）雨后、大风后以及春融季节应当检查围挡的稳定性，发现问题及时处理。

（二）大门

（1）施工现场应当有固定的出入口，出入口处应设置大门；

（2）施工现场的大门应牢固美观，大门上应标有企业名称或企业标识；

（3）出入口处应当设置专职门卫保卫人员，制定门卫管理制度及交接班记录制度；

（4）施工现场的施工人员应当佩戴工作卡。

五、临时设施

施工现场的临时设施较多，这里主要指施工期间临时搭建、租赁的各种房屋临时设施。临时设施必须合理选址、正确用材，确保使用功能，符合安全、卫生、环保、消防要求。

（一）临时设施的种类

（1）办公设施，包括办公室、会议室、保卫传达室；

（2）生活设施，包括宿舍、食堂、厕所、淋浴室、阅览娱乐室、卫生保健室；

（3）生产设施，包括材料仓库、防护棚、加工棚（站、厂，如混凝土搅拌站、砂浆搅拌站、木材加工厂、钢筋加工厂、金屑加工厂和机械维修厂）、操作棚；

（4）辅助设施，包括道路、现场排水设施、围墙、大门、供水处、吸烟处。

（二）临时设施的设计

施工现场搭建的生活设施、办公设施、两层以上、大跨度及其他临时房屋建筑物应当进行结构计算，绘制简单施工图纸，并经企业技术负责人审批方可搭建。临时建筑物设计应符合《建筑结构可靠度设计统一标准》（GB 50068—2001）、《建筑结构荷载规范》（GB 50009——2012）的规定。临时建筑物使用年限定为 5 年。临时办公用房、宿舍、食堂、厕所等建筑物结构重要性系数 $\gamma_0 = 1.0$，工地非危险品仓库等建筑物结构重要性系数 $\gamma_0 = 0.9$，工地危险品仓库按相关规定设计。临时建筑及设施设计可不考虑地震作用。

（三）临时设施的选址

办公生活临时设施的选址，首先应考虑与作业区相隔离，保持安全距离；其次，位置的周边环境必须具有安全性，例如不得设置在高压线下，也不得设置在沟边、崖边、河流边、强风口处、高墙下以及滑坡、泥石流等灾害地质带上和山洪可能冲击到的区域。

安全距离是指在施工坠落半径和高压线防电距离之外。建筑物高度 2～5 m，坠落半径为 2 m；高度 30 m，坠落半径为 5 m（如因条件限制，办公和生活区设置在坠落半径区域内，必须有防护措施）。1 kV 以下裸露输电线，安全距离为 4 m；330～550 kV，安全距离为 15 m（最外线的投影距离）。

（四）临时设施的布置原则

（1）合理布局，协调紧凑，充分利用地形，节约用地；

（2）尽量利用建设单位在施工现场或附近能提供的现有房屋和设施；

（3）临时房屋应本着厉行节约、减少浪费的精神，充分利用当地材料，尽量采用活动式或容易拆装的房屋；

（4）临时房屋布置应方便生产和生活；

（5）临时房屋的布置应符合安全、消防和环境卫生的要求。

（五）临时设施的布置方式

(1)生活性临时房屋布置在工地现场以外，生产性临时设施按照生产的需要在工地选择适当的位置，行政管理的办公室等应靠近工地或是工地现场出入口；

(2)生活性临时房屋设在工地现场以内时，一般布置在现场的四周或集中于一侧；

(3)生产性临时房屋，如混凝土搅拌站、钢筋加工厂、木材加工厂等，应全面分析比较确定位置。

（六）临时房屋的结构类型

(1)活动式临时房屋，如钢骨架活动房屋、彩钢板房；

(2)固定式临时房屋，主要为砖木结构、砖石结构和砖混结构。

临时房屋应优先选用钢骨架彩板房，生活办公设施不宜选用菱苦土板房。

六、临时设施的搭设与使用管理

（一）办公室

施工现场应设置办公室，办公室内布局应合理，文件资料宜归类存放，并应保持室内清洁卫生。

（二）职工宿舍

(1)宿舍应当选择在通风、干燥的位置，防止雨水、污水流入；

(2)不得在尚未竣工建筑物内设置员工集体宿舍；

(3)宿舍必须设置可开启式窗户，设置外开门；

(4)宿舍内应保证有必要的生活空间，室内净高不得小于 2.4 m，通道宽度不得小于0.9 m，每间宿舍居住人员不应超过 16 人；

(5)宿舍内的单人铺不得超过 2 层，严禁使用通铺，床铺应高于地面 0.3 m，人均床铺面积不得小于 1.9 m×0.9 m，床铺间距不得小于 0.3 m；

(6)宿舍内应设置生活用品专柜，有条件的宿舍宜设置生活用品储藏室，宿舍内严禁存放施工材料、施工机具和其他杂物；

(7)宿舍周围应当搞好环境卫生，应设置垃圾桶、鞋柜或鞋架，生活区内应为作业人员提供晾晒衣物的场地，房屋外应道路平整，晚间有充足的照明；

(8)寒冷地区冬季宿舍应有保暖措施、防煤气中毒措施，火炉应当统一设置、管理，炎热季节应有消暑和防蚊虫叮咬措施；

(9)应当制定宿舍管理使用责任制，轮流负责卫生和使用管理或安排专人管理。

（三）食堂

(1)食堂应当选择在通风、干燥的位置，防止雨水、污水流入，应当保持环境卫生，远离厕所、垃圾站、有毒有害场所等污染源的地方，装修材料必须符合环保、消防要求；

(2)食堂应设置独立的制作间、储藏间；

(3)食堂应配备必要的排风设施和冷藏设施，安装纱门纱窗，室内不得有蚊蝇，门下方应设不低于 0.2 m 的防鼠挡板；

(4)食堂的燃气罐应单独设置存放间，存放间应通风良好并严禁存放其他物品；

(5)食堂制作间灶台及其周边应贴瓷砖，瓷砖的高度不宜小于 1.5 m，地面应做硬化和防滑处理，按规定设置污水排放设施；

（6）食堂制作间的刀、盆、案板等炊具必须生熟分开，食品必须有遮盖，遮盖物品应有正反面标识，炊具宜存放在封闭的橱柜内；

（7）食堂内应有存放各种佐料和副食的密闭器皿，并应有标识，粮食存放台距墙和地面应大于 0.2 m；

（8）食堂外应设置密闭式泔水桶，并应及时清运，保持清洁；

（9）应当制定并在食堂张挂食堂卫生责任制，责任落实到人，加强管理。

（四）厕所

（1）厕所大小应根据施工现场作业人员的数量设置。

（2）高层建筑施工超过 8 层以后，每隔四层宜设置临时厕所。

（3）施工现场应设置水冲式或移动式厕所，厕所地面应硬化，门窗齐全。蹲坑间宜设置隔板，隔板高度不宜低于 0.9 m。

（4）厕所应设专人负责，定时进行清扫、冲刷、消毒，防止蚊蝇孳生，化粪池应及时清掏。

（五）防护棚

施工现场的防护棚较多，如加工站厂棚、机械操作棚、通道防护棚等。

大型站厂棚可用砖混、砖木结构，应当进行结构计算，保证结构安全。小型防护棚一般用扣件式钢管脚手架搭设，应当严格按照《建筑施工扣件式钢管脚手架安全技术规范》（JGJ 130—2011）要求搭设。

防护棚顶应当满足承重、防雨要求，在施工坠落半径之内的，棚顶应当具有抗砸能力。可采用多层结构。最上材料强度应能承受 10 kPa 的均布静荷载，也可采用 50 mm 厚木板架设或采用两层竹笆，上下竹笆层间距应不小于 600 mm。

（六）搅拌站

（1）搅拌站应有后上料场地，应当综合考虑砂石堆场、水泥库的设置位置，既要相互靠近，又要便于材料的运输和装卸。

（2）搅拌站应当尽可能设置在垂直运输机械附近，在塔式起重机吊运半径内，尽可能减少混凝土、砂浆水平运输距离。采用塔式起重机吊运时，应当留有起吊空间，使吊斗能方便地从出料口直接挂钩起吊和放下；采用小车、翻斗车运输时，应当设置在大路旁，以方便运输。

（3）搅拌站场地四周应当设置沉淀池、排水沟，其作用为：

①避免清洗机械时，造成场地积水；

②沉淀后循环使用，节约用水；

③避免将未沉淀的污水直接排入城市排水设施和河流。

（4）搅拌站应当搭设搅拌棚，挂设搅拌安全操作规程和相应的警示标志、混凝土配合比牌，采取防止扬尘措施，冬期施工还应考虑保温、供热等。

（七）仓库

（1）仓库的面积应通过计算确定，根据各个施工阶段的需要的先后进行布置；

（2）水泥仓库应当选择地势较高、排水方便、靠近搅拌机的地方；

（3）易燃易爆品仓库的布置应当符合防火、防爆安全距离要求；

（4）仓库内各种工具器件物品应分类集中放置，设置标牌，标明规格型号；

（5）易燃、易爆和剧毒物品不得与其他物品混放，并建立严格的进出库制度，由专人管理。

七、施工现场的卫生与防疫

（一）卫生保健

（1）施工现场应设置保健卫生室，配备保健药箱、常用药及绷带、止血带、颈托、担架等急救器材，小型工程可以用办公用房兼做保健卫生室；

（2）施工现场应当配备兼职或专职急救人员，处理伤员和职工保健，对生活卫生进行监督和定期检查食堂、饮食等卫生情况；

（3）要利用板报等形式向职工介绍防病的知识和方法，针对季节性流行病、传染病等，做好对职工卫生防病的宣传教育工作；

（4）当施工现场作业人员发生法定传染病、食物中毒、急性职业中毒时，必须在 2 小时内向事故发生所在地建设行政主管部门和卫生防疫部门报告，并应积极配合调查处理；

（5）现场施工人员患有法定的传染病或病原携带者时，应及时进行隔离，并由卫生防疫部门进行处置。

（二）保洁

办公区和生活区应设专职或兼职保洁员，负责卫生清扫和保洁，应有灭鼠、蚊、蝇、蟑螂等措施，并应定期投放和喷洒药物。

（三）食堂卫生

（1）食堂必须有卫生许可证；

（2）炊事人员必须持有身体健康证，上岗应穿戴洁净的工作服、工作帽和口罩，并应保持个人卫生；

（3）炊具、餐具和饮水器具必须及时清洗消毒；

（4）必须加强食品、原料的进货管理，做好进货登记，严禁购买无照、无证商贩经营的食品和原料，施工现场的食堂严禁出售变质食品。

八、"五牌一图"与"两栏一报"

施工现场的进口处应有整齐明显的"五牌一图"，在办公区、生活区设置"两栏一报"。

（1）"五牌"一般是指工程概况牌、管理人员名单及监督电话牌、消防保卫牌、安全生产牌、文明施工牌；"一图"是指施工现场总平面图。

（2）各地区也可根据情况再增加其他牌图，如工程效果图。五牌内容没有做具体规定，可结合本地区、本企业及本工程特点设置。工程概况牌内容一般应写明工程名称、面积、层数、建设单位、设计单位、施工单位、监理单位、开竣工日期、项目经理以及联系电话。

（3）标牌是施工现场重要标志的一项内容，所以不但内容应有针对性，同时标牌制作、挂设也应规范整齐、美观，字体工整。

（4）为进一步对职工做好安全宣传工作，要求施工现场在明显处，应有必要的安全内容的标语。

（5）施工现场应该设置"两栏一报"，即读报栏、宣传栏和黑板报，丰富学习内容，表扬好人好事。

九、警示标牌布置与悬挂

施工现场应当根据工程特点及施工的不同阶段，有针对性地设置、悬挂安全标志。

（一）安全标志的定义

安全警示标志是指提醒人们注意的各种标牌、文字、符号以及灯光等。一般来说，安全警示标志包括安全色和安全标志。安全警示标志应当明显，便于作业人员识别。如果是灯光标志，要求明亮显眼；如果是文字图形标志，则要求明确易懂。

安全色是表达安全信息含义的颜色，安全色分为红、黄、蓝、绿四种颜色，分别表示禁止、警告、指令和提示。

安全标志是用于表达特定信息的标志，由图形符号、安全色、几何图形（边框）或文字组成。安全标志分禁止标志、警告标志、指令标志和提示标志。安全警示标志的图形、尺寸、颜色、文字说明和制作材料等，均应符合国家标准规定。

（二）设置悬挂安全标志的意义

施工现场施工机械、机具种类多、高空与交叉作业多、临时设施多、不安全因素多、作业环境复杂，属于危险因素较大的作业场所，容易造成人身伤亡事故。在施工现场的危险部位和有关设备、设施上设置安全警示标志，是为了提醒、警示进入施工现场的管理人员、作业人员和有关人员，要时刻认识到所处环境的危险性，随时保持清醒和警惕，避免事故发生。

（三）安全标志平面布置图

施工单位应当根据工程项目的规模、施工现场的环境、工程结构形式以及设备、机具的位置等情况，确定危险部位，有针对性地设置安全标志。施工现场应绘制安全标志布置总平面图，根据施工不同阶段的施工特点，组织人员有针对性地进行设置、悬挂或增减。

安全标志设置位置的平面图，是重要的安全工作内业资料之一，当一张图不能表明时可以分层表明或分层绘制。安全标志设置位置的平面图应由绘制人员签名，项目负责人审批。

（四）安全标志的设置与悬挂

根据国家有关规定，施工现场入口处、施工起重机械、临时用电设施、脚手架、出入通道口、楼梯口、电梯井口、孔洞口、桥梁口、隧道口、基坑边沿、爆破物及有害危险气体和液体存放处等属于危险部位，应当设置明显的安全警示标志。安全警示标志的类型、数量应当根据危险部位的性质不同，设置不同的安全警示标志。如：在爆破物及有害危险气体和液体存放处设置禁止烟火、禁止吸烟等禁止标志；在施工机具旁设置当心触电、当心伤手等警告标志；在施工现场入口处设置必须戴安全帽等指令标志；在通道口处设置安全通道等指示标志；在施工现场的沟、坎、深募坑等处，夜间要设红灯示警。

安全标志设置后应当进行统计记录，并填写施工现场安全标志登记表。

十、塔式起重机的设置

（一）位置的确定原则

塔式起重机的位置首先应满足安装的需要，同时，又要充分考虑混凝土搅拌站、料场位置，以及水、电管线的布置等。固定式塔式起重机设置的位置应根据机械性能、建筑物的平面形状、大小、施工段划分、建筑物四周的施工现场条件和吊装工艺等因素决定，一般宜靠近路边，减少水平运输量。有轨式塔式起重机的轨道布置方式，主要取决于建筑物的平面形状、尺寸和四周施工场地条件。轨道布置方式通常是沿建筑物一侧或内外两侧布置。

（二）应注意的安全事项

（1）轨道塔式起重机的塔轨中心距建筑外墙的距离应考虑到建筑物突出部分、脚手架、安全网、安全空间等因素，一般应不少于3.5 m；

（2）拟建的建筑物临近街道，塔臂可能覆盖人行道，如果现场条件允许，塔轨应尽量布置在建筑物的内侧；

（3）塔式起重机临近的高压线，应搭设防护架，并且应限制旋转的角度，以防止塔式起重机作业时造成事故；

（4）在一个现场内布置多台起重设备时，应能保证交叉作业的安全，上下左右旋转，应留有一定的空间以确保安全；

（5）轨道式塔式起重机轨道基础与固定式塔式起重机机座基础必须坚实可靠，周围设置排水措施，防止积水；

（6）布置塔式起重机时应考虑安装与拆除所需要的场地；

（7）施工现场应留出起重机进出场道路。

十一、材料的堆放

（一）一般要求

（1）建筑材料的堆放应当根据用量大小、使用时间长短、供应与运输情况确定，用量大、使用时间长、供应运输方便的，应当分期分批进场，以减少堆场和仓库面积；

（2）施工现场各种工具、构件、材料的堆放必须按照总平面图规定的位置放置；

（3）位置应选择适当，便于运输和装卸，应减少二次搬运；

（4）地势较高、坚实、平坦、回填土应分层夯实，要有排水措施，符合安全、防火的要求；

（5）应当按照品种、规格堆放，并设明显标牌，标明名称、规格和产地等；

（6）各种材料物品必须堆放整齐。

（二）主要材料半成品的堆放

（1）大型工具，应当一头见齐；

（2）钢筋应当堆放整齐，用方木垫起，不宜放在潮湿和暴露在外受雨水冲淋；

（3）砖应堆码成方垛，不准超高并距沟槽坑边不小于0.5 m，防止坍塌；

（4）砂应堆成方，石子应当按不同粒径规格分别堆放成方；

（5）各种模板应当按规格分类堆放整齐，地面应平整坚实，叠放高度一般不宜超过1.6 m，大模板应放在经专门设计的存架上，应当采用两块大模板面对面存放，当存放在施工楼层上时，应当满足自稳角度并有可靠的防倾倒措施；

（6）混凝土构件堆放场地应坚实、平整，按规格、型号堆放，垫木位置要正确，多层构件的垫木要上下对齐，垛位不准超高，混凝土墙板宜设插放架，插放架要焊接或绑扎牢固，防止倒塌。

（三）场地清理

作业区及建筑物楼层内，要做到工完场地清，拆模时应当随拆随清理运走，不能马上运走的应码放整齐。

各楼层清理的垃圾不得长期堆放在楼层内，应当及时运走，施工现场的垃圾也应分类集中堆放。

十二、社区服务与环境保护

（一）社区服务

施工现场应当建立不扰民措施，有责任人管理和检查。应当与周围社区定期联系，听取意见，对合理意见应当及时采纳处理。工作应当有记录。

（二）环境保护的相关法律法规

国家关于保护和改善环境，防治污染的法律、法规主要有《环境保护法》、《大气污染防治法》、《固体废物污染环境防治法》、《环境噪声污染防治法》等，施工单位在施工时应当自觉遵守。

（三）防治大气污染

（1）施工现场宜采取措施硬化，其中主要道路、料场、生活办公区域必须进行硬化处理，土方应集中堆放。裸露的场地和集中堆放的土方应采取覆盖、固化或绿化等措施。

（2）使用密目式安全网对在建建筑物、构筑物进行封闭，防止施工过程扬尘；

拆除旧有建筑物时，应采用隔离、洒水等措施防止扬尘，并应在规定期限内将废弃物清理完毕；

不得在施工现场熔融沥青，严禁在施工现场焚烧含有有毒、有害化学成分的装饰废料、油毡、油漆、垃圾等各类废弃物。

（3）从事土方、渣土和施工垃圾运输应采用密闭式运输车辆或采取覆盖措施。

（4）施工现场出入口处应采取保证车辆清洁的措施。

（5）施工现场应根据风力和大气湿度的具体情况，进行土方回填、转运作业。

（6）水泥和其他易飞扬的细颗粒建筑材料应密闭存放，砂石等散料应采取覆盖措施。

（7）施工现场混凝土搅拌场所应采取封闭、降尘措施。

（8）建筑物内施工垃圾的清运，应采用专用封闭式容器吊运或传送，严禁凌空抛撒。

（9）施工现场应设置密闭式垃圾站，施工垃圾、生活垃圾应分类存放，并及时清运出场。

（10）城区、旅游景点、疗养区、重点文物保护地及人口密集区的施工现场应使用清洁能源。

（11）施工现场的机械设备、车辆的尾气排放应符合国家环保排放标准要求。

（四）防治水污染

（1）施工现场应设置排水沟及沉淀池，现场废水不得直接排入市政污水管网和河流；

（2）现场存放的油料、化学溶剂等应设有专门的库房，地面应进行防渗漏处理；

（3）食堂应设置隔油池，并应及时清理；

（4）厕所的化粪池应进行抗渗处理；

（5）食堂、盥洗室、淋浴间的下水管线应设置隔离网，并应与市政污水管线连接，保证排水通畅。

（五）防治施工噪声污染

（1）施工现场应按照现行国家标准《建筑施工场界环境噪声排放标准》（CB 12523—2011）制定降噪措施，并应对施工现场的噪声值进行监测和记录；

（2）施工现场的强噪声设备宜设置在远离居民区的一侧；

（3）对因生产工艺要求或其他特殊需要，确需在晚上 22 时至次日 6 时期间进行强噪声施工的，施工前建设单位和施工单位应到有关部门提出申请，经批准后方可进行夜间施工，并公告附近居民；

（4）夜间运输材料的车辆进入施工现场，严禁鸣笛，装卸材料应做到轻拿轻放；

（5）对产生噪声和振动的施工机械、机具的使用，应当采取消声、吸声、隔声等有效控制和降低噪声。

（六）防治施工照明污染

夜间施工严格按照建设行政主管部门和有关部门的规定执行，对施工照明器具的种类、灯光亮度要严格控制，特别是在城市市区居民居住区内，减少施工照明对城市居民的影响。

（七）防治施工固体废弃物污染

施工车辆运输砂石、土方、渣土和建筑垃圾，采取密封、覆盖措施，避免泄漏、遗撒，并按指定地点倾卸，防止固体废物污染环境。

本章小结

本章内容以文字性描述为主，在系统阐述安全生产"十二字方针"的基础上，对工伤事故的分类与认定、生产安全事故的种类、报告和事故调查处理等进行了介绍，最后对建设工程施工现场文明施工和环境保护进行了详细介绍。通过本章学习，让学生重视施工过程中的安全管理与文明管理，在保证施工生产人员生命安全的前提下，顺利完成施工任务。

复习思考题

1. 简述我国的安全生产基本方针及内涵。

2. 什么是工伤事故？如何分类？哪些情况可以认定或视同为工伤事故？

3. 根据国务院令第 493 号《生产安全事故报告和调查处理条例》，生产安全事故可分为哪几个等级？如何划分？

4. 简述安全事故报告的责任和程序。

5. 事故发生单位报告事故应当包括哪些内容？

6. 安全事故调查报告应当包括哪些内容？

7. 简述"五牌一图"、"两栏一报"的内容。

8. 安全警示标志包含的内容及含义。

第 10 章　工程项目综合管理

【学习目标】

1. 了解工程项目管理信息系统；

2. 掌握工程项目风险管理程序；

3. 熟悉监理工作的主要任务；

4. 能够针对具体项目制定工程项目风险应对策略,参与工程项目风险管理工作。

【学习重点】

工程项目风险管理控制措施。

10.1　工程项目信息管理

我国从工业发达国家引进项目管理的概念、理论、组织、方法和手段,历时 20 余年,在工程实践中取得了不少成绩。但是,至今多数业主方和施工方的信息管理水平还相当落后,其落后表现在尚未正确理解信息管理的内涵和意义,以及现行的信息管理的组织、方法和手段基本还停留在传统的方式和模式上。应指出,我国在建设工程项目管理中当前最薄弱的工作领域是信息管理。

应用信息技术提高建筑业生产效率,以及应用信息技术提升建筑业行业管理和项目管理的水平和能力,是 21 世纪建筑业发展的重要课题。作为重要的物质生产部门,中国建筑业的信息化程度一直低于其他行业,也远低于发达国家的先进水平。因此,我国工程管理信息化任重而道远。

一、工程项目信息管理

1. 信息

信息指的是用口头的方式、书面的方式或电子的方式传输(传达、传递)的知识、新闻,或可靠的或不可靠的情报。声音、文字、数字和面像等都是信息表达的形式。建设工程项目的实施需要人力资源和物质资源,应认识到信息也是项目实施的重要资源之一。

2. 工程项目的信息

建设工程项目的信息包括在项目决策过程、实施过程(设计准备、设计、施工和物资采购过程等)和运行过程中产生的信息,以及其他与项目建设有关的信息,包括项目的组织类信息、管理类信息、经济类信息、技术类信息和法规类信息。

3. 信息管理

信息管理指的是信息传输的合理组织和控制。

4. 工程项目的信息管理

工程项目的信息管理是通过对各个系统、各项工作和各种数据的管理，使工程项目的信息能方便和有效地获取、存储、存档、处理和交流。工程项目信息管理的目的，旨在通过有效的工程项目信息传输的组织和控制的项目建设增值服务。

二、工程项目信息管理的任务

1.信息管理手册

业主方和项目参与各方都有各自的信息管理任务，为充分利用和发挥信息资源的价值，提高信息管理的效率以及实现有序和科学的信息管理，各方都应编制各自的信息管理手册，以规范信息管理工作。信息管理手册描述和定义信息管理做什么、谁做、什么时候做和其工作成果是什么等，它的主要内容包括：

(1)信息管理的任务(信息管理任务目录)；

(2)信息管理的任务分工表和管理职能分工表；

(3)信息的分类；

(4)信息的编码体系和编码；

(5)信息输入输出模型；

(6)各项信息管理工作的工作流程图；

(7)信息流程图；

(8)信息处理的工作平台及其使用规定；

(9)各种报表和报告的格式，以及报告周期；

(10)项目进展的月度报告、季度报告、年度报告和工程总报告的内容及其编制；

(11)工程档案管理制度；

(12)信息管理的保密制度等。

2.信息管理部门的工作任务

项目管理班子中各个工作部门的管理工作都与信息处理有关，而信息管理部门的主要工作任务是：

(1)负责编制信息管理手册，在项目实施过程中进行信息管理手册的必要修改和补充，并检查和督促其执行；

(2)负责协调和组织项目管理班子中各个工作部门的信息处理工作；

(3)负责信息处理工作平台的建立和运行维护；

(4)与其他工作部门协同组织收集信息、处理信息和形成各种反映项目进展和项目目标控制的报表和报告；

(5)负责工程档案管理等。

在国际上，许多建设工程项目都专门设立信息管理部门(或称为信息中心)，以确保信息管理工作的顺利进行；也有一些大型建设工程项目专门委托咨询公司从事项目信息动态跟踪和分析，以信息流指导物资流，从宏观上对项目的实施进行控制。

3.信息工作流程

各项信息管理任务的工作流程，如：

(1)信息管理手册编制和修订的工作流程；

(2)为形成各类报表和报告，收集信息、录入信息、审核信息、加工信息、信息传输和发布的工作流程；

（3）工程档案管理的工作流程等。

4.应重视基于互联网的信息处理平台

由于建设工程项目大量数据处理的需要，在当今时代应重视利用信息技术的手段进行信息管理。其核心的手段是基于互联网的信息处理平台。

三、工程项目信息的分类

业主方和工程项目参与各方可根据各自项目管理的需求确定其信息的分类，但为了信息交流的方便和实现部分信息共享，应尽可能做一些统一分类的规定，如项目的分解结构应统一。

可以从不同的角度对建设工程项目的信息进行分类，如：

（1）按项目管理工作的对象，即按项目的分解结构，如子项目1、子项目2等进行信息分类；

（2）按项目实施的工作过程，如设计准备、设计、招标投标和施工过程等进行信息分类；

（3）按项目管理工作的任务，如投资控制、进度控制、质量控制等进行信息分类；

（4）按信息的内容属性，如组织类信息、管理类信息、经济类信息、技术类信息和法规类信息。

四、工程项目管理信息化

信息化最初是从生产力发展的角度来描述社会形态演变的综合性概念，信息化和工业化一样，是人类社会生产力发展的新标志。

信息化的出现给人类带来新的资源、新的财富和新的社会生产力，形成了以创造型信息劳动者为主体，以电子计算机等新型工具体系为基本劳动手段，以再生性信息为主要劳动对象，以高技术型企业为骨干，以信息产业为主导产业的新一代信息生产力。在传统经济中，人们对资源的争夺主要表现为占有土地、矿产和石油等，而今天，信息资源日益成为争夺的重点，带来了国际社会新的竞争方式、竞争手段和竞争内容。在信息技术开发和应用领域尤其是网络技术方面存在的差距，导致信息获取和创新产生落差，于是就产生国与国、地区与地区、产业与产业、社会阶层与社会阶层之间的"数字鸿沟"。

我国不仅在生产力各个领域应用信息技术与工业发达国家相比存在较大的数字鸿沟，在国内各地区间也存在数字鸿沟，并有不断扩大的趋势，数字鸿沟造成的差别正在成为我国继城乡差别、工农差别、脑体差别"三大差别"之后的"第四大差别"。

在产业与产业之间，由于建筑业的特性，目前建筑业信息技术的开发和应用及信息资源的开发和利用效率较差，使建筑业相对其他产业之间也存在较大的数字鸿沟。

1.工程管理信息化的含义

信息化指的是信息资源的开发和利用，以及信息技术的开发和应用。工程管理信息化指的是工程管理信息资源的开发和利用，以及信息技术在工程管理中的开发和应用。工程管理信息化属于领域信息化的范畴，它和企业信息化也有联系。

我国实施国家信息化的总体思路是：

（1）以信息技术应用为导向；

（2）以信息资源开发和利用为中心；

（3）以制度创新和技术创新为动力；

（4）以信息化带动工业化；

（5）加快经济结构的战略性调整；

（6）全面推动领域信息化、区域信息化、企业信息化和社会信息化进程。

我国建筑业和基本建设领域应用信息技术与工业发达国家相比，尚存在较大的数字鸿沟，它反映在信息技术在工程管理中应用的观念上，也反映在有关的知识管理上，还反映在有关技术的应用方面。

工程项目管理的信息资源包括组织类工程信息、管理类工程信息、经济类工程信息、技术类工程信息、法规类信息等。在建设一个新的工程项目时，应重视开发和充分利用国内和国外同类或类似工程项目的有关信息资源。

信息技术在工程管理中的开发和应用，包括在项目决策阶段的开发管理、实施阶段的项目管理和使用阶段的设施管理中开发和应用信息技术。

自20世纪70年代开始，信息技术经历了一个迅速发展的过程，信息技术在建设工程管理中的应用也有一个相应的发展过程：

（1）70年代，单项程序的应用，如工程网络计划的时间参数的计算程序，施工图预算程序等；

（2）80年代，程序系统的应用，如项目管理信息系统、设施管理信息系统；

（3）90年代，程序系统的集成，它是随着工程管理的集成而发展起来的；

（4）90年代末期至今，基于网络平台的工程管理。

五、工程项目管理信息系统

1. 工程项目管理信息系统（Project Management Information System）的内涵

工程项目管理信息系统是基于计算机的项目管理的信息系统，主要用于项目的目标控制。管理信息系统（Management Information System）是基于计算机管理的信息系统，但主要用于企业的人、财、物、产、供、销的管理。项目管理信息系统与管理信息系统服务的对象和功能是不同的。

工程项目管理信息系统的应用，主要是用计算机进行项目管理有关数据的收集、记录、存储、过滤和把数据处理的结果提供给项目管理班子的成员。它是项目进展的跟踪和控制系统，也是信息流的跟踪系统。

工程项目管理信息系统可以在局域网上或基于互联网的信息平台上运行。

2. 工程项目管理信息系统的功能

（1）投资控制的功能

①项目的估算、概算、预算、标底、合同价、投资使用计划和实际投资的数据计算和分析；

②进行项目的估算、概算、预算、标底、合同价、投资使用计划和实际投资的动态比较（如概算和预算的比较、概算和标底的比较、概算和合同价的比较、预算和合同价的比较等），并形成各种比较报表；

③计划资金投入和实际资金投入的比较分析；

④根据工程的进展进行投资预测等。

（2）成本控制的功能

①投标估算的数据计算和分析；

②计划施工成本；

③计算实际成本；

④计划成本与实际成本的比较分析；

⑤根据工程的进展进行施工成本预测等。

（3）进度控制的功能

①计算工程网络计划的时间参数，并确定关键工作和关键路线；

②绘制网络图和计划横道图；

③编制资源需求量计划；

④进度计划执行情况的比较分析；

⑤根据工程的进展进行工程进度预测。

（4）合同管理的功能

①合同基本数据查询；

②合同执行情况的查询和统计分析；

③标准合同文本查询和合同辅助起草等。

3. 工程项目管理信息系统的意义

20 世纪 70 年代末期和 80 年代初期，国际上已有工程项目管理信息系统的商业软件，工程项目管理信息系统现已被广泛地用于业主方和施工方的项目管理。应用工程项目管理信息系统的主要意义是：

（1）实现项目管理数据的集中存储；

（2）有利于项目管理数据的检索和查询；

（3）提高项目管理数据处理的效率；

（4）确保项目管理数据处理的准确性；

（5）可方便地形成各种项目管理需要的报表。

10.2　工程项目风险管理

一、工程项目风险管理概述

（一）工程项目风险

风险是一种客观存在的、损失的发生具有不确定性的状态。它具有客观性、损失性和不确定性的特征，是不以人的意志为转移的。风险在任何工程项目中都存在。工程项目作为集经济、技术、管理、组织等各方面于一体的综合性社会活动，在各个方面都存在着不确定性。这些不确定性会造成工程项目实施的失控现象，如工期延长、成本增加、计划修改等，最终导致工程经济效益降低，甚至项目失败。因此，项目管理人员必须充分重视工程项目的风险管理，将其纳入工程项目管理之中。

（二）工程项目风险分类

工程项目的风险因素有很多，可以从不同的角度进行分类。

1. 按照风险来源进行划分

风险因素包括自然风险、社会风险、经济风险、法律风险和政治风险等。

（1）自然风险。如地震，风暴，异常恶劣的雨、雪、冰冻天气等；未能预测到的特殊地质条件，如泥石流、河塘、流砂、泉眼等；恶劣的施工现场条件等。

（2）社会风险。包括宗教信仰的影响和冲击、社会治安的稳定性、社会的禁忌、劳动者的文化素质、社会风气等。

（3）经济风险。包括国家经济政策的变化，产业结构的调整，银根紧缩；项目的产品市场变化；工程承包市场、材料供应市场、劳动力市场的变动；工资的提高、物价上涨、通货膨胀速度的加快；金融风险、外汇汇率的变化等。

（4）法律风险。如法律不健全，有法不依、执法不严，相关法律内容发生变化；可能对相关法律未能全面、正确地理解；环境保护法规的限制等。

（5）政治风险。通常表现为政局的不稳定性，战争、动乱、政变的可能性，国家的对外关系，政府信用和政府廉洁程度，政策及政策的稳定性，经济的开放程度，国有化的可能性、国内的民族矛盾、保护主义倾向等。

2. 按照风险涉及的当事人划分

包括建设单位的风险、承包商的风险和咨询监理单位的风险。

（1）建设单位的风险。建设单位遇到的风险通常可以归纳为三类，即人为风险、经济风险和自然风险。

①人为风险。包括政府或主管部门的专制行为，管理体制、法规不健全，资金筹措不力，不可预见事件，合同条款不严谨，承包商缺乏合作诚意以及履约不力或违约，材料供应商履约不力或违约，设计有错误，监理工程师失职等。

②经济风险。包括宏观经济形势不利，投资环境恶劣，市场物价不正常上涨，通货膨胀幅度过大，投资回收期长，基础设施落后，资金筹措困难等。

③自然风险。主要是指恶劣的自然条件，恶劣的气候与环境，恶劣的现场条件以及不利的地理环境等。

（2）承包商的风险。承包商作为工程承包合同的一方当事人，所面临的风险并不比建设单位的小。承包商遇到的风险也可以归纳为三类，即决策错误风险、缔约和履约风险、责任风险。

①决策错误风险。主要包括信息取舍失误或信息失真风险、中介与代理风险、保标与买标风险、报价失误风险等。

②缔约和履约风险。在缔约时，合同条款中存在不平等条款，合同中的定义不准确，合同条款有遗漏；在合同履行过程中，协调工作不力，管理手段落后，既缺乏索赔技巧，又不善于运用价格调值办法。

③责任风险。主要包括职业责任风险、法律责任风险、替代责任风险和人事责任风险。

（3）咨询监理单位的风险。咨询监理单位虽然不是工程承包合同的当事人，但因其在工程项目管理体系中的独特地位，不可避免地要承受其自身的风险。咨询监理单位的风险主要来源于业主、承包商和职业责任三个方面。

①来自业主的风险。主要包括业主不遵循客观规律的过高要求，项目可行性研究缺乏严肃性，宏观管理不力，投资先天不足，业主的盲目干预等。

②来自承包商的风险。主要指承包商投标时不诚实，承包商缺乏商业道德，以及承包商的素质太差等。

③职业责任风险。主要指投资估算不准，设计文件及设计概算审查不严，自身的能力和水平不适应监理工作的要求等。

3. 按风险可否管理划分

(1)可管理风险。指用人的智慧、知识等可以预测、控制的风险。

(2)不可管理风险。指用人的智慧、知识等无法预测和控制的风险。

风险可否管理不仅取决于风险自身的特点，还取决于所收集资料的多少和掌握管理技术的水平。

4. 按风险影响范围划分

(1)局部风险。指由于某个特定因素导致的风险，其损失的影响范围较小。

(2)总体风险。总体风险影响的范围大，其风险因素往往无法加以控制，如经济、政治等因素。

(三)工程项目风险的特点

1. 风险的客观性与必然性

在工程项目建设中，无论是自然界的风暴、地震、滑坡灾害还是与人们活动紧密相关的施工技术、施工方案不当造成的风险损失，都是不以人的意志为转移的客观现实。它们的存在与发生，就总体而言是一种必然现象。因自然界的物体运动以及人类社会的运动规律都是客观存在的，表明项目风险的发生也是客观必然的。

2. 工程项目风险的多样性

即在一个工程项目中有许多种类的风险存在，如政治风险、经济风险、法律风险、自然风险、合同风险、合作者风险等。这些风险之间有复杂的内在联系。

3. 工程项目风险在整个项目生命期中都存在，而不仅在实施阶段

例如，在项目的目标设计中，可能存在构思的错误、重要边界条件的遗漏、目标优化的错误；在可行性研究中，可能有方案的失误、调查不完全、市场分析错误；在设计中存在专业不协调、地质不确定、图纸和规范错误；在施工中物价上涨、实施方案不完备、资金缺乏、气候条件变化；在投产运行中，市场发生变化、产品不受欢迎、运行达不到设计能力、操作失误等。

4. 工程项目风险影响的全局性

风险影响常常不是局部的、某一段时间或某一个方面的，而是全局性的。例如，反常的气候条件造成工程的停滞，则会影响整个工程项目的后期计划，影响后期所有参与者的工作。它不仅会造成工期延长，而且会造成费用的增加，造成对工程质量的危害。即使是局部的风险，也会随着项目的发展其影响逐渐扩大。如一个活动受到风险干扰，可能影响到与它相关的许多活动，所以，在工程项目中的风险影响，随着时间推移有扩大的趋势。

5. 工程项目风险有一定的规律性

工程项目的环境的变化、项目的实施有一定的规律性，所以风险的发生和影响也有一定的规律性，是可以预测的。

（四）工程项目风险管理

工程项目风险管理是指通过对工程风险识别、估测、评价，并在此基础上优化组合各种风险管理技术，运用各种项目风险应对措施和管理方法对项目风险进行有效控制，妥善处理项目风险事件所造成的有利和不利结果，以确保项目总体目标的全面实现的专项管理工作。

1. 工程项目风险管理特征

（1）工程项目风险管理的主体是工程项目的当事人。

（2）工程项目风险管理是通过对项目风险识别和风险度量等工作去发现项目风险，制定项目风险应对措施和选择管理方法。其核心是优化组合各种工程项目风险管理技术。

（3）工程项目风险管理的目标，是以最低的成本获得最大安全保障。为此，在工程项目风险管理决策时要处理好成本和效益的关系，搞好经济决策。

（4）工程项目风险管理是一个动态的过程。在工程项目风险管理方案的实施过程中，必须根据风险状态的变化及时调整工程风险管理的方案，以获得好的工程项目风险管理效果。

2. 工程项目管理与风险管理的关系

风险管理是项目管理理论体系的一个部分，风险管理是为目标控制服务的。通过风险管理的一系列过程，可以定量分析和评价各种风险因素和风险事件对建设工程预期目标和计划的影响，从而使目标规划更合理，使计划更可行。

风险对策是目标控制措施的重要内容。风险对策的具体内容体现了主动控制与被动控制相结合的要求，风险对策更强调主动控制。

（五）工程项目风险管理程序

项目风险管理程序就是对项目风险进行管理的一个系统的、循环的工作流程，包括风险识别、风险分析与评估、风险应对策略的决策、风险对策的实施和风险对策实施的监控五个主要环节。

1. 风险识别

风险识别是风险管理中的首要步骤，是指通过一定的方式，系统而全面地识别影响项目目标实现的风险事件并加以适当归类，并记录每个风险因素所具有的特点的过程。必要时，还需对风险事件的后果进行定性估计。

2. 风险分析与评估

风险分析与评估是将项目风险事件发生的可能性和损失后果进行定量化的过程。该过程在系统地识别项目分析与合理地做出风险应对策略的决策之间起着重要的桥梁作用。风险分析与评估的结果主要在于确定各种风险事件发生的概率及其对项目目标影响的严重程度，如项目投资增加的数额、工期延误的天数等。

3. 风险应对策略的决策

风险应对策略的决策是确定项目风险事件最佳对策组合的过程。一般来说，风险管理中所运用的对策有以下四种：风险回避、风险控制、风险自留和风险转移。这些风险对策的适用对象各不相同，需要根据风险评价的结果，对不同的风险事件选择最适宜的风险对策，从而形成最佳的风险对策组合。

4. 风险对策的实施

对风险应对策略所做出的决策还需要进一步落实到具体的计划和措施。例如，在决定进行风险控制时，要制订预防计划、灾难计划、应急计划等；在决定购买工程保险时，要选择保险公司,确定恰当的保险险种、保险范围、免赔额、保险费等。这些都是实施风险对策决策的重要内容。

5. 风险对策实施的监控

在项目实施过程中,要不断地跟踪检查各项风险应对策略的执行情况,并评价各项风险对策的执行效果,当项目实施条件发生变化时,要确定是否需要提出不同的风险应对策略。因为随着项目的不断进展和相关措施的实施,影响项目目标实现的各种因素都在发生变化,只有适时地对风险对策的实施进行监控,才能发现新的风险因素,并及时对风险管理计划和措施进行修改和完善。

二、工程项目风险的识别与评价

(一)风险识别

风险识别是指风险管理人员在收集资料和调查研究之后,运用各种方法对尚未发生的潜在风险以及客观存在的各种风险进行系统归类和全面识别。风险识别的主要内容是:识别引起风险的主要因素,识别风险的性质,识别风险可能引起的后果。

1. 风险识别方法

(1)专家调查法。专家调查法主要包括头脑风暴法、德尔菲法和访谈法。

(2)财务报表法。财务报表有助于确定一个特定企业或特定的项目可能遭受哪些损失以及在何种情况下遭受这些损失。通过分析资产负债表、现金流量表、损益表以及有关资料,可以识别企业当前的所有资产、负债、责任及人身损失风险。将这些报表与财务预测、预算结合起来,可以发现企业或项目未来的风险。

(3)初始风险清单法。如果对每一个项目风险的识别都从头做起,至少有以下三方面缺陷:一是耗费时间和精力多,风险识别工作的效率低;二是由于风险识别的主观性,可能导致风险识别的随意性,其结果缺乏规范性;三是风险识别成果资料不便积累,对今后的风险识别工作缺乏指导作用。因此,为了避免以上缺陷,有必要建立初始风险清单。

初始风险清单法是指有关人员利用自己根据所掌握的丰富知识设计而成的初始风险清单表,尽可能详细地列举项目所有的风险类别,按照系统化、规范化的要求去识别风险。建立项目的初始风险清单有两种途径:一是参照保险公司或风险管理机构公布的潜在损失一览表,再结合项目所面临的潜在损失,对一览表中的损失予以具体化,从而建立特定工程的风险一览表;二是通过适当的风险分解方式来识别风险。对于大型、复杂的项目,首先将其按单项工程、单位工程分解,再对各单项工程、单位工程分别从时间维、目标维和因素维进行分解,可以较容易地识别出项目主要的、常见的风险。项目初始风险清单参见表 10 - 1。

初始风险清单只是为了便于人们较全面地认识风险的存在,而不至于遗漏重要的项目风险,但并不是风险识别的最终结论。在初始风险清单建立后,还需要结合特定项目的具体情况进一步识别风险,从而对初始风险清单做一些必要的补充和修正。为此,需要参照类似项目风险的经验数据,或者针对具体项目的特点进行风险调查。

(4)流程图法。流程图是将项目实施的全过程,按其内在的逻辑关系制成流程图,针对流程图中的关键环节和薄弱环节进行调查和分析,找出风险存在的原因,从中发现潜在的风险威胁,分析风险发生后可能造成的损失和对项目全过程造成的影响有多大。

表 10 - 1　项目初始风险清单

风险因素		典型风险事件
技术风险	设计	设计内容不全,设计缺陷、错误和遗漏,应用规范不恰当,未考虑地质条件,未考虑施工可能性等
	施工	施工工艺落后,施工技术和方案不合理,施工安全措施不恰当,应用新技术新方案失败,未考虑场地情况等
	其他	工艺设计未达到先进性指标,工艺流程不合理,未考虑操作安全性等
非技术风险	自然与环境	洪水、地震、火灾、台风、雷电等不可抗拒自然力,不明的水文气象条件,复杂的工程地质条件,恶劣的气候,施工对环境的影响等
	政治法律	法律法规的变化,战争、骚乱、罢工、经济制裁或禁运等
	经济	通货膨胀或紧缩,汇率变化,市场动荡,社会各种摊派,资金不到位,资金短缺等
	组织协调	业主、项目管理咨询方、设计方、施工方、监理方内部的不协调以及他们之间的不协调等
	合同	合同条款遗漏,表达有误,合同类型选择不当,承发包模式选择不当,索赔管理不力,合同纠纷等
	人员	业主人员、项目管理咨询人员、设计人员、监理人员、施工人员的素质不高、业务能力不强等
	材料设备	原材料、半成品、产品或设备供货不足或拖延,数量误差或质量规格问题,特殊材料和新材料的使用问题,过度损耗和浪费,施工设备供应不足、类型不配套、故障、安装失误、选型不当等

运用流程图分析,项目管理人员可以明确地发现项目所面临的风险。但流程图分析仅着重于流程本身,而无法显示发生问题的损失值或损失发生的概率。

(5)风险调查法。由工程项目的特殊性可知,两个不同的项目不可能有完全一致的项目风险。因此,在项目风险识别过程中,花费人力、物力、财力进行风险调查是必不可少的,这既是一项非常重要的工作,也是项目风险识别的重要方法。

风险调查应当从分析具体项目的特点入手,一方面对通过其他方法已识别出的风险(如初始风险清单所列出的风险)进行鉴别和确认;另一方面,通过风险调查有可能发现此前尚未识别出的重要的项目风险。通常,风险调查可以从组织、技术、自然及环境、经济、合同等方面分析拟建工程项目的特点以及相应的潜在风险。

2.风险识别的成果

风险识别的成果是进行风险分析与评估的重要基础。风险识别的最主要成果是风险清单。风险清单是记录和控制风险管理过程的一种方法,并且在做出决策时具有不可替代的作用。风险清单最简单的作用是描述存在的风险并记录可能减轻风险的行为。风险清单格式参见表 10 - 2。

表 10 - 2　项目风险清单

风险清单		编号：	日期：
项目名称：		审核：	批准：
序号	风险因素	可能造成的后果	可能采取的措施
1			
2			
3			
……			

（二）风险分析与评估

风险分析与评估是指在定性识别风险因素的基础上，进一步分析和评价风险因素发生的概率、影响的范围、可能造成损失的大小以及多种风险因素对项目目标的总体影响等，达到更清楚地辨识主要风险因素，有利于项目管理者采取更有针对性的对策和措施，从而减少风险对项目目标的不利影响。

风险分析与评估的任务包括：确定单一风险因素发生的概率；分析单一风险因素的影响范围大小；分析各个风险因素的发生时间；分析各个风险因素的风险结果，探讨这些风险因素对项目目标的影响程度；在单一风险因素量化分析的基础上，考虑多种风险因素对项目目标的综合影响、评估风险的程度并提出可能的措施作为管理决策的依据。

1. 风险的度量

1）风险事件发生的概率及概率分布

（1）风险事件发生的概率。根据风险事件发生的频繁程度，用 0 ~ 4 将风险事件发生的概率分为 5 个等级，即经常、很可能、偶然、极小、不可能，见表 10 - 3。等级的划分反映了一种主观判断。因此，等级数量的划分和赋值也可以根据实际情况做出调整。

表 10 - 3　风险事件发生概率的指数（或可能性）

说明	简单描述	等级指数
经常	很可能频繁出现，在所关注的期间多次出现	4
很可能	在所关注的期间出现几次	3
偶然	在所关注的期间偶尔出现	2
极小	不太可能但还有可能在所关注的期间出现	1
不可能	由于不太可能发生，所以假设它不会出现或不可能出现	0

（2）风险事件的概率分布。连续型的实际概率分布较难确定。一般应用概率分布函数来描述风险事件发生的概率与概率分布。在实践中，均布分布、三角分布及正态分布最为常用。

2）风险度量方法

风的度量可以用下列一般表达式来描述：

$$R = F(O, P)$$

式中：R——某一风险事件发生后对项目目标的影响程度；

O——该风险事件的所有风险后果集；

P——该风险事件对应于所有风险结果的概率值集。

2. 风险评定

（1）风险后果的等级划分。为了在采取控制措施时能分清轻重缓急，需要给风险因素划定一个等级。通常按事故发生后果的严重程度划分为五级，即灾难性的、关键的、严重的、次重要的、可忽略的。风险后果的等级划分参见表10-4。

表10-4 风险后果的等级划分

等级	简单描述	等级
灾难性的	人员死亡、项目失败、犯罪行为、破产	4
关键的	人员严重受伤、项目目标无法完全达到、超过风险准备费用	3
严重的	时间损失、耗费的意外费用、需要保险索赔	2
次重要的	需要处理的损伤或疾病、能接收到 工期拖延、需要部分意外费用或是保险费过多	1
可忽略的	损失很小，可认为没有损失后果	0

（2）项目风险重要性评定。将风险事件发生概率的指数与风险后果的等级相乘，根据相乘所得数值即可对风险的重要性进行评定。风险重要性评定结果参见表10-5。

表10-5 项目风险重要性评定

后果等级 可能性等级		灾难性的	关键的	严重的	次重要的	可忽略的
		4	3	2	1	0
经常	4	16	12	8	4	0
很可能	3	12	9	6	3	0
偶然的	2	8	6	4	2	0
极小	1	4	3	2	1	0
不可能	0	0	0	0	0	0

（3）项目风险的可接受性评定。根据表10-5，可以进行项目风险可接受性评定。在表10-5中，项目风险重要性评分值在8分以上的风险因素表示风险重要性较高，是不可以接受的风险，需要给予重点关注。项目风险可接受性评定参见表10-6。

表 10 - 6　项目风险可接受性评定

后果可能性	灾难性的	关键的	严重的	次重要的	可忽略的
经常	不可接受的	不可接受的	不可接受的	不希望有的	不希望有的
很可能	不可接受的	不可接受的	不希望有的	不希望有的	可接受的
偶然的	不可接受的	不希望有的	不希望有的	可接受的	可接受的
极小	不希望有的	不希望有的	可接受的	可接受的	可忽略的
不可能	不希望有的	可接受的	可接受的	可忽略的	可忽略的

注释：不可接受的——无法忍受的后果，必须立即予以消除或转移；不希望有的——会造成人员伤亡和系统损坏，必须采取合理的行动；可接受的——暂时还不会造成人员伤亡和系统损坏，应考虑采取控制措施；可忽略的——后果小，可不采取措施。

3. 风险分析与评价的方法

风险的分析与评价往往采用定性与定量相结合的方法来进行，这二者之间并不是相互排斥的，而是相互补充的。目前，常用的项目风险分析与评价的方法主要有调查打分法、蒙特卡洛模拟法、计划评审技术法和敏感性分析法等。

三、工程项目风险应对策略及监控

(一)风险应对策略

工程项目风险的应对策略包括风险回避、风险转移、风险自留。

1. 风险回避

风险回避是指在完成项目风险分析与评估后，如果发现项目风险发生的概率很高，而且可能的损失也很大，又没有其他有效的对策来降低风险时，应采取放弃项目、放弃原有计划或改变目标等方法，使其不发生或不再发展，从而避免可能产生的潜在损失。通常，当遇到下列情形时，应考虑风险回避的策略：

(1)风险事件发生概率很大且后果损失也很大的项目；

(2)发生损失的概率并不大，但当风险事件发生后产生的损失是灾难性的、无法弥补的。

2. 风险转移

风险转移是进行风险管理的一个十分重要的手段，当有些风险无法回避、必须直接面对，而自身的承受能力又无法有效地承担时，风险转移就是一种十分有效的选择。必须注意的是，风险转移是通过某种方式将某些风险的后果连同对风险应对的权力和责任转移给他人。转移的本身并不能消除风险，只是将风险管理的责任和可能从该风险管理中所能获得的利益移交给了他人，项目管理者不再直接地面对被转移的风险。

风险转移的方法有很多，主要包括非保险转移和保险转移两大类。

(1)非保险转移。非保险转移又称为合同转移，因为这种风险转移一般是通过签订合同的方式将项目风险转移给非保险人的对方当事人。项目风险最常见的非保险转移有以下三种情况：

①建设单位将合同责任和风险转移给对方当事人。建设单位管理风险必须要从合同管理入手，分析合同管理中的风险分担。在这种情况下，被转移者多数是承包商。例如，在合同

条款中规定，建设单位对场地条件不承担责任；又如，采用固定总价合同将涨价风险转移给承包商等。

②承包商进行项目分包。承包商中标承接某项目后，将该项目中专业技术要求很强而自己缺乏相应技术的项目内容分包给专业分包商，从而更好地保证项目质量。

③第三方担保。合同当事人的一方要求另一方为其履约行为提供第三方担保。担保方所承担的风险仅限于合同责任，即由于委托方不履行或不适当履行合同以及违约所产生的责任。第三方担保的主要有建设单位付款担保、承包单位履约担保、预付款担保、分包商付款担保、工资支付担保等。

与其他的风险应对策略相比，非保险转移的优点主要体现在：一是可以转移某些不可保的潜在损失，如物价上涨、法规变化、设计变更等引起的投资增加；二是被转移者往往能较好地进行损失控制，如承包单位相对于建设单位能更好地把握施工技术风险，专业分包单位相对于总承包单位能更好地完成专业性强的工程内容。

但是，非保险转移的媒介是合同，这就可能因为双方当事人对合同条款的理解发生分歧而导致转移失效。另外，在某些情况下，可能因被转移者无力承担实际发生的重大损失而导致仍然由转移者来承担损失。例如，在采用固定总价合同的条件下，如果承包商报价中所考虑涨价风险费很低，而实际的通货膨胀率很高，从而导致承包商亏损破产，最终只得由建设单位自己来承担涨价造成的损失。

（2）保险转移。保险转移通常直接称为工程保险。通过购买保险，建设单位或承包单位作为投保人将本应由自己承担的项目风险（包括第三方责任）转移给保险公司，从而使自己免受风险损失。保险之所以能得到越来越广泛的运用，原因在于其符合风险分担的基本原则，即保险人较投保人更适宜承担项目有关风险。对于投保人来说，某些风险的不确定性很大，但是对于保险人来说，这种风险的发生则趋近于客观概率，不确定性降低，即风险降低。

在决定采用保险转移这一风险应对策略后，需要考虑与保险有关的几个具体问题：一是保险的安排方式；二是选择保险类别和保险人，一般是通过多家比选后确定，也可委托保险经纪人或保险咨询公司代为选择；三是可能要进行保险合同谈判，这项工作最好委托保险经纪人或保险咨询公司完成，但免赔额的数额或比例要由投保人自己确定。

需要说明的是，保险并不能转移工程项目的所有风险，一方面是因为存在不可保风险，另一方面则是因为有些风险不宜保险。因此，对于工程项目风险，应将保险转移与风险回避、损失控制和风险自留结合起来运用。

3. 风险自留

风险自留是指项目风险保留在风险管理主体内部，通过采取内部控制措施等来化解风险。

（1）风险自留的类型。风险自留可分为非计划性风险自留和计划性风险自留两种。

①非计划性风险自留。由于风险管理人员没有意识到项目某些风险的存在，或者不曾有意识地采取有效措施，以致风险发生后只能保留在风险管理主体内部。这样的风险自留就是非计划性风险自留。导致非计划性风险自留的主要原因有缺乏风险意识、风险识别失误、风险分析与评价失误、风险决策延误、风险决策实施延误等。

②计划性风险自留。计划性风险自留是主动的、有意识的、有计划的选择，是风险管理人员在经过正确的风险识别和风险评价后制定的风险应对策略。风险自留绝不可能单独运

用，而应与其他风险对策结合使用。在实行风险自留时，应保证重大和较大的项目风险已经进行了工程保险或实施了损失控制计划。

（2）风险控制措施。风险控制是一种主动、积极的风险对策。风险控制工作可分为预防损失和减少损失两个方面。预防损失措施的主要作用在于降低或消除（通常只能做到降低）损失发生的概率，而减少损失措施的作用在于降低损失的严重性或遏制损失的进一步发展，使损失最小化。一般来说，风险控制放哪都应当是预防损失措施和减少损失措施的有机结合。

在采用风险控制对策时，所制定的风险控制措施应当形成一个周密的、完整的损失控制计划系统。该计划系统一般应由预防计划、灾难计划和应急计划三部分组成。

①预防计划。预防计划的目的在于有针对性地预防损失的发生，其主要作用是降低损失发生的概率，在许多情况下也能在一定程度上降低损失的严重性。在损失控制计划系统中，预防计划的内容最广泛，具体措施最多，包括组织措施、经济措施、合同措施、技术措施。

②灾难计划。灾难计划是一组事先编制好的、目的明确的工作程序和具体措施，为现场人员提供明确的行动指南，使其在灾难性的风险事件发生后，不至于惊慌失措，也不需要临时讨论研究应对措施，可以做到从容不迫、及时妥善地处理风险事故，从而减少人员伤亡以及财产和经济损失。灾难计划的内容应满足以下要求：安全撤离现场人员；援救及处理伤亡人员；控制事故的进一步发展，最大限度地减少资产和环境损害；保证受影响区域的安全尽快恢复正常。灾难计划在灾难性风险事件发生或即将发生时付诸实施。

③应急计划。应急计划就是事先准备好若干种替代计划方案，当遇到某种风险事件时，能够根据应急预案对项目原有计划的范围和内容做出及时地调整，使中断的项目能够尽快全面恢复，并减少进一步的损失，使其影响程度减至最小。应急计划不仅要制定所要采取的相应措施，而且要规定不同工作部门相应的职责。应急计划应包括的内容有：调整整个项目的实施进度计划、材料与设备的采购计划、供应计划；全面审查可使用的资金情况；准备保险索赔依据；确定保险索赔的额度；起草保险索赔报告；必要时需调整筹资计划等。

（二）风险监控

1. 风险监控的主要内容

风险监控是指跟踪已识别的风险和识别新的风险，保证风险计划的执行，并评估风险对策与措施的有效性。其目的是考察各种风险控制措施产生的实际效果、确定风险减少的程度、监视风险的变化情况，进而考虑是否需要调整风险管理计划以及是否启动相应的应急措施等。风险管理计划实施后，风险控制措施必然会对风险的发展产生相应的效果，监控风险管理计划实施过程的主要内容包括：

（1）评估风险控制措施产生的效果；

（2）及时发现和度量新的风险因素；

（3）跟踪、评估风险的变化程度；

（4）监控潜在风险的发展、监测项目风险发生的征兆；

（5）提供启动风险应急计划的时机和依据。

2. 风险跟踪检查与报告

（1）风险跟踪检查。跟踪风险控制措施的效果是风险监控的主要内容，在实际工作中，通常采用风险跟踪表格来记录跟踪的结果，然后定期地将跟踪的结果制成风险跟踪报告，使决策者及时掌握风险发展趋势的相关信息，以便及时地做出反应。

（2）风险的重新估计。无论什么时候，只要在风险监控的过程中发现新的风险因素，就要对其进行重新估计。除此之外，在风险管理的进程中，即使没有出现新的风险，也需要在项目的关键时段对风险进行重新估计。

（3）风险跟踪报告。风险跟踪的结果需要及时地进行报告，报告通常供高层次的决策者使用。因此，风险报告应该及时、准确并简明扼要，向决策者传达有用的风险信息，报告内容的详细程度应按照决策者的需要而定。编制和提交风险跟踪报告是风险管理的一项日常工作，报告的格式和频率应视需要和成本而定。

10.3　工程项目监督

一、工程项目监理

（一）工程项目监理的概念

工程建设监理是指工程监理单位受建设单位委托，根据法律法规、工程建设标准、勘察设计文件及合同，在施工阶段对建设工程质量、进度、造价进行控制，对合同、信息进行管理，对工程建设相关方的关系进行协调，并履行建设工程安全生产管理法定职责的服务活动。

注册监理工程师是指取得国务院建设主管部门颁发的中华人民共和国注册监理工程师注册执业证书和执业印章，从事建设工程监理与相关服务等活动的人员。

（二）工程监理的工作性质

建设工程监理（以下简称工程监理）单位是建筑市场的主体之一，它是一种高智能的有偿技术服务，我国的工程监理属于国际上业主方项目管理的范畴。在国际上把这类服务归为工程咨询（工程顾问）服务。

从事工程监理活动，应当遵守国家有关法律、法规和规范性文件，严格执行工程建设程序、国家工程建设强制性标准，遵循守法、诚信、公平、科学的原则，认真履行监理职责。

工程监理单位与业主（建设单位）应当在实施工程监理前以书面形式签订监理合同。合同条款中应当明确合同履行期限、工作范围和内容、双方的义务和责任、监理酬金及其支付方式，以及合同争议的解决办法等。

工程监理的工作性质有如下几个特点：

（1）服务性。工程监理单位受业主的委托进行工程建设的监理活动，它提供的是服务，工程监理单位将尽一切努力进行项目的目标控制，但它不可能保证项目的目标一定实现，它也不可能承担由于不是它的责任而导致项目目标的失控。

（2）科学性。工程监理单位拥有从事工程监理工作的专业人士——监理工程师，它将应用所掌握的工程监理科学的思想、组织、方法和手段从事工程监理活动。

（3）独立性。指的是不依附性，它在组织上和经济上不能依附于监理工作的对象（如承包商、材料和设备的供货商等），否则它就不可能自主地履行其义务。

（4）公平性。工程监理单位受业主的委托进行工程建设的监理活动，当业主方和承包商发生利益冲突或矛盾时，工程监理机构应以事实为依据，以法律和有关合同为准绳，在维护业主的合法权益时，不损害承包商的合法权益，这体现了工程监理的公平性。

（三）工程项目监理范围

工程项目监理的主要内容是控制工程建设的投资、建设工期和工程质量；进行工程合同管理，协调有关单位间的工作关系。

建设部 2001 年 1 月 17 日颁布的《建设工程监理范围和规模标准规定》，对实行强制监理的建设工程的范围和规模进行了细化，下列建设工程必须实行监理。

1. 国家重点建设工程

国家重点建设工程，是指依据《国家重点建设项目管理办法》所确定的对国民经济和社会发展有重大影响的骨干项目。

2. 大中型公用事业工程

大中型公用事业工程，是指项目总投资额在 3000 万元以上的下列项目：

（1）供水、供电、供气、供热等市政工程项目；

（2）科技、教育、文化等项目；

（3）体育、旅游、商业等项目；

（4）卫生、社会福利等项目；

（5）其他公用事业项目。

3. 成片开发建设的住宅小区工程

成片开发建设的住宅小区工程，建筑面积在 5 万平方米以上的住宅建设工程必须实行监理；5 万平方米以下的住宅建设工程，可以实行监理，具体范围和规模标准，由省、自治区、直辖市人民政府建设行政主管部门规定；为了保证住宅质量，对高层住宅及地基、结构复杂的多层住宅应当实行监理。

4. 利用外国政府或者国际组织贷款、援助资金的工程

利用外国政府或者国际组织贷款、援助资金的工程范围包括：

（1）使用世界银行、亚洲开发银行等国际组织贷款资金的项目；

（2）使用国外政府及其机构贷款资金的项目；

（3）使用国际组织或者国外政府资金援助的项目。

5. 国家规定必须实行监理的其他工程

国家规定必须实行监理的其他工程包括：

（1）学校、影剧院、体育场馆等项目。

（2）项目总投资额在 3000 万元以上关系社会公共利益、公众安全的下列基础设施项目：

①煤炭、石油、化工、天然气、电力、新能源等项目；

②铁路、公路、管道、水运、民航以及其他交通运输业等项目；

③邮政、电信枢纽、通信、信息网络等项目；

④防洪、灌溉、排涝、发电、引（供）水、滩涂治理、水资源保护、水土保持等水利建设项目；

⑤道路、桥梁、地铁和轻轨交通、污水排放及处理、垃圾处理、地下管道、公共停车场等城市基础设施项目；

⑥生态环境保护项目；

⑦其他基础设施项目。

(四)在工程项目实施的几个主要阶段建设监理工作的任务

1.设计阶段建设监理工作的主要任务

以下工作内容视业主的需求而定,国家并没有做出统一的规定:

(1)编写设计要求文件;

(2)组织建设工程设计方案竞赛或设计招标,协助业主选择勘察设计单位;

(3)拟订和商谈设计委托合同;

(4)配合设计单位开展技术经济分析,参与设计方案的比选;

(5)参与设计协调工作;

(6)参与主要材料和设备的选型(视业主的需求而定);

(7)审核或参与审核工程估算、概算和施工图预算;

(8)审核或参与审核主要材料和设备的清单;

(9)参与检查设计文件是否满足施工的需求;

(10)设计进度控制;

(11)参与组织设计文件的报批。

2.施工招标阶段建设监理工作的主要任务

以下工作内容视业主的需求而定,国家并没有做出统一的规定:

(1)拟订或参与拟订建设工程施工招标方案;

(2)准备建设工程施工招标条件;

(3)协助业主办理招标申请;

(4)参与或协助编写施工招标文件;

(5)参与建设工程施工招标的组织工作;

(6)参与施工合同的商签。

3.材料和设备采购供应的建设监理工作的主要任务

对于由业主负责采购的材料和设备物资,监理工程师应负责制订计划,监督合同的执行。具体内容包括:

(1)制订(或参与制定)材料和设备供应计划和相应的资金需求计划;

(2)通过材料和设备的质量、价格、供货期和售后服务等条件的分析和比选,协助业主确定材料和设备等物资的供应单位;

(3)起草并参与材料和设备的订货合同;

(4)监督合同的实施。

4.施工准备阶段建设监理工作的主要任务

(1)审查施工单位提交的施工组织设计中的质量安全技术措施、专项施工方案与工程建设强制性标准的符合性;

(2)参与设计单位向施工单位的设计交底;

(3)检查施工单位工程质量、安全生产管理制度及组织机构和人员资格;

(4)检查施工单位专职安全生产管理人员的配备情况;

(5)审核分包单位资质条件;

(6)检查施工单位的试验室;

(7)查验施工单位的施工测量放线成果;

（8）审查工程开工条件，签发开工令。

5．工程施工阶段建设监理工作的主要任务

（1）施工阶段的质量控制

①核验施工测量放线，验收隐蔽工程、分部分项工程，签署分项、分部工程和单位工程质量评定表；

②进行巡视、旁站和平行检验，对发现的质量问题应及时通知施工单位整改，并做监理记录；

③审查施工单位报送的工程材料、构配件、设备的质量证明资料，抽检进场的工程材料、构配件的质量；

④审查施工单位提交的采用新材料、新工艺、新技术、新设备的论证材料及相关验收标准；

⑤检查施工单位的测量、检测仪器设备、度量衡定期检验的证明文件；

⑥监督施工单位对各类土木和混凝土试件按规定进行检查和抽查；

⑦监督施工单位认真处理施工中发生的一般质量事故，并认真做好记录；

⑧对特别重大和重大质量事故以及其他紧急情况报告业主。

（2）施工阶段的进度控制

①监督施工单位严格按照施工合同规定的工期组织施工；

②审查施工单位提交的施工进度计划，核查施工单位对施工进度计划的调整；

③建立工程进度台账，核对工程形象进度，按月、季和年度向业主报告工程执行情况、工程进度以及存在的问题。

（3）施工阶段的投资控制

①审核施工单位提交的工程款支付申请，签发或出具工程款支付证书，并报业主审核、批准；

②建立计量支付签证台账，定期与施工单位核对清算；

③审查施工单位提交的工程变更申请，协调处理施工费用索赔、合同争议等事项；

④审查施工单位提交的竣工结算申请。

（4）施工阶段的安全生产管理

①依照法律法规和工程建设强制性标准，对施工单位安全生产管理进行监督；

②编制安全生产事故的监理应急预案，并参加业主组织的应急预案的演练；

③审查施工单位的工程项目安全生产规章制度、组织机构的建立及专职安全生产管理人员的配备情况；

④督促施工单位进行安全自查工作，巡视检查施工现场安全生产情况，对实施监理过程中发现存在安全事故隐患的，应签发监理工程师通知单，要求施工单位整改，情况严重的，总监理工程师应及时下达工程暂停指令，要求施工单位暂时停止施工，并及时报告业主，施工单位拒不整改或者不停止施工的，应通过业主及时向有关主管部门报告。

6．竣工验收阶段建设监理工作的主要任务

（1）督促和检查施工单位及时整理竣工文件和验收资料，并提出意见；

（2）审查施工单位提交的竣工验收申请，编写工程质量评估报告；

（3）组织工程预验收，参加业主组织的竣工验收，并签署竣工验收意见；

（4）编制、整理工程监理归档文件并提交给业主。

7. 施工合同管理方面的工作

（1）拟订合同结构和合同管理制度，包括合同草案的拟订、会签、协商、修改、审批、签署和保管等工作制度及流程；

（2）协助业主拟订工程的各类合同条款，并参与各类合同的商谈；

（3）合同执行情况的分析和跟踪管理；

（4）协助业主处理与工程有关的索赔事宜及合同争议事宜。

（五）工程监理的工作方法

1. 工程监理的工作程序

工程监理一般应按下列程序进行：

（1）组成项目监理机构，配备满足项目监理工作的监理人员与设施；

（2）编制工程建设监理规划，根据需要编制监理实施细则；

（3）实施监理服务；

（4）组织工程竣工预验收，出具监理评估报告；

（5）参与工程竣工验收签署建设监理意见；

（6）建设监理业务完成后，向业主提交监理工作报告及工程监理档案文件。

2. 工程监理规划

工程建设监理规划的编制应针对项目的实际情况，明确项目监理机构的工作目标，确定具体的监理工作制度、程序、方法和措施，并应具有可操作性。

（1）工程建设监理规划的程序

①工程建设监理规划应在签订委托监理合同及收到设计文件后开始编制，完成后必须经监理单位技术负责人审核批准，并应在召开第一次工地会议前报送业主。

②应由总监理工程师主持，专业监理工程师参加编制。

（2）编制工程建设监理规划的依据

①建设工程的相关法律、法规及项目审批文件。

②与建设工程项目有关的标准、设计文件和技术资料。

③监理大纲、委托监理合同文件以及建设项目相关的合同文件。

（3）工程建设监理规划的内容

①建设工程概况；

②监理工作范围；

③监理工作内容；

④监理工作目标；

⑤监理工作依据；

⑥项目监理机构的组织形式；

⑦项目监理机构的人员配备计划；

⑧项目监理机构的人员岗位职责；

⑨监理工作程序；

⑩监理工作方法及措施；

⑪监理工作制度；

⑫监理设施。

3. 工程监理实施细则

对中型及中型以上或专业性较强的工程项目，项目监理机构应编制工程建设监理实施细则。它应符合工程建设监理规划的要求，并应结合工程项目的专业特点，做到详细具体，并具有可操作性。在监理工作实施过程中，工程建监理实施细则应根据实际情况进行补充、修改和完善。

1）工程建设监理实施细则的编制程序

①工程建设监理实施细则应在工程施工开始前编制完成，并必须经总监理工程师批准；

②工程建设监理实施细则应由各有关专业的专业工程师参与编制；

2）编制工程建设监理实施细则的依据

①已批准的工程建设监理规划；

②相关的专业工程的标准、设计文件和有关的技术资料；

③施工组织设计。

3）工程建设监理实施细则的内容

①专业工程的特点；

②监理工作的流程；

③监理工作的控制要点及目标值；

④监理工作的方法和措施。

（六）监理与工程项目管理的关系

工程监理的工作内容可概括为"三控（质量、投资、进度）三管（合同、安全、信息）一协调"，而工程项目管理也可为委托人提供类似的服务。工程项目管理与工程监理之间存在着某种包容与被包容关系，在一定意义上也可把工程监理看作工程项目管理的基本业务内容。从我国工程管理相关制度看，工程监理与工程项目管理确有许多共同之处，但它们并不是完全等同的概念，不能混淆其根本界限，更不能把它们混为一谈，认为工程项目管理就是工程监理。

首先，工程监理与工程项目管理的法律地位不同。工程监理与工程项目管理虽然都为控制项目目标而进行相关的管理活动，但其法律地位不同。工程监理作为我国建设领域实行的基本制度之一，不但在《建筑法》中有明确规定，而且一些特定的建设项目如国家重点建设项目、大中型公用事业项目、成片开发的住宅小区等必须实行监理，这是国家强制推行的法定管理制度。而工程项目管理则不同，它是国家倡导实施的一种工程项目管理方法而不是法定管理制度，建设工程项目是否委托他人进行项目管理以及如何实施项目管理是项目业主或建设单位自主的市场行为，法律法规对此没有限制。

其次，工程监理与工程项目管理的实施主体不同。我国工程监理制度规定，工程监理只能由具有工程监理资质的监理或咨询企业实施，没有工程监理资质的单位对工程项目所实施的管理不属于工程监理。工程监理是监理单位受项目业主或建设方委托，为其提供约定的管理服务，其本质属于建设项目管理范畴。工程项目管理按其管理主体，分为建设项目管理、设计项目管理、施工项目管理、供应项目管理等。在工程实施过程中，工程建设、设计、施工、供应等有关各方都要围绕特定目标开展相关管理活动。可见，工程项目管理是任何与工程建设有关的实施单位都应当且必须进行的管理活动，而不是只有建设单位才需要实施工程项目管理，工程项目管理更不是工程监理或工程咨询单位的专有业务领域。

第三，工程监理与工程项目管理的服务对象不同。我国工程监理的服务对象只能是建设单位或工程业主，而工程项目管理所提供的工程管理与咨询服务，在国际工程市场上属于工程咨询范畴。按照国际惯例，工程咨询机构既可为业主或建设方提供服务，也可为设计机构、施工单位提供服务，为金融、保险、担保机构提供服务，还可以进行工程总承包管理，甚至可联合承包工程。由于委托人不同，工程项目管理单位在项目管理中所代表的利益就不同，处理问题的原则、方式、方法也有区别。而工程监理方仅是建设单位的代表，在项目监理中只代表建设方，不同的项目虽具体要求不同，但处理问题的原则、方式、方法是相同的。

第四，工程监理与工程项目管理的业务范围不同。目前我国工程监理的主要实施阶段是施工阶段监理，这只是监理实施初期的特殊情况。按照我国工程监理制度的设计构想，工程监理的业务范围除施工阶段监理外，还应涵盖工程立项、设计前期、工程设计、施工招标、项目试运行、工程保修等不同阶段，这被称为全过程监理。显然，工程监理的业务范围是围绕建设项目管理的总目标展开的。而工程项目管理，可围绕投资、建设、设计、施工、供应、金融、保险等单位的业务展开，其业务范围除全面涵盖监理范围外，还可包含工程投标报价、设计管理、施工管理、项目总承包管理、施工索赔、资源管理、供应管理、风险管理、项目评估等众多业务内容。所以，工程项目管理业务范围是围绕工程项目建设的方方面面管理工作展开的，既包含了建设方管理业务，也包含了承包方（含勘查、设计、施工）管理业务，以及其他服务方如资金、材料、设备、金融、保险、担保等方面管理业务。

第五，工程监理与工程项目管理同类业务的属性不同。我国工程监理制度规定，工程监理的实施主体是监理单位，服务对象是项目业主和建设单位，而工程监理的客体是承包商。当监理单位接受建设单位委托，为其提供约定的工程管理服务时，所有针对承包商施工活动的管理行为都属于工程监理行为，其他服务活动则属于为业主提供的技术服务。对于工程项目管理单位来讲，如果不具备工程监理资格，即使为业主提供了相当于工程监理的类似服务，这类服务行为也不属于工程监理。因此，《指导意见》规定，"没有相应监理资质的工程项目管理企业受业主委托进行项目管理，业主应当委托监理"。

第六，工程监理与工程项目管理的资质要求不同。从事工程监理业务的单位必须获得监理业务许可，也就是通常所说的监理资质。从人员条件来看，从事工程监理业务必须要有符合规定数量的注册监理工程师，虽然其他建设类别的注册人员也可以在工程监理单位注册和执业，但他们不能从事工程监理类业务，更不能以注册监理工程师的名义执业。工程项目管理单位往往具有多重业务范围，应是工程勘察、设计、施工、监理、咨询、招标代理等多种资质的融合，除注册监理师外，还应拥有数量符合要求的城市规划师、建筑师、工程师、建造师、评估师、估价师、造价师、咨询师等多种注册执业人员，并需取得多个业务资质，否则不能开展业务活动。

二、工程项目行政监督

（一）政府监督的性质

政府对工程的监督属于工程建设领域的监督管理活动，是一种强制性的政府监督行为。

（二）政府监督的主要职能

1.建立和完善工程项目管理法规

包括法律法规和技术性规范标准，前者如《建筑法》、《招标投标法》、《建筑工程质量管理条例》等；后者如工程设计规范、建筑工程施工质量验收统一标准、工程施工质量验收规范等。

2. 建立和落实各项制度

例如工程质量责任制，包括工程质量行政领导的责任、项目法定代表人的责任、参建单位法定代表人的责任和工程质量终身责任制等。

3. 建设活动主体资格的管理

国家对从事建设活动的单位实行严格的从业许可证制度，对从事建设活动的专业技术人员实行严格的执业资格制度。建设行政主管部门及有关专业部门按各自分工，负责各类资质标准的审查、从业单位的资质等级的最后认定、专业技术人员资格等级的核查和注册，并对资质等级和从业范围等实施动态管理。

4. 工程承发包管理

包括规定工程招投标承发包的范围、类型、条件，对招投标承发包活动的依法监督和过程合同管理。

5. 控制工程建设程序

包括工程报建、施工图设计文件审查、工程施工许可、工程材料和设备准用、工程质量监督、施工验收备案管理。

本章小结

工程项目信息管理的主要工作任务包括：组织项目基本情况信息的收集并系统化，编制项目信息管理手册；按照项目实施、项目组织、项目管理工作过程建立项目管理信息系统，在实际工作中保证系统正常运行，并控制信息流。

风险具有客观性、损失性和不确定性的特征。风险识别是风险管理的基础，风险识别的方法有专家调查法、财务报表法、流程图法、初始风险清单法、经验数据法和风险调查法。工程项目风险评估包括风险因素发生的概率、风险损失量和风险等级评估等内容。风险对策与控制包括风险规避、风险减轻、风险转移、风险自留等。

工程项目监督包括社会监理和政府监督，两者的性质、职能有很大区别。

复习思考题

1. 讨论我国建设工程项目信息化的意义？
2. 为什么要进行风险管理？
3. 简述项目风险管理程序。
4. 结合具体项目制定风险应对策略。
5. 项目工程监理的主要任务是什么？

第11章 工程项目收尾与后评价

【学习目标】

1. 熟悉竣工验收的步骤和依据，竣工验收备案制度和保修制度，了解工程项目后评价的程序与方法；

2. 能够整理竣工验收文件及工程备案资料，参与工程项目后评价工作。

【学习重点】

1. 竣工验收备案制度和保修制度；

2. 工程项目后评价的内容及报告格式。

11.1 工程项目竣工验收

一、工程项目竣工验收概述

工程项目竣工是指工程项目承建单位按照设计施工图纸和工程承包合同所规定的内容，已经完成了工程项目建设的全部施工活动，达到建设单位的使用要求。它标志着工程建设任务的全面完成。

（一）工程项目竣工验收概念

工程项目竣工验收是指发包人、承包人和项目验收委员会，以项目批准的设计任务书和设计文件，以及国家或部门颁发的施工验收规范和质量检验标准为依据，按照一定的程序和手续，在项目建成并试生产合格后（工业生产性项目），对工程项目的总体进行检验和认证、综合评价和鉴定的活动。

工程项目竣工验收，根据被验收的对象往往可划分为单位工程验收、单项工程验收及工程整体验收。通常所说的竣工验收，一般是指整体验收（称为"动用验收"）。

（二）竣工验收的作用

为了加强房屋建筑工程和市政工程基础设施工程质量的监管，我国规定，凡在中华人民共和国境内新建、扩建、改建的各类房屋建筑工程和市政基础设施工程，在完成审定设计文件所规定的内容和施工图纸要求，全部建成并具备投产和使用条件后，都应及时组织竣工验收办理备案手续，并办理固定资产交付使用手续。

我们可以从以下几方面分析竣工验收的作用：

（1）从宏观上看，工程项目竣工验收是国家全面考核项目建设成果，检验项目决策、设计、施工、设备制造、管理水平，总结工程项目建设经验的重要环节。项目竣工验收，标志着项目投资已转化为能发挥经济效益的固定资产，能否取得预想的宏观效益，需经国家权威性的管理部门按照技术规范和技术标准组织验收确认。

（2）对工程建设项目而言，竣工验收是对已完成的单项工程或已竣工的建设项目的全面考核。它不仅是按国家相关规定进行项目检验并办理交接手续的重要工作，也是检查建设项目是否符合设计和工程质量要求的重要环节。对建设项目设计和施工质量的检查，便于及时发现和解决存在的问题，以保证项目按设计要求的各项技术经济指标正常使用。同时，工程项目竣工验收是加强固定资产投资管理的需要，对促进建设项目（工程）及时投产发挥投资效果，总结建设经验有重要作用。通过工程项目竣工验收并办理固定资产交付使用手续，总结建设经验，提高建设项目的经济效益和管理水平。

（3）对工程项目施工单位而言，工程项目竣工验收是检验施工单位项目管理水平和目标实现程度的关键阶段，是建筑施工与管理的最后环节，也是工程项目从实施到投入运行的衔接转换阶段。此项工作结束，即表示施工单位工程管理工作的最后完成。

（4）从投资者角度看，工程项目竣工验收是投资者全面检验项目目标实现程度、投资效果，并就工程投资、工程进度和工程质量进行审查和认可的关键环节。它不仅关系到投资者在项目建设周期的经济利益，也关系到项目投产后的运营效果。因此，投资者非常重视并集中力量组织验收，督促承包者抓紧收尾工程，通过验收发现隐患、消除隐患，为项目达到设计能力和使用要求创造良好的条件。

（5）从承包商角度看，工程项目通过竣工验收之后，就标志着承包商已全面履行了合同义务。承包商应积极主动配合投资者组织好竣工项目的验收工作，将技术经济资料整理归档，办理工程移交手续，同时按完成的工程量收取工程价款。

（6）工程项目竣工验收对解决工程项目遗留问题起到非常重要的作用。建设项目在批准建设时，一般都考虑了协作条件、市场需求、"三废"治理、交通运输及生活福利设施，但由于施工周期长，情况发生变化，因此项目建成后，还可能存在一些遗留问题或因主、客观原因发生的许多新问题和预料不到的问题。通过验收，可研究这些问题的解决办法，从而使项目尽快投入使用，发挥效益。

（三）工程项目竣工验收的范围

建筑工程竣工验收的范围如下：

（1）凡列入固定资产投资计划的新建、扩建、改建和迁建的建筑工程项目或单项工程，按批准的设计文件规定的内容和施工图纸要求全部建成且符合验收标准的，必须及时组织验收，办理固定资产移交手续。

（2）使用更新改造资金进行的基本建设或者属于基本建设性质的技术改造工程项目，也应按国家关于建设项目竣工验收的规定，办理竣工验收手续。

（3）小型基本建筑和技术改造项目的竣工验收，可根据有关部门（地区）的规定适当简化手续，但必须按规定办理竣工验收和固定资产移交手续。

对于某些特殊情况，工程施工虽未全部按设计要求完成，也应进行验收，具体情况如下：

（1）因少数非主要设备或某些特殊材料短期内不能解决，虽然工程内容尚未全部完成，但已可以投产或使用的工程项目。

（2）按规定的内容已完建，但因外部条件的制约，如流动资金不足，生产所需原材料不能满足等，而使已建成工程不能投入使用的项目。

（3）有些建设项目或单项工程，已形成部分生产能力或实际上生产单位已经使用，但近期内不能按原设计规模续建，应从实际情况出发经主管部门批准后，可缩小规模对已完成的工程和设备组织竣工验收，移交固定资产。

（四）工程项目竣工验收的内容

（1）项目建设总体完成情况；

（2）项目资金到位及使用情况；

（3）项目变更情况；

（4）施工和设备到位情况；

（5）执行法律、法规情况；

（6）投产或者投入使用准备情况

（7）竣工决算情况；

（8）档案资料情况；

（9）项目管理情况以及其他需要验收的内容。

（五）工程项目竣工验收的依据

工程项目的竣工验收依据，即用于衡量项目是否达到要求的准则。由于项目性质不同，地理位置不同，行业、类型不同，应达到的标准也不同，验收的依据也有所不同。其主要依据有：

（1）国家、省、自治区、直辖市和行业行政主管部门颁布的法律、法规，现行的施工技术验收标准及技术规范、质量标准等有关规定；

（2）部门批准的可行性研究报告、初步设计、实施方案、施工图纸和设备技术说明书；

（3）施工图设计文件及设计变更洽商记录；

（4）国家颁布的各种标准和现行的施工验收规范；

（5）工程承包合同文件；

（6）技术设备说明书；

（7）建筑安装工程统计规定及主管部门关于工程竣工的规定。

从国外引进的新技术和成套设备的项目，以及中外合资建设项目，要按照签订的合同和进口国提供的设计文件等资料进行验收。

利用世界银行等国际金融机构贷款的建设项目，应按世界银行规定，按时编制《项目完成报告》。

（六）工程项目竣工验收的程序

工程项目建成后，经过各单项工程的验收符合设计的要求，并具备竣工图表、竣工决算、工程总结等必要文件资料，由建设工程项目主管部门或发包人向负责验收的单位提出竣工验收申请报告，按程序验收，其一般程序为：

（1）承包人申请交工验收；

（2）监理人员现场初步验收；

（3）单项工程验收；

（4）全部工程的竣工验收。

二、工程项目竣工验收备案

（一）实行工程项目验收备案的意义

实行建筑工程竣工验收备案制，是全面贯彻执行建筑法规的需要，是进一步转变政府职能的必然结果，是促进市场经济发展的客观要求；可以进一步明确建设、勘察、设计、施工、监理等工程建设各方主体责任，也有利于充分发挥"优胜劣汰"的市场经济规律作用，促进经济建设发展。

（二）竣工验收备案制度

备案是向主管机关报告发问，挂号登记，存案备查。工程竣工验收备案制度是建设行政主管部门对建设工程实施监督的最后一项手续。建设行政主管部门在接收备案阶段，对工程的竣工验收，还要进行最后核查。

（1）备案机关收到建设单位报送的竣工验收备案文件，验证文件齐全后，应当在工程竣工验收备案表上签署文件收讫。

（2）备案机关发现建设单位在竣工验收过程中有违反国家有关建设工程质量管理规定行为的，应当在收讫竣工验收备案文件 15 日内，责令停止使用，重新组织竣工验收。

（3）建设单位在工程竣工验收合格之日起 15 日内未办理工程竣工验收备案的，备案机关责令限期改正，处 20 万元以上 30 万元以下罚款。

（4）备案机关决定重新组织竣工验收的工程，在重新组织竣工验收前，建设单位擅自使用的，备案机关责令停止使用，处工程合同价款 2% 以上 4% 以下罚款。

（5）建设单位采用虚假证明文件办理工程竣工验收备案的，工程竣工验收无效，备案机关责令停止使用，处 20 万元以上 30 万元以下罚款。

（6）备案机关决定重新组织竣工验收并责令停止使用的工程，建设单位在备案之前已投入使用或者擅自继续使用造成使用者损失的，由建设单位依法承担赔偿责任。

（7）若建设单位竣工验收备案文件齐全，备案机关不办理备案手续，由有关机关责令改正，对直接责任人员给予行政处分。

（三）工程竣工验收备案文件

建设单位办理工程竣工验收备案应当提交下列文件：

（1）工程竣工验收备案表；

（2）工程竣工验收报告，应当包括工程报建日期，施工许可证号，施工图设计文件审查意见，勘察、设计、施工、工程监理等单位分别签署的质量合格文件及验收人员签署的竣工验收原始文件，市政基础设施的有关质量检测和功能性试验资料以及备案机关认为需要提供的有关资料；

（3）法律、法规规定应当由规划、公安消防、环保等部门出具的认可文件或者准许使用文件；

（4）施工单位签署的工程质量保修书；

（5）法律、法规、规章规定必须提供的其他文件。

商品住宅还应当提交《住宅质量保证书》和《住宅使用说明书》。

工程竣工验收备案表一式二份，一份由建设单位保存，一份留备案机关存档。

工程质量监督机构应当在工程竣工验收之日起 5 日内，向备案机关提交工程质量监督报告。

三、工程项目竣工结算与决算

（一）工程项目竣工结算

工程结算是指施工企业按照承包合同和已完工程量向建设单位办理工程价款清算的经济文件。工程建设周期长，耗用资金数额大，为使建筑安装企业在施工中耗用的资金及时得到补偿，需要对工程价款进行中间结算（进度款计算）、年终结算，全部工程竣工验收后应进行竣工结算。

项目竣工结算应由承包人编制，发包人审查，双方最终确定。建筑工程项目竣工结算的编制方法，是在原工程投标报价或合同价的基础上，根据所收集、整理的各种结算资料，如涉及变更、技术核定、现场签证和工程量核定单等，进行直接费的增减调整计算，按取费标准的规定计算各项费用，最后汇总为工程结算造价。

（二）工程项目竣工决算

1. 工程项目竣工决算的意义

项目竣工决算是指工程项目在竣工验收、交付使用阶段，由建设单位编制的反映建设项目从筹建开始到竣工投入使用为止全过程中实际费用的经济文件。编制竣工决算的目的主要有以下几方面：

（1）可作为正确核定固定资产价值，办理交付使用、考核和分析投资效果的依据。

（2）及时办理竣工决算，并据此办理新增固定资产移交转账手续，可缩短工程建设周期，节约建设资金。对已完并具备交付使用条件或已验收并投产使用的工程项目，如不及时办理移交手续，不仅不能提取固定资产折旧，而且发生的维修费和职工的工资等，都要在建设项目投资额中支付，这样既增加了建设投资支出，也不利于生产管理。

（3）对完工并已验收的工程项目，及时办理竣工决算及交付手续，可使建设单位对各类固定资产做到心中有数。工程移交后，建设单位掌握所有工程竣工图，便于对地下管线进行维护与管理。

（4）办理竣工决算后，建设单位可以正确地计算已投入使用的固定资产折旧费，计算生产成本和利润，便于经济核算。

（5）通过编制竣工决算，可以全面清理基本建设财务，做到工完账清，便于及时总结经验，积累各项技术经济资料，提高基本建设管理水平和投资效果。

（6）正确编制竣工决算，有利于正确地进行"三算"对比，即设计概算、施工图预算和工程竣工决算的对比。

2. 工程项目竣工决算的内容

项目竣工决算由竣工决算报表和竣工情况说明书两部分组成。由于建设规模不同，一般大中型建设项目的竣工决算报表包括竣工工程概况表、竣工财务决算表、建设项目交付使用财产总表和交付使用财产明细表等；小型建设项目的竣工决算报表一般包括竣工决算总表和交付使用财产明细表两部分。除此之外，还可以根据需要，编制结余设备材料明细表、应收应付款明细表、结余资金明细表等，将其作为竣工决算表的附件。

四、工程项目质量保修

(一)工程项目的回访

工程项目在竣工验收交付使用后，按照合同和有关的规定，在一定的期限，即回访保修期内(例如一年左右的时间)应由项目经理部组织原项目人员主动对交付使用的竣工工程进行回访，听取用户对工程的质量意见，填写质量回访表，报有关技术与生产部门备案处理。

回访一般采用三种形式：

(1)季节性回访。大多数是雨季回访屋面、墙面的防水情况，冬季回访采暖系统的情况，发现问题，采取有效措施及时加以解决。

(2)技术性回访。主要了解在工程施工过程中采用的新材料、新技术、新工艺、新设备等的技术性能和使用后的效果，发现问题及时加以补救和解决，同时也便于总结经验，获取科学依据，为改进、完善和推广创造条件。

(3)保修期满前的回访。这种回访一般是在保修期即将结束之前进行。

施工单位在接到用户来访、来信的质量投诉后，应立即组织力量维修，发现影响安全的质量问题应紧急处理。项目经理对于回访中发现的质量问题，应组织有关人员进行分析，制定措施，作为进一步改进和提高质量的依据。

(二)工程项目质量保修

工程项目质量保修是指对房屋建筑工程竣工验收后在保修期限内出现的质量缺陷，予以修复。所谓质量缺陷，是指房屋建筑工程的质量不符合工程建设强制性标准以及合同的约定。

在保修期内，属于施工单位施工过程中造成的质量问题，要负责维修，不留隐患。一般施工项目竣工后，各承包单位的工程款保留 5% 左右，作为保修金。按照合同在保修期满退回承包单位。如属于设计原因造成的质量问题，在征得甲方和设计单位认可后，协助修补，其费用由设计单位承担。

《房屋建筑工程质量保修办法》规定，在正常使用下，房屋建筑工程的最低保修期限为：

(1)地基基础和主体结构工程，为设计文件规定的该工程的合理使用年限；

(2)屋面防水工程、有防水要求的卫生间、房间和外墙面的防渗漏，为 5 年；

(3)供热与供冷系统，为 2 个采暖期、供冷期；

(4)电气系统、给排水管道、设备安装为 2 年；

(5)装修工程为 2 年。

其他项目的保修期限由建设单位和施工单位约定。

对所有的回访和保修都必须予以记录，并提交书面报告，作为技术资料归档。项目经理部还应不定期听取用户对工程质量的意见。对于某些质量纠纷或问题应尽量协商解决，若无法达成统一意见，则由有关仲裁部门负责仲裁。

11.2　工程项目后评价

一、工程项目后评价概述

建设工程项目后评价是指建设项目在竣工投产、生产运营一段时间后，对项目的立项决策、设计施工、竣工投产、生产运营等全过程进行系统评价的一种技术经济活动。它是固定资产投资管理的一项重要内容。

通过建设项目后评价，可以达到总结经验，吸取教训，提出建议，改进工作，不断提高项目决策水平和投资效果的目的。项目后评价的特点如下：

1.公正性和独立性

公正性标志着后评价及评价者的信誉，避免在发现问题、分析原因和做结论时避重就轻，做出不客观的评价。独立性标志着后评价的合法性，后评价应从项目投资者和受援者或项目业主以外的第三者的角度出发，独立地进行，特别要避免项目决策者和管理者自己评价自己的情况发生。

2.可信性

后评价的可信性取决于评价者的独立性和经验，取决于资料信息的可靠性和评价方法的适用性。为增强评价者的责任感和可信度，评价报告要注明评价者的名称或姓名。评价报告要说明所用资料的来源或出处，报告的分析和结论应有充分可靠的依据。评价报告还应说明评价所采用的方法。

3.实用性

为了使后评价成果对决策能产生作用，后评价报告必须针对性强，文字简练明确，避免引用过多的专业术语。报告应能满足多方面的要求。另外，报告不应面面俱到，应突出重点，报告所提的建议应与报告其他内容分开表述，建议应能提出具体的措施和要求。

4.透明性

从可信度来看，要求后评价的透明度越大越好，因为后评价往往需要引起公众的关注，对国家预算内资金和公众储蓄资金的投资决策活动及其效益和效果实施更有效的社会监督。从后评价成果的扩散和反馈的效果来看，成果及其扩散的透明度也是越大越好，使更多的人能够借鉴过去的经验教训。

5.反馈特性

项目后评价的结果需要反馈到决策部门，作为新项目的立项和评估的基础以及作为调整投资规划和政策的依据，这是后评价的最终目标。因此，后评价结论的扩散和反馈机制、手段和方法成为后评价成败的关键环节之一。

二、工程项目后评价的主要内容

工程项目后评价的内容包括过程评价、经济评价、影响评价和项目可持续性评价四个方面。

1.过程评价

前期工作情况评价，建设项目实施评价，生产准备与运行情况评价，管理、配套、服务设施情况评价等。

2. 经济评价

经济评价主要包括国民经济评价和财务评价。说明国民经济评价指标的计算方法、参数选取，并以后评价时点为基准年，提出阶段性评价指标和全期评价指标，提出国民经济评价结论。说明财务评价的方法和准则，并以后评价时点为基准年，提出阶段性评价指标和全期评价指标，提出工程项目财务评价结论。

3. 影响评价

影响评价应分析与评价项目对影响区域和行业的经济、社会、文化以及自然环境等方面所产生的影响。可分为技术影响评价、社会影响评价、环境影响及水土保持影响评价等方面。

4. 项目可持续性评价

分析社会经济发展、国力支持、政策法规及宏观调控、资源调配、当地管理体制及部门协作情况、配套设施建设、生态环境保护要求、水土流失的控制情况等外部条件对项目可持续性的影响。分析组织机构建设、技术水平及人员素质、内部运行管理制度及运行状况、财务运营能力、服务情况等内部条件对项目可持续性的影响。分析实现项目可持续发展的条件。根据内、外部条件对可持续性发展的影响，提出项目持续发挥投资效益的分析评价结论，并根据需要提出项目应采取的措施。

三、工程项目后评价的程序与方法

(一)项目后评价工作程序

(1)接受后评价任务、签订工作合同或评价协议。

在接受后评价委托时，首先要做的就是与委托人签订评价合同或相关协议，明确双方的权利和责任。

(2)成立后评价小组、制订评价计划。

评价单位选择项目负责人，成立专门小组，制订评价计划。项目负责人必须保证评价工作客观、公正，不能由业主单位的人兼任；后评价小组成员必须具有一定的后评价工作经验。后评价计划必须说明评价对象、评价内容、评价方法、评价时间、工作进度、质量要求、经费预算、专家名单、报告格式等。

(3)设计调查方案、聘请有关专家。

调查是评价的基础，调查方案是调查工作的行动纲领，一般来说方案包含调查内容、调查计划、调查方式、调查对象、调查经费、科学的调查指标体系等。评价项目，应该根据项目的专业特点，聘请一定数量的相关领域的外部专家。

(4)阅读文件、收集资料。

评价小组要阅读业主提供的相关材料和项目文件，例如项目的建设资料、运营资料、效益资料、财务资料、影响资料等，同时国家、行业相关规定和政策也必须参阅。

(5)开展调查、了解情况。

评价小组成员必须进行现场的实际调查，了解真实的项目情况，包括宏观和微观的。

(6)分析资料、形成报告。

在阅读文件和现场调查的基础上，要对已经获得的大量信息进行消化吸收，形成概念，写出报告。需要形成的概念是，项目的总体效果如何，是否按预定计划建设或建成，是否实现了预定目标，投入与产出是否成正函数关系；项目的影响和作用如何，对国家、对地区、对生态、对群众各有什么影响和作用；项目的可持续性如何；项目的经验和教训如何等。

对被评项目的认识形成概念之后，便可着手编写项目后评价报告。

(7)提交后评价报告、反馈信息。

后评价报告草稿完成后，送项目评价执行机构高层领导审查，并向委托单位简要通报报告的主要内容，必要时可召开小型会议研讨有关分歧意见。项目后评价报告的草稿经审查、研讨和修改后定稿。正式提交的报告应有项目后评价报告和项目后评价摘要报告两种形式，根据不同对象上报或分发这些报告。

（二）项目后评价的主要方法

项目后评价是以大量的数据为基础进行科学的分析和评估，因此项目后评价的总结和预测必然是建立在统计学原理和预测学原理的基础之上的。所以，项目后评价的方法主要有以下几种方法：

1.调查统计预测法

调查统计预测法分调查统计和资料整理（基础）、统计分析（方法）、预测（手段）三个阶段，主要是通过对项目的各种资料的收集和整理，采用科学的方法，对项目实施的综合效果运用预测原理进行项目后评价。

2.有无对比法

有无对比法就是"有项目"和"无项目"两种情况进行对比的方法，是建设项目国民经济评价中计算间接效益与间接费用常用的一种方法，被广泛应用于各种交通运输项目的国民经济评价中。

项目后评价的基本方法是对比法，就是将建设项目建成投产后所取得的实际效果、经济效益和社会效益、环境保护等情况，与前期决策阶段的预测情况相对比，与项目建设前的情况相对比，从中发现问题，总结经验和教训。

3.逻辑框架法

逻辑框架法（LFA）是由美国国际开发署（USAID）在1970年开发并使用的一种设计、计划和评价的方法。

通过应用逻辑框架法来确立项目目标层次间的逻辑关系，用以分析项目的效率、效果、影响和持续性。该方法可应用于项目策划设计、风险分析、评估、实施检查、监测评价和可持续性分析中，已成为一种通用的方法。

4.层次分析法

层次分析法（AHP），在20世纪70年代中期由Seaty正式提出，它是一种定性和定量相结合的、系统化、层次化的分析方法。

5.因果分析法

因果分析法是通过因果图表现出来，按相互关联性整理而成的层次分明、条理清楚，并标出重要因素的图形。因果图又称特性要因图、鱼刺图或石川图。

6.综合评价法

综合评价法（Comprehensive Evaluation Method），是指运用多个指标对多个参评单位进行评价的方法，称为多变量综合评价方法，或简称综合评价方法。其基本思想是将多个指标转化为一个能够反映综合情况的指标来进行评价。

7.项目成功度的评价

1)项目成功度的标准

可以将成功度分为五个等级：

(1)完全成功：全面实现或超越项目的预定目标，相对成本而言取得了巨大的效益和影响。

(2)基本成功：大部分预定目标得以实现，相对成本而言，项目取得了预期的效益和影响。

(3)部分成功：部分目标得以实现，相对成本而言，项目只取得了一定的效益和影响。

(4)不成功：项目的目标实现非常有限，相对于成本而言，项目几乎没有产生什么效益和影响。

(5)失败：目标是不现实的，无法实现，相对成本而言，项目不得不终止。

2)项目成功度的测评

评价时可以根据实际的情况，将指标分为"重要"、"次重要"、"不重要"三类，不重要的指标可以不用测评，而重要和次重要的指标需要测定，一般情况下测定 10 个左右指标。

测定各项指标时采用五级或十级打分制，即项目后评价组每个成员根据自己对各项指标的感受程度，分别填入相应的分值，经必要的数据处理，形成评价组的成功度结论，再把结论写入评价报告。

四、工程项目后评价报告

(一)评价报告编写要求

项目后评价报告是调查研究工作最终成果的体现，是项目实施过程阶段性或全过程的经验教训的汇总，同时又是反馈评价信息的主要文件形式。对评价报告的编写总的要求是：

(1)后评价报告的编写要真实反映情况，客观分析问题，认真总结经验。为了让更多的单位和个人受益，评价报告的文字要求准确、清晰、简练，少用或不用过分专业化的词汇。评价结论要与未来的规划和政策的制定联系起来。为了提高信息反馈速度和反馈效果，让项目的经验教训在更大的范围内起作用，在编写评价报告的同时，还必须编写并分送评价报告摘要。

(2)后评价报告是反馈经验教训的主要文件形式，为了满足信息反馈的需要，便于计算机输录，评价报告的编写需要有相对固定的内容格式。被评价的项目类型不同，评价报告所要求书写的内容和格式也不完全一致。

(二)后评价报告的基本格式

如前所述，根据委托要求和项目后评价报告的主要内容，项目后评价报告的格式可有所侧重。一般项目后评价报告的格式如下：

(1)报告封面(包括编号、密级、评价者名称、日期等)，封面内页(包括汇率、权重指标及其他说明)，项目基础数据，地图。

(2)报告摘要

(3)报告正文。

①项目背景：项目的原定目标和目的，项目建设内容，项目工期，资金来源与安排。

②项目实施评价：设计与技术，合同，组织管理，投资和融资，项目进度，其他。

③效果评价：项目的运营和管理，财务状况分析，财务和经济效益评价，环境和社会效果评价。

④目标和可持续性评价：项目目标实现程度分析，项目可持续性评价。

⑤结论和经验教训：综合评价和结论，主要经验教训，建议和措施。

（4）主要附件和附表。

本章小结

本章介绍了工程项目竣工验收和工程项目后评价的相关内容。对工程项目竣工验收的依据及工作程序、工程竣工备案制度以及工程项目回访与保修的相关规定进行了较详细的阐述；对工程项目后评价的内容（过程评价、经济评价、影响评价和项目可持续性评价四个方面）、工程项目后评价的程序与常用方法、工程项目后评价报告编写要求及其基本格式做了系统论述。

复习思考题

1. 简述工程项目竣工验收的范围，其验收的依据是什么？

2. 工程项目回访的形式有哪些？房屋建筑工程质量的最低保修年限规定有哪些？

3. 什么是工程项目竣工验收备案制度？备案的文件有哪些？

4. 为什么要对工程项目进行后评价？从哪几个方面进行评价？

参考文献

[1] 建设工程项目管理规范(GB/T 50326—2006). 北京：中国建筑工业出版社, 2006

[2]《建筑施工手册》(第五版)编委会. 建筑施工手册.第五版. 北京：中国建筑工业出版社, 2012

[3] 全国一级建造师职业资格考试编写委员会. 建设工程项目管理. 北京：中国建筑工业出版社, 2014

[4] 全国二级建造师执业资格考试教材编写委员会. 建设工程施工管理. 北京：中国建筑工业出版社, 2015

[5] 胡六星. 建筑工程项目管理. 北京：机械工业出版社, 2011

[6] 徐猛勇. 建筑工程项目管理. 北京：中国水利水电出版社, 2010

[7] 王延树. 建筑工程项目管理. 北京：中国建筑工业出版社, 2010

[8] 胡新萍. 建设工程项目管理. 北京：中国电力出版社, 2014

[9] 裴建娜, 赵秀云. 建设工程项目管理. 北京：中国铁道出版社, 2013

[10] 刘旭灵. 建设工程招投标与合同管理. 长沙：中南大学出版社, 2015

图书在版编目(CIP)数据

建筑工程项目管理 / 胡六星, 吴洋主编. —长沙:
中南大学出版社, 2015.6(2021.1 重印)
ISBN 978 - 7 - 5487 - 1659 - 4

Ⅰ. 建… Ⅱ. ①胡…②吴… Ⅲ. ①建筑工程—工程项目
管理—高等职业教育—教材 Ⅳ. TU71

中国版本图书馆 CIP 数据核字(2015)第 150934 号

建筑工程项目管理

主　编　胡六星　吴　洋
副主编　刘旭灵　谢湘赞　刘志军
主　审　刘孟良

□**责任编辑**　谭　平
□**责任印制**　周　颖
□**出版发行**　中南大学出版社
　　　　　　　社址: 长沙市麓山南路　　　　邮编: 410083
　　　　　　　发行科电话: 0731 - 88876770　　传真: 0731 - 88710482
□**印　　装**　长沙德三印刷有限公司

□**开　　本**　787 mm×1092 mm 1/16　□**印张** 20　□**字数** 497 千字
□**版　　次**　2015 年 8 月第 1 版　□**印次**　2021 年 1 月第 4 次印刷
□**书　　号**　ISBN 978 - 7 - 5487 - 1659 - 4
□**定　　价**　43.00 元

图书出现印装问题, 请与经销商调换